企業革新の研究
繊維産業の脱成熟化のプロセス

山路直人 著

Research on Corporate Innovation
Renaissance of the Textile Industry

Naoto Yamaji

東京 白桃書房 神田

はじめに

1　目的と構成

　本書は，脱成熟化を通した企業の長期的成長過程に関する研究のひとつの成果である。組織変動の視点から日本の大手繊維企業16社の脱成熟化のプロセスを分析し，繊維企業が脱成熟化のプロセスでどのような問題に直面し，どのようにしてそれらを乗り越えてきたのかを，実証的に明らかにしようとした。それは16社間に脱成熟化の成果に大きな格差を生み出してきた要因を明らかにする試みでもあった。また脱成熟化のプロセスを考察することによって，組織変動，組織変革に関する新たな知見を得ることをも課題としている。

　本書は，3つの部に分かれ，全11章から構成される。まず，第1章「研究の目的と方法」では，この研究の目的と研究方法について述べている。上述のように，本書の目的は，日本の大手繊維企業16社の長期的・総合的な比較を通して，脱成熟化の成否を規定する要因を検討することである。他産業に先駆けて成熟という問題に直面し，そして脱成熟化に取り組んできた繊維企業の経験から学べることは少なくない。

　第Ⅰ部は2つの章からなるが，第2章「繊維産業の地位の推移」では，戦後の繊維産業の特徴を記述した。繊維産業の戦後の歴史を整理し，この間に繊維産業が全産業における相対的地位を低下させてきたこと，絶対的規模を縮小させてきたこと，国際競争力を低下させてきたことなどを，データをもとに示している。

　第3章「繊維企業の成長戦略」では，成熟化がすすむ状況で，繊維企業が本業の再活性化と多角化について，どのような成長戦略を採ってきたのかを整理した。この分析からは，ほとんどの繊維企業が，ほぼ同時期に同じような成長戦略を採ろうとしてきたことが少なくなかったことが示される。各社間に見られる事前の成長戦略の類似性が明らかとなる。

i

はじめに

　第Ⅱ部「脱成熟化プロセスの特徴」では，5つの章で繊維企業の脱成熟化のプロセスに見られる20の特徴を取り上げた。最初に売上高成長倍率で見た経営成果を分析した。長期的な成長には多角化が必須であった。多角化を積極的にすすめてきた企業とそうではなかった企業との間には大きな成長格差が生まれていた。第3章の分析からは，事前の成長戦略は，各社とも類似なものであったことが明らかになった。しかし，数十年の間に企業間に大きな成長格差が生まれている。このような成長格差を生み出してきた要因に注目しながら，脱成熟化のプロセスの特徴を整理していく。

　第Ⅲ部は3つの章からなる。第9章「理論的含意」では，前章までの分析をもとに，そこから引き出すことのできる理論的含意を考察した。理論的な含意として，次の5点を指摘している。

　① 批判や反対の効用
　② シナジーの意味
　③ ダイナミック・ファクター
　④ 継続とダイレクト・コミュニケーション
　⑤ 変革間のマネジメント

　「批判や反対の効用」では，批判者や反対者の存在が，脱成熟化の進展に対して積極的な役割を演じていることについて考察した。

　「シナジーの意味」では，成功につながるシナジーの多くは，事前に明確に捉えることのできるようなシナジーではなく，事後的に生み出されたものであることを示す。

　「ダイナミック・ファクター」では，脱成熟化のプロセスにおいて一般的な存在である，失敗や期待外れ，あるいは反対などの介在・遅延要因が，その後の企業の飛躍につながる状況や契機を生み出すダイナミック・ファクターになっていることが少なくないことを示す。

　「継続とダイレクト・コミュニケーション」では，高成長企業ではできるだけ新事業を継続させようとしていること，そして継続の決定では，ダイレクト・コミュニケーションを重視していることを示す。

　「変革間のマネジメント」では，脱成熟化が再活性化と多角化が並行してすすめられ，いくつもの変革によって進展していくことから変革間のマネジメントが脱成熟化の成否の鍵であることを示す。

第10章では，10の「実践的含意」を提示している。

第11章の結論では，脱成熟化のプロセスで直面するむずかしい問題のマネジメントについて，変革の議論へのこの研究の貢献可能性について，そして今後の課題について議論している。

2　本書の特徴

本書の特徴として次の3点を指摘することができる。

(1)　日本企業の脱成熟化を考察対象にしていること

本書では，戦後日本の繊維産業に属する大手16社の脱成熟化の50年にわたる歴史を対象として研究を行った。繊維産業は，他の産業よりも早く成熟化の問題に直面し，脱成熟化に取り組んだという経験をもっている。しかも，その成否もかなり明らかになってきている。さらに2000年時点で，対象としている16社はすべて存続している。繊維産業の経験を分析することによって，繊維産業における組織変動に関する理論的・実践的な示唆を得ることができるであろう。

日本の繊維企業の脱成熟化のすすめ方は，欧米企業とは異なる面も少なくない。繊維企業大手16社は脱成熟化，あるいは事業構造の変革を，基本的には，成熟事業の売却や成長事業の買収によってすすめようとしたのではなく，成熟事業を再活性化しつつ，並行して新事業を内部開発しようとしてきた。

日本の繊維企業は，脱成熟化のために多角化を図ってきた結果，すでに売上高の半分以上を非繊維事業が占めている企業は半数を超えている。しかし同時に，どの企業も繊維事業の再活性化にも力を入れている。新素材の開発や新用途の開拓，テキスタイル，アパレルへの進出などが行われてきた。また繊維企業は，繊維事業の国際化にも他の産業よりも早く取り組んできた。

脱成熟化は日本の繊維企業にとって，成熟事業の再活性化だけの問題ではなく，多角化・新事業開発だけの問題でもなかった。日本の繊維企業の脱成熟化は，その両者の問題を含んだものであり，両者の関連から生まれる問題を含んでいる。企業革新に関するこのような知見は多くはない。

各社の繊維部門と多角化部門のなかでどのようなアクションが採られてきたのかを，また，新事業と繊維部門はどのような相互作用をしてきたのかを明ら

かにすることは，成熟産業における企業革新のプロセスを理解するためには，是非とも必要なことである。

(2) 同じ産業の16社を長期的・総合的に比較していること

この研究は，業界を構成する主要なプレーヤーである16社を長期的・総合的に比較している。多くの産業に見られる成功企業や失敗企業だけを対象としたものではない。また脱成熟化の完成には30年から50年を必要とされることから，長期的に考察した。さらに，戦略や構造の変革だけに注目したものではなく，トップやミドルや反対者などのプレーヤー，組織文化，企業間関係など多様な側面を考察した。このような研究方法を用いることで，脱成熟化の成否に関係する諸要因や，それらの関連性をより正確に把握することができる。

(3) 革新のネガティブ・ファクターに注目していること

新しいことを行う場合，予期しないこと，失敗，反対や抵抗などに直面することは不可避である。ところが変革の研究の多くでは，それらの要因は企業革新の障害物として，取り除くべき要因，ネガティブな存在として理解されることが少なくない。しかし，それら要因の存在がイノベーション・プロセスに見られる最大の特徴のひとつなのである。成功企業の方がより多くのより重大な反対や失敗に直面している。

この研究では，企業革新を成功させるためには避けるべき存在であるとして理解される傾向のあるこれらの要因を，不可避なものであり，積極的な役割を演じる重要な要因として理解しようとしている。成功企業にとってこれらの要因は，脱成熟化のプロセスを促進させるダイナミック・ファクターでもあったからである。

3 問題点

本書は，多くの問題点をもっている。もっとも基本的な問題は，この研究が，ライブラリー・リサーチを基本としていることである。16社を数十年にわたって総合的に比較するためには，公にされている資料を中心にすすめる必要があった。しかし，公にされている資料には，さまざまなバイアスがある。バランスの問題もある。過去に遡るほど資料の収集はむずかしくなる。企業に

よって公刊された資料の量に大きな違いがある。

このような点を補完するため，多くの人からの聞き取り調査も行ってきたが，外部情報を基本としている研究である。このため，あくまでも仮説創出型・探索型リサーチであり，今後の研究によってさらに分析をすすめる必要がある。この研究をたたき台として，さらに多くの情報を取り込みながら，内容を充実させていく必要がある。

4　貢献可能分野

(1)　脱成熟化の問題

同じ環境にあって同じような経営資源を蓄積してきている繊維企業の間で，各社の初期の取り組みには類似性が高い。しかしその後の多くの失敗と成功を通して戦略は再構築され，企業間の戦略には多様性が見られるようになる。16社の間には，事前戦略の類似性と事後戦略の多様性が見られた。そして事後的戦略は，企業の経営成果と密接に関連していた。企業間の成長格差を生み出してきた諸要因を理解するためには，このような事前の戦略から事後的戦略への転換がすすめられたプロセスを明らかにすることが必要である。

高成長企業が，脱成熟化の取り組みに継続的に取り組んできたのに対して，その他の企業，とくに低成長企業は脱成熟化の取り組みが断続的であったし，既存の戦略に回帰してきた。

また，高成長企業は，いくつもの批判や反対の強いプロジェクトに取り組んできた。このようなプロジェクトは，小さな成功を生み出す革新と比較して，より長期を要する取り組みとなり，より多くの，そしてより深刻な介在要因に直面する。このため取り組みの基本パターンは，試行錯誤である。失敗から学びながら，戦略をも転換させながら脱成熟化の取り組みを継続させてきた。また，強い反対に対する反発や失敗を挽回させようとするところから脱成熟化の継続と加速，飛躍のためのエネルギーを引き出している。

この研究では，日本の繊維企業が，成長プロセスでどのような問題に直面し，いかに乗り越えてきたのかを明らかにしようとしてきた。再活性化と多角化を並行してすすめるような脱成熟化のプロセスでは，無数のさまざまな問題に直面してきたが，「まだまだ繊維事業は成長が可能である」との認識と「長期的には繊維事業だけでは不十分だ」との認識の間に見られる共約不可能性

はじめに

（加護野1998 a, b）にどのように対応するかがもっとも基本的で常に組織を悩ませてきた課題であったといえるかもしれない。このような共約不可能性は、強い批判や反対の主たる原因であり、新しい取り組みを中断させたり、現状に回帰させる、あるいは戦略の揺れを生み出す主たる原因ともなっていたからである。

(2) 革新の議論について

日本の繊維企業は戦後、脱成熟化を目指して繊維事業の再活性化と多角化を同時並行的にすすめてきた。また脱成熟化は、多くの人々による多くの意思決定やアクションの結果進展する。いくつかの革新を継続的にすすめることによって脱成熟化は完成へと近づいていく。脱成熟化という長期的・総合的企業革新は、このような特徴を有する終わりのないプロセスであった。

このような企業革新の重要な側面を、既存の企業革新モデルでは十分には捉えきれない。その大きな理由のひとつは、既存の多くの革新の議論が、特定の事業の再活性化や新規事業それ自体を対象にしていることである。再活性化と多角化の、そのどちらかだけの議論が中心となっている。既存の部門と新規プロジェクトの関係が取り上げられていても、変革の初期段階や技術の議論が中心である。また、日本の繊維企業の脱成熟化は、単なる事業ポートフォリオの組み替えではない。脱成熟化のプロセスでは、相互依存関係にある両部門のバランスを、プロセスの進展とともに変化する相互関係のなかでどのように生み出すのかが重要な課題となる。

もうひとつの大きな理由は、既存のモデルの多くが、基本的には単一の完結型の企業革新モデルを前提にしていることである。これらのモデルは、革新の成功を前提としており、ひとつの革新が所期の目的を達成することを前提としている。しかし、現実には失敗したり不十分な成果しか生み出せない変革は少なくない[1]。長期を要する革新のプロセスでは、予期せぬ問題に直面するし、一定の成果を上げる場合でも同時に新たな問題を生み出す。変革の成果は限定的であることが少なくない。また、失敗などへの対応の巧拙が脱成熟化の進展度を大きく左右する。脱成熟化のような企業革新は、強い批判や失敗のなかですすめられている。そしてこれらの要因への対応の仕方が、脱成熟化のプロセスの進展に大きく関係している。

はじめに

注1) ボイエット&ボイエット（1998）は，1980年代から90年代に組織変革を手がけた企業のうち，50～70パーセントは目標を達成できなかったという推計やリストラクチャリングに着手した企業の3分の2が目標を達成できなかったという1990年代半ばに行われた調査を紹介している。

謝辞

　組織の変動に関する研究を一まずまとめ出版することができたのは，長期にわたる非常に多くの人々のご指導とご協力の結果である。

　横浜国立大学経営学部で出会った稲葉元吉先生には，組織論をベースとした経営学のおもしろさを教えていただいた。奥村惠一先生からは，社会と企業の関係の重要性を教えていただいた。両先生からはあたたかい支援もいただいてきた。首都大学東京の桑田耕太郎先生からは，研究者生活の楽しさを背中で示していただいた。このような環境が，組織の変動や企業の成長へと関心を向けさせてくれ，そして神戸大学大学院経営学研究科での加護野忠男先生との出会いへと導いてくれた。それ以降，加護野先生には，テーマの選択からあらゆる面で，今日まで厳しくもあたたかい指導をいただいている。

　上智大学の山田幸三先生には，六甲コンファランスなどを通して厳しいアドバイスと刺激をいただいてきた。滋賀大学の伊藤博之先生と名古屋市立大学の河合篤男先生からは，定期的な研究会を通して，貴重なアドバイスと刺激をいただいてきた。

　実業界においても多くの人々のご指導とご協力を得ている。とりわけ，東洋紡・社史室の村上義幸氏と，長く東レで先端的な研究をされてきた岡本三宜氏は，いつでもどんな質問にもやさしく真剣に答えていただき，人生の師とも呼ぶべき存在でもある。また，神戸大学大学院時に，桑原哲也先生を通して参加するようになった紡績企業史研究会からは，多くの貴重な生の情報と刺激をいただいてきた。

　白桃書房の大矢栄一郎社長には，快く出版を引き受けていただいた。編集部の平千枝子氏には限られた時間のなかで膨大な編集作業をすすめていただいた。

　いただいてきたご指導とご協力に比べると，拙い成果ではあるが，心より感謝の意を表したい。

　私事で恐縮ながら，父光賀寿，母弘子，兄文人が，長い間あたたかく見守っ

はじめに

てくれたことを，付言させていただくことをお許し願えれば幸いである。

　この研究は，テーマが大きく，オーソドクスとは言えないような研究方法ですすめてきたこともあり，さらに取り組むべき多くの課題を残している。研究を次のレベルへ引き上げることが目標である。一方で，仮説創出型研究として，自由に楽しくすすめることができたのだと思う。それが必要以上の長い時間を費やすことにつながったのかもしれない。

　2014年1月

山路　直人

目　次

はじめに

第1章　研究の目的と方法 …… 1
　第1節　研究の目的 …… 1
　第2節　分析の方法 …… 4
　　(1)　繊維産業を取り上げる理由　4
　　(2)　研究の方法　5
　第3節　研究の性質 …… 9

第Ⅰ部　繊維産業の地位と成長戦略

第2章　繊維産業の地位の推移 …… 13
　はじめに …… 13
　第1節　繊維産業の相対的地位の低下 …… 16
　第2節　繊維産業の絶対量・規模の減少 …… 18
　第3節　国際競争力の低下 …… 25
　　(1)　戦後の繊維産業　25
　　(2)　輸出依存型産業から輸入産業へ　28
　　(3)　輸出規制と投資優遇政策　29
　　(4)　新興国の台頭・成長　30
　　(5)　円高　31
　　(6)　輸入規制　33

第3章　繊維企業の成長戦略 …… 35
　第1節　繊維事業の再活性化 …… 36

(1)　素材の高級化・差別化　*36*
　(2)　川中・川下分野への進出　*38*
　(3)　設備の近代化・合理化と多品種少量生産体制　*56*
　(4)　非衣料分野の開拓　*61*
　(5)　海外進出　*64*
　(6)　化繊の増設・合繊への進出　*68*
　(7)　原料遡及　*68*
　第2節　多角化と合併・提携 ……………………………………… *71*
　(1)　多角化　*71*
　(2)　合併・提携　*72*
　おわりに ………………………………………………………………… *73*

第Ⅱ部　脱成熟化プロセスの特徴

第4章　多角化戦略 ……………………………………………………… *79*
　第1節　多角化の必要性 ……………………………………………… *79*
　(1)　売上高成長倍率と非繊維比率　*79*
　(2)　売上高成長倍率とその他の経営成績の指標　*81*
　(3)　戦略グループと経営成果　*81*
　(4)　4つの戦略グループと経営成果　*83*
　(5)　事前戦略の類似性と事後戦略と経営成果の相違　*85*
　第2節　多角化推進と本業の再活性化 ……………………………… *85*
　(1)　本業の再活性化の必要性　*86*
　(2)　再活性化の成功例　*95*
　(3)　繊維事業の競争力に格差を生み出した要因　*96*
　第3節　多角化の課題 ………………………………………………… *101*
　(1)　日東紡のケース　*102*
　(2)　カネボウのケース　*104*

第5章　成熟の認識 ……………………………………………………… *108*
　第1節　早期の対応と技術 …………………………………………… *108*

（1）　基盤技術　*109*
　（2）　投資リスクに対する認識　*111*
　（3）　投資パターン　*112*
　（4）　社齢　*113*
　（5）　経験　*114*
　（6）　紡績と合繊　*115*
　第2節　脱成熟化アクションの遅れ………………………………　*115*
　第3節　リーダー企業の認識の遅れ………………………………　*121*
　第4節　対応遅滞の累積性…………………………………………　*125*
　（1）　先行者利得　*126*
　（2）　「ダイナミック・シナジー」と「キャッチ・アップ」　*129*
　（3）　「能力と必要性のジレンマ」　*130*

第6章　成長戦略の実行過程……………………………………　*135*
　第1節　進出の集中現象……………………………………………　*135*
　（1）　集中現象を引き起こす理由　*135*
　（2）　集中現象のケース　*136*
　第2節　事業づくりの失敗…………………………………………　*138*
　第3節　断続的取り組み……………………………………………　*142*
　（1）　断続的取り組み　*142*
　（2）　プロセスの中断　*157*

第7章　成功企業……………………………………………………　*183*
　第1節　3つの成功戦略……………………………………………　*183*
　（1）　トップ・ランナー戦略　*183*
　（2）　ローン・ランナー戦略　*185*
　（3）　カウンター・ランナー戦略　*185*
　第2節　長期にわたる取り組みと事業戦略の転換……………　*186*
　（1）　新事業開発と時間　*186*
　（2）　事業戦略の転換　*191*
　第3節　反対者の役割………………………………………………　*196*

目　次

第4節　トップの役割………………………………………… 200
　(1)　トップが脱成熟化に否定的であった場合,
　　　本格的な脱成熟化のアクションは始まらない　200
　(2)　多角化のすすめ方・イズムの形成　205
　(3)　成熟の認識から生じる，組織の意思の焦点　207
第5節　トップとミドルの相互作用………………………… 208
第6節　ミドルの役割………………………………………… 213
　(1)　事業開発とミドル　213
　(2)　戦略転換とミドル　215

第8章　プロセス全体の特徴……………………………………… 219
第1節　既成枠を超えたアクション………………………… 219
　(1)　ルール・組織の枠を超えるアクション　219
　(2)　外部資源の活用　221
第2節　成功と失敗からの学習……………………………… 232
　(1)　新事業の成功の鍵（事業戦略の転換）　233
　(2)　新事業の推進体制　234
　(3)　多角化パターン　235
　(4)　2つの過剰学習　237
第3節　成功例とその反動…………………………………… 242
　(1)　成功例の業績への効果　243
　(2)　成功例と戦略の再構築　246
第4節　脱成熟化の長期的取り組み………………………… 266
　(1)　脱成熟化のプロセス　266
　(2)　脱成熟化の完成について　267
　(3)　成熟化の進行　268
　(4)　新事業の成熟化　268

目 次

第Ⅲ部　理論的含意と実践的含意

第9章　理論的含意 …………………………………………………… 275
第1節　批判者・反対者 ……………………………………… 275
(1) 批判者・反対者の役割　275
(2) 企業革新モデル　285
第2節　シナジーの意味 ……………………………………… 287
(1) 事前シナジーと事後シナジー　287
(2) シナジーの発見と創造　290
(3) 「基軸を離れる」論理　294
第3節　ダイナミック・ファクター ………………………… 296
(1) ダイナミック・ファクター（批判や失敗）　296
(2) 失敗（期待外れ）と成長　298
(3) 失敗（期待外れ）と戦略の転換・飛躍　301
第4節　長期的・継続的取り組みとダイレクト・
　　　　　コミュニケーション ………………………………… 307
(1) 長期的・継続的取り組み　307
(2) 事業の継続　310
(3) トップの判断・決定・考え方　312
(4) ダイレクト・コミュニケーション　314
第5節　変革間のマネジメント ……………………………… 318
(1) 企業革新の議論　318
(2) 変革間マネジメント　320

第10章　実践的含意 …………………………………………………… 380
(1) 多角化のための多角化　380
(2) トレンドに従わない戦略　381
(3) 意思決定の少数決ルール　381
(4) 実験的取り組みでは不十分　382
(5) 非撤退のルール　382

目　　次

　　(6)　反対を表明できるパワー構造　　*383*
　　(7)　うまく失敗する　　*384*
　　(8)　揺れ動き　　*385*
　　(9)　うまく競争する　　*387*
　　(10)　事前シナジーと事後シナジー　　*389*

第11章　結論 ………………………………………………………………… *391*

　　(1)　経営成果について　　*392*
　　(2)　脱成熟化プロセスのマネジメントについて　　*397*
　　(3)　変革の議論について　　*419*
　　(4)　今後の課題について　　*437*

参考文献
事項索引
人名索引

第1章　研究の目的と方法

第1節　研究の目的

　本業の成熟化，すなわち売上高のかなりの比率を占める主力事業の成長の鈍化に対応して，新たな事業への進出を行ったり，既存事業を新たな視点から再活性化したりすることによって，再び企業を成長軌道に乗せるための企業行動を，脱成熟化（dematurity）という。

　脱成熟化は，一般的には既存事業でのイノベーションを通じて，企業を再び成長軌道に乗せるためのアクションあるいは戦略を意味する。しかしここでは脱成熟化の意味を広く使っている（加護野，1989a）。このように広く脱成熟化を捉える基本的な理由のひとつは，日本の繊維企業の戦後の成長が，既存事業でのイノベーションだけで達成されてきたのではなく，新しい成長分野への進出も並行してすすめることで達成されてきたからである。このような成長パターンは他の多くの日本企業にも見られる[1]。

　戦後の日本経済をリードしてきた企業の多くが，脱成熟化に取り組んできた。すでに1990年頃までには，造船，海運，鉄鋼，石油化学，家電，カメラ，水産などの産業に属する企業にとって，脱成熟化が緊急の課題となっていた。しかし，脱成熟化はこれら限られた産業だけの戦略課題ではない。産業の成長にライフサイクルがあるとすれば，すべての企業は，いずれは脱成熟化という課題に直面することになる。

　脱成熟化の鍵となるのは，新事業の開発である。関西生産性本部が，東証・大証一部上場並びにそれに類する非上場企業を対象にして，5年ごとに行っている調査によると，日本企業にとって1985年時点では新製品の開発がもっとも重要な戦略的問題であったが，90年時点では，新事業の開発がもっとも重要な戦略的課題となっている（関西生産性本部，1991）。その調査ではまた，新事業開発の全体的な成果を成功していると評価しているのは，回答企業の3分の

1にすぎないことを明らかにしている。その割合は，製造業全体では4分の1で，成熟産業では，さらに下がって5分の1にすぎない。多くの他の調査でも成功確率は10％から30％ぐらいであり，その数値は今日でも大きな変化はないようである[2]。

このような調査結果は，多くの企業にとって新事業の開発による企業革新が容易なものではないことを示している。それは，成熟した，あるいは成熟しつつある産業に属する企業にとっては，さらに困難である。企業革新を完成させるためには，企業は新事業を創造するために新しい能力や経営資源を開発しなければならない。ときには，組織や組織構成員の心の中に深く根ざしている組織文化をも変革しなければならない。成熟した，あるいは成熟しつつある産業の企業は，成功体験と長い歴史を有しており，確立された，しかし柔軟性の乏しい経営資源や文化によって特徴づけられる。そのため成長産業に属する企業より深刻な困難に直面する。

企業革新の困難性は，日本企業に限られるものではない。しかし，労働力規模を調整する場合，終身雇用が強い制約としてはたらくため，またM&A（企業の合併や買収）の機会が制約されているため，日本企業の企業革新はより困難であるように見える[3]。

昭和20年代から昭和30年代にかけて（1945－1964年），紡績や化学繊維などの繊維産業は，日本を代表する花形産業であった。しかしその後，紡績産業と化学繊維産業は相次いで成熟化した。1950年代後半頃から急成長してきた合成繊維産業も，73年の石油危機以降，成熟化を迎えた。このようなプロセスのなかで，多角化によって成長している企業もあるが，繊維企業の多くは，産業の盛衰と運命をともにした。多くの繊維企業が現在でも存続している。しかし，繊維企業の相対的地位の低下は明らかである。

成熟した，あるいは成熟しつつある産業に属している企業は，どのようなアクションをとるべきであろうか。どのような困難に直面するのであろうか。そしてどのようにしてそのような困難を克服することができるのだろうか。これらの問題を解決することは，成熟した，あるいは成熟しつつある産業に属する企業にとって，緊急の課題である。この研究の目的は，繊維産業に属する大手16社の脱成熟化の経験から，これらの問題に対する解を見出すことである。

この研究が主として対象としているのは，すでに多角化して多くの事業を有

するような企業の変革プロセスではなく，創業事業である主力事業が成熟しつつある企業，近く成熟することが予測されているような企業の脱成熟化のプロセスである。繊維企業の多くは，1960年頃から多角化に取り組んできたが，90年代に入る頃には，多くの事業を有するようになる。繊維企業の課題の比重は，繊維事業の次の成長事業・基盤をいかに育成・構築するかという問題から，いかに発展性のある事業ポートフォリオを構築，維持するかに移行していく。この研究が主として注目しているのは，このような多角化基盤を構築するプロセスである[4]。また，このようなプロセスに焦点を合わせることは，それぞれの産業でどのように競争するか，あるいは成熟事業をいかに再活性化するのかが重要な課題となる事業戦略の議論と「選択と集中」や事業ポートフォリオの活性化が重要な課題となる全社戦略との議論との間をつなぐ役割を担うことでもある。

　脱成熟化は，長期にわたる過程である。製品のライフサイクルという宿命を乗り越えて企業が成長発展していくプロセスについて，これまで多様なモデルが提出されてきた。それをもとに，さまざまな実践的な処方箋が導かれてきた。しかし，現実の脱成熟化は遅々としてすすんでいない企業も少なくない。多くの企業は，同じような失敗を繰り返している。なぜこうなってしまうのか。これまでのモデルに問題があったからかもしれない。本質的な変数が抜けていたのかもしれない。あるいは，本質的なプロセスが取り上げられていなかったのかもしれない。またあるいは，脱成熟化のプロセスでは，このような諸現象と事実を正面から受け止めてこなかったのかもしれない。

　脱成熟化を完成させるには，一般に10年から20年，さらにはそれ以上の長期間を要する。しかも，それはたんに事業構造を組みかえればよいという問題ではない。そのためには，企業の基本的な戦略・体質・収益構造・組織構造・組織文化・組織プロセス・思考の枠組みなどの変革が必要である。このような長期的・総合的な組織の変動・変革を説明することのできる企業革新モデルを構築するために必要な条件を明らかにすることが，本書のもうひとつの目的である。

第1章　研究の目的と方法

第2節　分析の方法

(1) 繊維産業を取り上げる理由

　この研究では，戦後日本の繊維産業（天然繊維産業と化学・合繊繊維産業の双方を含む）に属する大手16社[5]の脱成熟化の50年以上にわたる歴史を対象として研究を行った。繊維産業を対象とした理由は簡単である。繊維産業は，他の産業よりも早く成熟化の問題に直面し，脱成熟化に取り組んだという経験をもっているからである。しかも，その成否もかなり明らかになってきている。さらに2000年時点で，対象とした16社はすべて存続しており，半世紀にわたる比較が可能であった。16社の社齢の平均は，2000年時点で約92歳である。現実に長期的な存続と成長を達成してきたこれらの企業の成長プロセスを振り返ることから学べることは少なくないであろう。繊維産業の経験を分析することによって，繊維産業における組織変動に関する理論的・実践的な示唆を得ることができるであろう。

　繊維産業は，日本の明治開国以来，わが国の経済発展に大きな役割を果たし，戦後の復興期においても，わが国の輸出の過半を占めて，貴重な外貨獲得の役割を果たしてきた。しかし，戦後しばらくして，繊維産業は成熟産業になり，他の産業と比べると，その地位も相対的に低下し始めた。このようななか，繊維産業の各企業は，新たな成長の基盤を造りあげようとしてきた。

　戦後しばらくして，日本経済の成長の柱となったのは，重化学工業であった。日本の経済の発展に伴って賃金水準も上昇した。逆に発展途上国は，繊維産業を中心として成長してきていた。さらに日本国内の衣料需要は成熟を迎え，1973年以降，日本は，輸入原料も含めた繊維品で輸入国となった。以後，輸入問題が浮上してきた。この間，繊維産業は何度かの成熟化を経験している。天然繊維の成熟化は早くから言われてきたが，レーヨンも戦後早くから成熟化を迎えた。戦後合繊の登場によって大手繊維企業は成長したものの，その合繊も70年頃には成熟化を迎えた。石油危機以後になると合繊の成熟化はより明確になった。繊維産業にとって脱成熟化は継続的な課題であったのである。

　このように，繊維産業は戦後，まず綿紡績，次いで化繊（レーヨン），さらには合繊の成熟化を経験した。そしてこのような課題に対して脱成熟化の努力

が数多く試みられてきた。そのなかでいくつかの繊維企業は多角化を展開し、その過程で企業革新を行ってきた。

　今日、繊維大手企業の多角化は大きくすすんでいる。このような成熟化に対して行われた企業革新の成否も、ある程度明らかになってきた。1989年3月期には、繊維大手9社（帝人、東レ、クラレ、旭化成、ユニチカ、三菱レイヨン、東邦レーヨン、東洋紡、カネボウ）の平均で、総売上高に占める繊維の比率は50％にまで低下している。また、多くの企業で、収益の過半を非繊維部門が占めている。一方で、多角化が遅れている企業もある。このような多角化、脱成熟化はどのように行われてきたのだろうか。また多角化に遅れた原因は何なのか。このような問題を検討することが本書の目的である。産業の成熟化が避けられないものとするならば、それにいち早く直面し、そこからの脱出を図って多角化をすすめてきた繊維産業から学べるものは少なくないと思われる。日本企業の多くが長期的な成長を重視してきたこと、重視していることを考えると、このような日本の繊維企業の経験からは、企業の長期的な存続・成長のマネジメントに対して、何らかの価値ある貢献を引き出すことができる可能性がある。

(2) 研究の方法

　組織変動の研究においては、経時的な考察が大きな研究成果を生み出す可能性をもつ。企業が長期にわたって成長を続けるために必要な要因を探るためには、経時的な考察によって企業組織の行動、成長プロセスを長期にわたって総合的に捉える必要がある[6]。

　しかし、研究の方法には常にトレード・オフの関係が伴う[7]。多くの変数を扱う場合、定量的なアプローチは困難であり、定性的な研究を行わなければならない。しかし定性的な研究は、一般化が困難である。一方、少数の変数、あるいは定量化できる変数をもとにした研究は、単純であるが、その現実妥当性、適応可能性は、非常に限定される。またクロスセクショナルな研究よりも、経時的研究の方が、因果関係をより客観的に導き出すことができる。しかし統計的分析にはなじみにくい。研究方法の選択にあたっては、このような研究の方法上の特質を考慮する必要がある。

　この研究にとりかかろうとしていた時点において、経時的な研究方法による

日本企業の先行研究がいくつか存在する[8]。代表的な研究としては，吉原の『戦略的企業革新』(1986a)，竹内・榊原・加護野・奥村・野中の『企業の自己革新』(1986)がある。この両研究とも，企業の長期的な成長に関わる議論を行っており，脱成熟化のプロセスを問題としているといえよう。吉原の研究は，製品・事業のライフサイクルを超えて，長期に企業が成長を続けていくためには，多角化しなければならないとして，多角化の決定と実施のプロセスを考察したものである。竹内ほかは，企業のライフサイクルの存在を認めた上で，長期的な環境適応能力に研究の焦点をあてている。

　吉原は，日本の企業5社の多角化による成長プロセスを考察している。戦略的問題への対応が企業の長期成長を基本的に決定する，そして長期的にみてもっとも重要な戦略的問題は，多角化の問題であるとして，その戦略的経営のエッセンスを明らかにしようとした。長期のトレンドを見通しながら技術のダイナミック・シナジーを追求すること，ユニークな多角化戦略を創り上げるための創造性，強力なリーダーシップの3つが，企業の長期的成長と企業革新を成功させるための要件であるという。長期的な企業の成長にとって，トップが極めて重要な役割を行っている，と主張している。

　竹内ほかは，同じく戦略的変革のプロセスを考察している。長期的な環境適応能力に注目し，企業のエクセレンスの本質をその自己革新能力にあると見る。日本企業10社の事例に基づいて「誘発型自己組織の理論」を提唱している。それは，企業の戦略的な環境適応が，分析的アプローチが主張するようなトップダウンのプロセスだけでもなければ，プロセス・アプローチが主張するようなボトム・アップのプロセスだけを含むものでもなく，両者のダイナミックな相互作用のプロセスである，という主張である。

　本書も，このような研究の方法と同じ流れのなかに含めることができるかもしれない。しかし，経時的な研究は，ケース・スタディを中心としている。より多くの事例によってそれらの仮説が検証されなければならない。その上，上述の両研究が導き出した仮説は，一見対立している。長期的な環境適応過程が，トップ主導型であるのか，それともトップとミドルの相互作用型なのかが検証されなければならない。

　また，両研究とも，異なる産業における企業を研究対象としたものであり，同一産業に注目したものではなかった[9]。さらに，それらは変革の成功例を考

察対象にしたもので，経営成果の差をもたらす要因の考察に直接焦点を合わせたものではなかった。経時的な考察は，まだまだ今後すすめられる必要のあるものである。そして，本研究の研究方法は，先行研究の方法とは大きく異なるのである。

　本書では，日本の繊維企業の長期的成長が，本業の再活性化と新事業開発・多角化を並行してすすめることによって達成されてきたことから，脱成熟化を広く捉えている。このように脱成熟化を理解することで，主としてそれぞれの分野で議論されてきた既存事業の再活性化と多角化について，その両者の関係の考察から新しい知見を見出すことができるかもしれない。

　この研究では，組織変動の研究にあたって，次の4点に留意した。
① 　長期にわたる経時的考察
　戦略的な適応過程は，長期を要するだけではなく，それがいつ始まり，いつ終わるのかもはっきりしていないプロセスである。脱成熟化の過程における成熟化の認識がその例である。そのような現象は，把握が困難である。目に見えにくいところで進行するプロセスが少なくないからである。

　そのようなプロセスを，そのなかのあるプロジェクトに注目して，考察することは容易かもしれないが，そこから得られるものは少ないであろう。経時的な考察は，変動のプロセス自体の理解を可能にしてくれる。また，変数間のより客観的な因果関係を導き出すことができる。変数間の線形の，あるいは一方的因果関係を前提としなくても良い。

　長期にわたる経時的考察は，歴史の連続性とともに，歴史における非連続性をも明らかにすることができる。

　この研究では，戦後から始めて現在までの，主として1955（昭和30）年以降2000年頃までの繊維企業の成長プロセスを考察する[10]。この40年以上の間に，日本経済は高度成長を遂げるとともに，石油危機を契機として，低成長の時代に移行した。さらに，円高，ハイテク技術の発展によって，新たな時代を迎えるにいたった。成熟産業である繊維産業は，そのようななかで，どのように脱成熟化を図ってきたのかを考察する。
② 　総合的視点
　長期的な組織の適応には，戦略だけではなく，組織の構造も組織の文化も，

組織プロセスや知識体系も変革されなければならないことがますます明らかになってきている。それゆえ、例えば戦略の転換だけに焦点を当てた研究の限界は明らかであろう。そのような組織の長期的な適応に関係する多くの変数間の関連を明らかにするためには、クロスセクショナルな研究方法は適さない。経時的な考察は、多くの要因を等しい比重で一度に視野に入れることを可能にしてくれる。そしてさまざまな状況要因を考慮に入れることができる。経時的かつ総合的に考察することによって、それら変数の相互作用、関係が変化していく様子を捉えることができる。

本研究では、組織変動を、組織の知識の変動を背景として生じる、組織の戦略、事業構成、技術、知識体系、組織構造、リーダーシップ、組織過程、組織文化などのトータルな変動と定義する。変動プロセスを、トータルに捉えることによって、目に見えにくい知識の変動をも明らかにすることができるかもしれない。

③ 産業全体への注目

経時的な分析にも重大な弱点がある。定量的な分析にあまり適さないこと、変数が多くて評価、比較そして一般化がむずかしいこと、そして研究それ自体が困難であること、などがそれである。

本書では、繊維産業という特定の産業に属する大手16社を取り上げ、経営成果の異なる企業を比較するという方法を選択した。それが経時的な研究の弱点をカバーすることができると考えたからである。データの収集が比較的容易であること、経営成果の比較が比較的容易であることが予想されるからである。同じ環境のもとにおける各社の意思決定、行動を見ることによって、それらの違いが明らかになる。

また、企業がもっとも関心を有する他の企業は、同一産業内の企業であろう。同一産業内における企業同士がお互いに意識しあい、学習しあうという側面をも明らかにすることができるかもしれない。

④ 本業の再活性化と多角化との関係への注目

本業の再活性化と新事業開発との関係にも焦点を合わせる。成長基盤が繊維部門から非繊維部門へと移行していくプロセスに注目することで、両者への限られた経営資源の配分、戦略における各部門の位置づけ、部門間での経営資源のやりとり、などについて、新しい知識を得ることができるかもしれない。

第3節　研究の性質
仮説発見型のライブラリー・リサーチを中心として

　本研究は，主として『週刊東洋経済』『週刊ダイヤモンド』『日経ビジネス』などの経済専門誌，『日本経済新聞』『日経産業新聞』『日刊工業新聞』『繊維ニュース』などの新聞，そして各社の社史などを中心に，公表された情報に基づいて行う。それゆえ，今後より多くの外部情報によって密度・信頼度を高めなければならない。また，内部情報によって補完されなければならない。このため，本書は，今後のより緻密な研究のための出発点となるものであり，仮説創出型の研究である。今後の研究のための作業仮説を出すことを主たる狙いとしている。

　上記のようなライブラリー・リサーチに加え，多くの関係者からの聞き取り調査を行うこともできた。しかし，あくまでもライブラリー・リサーチを中心とした仮説創出型の研究である。

注
1）　広く脱成熟化を捉えるもうひとつの理由は，事業レベルだけではなく企業レベルでもライフサイクルが見られるからである。ライフサイクルは，製品や事業だけではなく，組織自体，企業自体にも見られる（Kimberly, Miles, and et al., 1980, Miller and Friesen, 1982）。多角化をすすめてきた企業のライフサイクルは，主力事業のライフサイクルとは異なるであろう。周期についても，企業のライフサイクルは，事業のライフサイクルよりも長いかもしれない。企業の成熟・成熟期からの脱却のプロセスは，主力事業の成熟化からの脱却のプロセスとは大きく異なる可能性が高い。
2）　1992年に行われた新規事業開発に関するアンケート調査でも，同様の結果が報告されている（金，1992）。日本の大企業で新規事業開発に意欲的に取り組んでいる353社を対象に調査を行い，146社から回答を得ている。その調査によると，1985年から1992年の間，総計で1650件の新規事業が行われ（1社平均12.7件），そのうち379件が撤退あるいは中止されている（1社平均3件）。撤退率は24.2％にのぼっている。
3）　日本企業によるM&Aは，増加傾向にある。しかし，その成功確率は新事業開発同様高くなく，同程度であるという調査がある。トーマツコンサルティングが行ったアンケート調査によると，自ら経験したM&Aを成功と考える日本企業は約1割にすぎない（『日本経済新聞』2006年2月8日）。
4）　本研究が主として対象としているのは，繊維企業が多角化企業へと転換していくプロセスである。繊維事業の戦略が中心とされる企業が，多くの事業を有して事業ポートフォリオ・マネジメントが重要となる多角化企業への転換プロセスの理解を深めることによって，別々に議論されることの多い事業戦略と全社戦略との間の橋渡しの役割を担うことができるかもしれない。
5）　本研究では，旭化成，東レ，帝人，クラレ，三菱レイヨン，東邦レーヨン（のちの東邦テナッ

第1章　研究の目的と方法

　　　クス），カネボウ，東洋紡，ユニチカ，日清紡，クラボウ，日東紡，ダイワボウ，フジボウ，シキ
　　　ボウ，オーミケンシの16社を対象にしている。
6）　これまでの組織の変動・変革論での研究は，その多くが歴史には関係のない研究，コンテクス
　　　トには関係のない研究，プロセスには関係のない研究が多かった（Pettigrew, 1985）。それは，
　　　ひとつの変革プロジェクトを研究の対象とした研究や，クロスセクショナルな研究方法を用いた
　　　研究の多さに現われている。
7）　経時的分析の分類，その強みと限界の議論は，Miller と Friesen（1982）で行われている。研
　　　究方法のトレード・オフの関係について，多くの示唆を与えてくれる。
8）　欧米では，Kimberly と Miles（1980），Mintzberg と Waters（1982），Miles と Cameron
　　　（1982），Kimberly と Quinn（1984），Pettigrew（1985），Tushman と Romanelli（1985）など多
　　　くの研究がある。
9）　ひとつの産業に属する複数の主要な企業を対象にした長期間にわたる比較研究は多くない。数
　　　少ない研究のひとつに，アメリカのたばこ産業を対象とした Miles と Cameron（1982）がある。
10）　対象期間で1955年以前を除いたのは，1950年から1955年の期間は，朝鮮戦争による特需ブーム
　　　が発生し，日本経済が復興の足がかりを得た期間であるからである。1956年の経済白書では「も
　　　はや戦後ではない」と記された。繊維業界も「糸へんブーム」によって復興を果たした。しかし
　　　戦争終結後，ブームの反動によって経営の立て直しを余儀なくされた期間でもある。このため，
　　　この期間の繊維各社の売上高には大きな変動が見られた。また，1950年以前を対象期間から除い
　　　ても1950年以降での考察で得られた基本的な理解に大きな変更の必要性は低いと判断した。ただ
　　　し，基本的な対象期間は1955年から1995年とするが，その期間の前後も，参考のため必要に応じ
　　　て考察，併せて資料も提示する。

第Ⅰ部　繊維産業の地位と成長戦略

　繊維産業は，戦後まもなく成熟化の問題に直面した。繊維産業にとって成長力を取り戻すことは古くて新しい問題である。

　第2章では，繊維産業の戦後を振り返り，相対的地位が低下し絶対的規模が縮小してきたことを確認する。

　第3章では，産業の成熟化がすすむなかで，成長力を確保するために繊維企業がどのような成長戦略を採ってきたのかを整理する。

第2章　繊維産業の地位の推移

はじめに

　1985年のプラザ合意以降の急激な円高や90年代の長期の不況は，繊維産業に対してリストラクチャリングへの取り組みを不可避なものとしている。しかし，戦後の繊維産業の成長プロセスを振り返ってみると，繊維産業にとって産業の成熟化への対応は，50年代から今日までの継続的な問題であった。

　日本の綿紡績産業は，1955年頃にはすでに「午後三時の事業」「斜陽産業」といわれるようになっていた。レーヨン繊維産業も50年代後半になると過剰設備への対応が大きな問題となってきた。戦後新たに形成され大きく発展した合成繊維産業は，67年には合繊の生産高が綿糸生産高を凌駕したが，70年代には

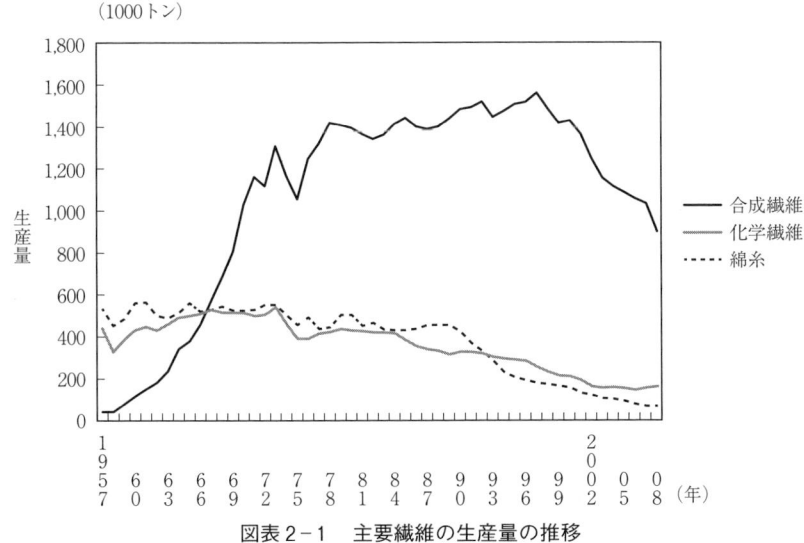

図表2-1　主要繊維の生産量の推移

出所：『繊維統計年報』

第Ⅰ部　繊維産業の地位と成長戦略

図表2-2　繊維産業の戦後の年表

年	繊維産業	綿紡績業界	化合繊業界
1945			
1946	繊維産業3ヵ年計画（商工省）		
1947			
1948			
1949			「合成繊維工業の育成」勧告書
1950	朝鮮動乱勃発	400万錘設備制限撤廃	クラレビニロン生産開始
1951			東レナイロンの技術導入
1952		第一次勧告操短	
1953			
1954			
1955	GATT加盟	第二次勧告操短	
1956	繊維工業設備臨時措置法施行 対米綿製品輸出自主規制		
1957			スフ・スフ紡績第一次勧告操短
1958		第三次勧告操短	帝人と東レがポリエステル生産開始
1959			
1960			
1961	国際綿製品短期取り決め		
1962	国際綿製品長期取り決め		
1963		海外紡績投資会社設立	
1964	繊維工業設備等臨時措置法施行		
1965		第一次不況カルテル	合繊業界初めての不況
1966		第二次不況カルテル	
1967	特定繊維工業構造改善臨時措置法施行	第三次不況カルテル	合繊生産高，綿糸生産高を上回る
1968			
1969			
1970	日本繊維産業連盟発足 繊維工業設備等臨時措置法失効		
1971	ニクソン・ショック 日米繊維交渉		
1972	特定繊維工業構造改善臨時措置法改正案施行		
1973	変動相場制に移行 第一次石油危機		

第 2 章　繊維産業の地位の推移

	第 1 回繊維ビジョン		
1974	ＭＦＡ正式承認　国際繊維取り決め 特定繊維工業構造改善臨時措置法改正法施行		
1975		不況カルテル	
1976	第 2 回繊維ビジョン		
1977		不況カルテル	
1978	特定不況産業安定臨時措置法	不況カルテル	不況カルテル認可
1979	第二次石油危機 繊維工業構造改善臨時措置法改正施行		
1980			
1981		不況カルテル	
1982			
1983	特定産業構造改善臨時措置法施行 第 3 回繊維ビジョン		
1984	繊維構造改善臨時措置法施行		
1985	プラザ合意		
1986	繊維貿易が入超に		
1987			新合繊上市
1988	第 4 回繊維ビジョン		
1989	韓国製ニット製品ダンピング問題		
1990			
1991	バブル崩壊		
1992			
1993	第 5 回繊維ビジョン	形態安定加工製品上市	
1994			
1995			
1996			
1997			
1998	第 6 回繊維ビジョン		
1999	繊維法廃止		
2000			
2001			
2002			
2003	繊維ビジョン		
2004			
2005			
2006			
2007			
2008			

第Ⅰ部　繊維産業の地位と成長戦略

いると，それまでのような急激な成長を遂げることが困難となり成熟を迎えることになった。また，70年頃から急成長してきたアパレル産業も，80年代にはいってからは売上高の伸び悩み状態に陥り，成長率は急激に低下した[1]。繊維産業に身を置く多くの企業にとって，脱成熟化は戦後一貫して継続的な問題，古くて新しい問題であったといえよう。

第1節　繊維産業の相対的地位の低下

繊維産業は，第二次世界大戦後，日本経済復興のための基礎産業，牽引役として位置づけられ重要な役割を演じた。また輸出産業として，当時貴重であった外貨の獲得にも大きく貢献した。しかし，その後の日本経済の成長とともに，経済全体のなかでの繊維産業の存在感は小さくなっていった。

繊維製品は，産業別に見ると戦後から1962年まで，日本の輸出でトップの地位にあった。繊維品の輸出額の割合は，50年には全商品輸出総額の約半分の46％を占めていた。しかしその割合は，60年には約30％に，70年には12.5％に，80年には約5％に，そして99年には1.9％へと大きく低下してきている。

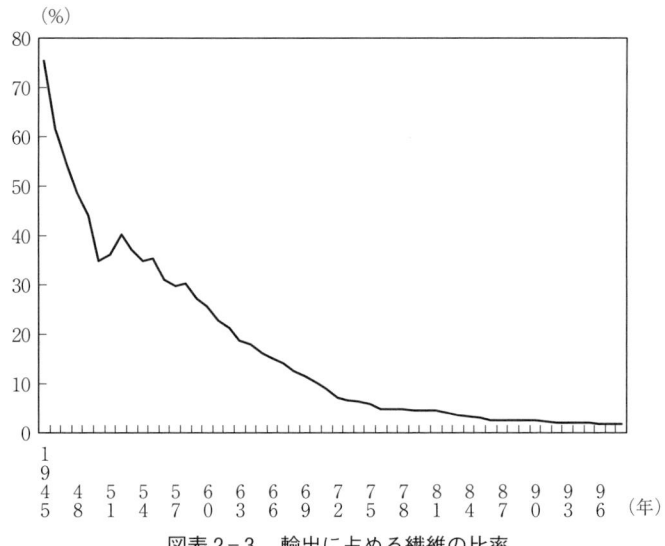

図表2-3　輸出に占める繊維の比率
出所：『戦後紡績史』『通商白書』

第2章 繊維産業の地位の推移

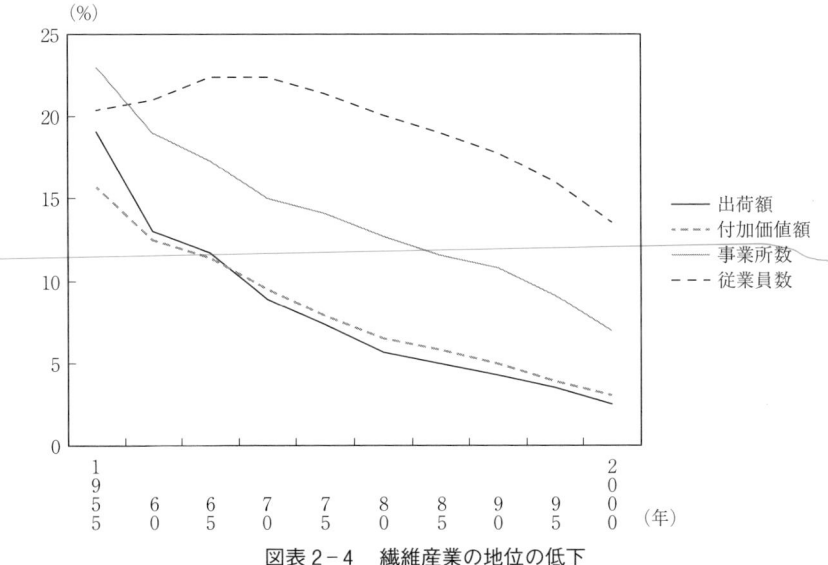

図表2-4 繊維産業の地位の低下

出所:『工業統計表(産業編)』

図表2-5 各指標の成長倍率

GDP(名目・1955年度-1994年度)	56.6倍
GDP(名目・1955年度-2004年度)	57.7倍
繊維産業(付加価値額・1955年-1986年)	16.0倍
(出荷額・1955年-1995年)	8.3倍
全製造業・同	45.7倍
(従業員数・1955年-1995年)	0.8倍
旭化成(売上高・1954年度-1994年度)	44.7倍
繊維生産(糸,トン,1955年-1994年)	1.6倍

　戦後の繊維産業の相対的な地位は,その他の多くの重要な面でもほぼ一貫して低下してきている。全産業における繊維産業[2]の地位の推移を見ると,出荷額,付加価値額,事業所数,そして従業員数のすべてで繊維産業はシェアを継続して落としてきている。

　重化学工業など新しい成長産業の登場による産業構造の変化が,繊維産業の相対的地位の低下をもたらした大きな要因のひとつであった。繊維産業は,他の新しい産業ほどの成長力を確保・維持することができなかった。1955年度-86年度におけるGDPの成長倍率が37.7倍であったのに対して,同期間におけ

図表2-6　トップ100の繊維企業数

1940年	1955年	1965年	1972年	1990年
21社	16社	10社	8社	3社

注：鉱工業・総資産
出所：中村青志（1993）
参考：1994年度の売上高ランキングにおける繊維企業
　　　（銀行・証券・保険・94年度決算期変更会社を除く全国上場企業を対象　『日経産業新聞』1995年6月20日）
　　　旭化成62位・東レ120位・鐘紡167位・帝人195位・東洋紡214位・クラレ242位・ユニチカ269位・三菱レイヨン293位・日清紡392位・クラボウ494位

る繊維産業の付加価値額の成長倍率は16.0倍にすぎない。

　相対的地位の低下傾向は、個別の企業レベル、大手繊維企業の地位でも見られる。戦後、トップ100社あるいは50社内に位置づけられる繊維企業の数は大幅に減少した。1950年には売上高でトップ50社のなかに繊維企業は14社も含まれていたが、90年には1社だけになってしまった。

第2節　繊維産業の絶対量・規模の減少

　戦後の繊維産業は、全産業における相対的な地位だけではなく、絶対的な量的側面でも減少・縮小を免れることはできなかった。製造品出荷額、事業所数、従業員数は、1992年と95年を絶対数で比較すると、それぞれ95年は92年の77％、86％、82％となっている。糸ベースで見たわが国の繊維生産量は、73年の225万トンをピークとして減少を続け、96年には133万トン（ピーク時の59％）となっている。

　その後も繊維産業の規模の縮小は止まらず、1990年代半ば以降急激に縮小している。95年からの10年の間に、出荷額、従業者数は、ほぼ半減している。

　繊維産業は多様な部門から構成されており、構成する部門により成長パターンやその率には大きな差があるものの、繊維産業全体では、1960年代までは量的に成長してきた。繊維全体（糸の生産量）では石油危機の頃までは成長してきた。

　繊維産業は、全体としては、単純な形の産業のライフサイクルを描いてきたわけではなかった。繊維産業のなかでもさまざまな繊維間で異なるライフサイ

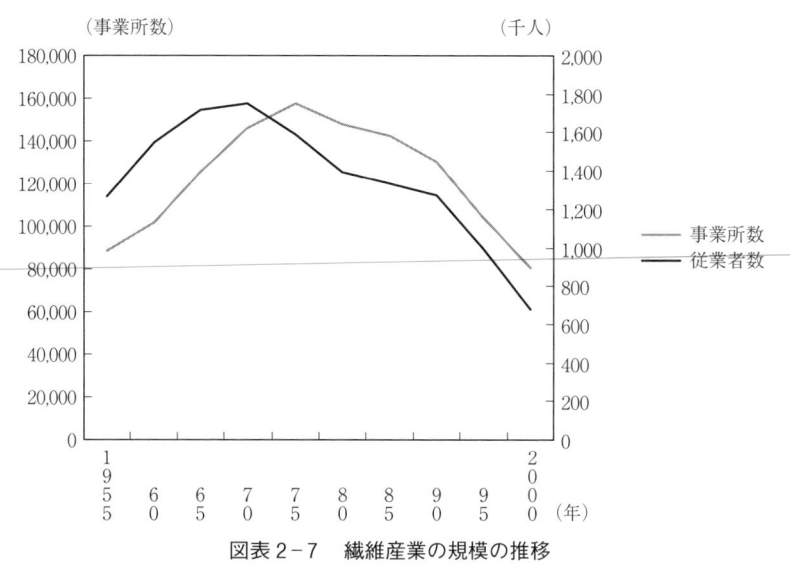

第2章　繊維産業の地位の推移

図表2-7　繊維産業の規模の推移
出所：『工業統計表』

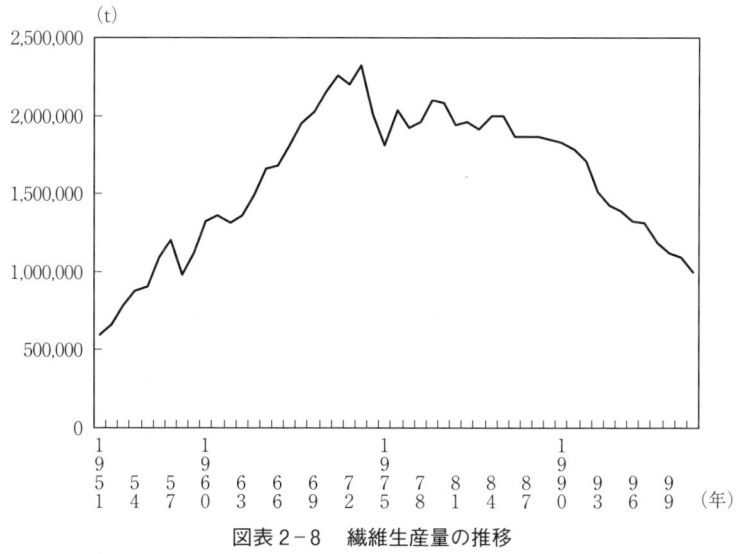

図表2-8　繊維生産量の推移
出所：『繊維統計年報』

クルが混在している。綿紡績を中心とした天然繊維産業と化繊産業[3]が成熟化を迎えつつあるとき，新しい繊維である合成繊維が登場した。この合繊によっ

19

図表2-9　繊維製品の生産量のピーク

短繊維ファイバー		織物	
ビスコーススフ	1973	綿織物	1961
ナイロン	1985	梳毛織物	1972
ビニロン	1971	紡毛織物	1980
アクリル	1987	絹織物	1959
ポリエステル	1985	スフ織物	1957
長繊維ファイバー		ナイロン織物	1970
ビスコース	1957	ビニロン織物	1968
強力レーヨン	1960	アクリル織物	1976
キュプラ	1973	ポリエステル織物	1984
アセテート	1973	産業資材・その他	
ナイロン	1980	タイヤコード	1980
ポリエステル	1991	タオル	1980
紡績糸		タフテッドカーペット	1990
純綿糸	1960	不織布	1991
混紡糸	1987		
梳毛糸	1972		
紡毛糸	1984		
生糸	1969		

出所：竹内，1994：資料は通産省『繊維統計年報』

て繊維産業は，再び成長力を取り戻した。綿は合繊にとって代わられるのではなく，綿と合繊は産業規模を拡大するとともにシェアを分け合っている。合繊と綿の混紡や混織によって新しい繊維を生み出してきた。合繊は，石油危機の頃までは急激に増加した。しかし以後は成熟を迎え漸増である。このため繊維産業も全体として成長が鈍化している。

設備の推移

　過剰設備問題は，紡績，合繊の両業界で長期にわたって緊急課題であり続けてきた。設備の急増や需要の減退，国際競争力の低下などが原因となっている。

　綿紡績では，戦後ＧＨＱによる400万錘の設備制限が行われていたが，1950

年にはその制限が解除された。このときちょうど朝鮮戦争が勃発した。この特需もあって紡績設備は短期間に急激に増加した。50年末に51社119工場438万錘であった紡績設備は，51年には91社173工場637万錘に急増した。しかし朝鮮戦争終結によるブームの反動によって需要は急減して過剰設備問題が顕在化した。そして勧告操短が繰り返されることになった。

その後，経済の成長とともに紡績設備数は増加していき，1964年に1381万錘に達するが，70年代半ば以降はほぼ一貫して減少して，93年には約600万錘になっている。

1990年代にはいるとほとんどの紡績企業は紡績設備を大幅に縮小させた。運転可能錘数は500万錘を割り込んでしまった。綿スフ織機数では，60年の約38万台から96年には約9万台に減少している。

「日本の綿紡業界はこの13年間，国内市場の需給を安定させ，コスト競争力を維持するために，通産省の後押しもあり，老朽設備の廃棄を進めてきた。その結果，設備は80年の867万錘から92年は32.4％マイナスの586万錘，また，工場も80年の169から92年には113に減少した。率にして，33.1％のマイナスである」（『週刊ダイヤモンド』1993年7月3日号）と報道されているが，93年の綿紡績業界も，工場閉鎖が相次ぎ，93年度の綿糸の生産量は前年に比べて28.8％

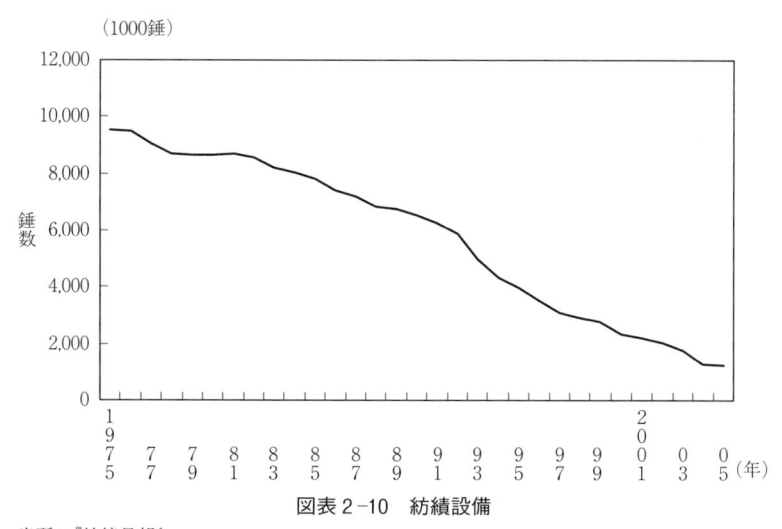

図表2-10　紡績設備

出所：『紡績月報』

第Ⅰ部　繊維産業の地位と成長戦略

図表 2-11　合繊設備　　　　（トン／日）

年	ナイロン長・短	ポリエステル長・短	アクリル短	合繊計
1995	939	2527	1175	5501
2000	858	2401	1243	5282
2005	706	1993	882	4384

もの大幅な減少を記録した。

　日本紡績協会の会員45社の1994年12月末現在の設備数は，436万6000錘となっている。99年2月時点では286万錘である。日本紡績協会メンバーの運転可能綿紡機のピークは72年の985万錘であった[4]。その後ほぼ一貫して減少してきている。

　1976年末では1000万錘を越えていた紡績設備は，93年9月段階で521万3000錘と減少している。しかも実際に稼働している設備は約400万錘と見られている（『日刊工業新聞』1993年10月20日）。

　運転可能錘数はその後も大幅な減少が続き，2000年には233万錘へ，06年にはついに100万錘を割り込んだ[5]。

　合繊産業では，後発各社が一斉に合繊に進出した結果，1960年代半ば頃には

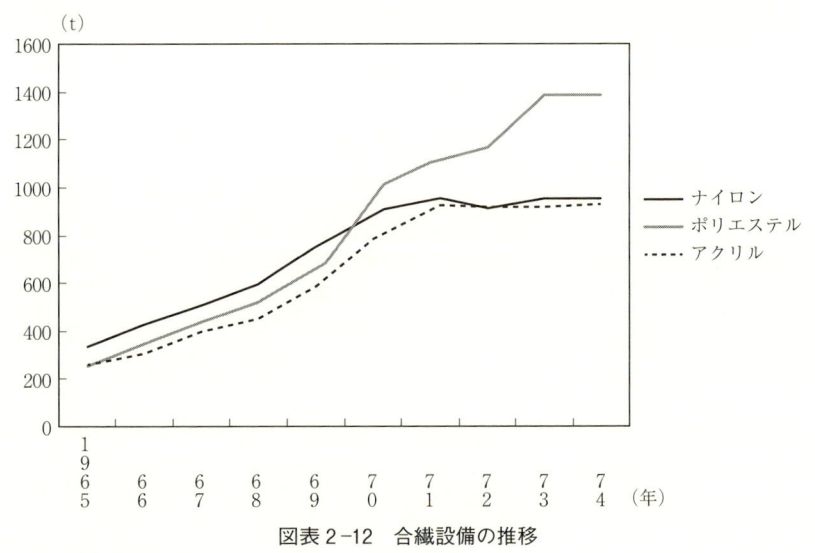

図表 2-12　合繊設備の推移

出所：『繊維統計年報』

第 2 章　繊維産業の地位の推移

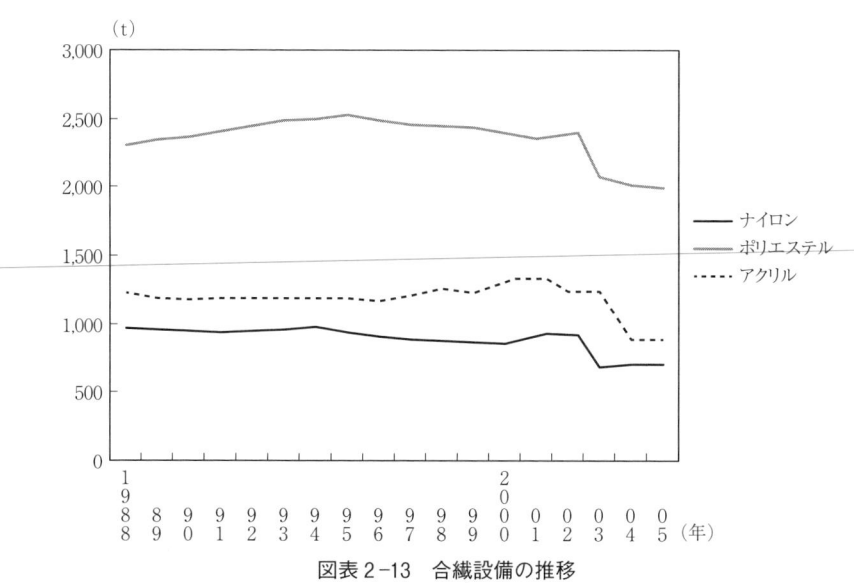

図表 2-13　合繊設備の推移

出所：『繊維ハンドブック』

図表 2-14　各社の紡績設備（精紡機）　　（錘）

	1965年末	1974年末	1984年末	2000年末
カネボウ	606440	564908	307040	50220
東洋紡	703808	1089220	819644	214828
ユニチカ	671608	550588	320972	69666
日清紡	583416	685668	685108	407488
クラボウ	474532	436272	396630	166012
日東紡	371700	309280	297288	39600
ダイワボウ	491346	492602	428108	61112
フジボウ	497186	448704	385824	88340
シキボウ	441502	405684	373340	97164
オーミケンシ	422252	398240	432620	69256
東邦レーヨン	260280	248036	292788	135576

出所：『紡績事情参考書』

設備が（国内）需要を上回るようになってきた。その後輸出によって合繊は成長を続けたが，1970年頃には輸出先国の輸入制限や途上国の成長などで輸出による成長もむずかしくなり，設備の過剰が問題となってきた。

図表2-15　各社の合繊設備（国内）

旭　化　成	1995年ポリエステル長繊維の生産設備を40％削減することを決定．02年アクリル繊維からの撤退を発表
東　　　レ	1990年代後半アクリル設備縮小，02年今後2年間に国内の合繊の生産能力を10％削減することを発表
帝　　　人	2001年ポリエステル長繊維の生産能力を約4割削減する計画を発表，03年ナイロン繊維から撤退
ク　ラ　レ	2003年ポリエステル短繊維の生産能力を半減
三菱レイヨン	1991年ポリエステル短繊維からの撤退を発表，99年ポリエステル長繊維の生産設備の3分の1を廃棄する方針を発表
東邦レーヨン	1995年3月期アクリル繊維の生産能力を日産135トンから109トンへ削減
カ　ネ　ボ　ウ	1995年ナイロン設備の約6割を休止，97年ポリエステル短繊維から撤退，03年アクリル繊維からの撤退を発表
東　洋　紡	1989年アクリル設備を約20％廃棄，99年ナイロンフィラメントからの撤退を発表
ユ　ニ　チ　カ	1994年ポリエステル，ナイロン生産設備の20％を削減

図表2-16　各社の繊維事業の売上高

社名	1985年3月期	1995年3月期	1985年＝1
旭　化　成	2153億円	1343億円	0.62
東　　　レ	4044億円	2679億円	0.66
帝　　　人	3179億円	1812億円	0.57
ク　ラ　レ	1457億円	1059億円	0.73
三菱レイヨン	1031億円	1075億円	1.04
東邦レーヨン	789億円	423億円	0.54
カ　ネ　ボ　ウ	1907億円	1776億円	0.93
東　洋　紡	2872億円	2152億円	0.75
ユ　ニ　チ　カ	2283億円	1310億円	0.57
日　清　紡	1590億円	1015億円	0.64
ク　ラ　ボ　ウ	1596億円	946億円	0.59
日　東　紡	819億円	293億円	0.36
ダイワボウ	1043億円	546億円	0.52
フ　ジ　ボ　ウ	845億円	677億円	0.80
シ　キ　ボ　ウ	636億円	529億円	0.83
オーミケンシ	743億円	358億円	0.48

　合成繊維の設備についてみて見ると，全合成繊維の合計では1990年代にはいっても日産5000トン台と高い水準を維持している．各合繊の生産量では，ポリエステルは伸びているが，ナイロンは漸減，アクリルは横ばい状況となっている．しかし90年代後半になると，ポリエステルも縮小する．逆にポリプロピ

レンは大幅に増加した。しかし合繊の設備も2003年には日産5000トンを大きく割り込んだ。

　個別の大手繊維企業のレベルでも繊維事業の設備と売上高は減少している。紡績企業のほとんどは1990年代から設備を大幅に縮減してきた。合繊業界では，多くの企業が90年代半ば頃から大幅に設備を縮小させている。

第3節　国際競争力の低下

　国内における相対的地位及び絶対的規模の低下は，国際競争力の低下と密接に関連している。戦後，日本産業の発展とともに，社会的な平均賃金水準も上昇した。また，為替の水準も高まった。繊維産業における生産性の向上は，その上昇を補いきれなかった。一方で新たに繊維産業を育成してきた諸国の企業に対して，コスト面での優位性を維持・確保することはできなかった。これは繊維産業の国際競争力を急速に低下させることになった。日本の繊維産業は，輸出産業から輸入産業になってしまった。

　日本の繊維産業は，第二次世界大戦前，いくつかの分野で世界一の地位を獲得していた。綿布の輸出の数量では，1933年にそれまでトップにあったイギリスを追い抜いた。37年にはレーヨン糸の生産で，38年にはレーヨンステープルの生産で世界最大となった。37年にはレーヨン糸の輸出量でも世界第1位となった。

　繊維産業は，戦争により壊滅的な打撃を受けたが，戦後も，綿布，人絹，スフは再び輸出世界一の地位を回復させた。1960年代までの繊維産業は，日本を代表する輸出産業であった。

　「日本紡績業は……1950年代始めから1970年代始めまで世界最大の綿織物及び紡織品輸出国として再び輸出主導の発展を遂げた」（日本紡績協会，2001）

(1) 戦後の繊維産業

　戦後も1951年に再び世界一の綿織物輸出国となったが，その後71年に香港とトップの地位を交替するまでの約20年間，世界一の綿布輸出国の地位を維持していた。化学繊維の生産高は52年から米国に次いで第2位となり，レーヨン（スフ）は54年に生産高で世界第1位に，レーヨンフィラメントは56年に世界

第2位となっている。また，54年，人絹およびスフ織物の輸出は戦後最高で世界第1位となった(『東邦レーヨン二十五年史』1959)。

戦後急成長した合成繊維でも，1958年には世界第2位の生産量を記録し，64年には世界1の合繊輸出国となった(内田，1966)。70年時点では，世界全体での生産で，約20％のシェアを維持しており，生産量の41.8％を輸出している。輸出市場では，世界の合繊輸出の約30％を占め，世界で最大の合繊輸出国であった。

しかしその後，日本の繊維産業の国際的な地位は，大きく後退していった。1960年代後半にはいってから輸出は減退し，70年以降は輸入が増大した。今日では，海外市場で競争力が低下しているだけではなく，国内においても海外製品の浸透がすすんでいる。

1960年代半ば頃には紡績業にとって若年労働力の不足と賃金の高騰，新興国の紡績業の成長によって労働集約産業から資本集約産業へと脱皮することが緊急課題となりつつあった。しかし，紡績，織布部門では，「過剰設備の廃棄の不徹底による過剰生産能力の温存や，残存設備の近代化の遅延による生産性上

図表2-17 設備のシェア

短繊維紡機設置錘数（ＯＥ紡機は含まない）
1995年　日本3％，中国25％，インド19％
2000年　日本2.4％，中国21.9％，インド24％
綿織機設置台数
1995年　日本5％，中国35％，インドネシア9％
2000年　日本2.4％，中国31.8％
ウォータージェットルーム
1995年　日本12.5％
2001年　日本 6.7％
エアージェットルーム
1995年　日本14.3％
2001年　日本 9.9％
世界の製造設備に占める日本の製造設備の割合
1998年　アクリル13％，ナイロン6％，ポリエステル5％，合計で6％
2003年　アクリル14.1％，ナイロン5.8％，ポリエステル3.3％，合計で5％

出所：『繊維ハンドブック』1998，2003

昇の伸び悩みから，昭和30年から62年までの32年間に設備単位当たりの生産量は約2倍に達したに過ぎず，賃金の上昇倍率に比べて，物的生産性の上昇率ははるかに下回り，国際競争力の低下を決定的なものにしたと考えられる」（吉岡，1986）。

　また紡績業では，1990年代以降は，中国，パキスタン，インドなどで，設備が急増し，技術水準も高まった。日本は，紡績設備数で，60年代半ばには中国に抜かれ，90年代にはいるとパキスタン，インドネシアに追い抜かれた。その後も日本とそれら各国との格差は拡大していった。95年の短繊維紡機設置錘数（OE紡機は含まない）で世界における日本のシェアは3％にすぎず，中国の25％，インドの19％に大きく引き離されている。同年の綿織機の設置台数でも，日本の世界におけるシェアは5％であるのに対して，中国は35％，インドネシアは9％である（化学繊維協会，1998）。

　1990年の日本の綿紡機は，約770万錘で世界の4.6％を占め，91年の日本のJL（ジェット・ルーム）は4.6万台で22％を占めている。日本の内需は，86年では196万トンで，これは世界の5.5％を占めている。80年における綿糸生産は，世界の4％，毛糸生産は世界の10％を占めている。

　綿紡績業界を見てみると，生産量では，1994年の日本の綿糸生産は60年代の半分以下の24万トンで，中国の20分の1，世界では12番目である。綿織物も中国の10分の1で8番目である。

　合繊業界でも同様な状況になってきている。1960年代後半の合繊のシェアは約20％であった。80年の時点でも化合繊では設備や生産の規模で世界第2位を占めている。化繊生産は世界の13％，合繊生産も世界の13％を占めている。

　しかし，世界の化学繊維生産量に占める割合で日本は，1988年までは米国に次いで不動の第2位を占めてきたが，89年には台湾に，92年には中国に，94年には韓国に追い抜かれてしまった。織物も同様と見られている。

　その後もこれらの国々との格差は開き，日本の合繊の生産規模は，韓国の半分，台湾の3分の1となってしまった。世界の生産シェアでは，ナイロンが7％，ポリエステル長繊維が8％である。1992年の日本の合繊生産は約145万トンで世界計の9.6％を占めている。化合繊糸生産は94年が160万トンで世界第5位である。98年の日本の合繊生産量は，世界の5.9％を占め，ナイロンでは4.8％，ポリエステル長繊維で4.6％である。また合繊生産量は韓国の56％，台

湾の44%、中国の33%である（『化繊月報』1999年2月号）。

合繊業界では、1986年までの8年間、法律のもとで設備の新増設を制限し構造改善を図ってきた。しかし、合繊各社がこの協調体制を採っている間に、韓国、台湾が大増設を行い、低価格を武器に国際市場に進出していった。汎用品の価格決定権はこれら諸国に移ってしまった。その後もポリエステル長繊維の世界需要は、年率3-5％の拡大が期待されているが、韓国、台湾の増設ペースが速い状態は続いた。

(2) 輸出依存型産業から輸入産業へ

輸出による貴重な外貨獲得で戦後の日本の復興に大きな役割を果たした繊維産業であったが、1986年からはそれまでの輸出産業から輸入産業へと転換している。85年のプラザ合意以降の円高とアジア諸国の台頭が、日本企業の国際競争力を低下させた。また、戦後、日本産業の発展とともに、社会的な平均賃金水準も上昇したが、繊維産業における生産性の向上はその上昇を補いきれな

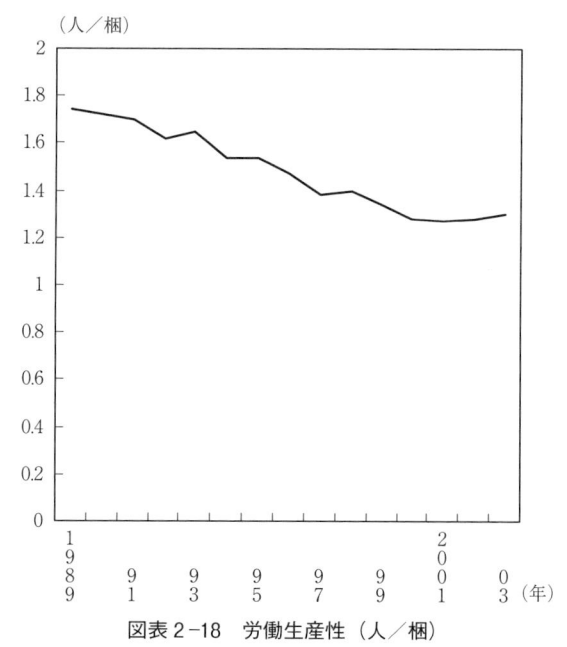

図表2-18　労働生産性（人／梱）
出所：『紡績月報』2004年7・8月号

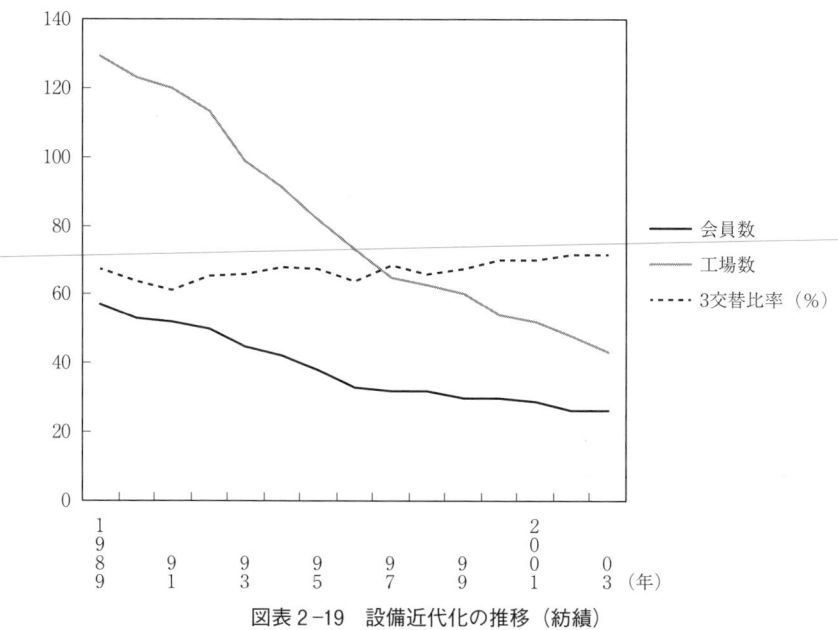

図表2-19 設備近代化の推移（紡績）

出所：『紡績月報』2004年7・8月号

かった。このことも繊維産業の国際競争力を急速に低減させる要因となった。
「昭和40年代以降におけるわが国の繊維業界は，産業レベルにおける設備近代化の立ち後れによる国際競争力の低下と，企業レベルにおける投下資本の不妊化による収益力の低下との相乗作用のために悪循環をおこし，急速に国際競争力を失っていったのである」（吉岡, 1986）

(3) 輸出規制と投資優遇政策

戦後の繊維企業にとって，輸出は成長の原動力のひとつとなってきたが，1950年代以降，繊維企業は，先進国，途上国による輸入制限に直面するようになる。

1950年代の半ば頃，労賃の高い米国の縫製業は，日本などからの安価なブラウスの流入であえいでいた。このため米国では輸入制限の動きが活発になってきた。56年から，日本政府は，米国向け綿製品輸出について業界の自主的輸出調整を実施した。62年には，綿製品輸出を規制する国際綿製品長期協定（LT

A）が成立した。65年頃から米国側は，自主規制を毛製品および化合繊製品にまで拡大することを希望するようになった。69年から71年まで日米繊維交渉が行われ，71年に日本繊維産業連盟は，米国向け繊維輸出自主規制を実施することにした。さらに72年には，米国案を基礎とする日米繊維政府間協定が正式に調印された。

欧州諸国も，LTA成立以後だけではなく，その成立以前から輸入制限を実施してきた。1955年頃から国際的にもイギリス領諸国を中心とする輸入制限が始まっている。

繊維産業はイギリスや日本を含めた多くの国で最初に発展してきた産業である。それは繊維事業が労働集約的で必要投下資本が多くないことなどから，自立化のためにまず綿業産業の育成を選択することが少なくないからである。また，外資の導入をすすめ輸入品の関税を引き上げることによって国内繊維産業の育成と保護を行うことが少なくない。60年代からこのような状況が，アジアの多くの国で見られるようになった。

(4) 新興国の台頭・成長

台湾，韓国，香港の（天然）繊維産業は，1960年代後半から70年代にかけて急成長した。70年代になるとタイ，パキスタンが輸出市場で台頭してきた。その後中国や東南アジア諸国が成長してきた。80年代には中国が輸出市場で台頭してきた[6]。

「生産規模の拡大を背景に，東南アジア諸国の繊維産業は国内市場を満たし，ついで国際市場へ進出していった。（昭和・著者注）40年代前半韓国，台湾，香港などの繊維産業は輸出産業として発展しつつあったが，40年代半ばにはこれらの国を追って，さらにタイ，インドネシア，フィリピンの繊維産業が国内市場の自給化を実現し，輸出産業の道をとりはじめた」（東洋紡績経済研究所編，1980）

このような流れは天然繊維だけではなく，合繊でも同じような状況になってきている。中国でも天然繊維から合繊への転換を急速に進めている。とくに1980年代後半からの韓国と台湾，そして90年代半ば以降の中国の躍進にはめざましいものがある。

それまで輸出中心で，安価で良質な糸や織物，量産の汎用品に国際競争力の

源泉を有していた日本企業は，これら後進諸国の追い上げで競争力を大きく低下させてしまった。1980年代以降，汎用品の価格決定権はこれら発展途上国に移ってしまった。

(5) 円高

国際的に見ると繊維産業は成長産業といわれている。1990年から2000年までの，世界の繊維需要の年平均伸び率は2.4％が見込まれていた。とくにアジアではその伸び率は高く約4.5％が見込まれていた。日本でも低率ながら安定的な成長が続くと予想されていた。実際，世界の繊維生産は90年代だけではなく2000年以降も拡大を続けている[7]。しかし，日本国内では，市場は成熟すると同時に海外製品の占める比率は増加している。

1971年に円レートは，１ドル＝360円から308円に引き上げられた。73年には変動相場制に移行した。円レートは日本の経済力を反映しているが，85年のプラザ合意以後は，１ドル＝250円から１ドル＝100円へ，一時は１ドル＝70円台

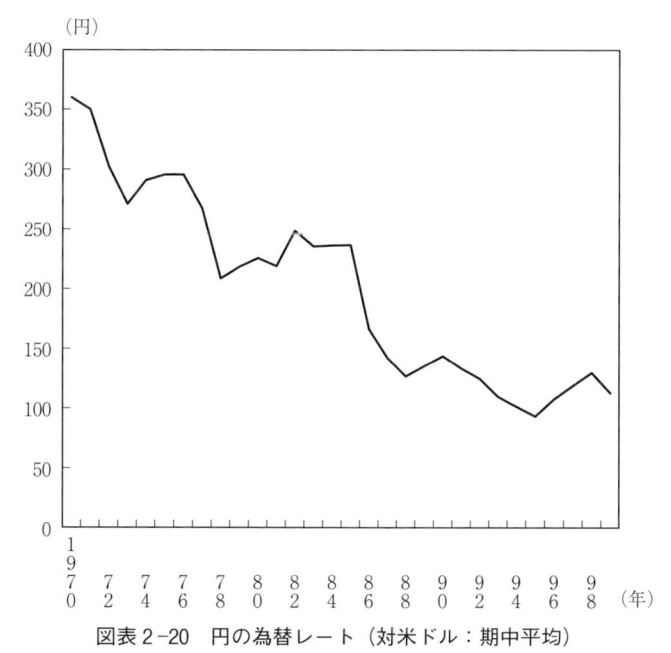

図表２-20　円の為替レート（対米ドル：期中平均）
出所：『通商白書（各論）』平成12年版

まで円高は進んだ。円高は輸出条件を厳しくする。85年以降の急激な円高によって、日本の繊維産業の競争力は大幅に低下してしまった。

東南アジアなどの後進国が、賃金の安さ、設備の新しさ、技術習得の進展などによって競争力を大きく高めてきたことと大幅にすすんだ円高によって、定番品では日本企業の競争力は完全に失ってしまった。コスト競争力では日本企業は、東南アジアの国々の企業には太刀打ちできなくなってしまった。

1986年、日本の繊維品全体の貿易額は入超に転じたが、以来一貫して貿易収支は赤字を計上しており、しかも赤字幅は増え続けている。衣料品の輸入金額は85年の約17億ドルから95年には約178億ドルと10年間で10倍に急増した。繊維製品の95年の貿易赤字は過去最高の173億6600万ドルで、これは前年比25％増である。輸出が89億4600万ドルに対して、輸入は263億1200万ドルであった。96年は、繊維製品の貿易赤字額は過去最高の188億7400万ドルに達した。輸出が85億6800万ドルであったのに対して、輸入は274億4200万ドルとなり、大幅な輸入超過状態が続いている。

輸入浸透率（（製品の輸入／内需）の比率）を見てみると、綿織物・製品は

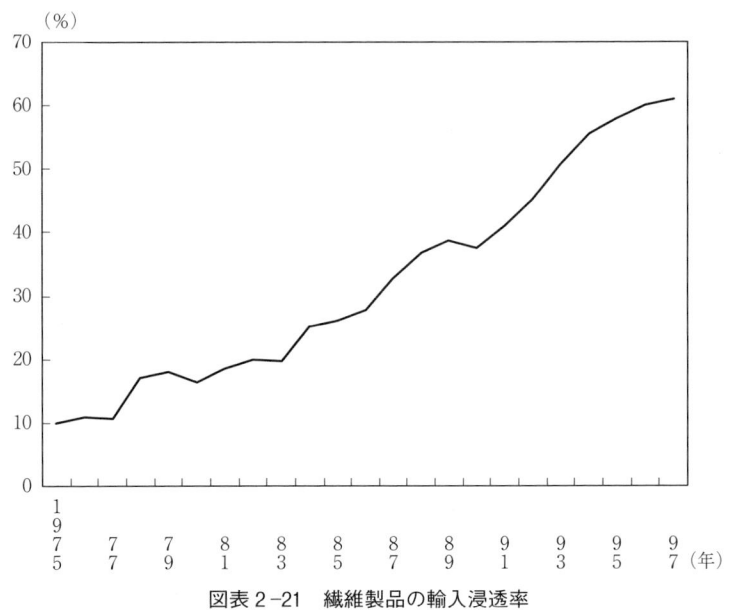

図表2-21 繊維製品の輸入浸透率

出所：『繊維統計年報』

1994年で80.9％，合繊は39.3％である。とくに綿製品の輸入浸透率は，83年の約35％から急増，92年には約70％に倍増，その後も増加が続き，01年には90％を超えるまでになっている[8]。

(6) 輸入規制

　戦後，数十年の間に，繊維産業の抱える問題は，輸出規制問題から輸入規制問題へと変化していった。日本紡績協会は，1982年に韓国産綿糸のダンピング提訴を，92年にはパキスタン産綿糸にダンピング疑惑による実態調査を行ったが，90年代にはいると，繊維産業では輸入制限に対する要望が強まっていった。日本紡績協会は95年2月8日に，日本綿スフ織物工業組合連合会と共同で，中国，韓国，インドネシア産の綿糸40番手と中国，インドネシア産の綿布ポプロン・ブロードを対象として，繊維の緊急輸入制限（セーフガード）措置の発動要請を20日にも通産省に行うことを明らかにした。日本紡績協会が輸入制限措置の発動要請を行うのはこれが初めてである。日本の繊維企業の多くは，このような状況のなかで，再び海外進出を積極的にすすめることになった。

注
1) レナウン，オンワード樫山の売上高は，1960年頃から80年頃までに約20倍もの成長を達成してきたが，その後は，大幅に成長率は低下している。90年代にはいると，売上高の減少を余儀なくされている。
2) 繊維産業は，繊維工業（14），衣服等製造業（15），化繊工業（204）の合計である（『工業統計表』）。ただし，平成14年より分類が変更になったため，以降は，繊維工業（11），衣服・その他の繊維製品製造業（12），化学繊維製造業（174）の合計である。
3) 一般に化学繊維（化繊）は，レーヨンあるいはスフ（レーヨン短繊維・レーヨンステープル）と人絹（レーヨン長繊維・レーヨンフィラメント）を意味する。しかし，広義の化学繊維は，化学繊維と合成繊維（ナイロン，アクリル，ポリエステルなど）を含む。
4) 綿タイプ紡機の運転可能設備数のピークは，1972年の1176万錘である。
5) 日本紡績協会が1999年7月に日本紡績協会会員会社について行った海外進出状況に関する調査によると，紡績会社の海外生産設備は綿紡機で約230万錘である（『日本紡績月報』1999年10月号）。同時期で国内とほぼ同規模である。
6) 日本紡績協会会長の柴田稔東洋紡社長は「長い目で見れば日本の海外展開はアジアの繊維企業の発展に貢献した。賃金差を考えれば，日本の二倍の雇用を現地で創造したのでは」と述べている（『日経産業新聞』1993年12月3日）が，日本の繊維企業が成長を維持していくためにすすめてきた海外進出による海外投資と技術移転は，国内では90年頃以降の産業の空洞化・弱体化をもたらし，進出先では強力なライバルを育成してきた側面は否定できない。
7) 例えば，2004年の世界の繊維生産量は，前年比14％増の6077万トンである。

第Ⅰ部 繊維産業の地位と成長戦略

	世界の化学繊維生産量	世界の綿糸生産量
1995年	2081万トン	
1996年	2203万トン	1673万トン
1997年	2471万トン	1795万トン
1998年	2548万トン	1714万トン
1999年	2655万トン	1761万トン
2000年	2833万トン	1882万トン
2001年	2788万トン	1884万トン

(『繊維ハンドブック 2003』：資料はＦＢＥ, *Fiber Organon*, 綿糸の世界計は推定を含む)

8) その後もこの動きは変わらず，2003年の輸入浸透率は，綿で97.9％，合繊で68.7％，全繊維で81.6％にのぼっている。

第3章　繊維企業の成長戦略

　本章の目的は，繊維企業大手16社が成熟化する産業のなかでどのような成長戦略を採ってきたのかを考察することである。前章では，繊維産業が相対的にも絶対的にも国内の全産業および国際的な市場における地位を低下させていった様子を見てきた。この章では，そのような状況に対して繊維企業各社がとってきた戦略を整理する。

　このような分析から，大手繊維企業のほとんどが，ほとんどすべての成長戦略に取り組んできたこと，それらの取り組みの開始はかなり古いこと，それらには断続的な取り組みが少なくないこと，そして比較的短い同じ期間に多くの企業が同じような成長戦略を採ってきたことも少なくなかったことが明らかになる。

　繊維各社は，産業の成熟化に対して，基本的には本業である繊維事業の再活性化と新しい事業分野への多角化をすすめてきた。それらをより詳細に見ると図表3-1のように分類することができるだろう。そこで第1節では図表中の(1)～(7)までを扱い，第2節において(8)と(9)を解説する[1]。

図表3-1　成長戦略

繊維事業の再活性化	(1) 素材そのものの高付加価値化 (2) 川中・川下分野への進出 (3) 設備の近代化・合理化 (4) 非衣料分野の開拓 (5) 海外進出 (6) 化繊・合繊への進出 (7) 原料遡及
多角化	(8) 多角化 (9) M＆A・提携（再活性化も含む）

第Ⅰ部　繊維産業の地位と成長戦略

第1節　繊維事業の再活性化

(1) 素材の高級化・差別化

　綿素材の分野では，さまざまな高付加価値化が図られてきた。その代表的なものが普及品のカード糸から高級品のコーマー糸への，あるいは太番手糸から細番手糸（高級化）への重点の移行である。大半の企業で，1955年と比較して90年の純綿糸の平均番手は，大きくなっており，細番手化がすすんでいる（図表3-2）。綿紡績11社平均では，32.6番手から42.9番手になっている。コーマー糸の生産比率を見ると，81年の31.6％から89年の44.2％へと高まっており，高級化が進んでいる（日本紡績協会，1991）。

　1952年頃からの朝鮮戦争によるブーム後の反動不況を契機として，紡績各社は，生産品種構成の重点を次第に細番手の高級品や加工度の高い製品に移行させてきた。これは最初は，当時の中小紡の参入による過当競争のなか，中小紡に対しての優位性を確保するためであった（藤井，1971）。しかし，アジア諸国の競争力の向上とともに汎用品の分野の価格決定権がアジア諸国に移っていくなかで，増加するアジア諸国からの輸入品に対応することが，今日では主たる目的のひとつとなっている（一部では太番手化も復活している）。

図表3-2　各社の細番手化（平均番手）

社　　名	1955年	1990年
東洋紡	33.48	53.68
（呉羽紡）	(34.91)	
カネボウ	35.65	78.44
ユニチカ	32.59	47.11
日清紡	35.85	37.62
クラボウ	32.88	16.3
日東紡	29.72	36.67
フジボウ	34.63	48.5
ダイワボウ	33.58	26.73
シキボウ	31.36	52.35
オーミケンシ	28.89	33.89
東邦レーヨン	29.69	40.25
平　　均	32.6	42.9

注：番手とは，紡績糸の太さを表す単位で，大きな数字の番手になるほど糸の太さは細くなる。
出所：『紡績事情参考書』

第3章　繊維企業の成長戦略

　天然の繊維は合成繊維とは違い，原料段階で差別化や個性化を行うには限界がある。しかし，1990年頃には，バイオテクノロジーを利用して良質綿の大量栽培を試みている企業や，綿花段階からの差別化として，有機栽培した綿の開発を行っている企業などもある。

　また，紡績企業は，合繊の登場とその急成長に対して1950年代半ば頃から，合繊を紡績するという対応をとることで合繊との共存策を図ってきた。

　「綿紡績資本の『合繊紡化』は昭和30年代において短期的には屈折を繰り返しながらも大勢としては次第に進行した」（藤井，1971）。

　これらに並行して，綿と合繊との混紡，複合化，他の種類の糸との混紡・複合化がすすめられた。例えば紳士服地では，昭和30年代の後半には，ポリエステルと，レーヨン，レーヨンとウール，ウール，麻，綿などとの混紡品が開発され売上を伸ばし始めている。今日では，混紡，交燃，二層構造，三層構造，混繊などの繊維が各社から生み出されている（島倉，1997）。多くの種類の糸の組み合わせ，技術の組み合わせにより，極めて多様な製品（素材）が生み出されている。このような製品の多様性は，今日の日本の繊維企業がもつ特徴のひとつであり，競争力の源泉のひとつともなっている。

　レーヨンでは，改質スフが開発された。強力スフと「ポリノジック」がその代表的なものである[2]。ポリノジック繊維はほとんどの企業が開発している。

　「昭和30年代初頭のスフ綿増設競争および勧告操短の長期化を背景として，各社でレーヨンの特殊スフ，改質スフの研究が進展した」『富士紡績百年史』下，p.137）

　素材の開発は合成繊維で活発に行われてきた。新しい素材の開発ではビニロン，ナイロン，ポリエステル，アクリルに続いてポリプロピレンなどが開発されている。また，差別化素材として，異形断面素材，中空糸，超極細繊維，高

図表3-3　各社のポリノジック

三菱レイヨン（1959年生産開始）
大和紡（61年設備完成），東洋紡（61年設備完成）
帝人（62年本格生産開始）
東レ（63年生産開始），富士紡（63年生産開始），日紡（ユニチカ・63年生産開始）
日本レイヨン（ユニチカ・64年生産開始），東邦レーヨン（64年生産開始）
日東紡（70年生産開始）
鐘紡（63年現在，改質レーヨン「カネリオン」の日産8トン設備の建設を検討中）

出所：『週刊東洋経済』昭和38年4月6日号

機能繊維，新合繊などが開発されてきた。

戦後形成され急成長した合繊業界でも，1960年代半ば頃には国内市場の成熟化を迎えるようになり，その頃から差別化素材の開発が各社で積極的にすすめられるようになった。その代表的なものがシルキー合繊[3]で，63年に東レが「シルック」を事業化，その後帝人の「シルパール」（64年生産開始），「シルスター」（66年開発），東洋紡の「シルファイン」（67年），「シノン」（69年事業化），日レの「栄輝」（67年），旭化成の「ピューロン」（66年），鐘紡の「ソアスター」，クラレの「パールアイ」，三菱レイヨンの「ソルルーサ」などが事業化された。

シルキー合繊の需要は1973年秋の第一次石油危機前をピークに，その後長い間停滞した。しかしこの間に格段にすすんだ加工技術が83年にフェミニン調の流行を捉えたことで，この差別化素材が10年ぶりに復活した（『日本経済新聞』1983年6月20日）。この加工技術は80年代後半にブームとなる新合繊の開発へとつながっていった。テキスタイル開発ではバルキー加工，アルカリ減量加工，人工皮革などがある。

(2) 川中・川下分野への進出

繊維企業は，戦後から今日にかけて，紆余曲折を経ながらも，糸段階の川上分野から川中・川下分野[4]へと活動の範囲を拡大させてきた。またそのような活動の社内における相対的な比重も大きくさせてきた。輸入浸透率が急激に高まる1990年代以降，各社は製品事業を強化するようになった。ダイワボウの武藤社長は「今後は衣料品など最終製品に注力したい」と述べているが，このような方針は多くの企業に共通している。

綿紡績企業が主力としてきた糸売りは，綿花，綿糸，そして為替の3つの相場に左右される市況性の高い事業である。戦前から大手紡績企業は紡績だけではなく織布も兼営してきたが，戦後は，高付加価値のテキスタイル製造と川下強化をすすめ，糸売り比率を下げていった。すなわち戦後，糸売りの競争力が低下してくるなかで，染色・加工までの一貫生産を強化してきた。また，川中・川下企業との提携をすすめたり，さらに自ら最終製品の生産や小売りに進出したりしていった。形を変えながらも，川中・川下分野への取り組みをすすめてきた。

「糸売り」「布売り」から，二次加工部門や末端販売部門にまで進出する繊維

企業の動きは，戦後では1950年代にまでさかのぼることができる。このような取り組みを行ってきた理由は多様である。また，時期によってもそれらの理由は変化してきた。

　1950年代の過剰設備の慢性化，60年代の労働力不足，労賃の高騰，国際競争力の低下，合繊の急成長などへの対応として，また中小企業や途上国からの輸入増大への対抗策として，紡績，合繊の各社は，「コンバーター」を志向した取り組み，二次製品への進出，卸売り段階までを包括した縦の系列化など，さまざまな形で川下志向戦略を採ってきた。

　1950年以来急増した中小の紡績企業に対する優位性を維持するために，大手紡績企業は，樹脂加工による防しわ・防縮加工に取り組んだ。このような対応により大手紡績企業は，新紡，新新紡，あるいは中小企業との差別化を図ろうとしてきた。また，合繊の台頭に対抗しようとした。

　戦後，個人所得は増大し，衣料は充足していった。国民一人当たりの繊維品の消費量は，急激に増加した。1956年には14.4ポンドとなり，5年前の約2倍となった。衣料は必需品から流行や好みによる需要へ，奢侈品としての需要へと変化していった。もの不足の時代には，造れば売れたが，そのような状況は大きく変化していった。このため，加工度を高めることによる利益の確保，消費者に対する企業イメージの強化が図られた。また，国際競争力の強化からも消費者指向型産業への転換を図る必要に迫られた。さらに高級化，ニーズの多様化，個性化の傾向が強まり，機能だけでは売れない状況が強まった。生産志向から消費者志向への転換がすすめられた。

　途上国の台頭も川中・川下展開を促進させた。石油危機以降は，原料高と円高によって国際競争力は低下し，国内市場に比重を移行させざるを得なくなった。その国内では，素材では利益を上げることがむずかしくなってきた。1985年以降の円高の状況下では，輸入品が急増して，紡織だけを手がけて糸，生地を未加工のまま販売するだけ，素材を提供するだけでは儲からなくなってきた。加工度の低い製品は国外，国内市場で競争力が低下してきた。また国内ではニーズの多様化への対応がますます不可避となってきた。

　一方，日本の繊維産業の抱えている問題のひとつは，ニット，縫製などの加工部門が零細で，流通段階が複雑であることである。繊維産業は長く複雑な流通過程をもち，それぞれの段階が分断されていることが特徴のひとつである。

これがそれぞれの段階における合理化を妨げ，製造原価を高めてしまう。このような問題については古くから認識されていた。1960年代に谷口豊三郎日本紡績協会委員長は「合繊メーカーや紡績会社がいくら合理化，近代化しても，加工，流通段階が弱くては全体としての競争力は弱い。加工，流通を含めた繊維産業全体の構造改善が必要」と述べている（『エコノミスト』1968年4月20日）。

川上に位置する紡績企業にとって，川中・川下企業を系列化，あるいは自社でそのような分野へ進出することによって，販売力の強化による売上げの安定化と増加，素材の価格が最終製品の価格の1割にも満たない状況での付加価値・利益の増大[5]，あるいは多様化するニーズのより迅速で正確な把握が期待できる。また流通経路の合理化によって価格を下げることができる。

国や業界の方針でも，石油危機までは，国際競争力を高めるために水平的グループ化が勧められたのに対して，危機後は，垂直的グループ化が重視されるようになってきた（「70年代の繊維産業のあり方」，繊維工業構造改善臨時措置法）。そこでは，繊維産業を競争力のある産業として生まれ変わらせるため，糸から縫製部門までの垂直統合，アパレル分野の強化などを柱とする構造改善をすすめることがうたわれている。

繊維企業にとり繊維事業を維持するためには，加工度を上げて付加価値を高めること，消費者のニーズを正確に把握すること，商品開発と流通において素早く対応すること，多種少量生産システムを構築することが必須となってきた。

日清紡の田辺辰男社長（当時）は，海外企業に対する日本企業の優位性に関して次のように述べている。

「日本のような豊かな国では市場内部に立地したインサイダーが優位に立つ」「豊かな消費者は気まま。人とは違ったもの，価値の高いものを望むようになる。日本人の感性を理解できるのは日本企業」「アジア諸国には化学など繊維の加工に必要な産業が十分に育っていない」「廃棄物の処理には大きな投資が必要。コスト負担を考えれば，日本企業が相対的に強くなる」（『日本経済新聞』1992年3月24日）

ファッション産業の成長は，アパレル企業の成長をもたらしたが，スーパーなど大型店の成長，全国展開の小売りチェーンの成長なども促進した。このような動きに対して繊維企業は，ＯＥＭを中心に，海外拠点を活用した製品戦略

第3章 繊維企業の成長戦略

図表3-4 全国展開の小売店との提携（例）

東　　　　レ：1990年「アオキインターナショナル」との共同プロジェクト発足，92年から共同商品企画に本格的に取り組む
帝　　　　人：1989年「アオキインターナショナル」と共同開発開始
旭　　化　　成：1992年から「イトーヨーカ堂」との共同企画に初めて着手
ク　ラ　　レ：1994年「はるやま商事」とメンズフォーマルウエアを共同開発
三菱レイヨン：1995年，量販店のプライベートブランド商品を強化。すでに「ダイエー」「イトーヨーカ堂」「ニチイ」「長崎屋」などと提携。
カ　ネ　ボ　ウ：1994年「はるやま商事」と形態安定スーツを共同開発
ク　ラ　ボ　ウ：1990年「ジャスコ」とカジュアルウエア事業などで共同展開，1994年「コックス」「ファーストリテイリング」「タカキュー」「ムトウ」と共同企画契約締結
ダイワボウ：1994年「ジャスコ」と男性用肌着で提携
フ　ジ　ボ　ウ：1994年「タイトリスト」ブランドのウエアをチェーン店向けに発売
1992年「イトーヨーカ堂」が，紡績や合繊メーカー，染色会社，縫製会社を組織化，1993年には，「イトーヨーカ堂」は，新合繊のポロシャツで，紡績をクラボウ，縫製をシキボウ，販売をイトーヨーカ堂が担当するチームを編成

を強化していった。1980年代からはスーパーとの取り組みも行われるようになった。90年代にはいると，全国小売りチェーン店との共同開発も行われるようになった。

　生き残りの決め手として機能繊維の開発が積極化してきたのも，1990年頃から見られる特徴のひとつである。防縮防しわ加工の他に，「洗い」などの加工，染色加工をはじめ，機能繊維，多機能繊維，紫外線遮蔽繊維，抗菌・防臭・消臭繊維，蓄熱・保温機能，帯電防止，導電性，吸水性，色の変化，伸縮性，防水，撥水，防汚，シルケット，防縮，防しわ，防炎，抗菌防臭，消臭，防だに，難燃，透き通らない繊維，透き通る繊維，透湿性を高める，水を通さない生地など，さまざまな機能をもった繊維が生み出されてきた。

　ＭＲＳＡ（メチシリン耐性黄色ブドウ球菌）対応抗菌加工繊維を，東レ，帝

図表3-5 たばこ消臭繊維

旭　化　成：1994年7月発売
ダイワボウ：1995年6月発売
三菱レイヨン：1995年9月発売
ク　ラ　　レ：1995年10月発売
カ　ネ　ボ　ウ：1995年10月発売
帝　　　　人：1995年12月発売
東　　　　レ：1996年4月発売

出所：『日経産業新聞』1996年1月11日

人，クラレ，カネボウ，東洋紡，日清紡，フジボウ，ダイワボウ，シキボウなどが販売しているように，多くの企業が同じ機能をもった繊維を開発している。

① 加工

加工について，まず紡績について見てみよう。1950年以来急増した中小の紡績企業に対する優位性を維持するために，合成繊維の急成長による天然繊維のシェアの後退に対して，あるいは衣料不足の解消によってニーズが多様化してきたことから，大手紡績企業は，樹脂加工による防皺・防縮加工に取り組んだ。

綿の防縮・防皺は古くからの課題であったが，米国で開発された織物の加工技術である「サンフォライズ」加工技術などを1950年代前半，多くの日本の紡績企業が導入した。

1960年頃には，合繊が急成長してきた。合繊のW－W（ウォッシュ・アンド・ウェア）性に刺激され，綿製品にもこの機能を付与する研究が行われ，新しい加工法が開発された。

「昭和36年当時にはテトロン（東レと帝人のポリエステルの商標・著者注）

図表3-6　各社の加工技術の導入

鐘　　　紡：1952年「サンフォライズ」生産開始，53年「エバーセット」生産開始
東洋紡（呉羽紡）：1952年「サンフォライズ」「エバーグレイズ」技術導入
ユニチカ（大日本紡績）：1957年「サンフォライズ」機導入
日　清　紡：1954年「サンフォライズ」技術導入
クラボウ：1954年「サンフォライズ」導入，56年「テビライズ」導入
日　東　紡：1955年「サンフォライズ」生産開始，55年「ダンセット」導入
フジボウ：1953年「サンフォライズ」導入，54年「マーセライズ」導入，59年子会社三光染料で「テビライズ」導入
ダイワボウ：高瀬染工場1952年「エバーグレーズ」加工開始，54年「サンフォライズ」導入
シキボウ：1954年「サンフォライズ」発売

図表3-7　1961年春における各社から発表された製品（ニューコットン）

製品名	会　社　名
マーベライズ	東洋紡
ベスター	日清紡
ベルファスト	クラボウ，日東紡
バンケア	日紡，シキボウ，ダイワボウ，呉羽紡，鐘紡，フジボウ

出所：柳内（1998）

図表3-8　パーマネントプレス

```
日　清　紡：パーマネントプレス生産開始（1965年）
シキボウ：パーマネントプレス・シーツ発売（66年）
クラボウ：備後パーマネントプレスセンター設立（66年）
ニチボーと帝人：パーマネントプレス加工品を発売（66年）
東　　　レ：パーマネントプレス加工センター設立
```

混紡を行う十大紡のうち「改質綿布」生産に方針転換したものが多数あった」（藤井，1971）

この加工綿布は「ニューコットン」と呼ばれ，綿のセルロース繊維間に樹脂で架橋結合を起こさせる技術であるが，米国で開発されたものであり，日本の紡績企業も導入した。しかし「強度不足と手ざわり不良のため短期間で姿を消した」（柳内，2002）。

1960年代中頃には，ポリエステル・綿混紡生地を熱プレスする「パーマネントプレス」加工が米国で開発され，日本の紡績企業も導入した。この技術は「ニューコットン」の技術を土台にしている。日本では66年以降，数年にわたりブームとなったが，その後消費者の好みの変化によって減少した（柳内，2002）。しかし今日この技術は，ワイシャツ地では一般化している。

図表3-9　1994年における各社の形態安定加工

メーカー	商標，ブランド名
東洋紡	ミラクルケア
ユニチカ	ミラクルケア，ユニエヴァー
フジボウ	ミラクルケア，マックスティブル
日清紡	ＳＳＰ，ＴＴＰ
クラボウ	ニュートーン，アップメイク，ディーマーク
鐘紡	フォームメモリー
シキボウ	ダブルアクション
ダイワボウ	ラボルージュ，ラボルージュN
日東紡	ハイジャスト，ＤＳＰ
ダイワボウレーヨン	ミート400
東邦レーヨン	ニューコット
オーミケンシ	ピアレス

出所：日比あきら（1994）「綿の形態安定加工」の表2より作成

1985年以降の円高の状況下では、輸入の増加に紡績企業は悩まされるようになったが、各社は再び加工技術に大きな期待するようになっている。

各社は、「もう紡織だけを手がけて糸、生地を未加工のまま売っていたのではやっていけない」（綿紡各社幹部、『日経産業新聞』1993年1月11日）、「加工はNIES（新興工業経済群）やASEAN（東南アジア諸国連合）に比べ日本に最も競争力のある分野」（田辺辰雄日清紡社長、『日経産業新聞』1992年5月14日「綿紡各社、一貫生産を強化」）として仕上げ加工を強化していった。その代表的なものが形態安定加工である。これは米国で液体アンモニア加工やVP加工の技術が開発され、それらをベースに開発されたものが中心となっている。1993年にこれらの加工をほどこした紳士シャツが東洋紡と日清紡から発売されたが、翌94年の時点では、本研究で対象としている紡績企業のすべてがこの形態安定加工に取り組んでいる。

合繊の分野でも同様である。定番品では1980年代には、韓国、台湾の企業が競争力をもつようになってきている。このような状況のなかで日本企業が成長を維持するためには、付加価値を高め、差別化が必要であるが、それを実現したものの代表が新合繊である。新合繊の中心は、ポリエステル長繊維で、断面を異形にしたり、極めて細くしたりすることなどで独特の質感をもたせたものである。

この新合繊は、糸段階でのポリマー改質技術、混繊技術、特殊紡糸技術と、テキスタイル段階での撚糸加工、高密度織り技術、アルカリ減量加工などの技術を融合したものである。このため、織物や染色加工の企業との共同開発が必要である。また、形態安定シャツと同様、1960年代の差別化素材の開発から続く長期の研究開発とその蓄積によって可能となった技術である。ポリエステル繊維を事業化している東レ、帝人、ユニチカ、クラレ、三菱レイヨン、東洋紡、鐘紡、旭化成の各社がさまざまな新合繊を開発している。

② テキスタイル

1960年代以降のアパレル企業の成長は、繊維企業にとって、それまでの「生産志向型」から、「実需直結、流通重視型」へ体質転換を図ることが緊急の課題となってきたことを示している。石油危機以降、糸、綿といった素材は、量的な拡大が期待できないことがより明確になってきた上に、収益性も低下してきた。これに対して、繊維各社は、成長するアパレル産業に対応したテキスタ

図表3-10　各社のテキスタイル会社の設立

東レテキスタイル設立：1973年	82年販社吸収
カネボウ繊維販売設立：1975年	
ダイヤテキスタイル設立：1975年	
東洋紡テキスタイル設立：1975年	81年販社吸収
旭化成テキスタイル設立：1976年	94年吸収
ユニチカテキスタイル設立：1976年	82年販社吸収

イルの開発・生産への，「原糸消費型からアパレル対応型」への転換を目指してテキスタイル子会社を設立していった。テキスタイル事業それ自体の強化がすすめられた。73年から76年にかけて，多くの企業がテキスタイル子会社を設立している。設立していない企業でもテキスタイル部門の強化が図られた。80年代初頭に策定された多くの企業の中期計画でも，テキスタイル化は重点施策のひとつとなっている。

　各社は「糸，綿といった素材は，もはや成熟産業」（伊藤淳二鐘紡社長，『日本経済新聞』1982年1月11日「明日を拓く7」），「これからの繊維事業はテキスタイルを中核に据えた体制にしないと，安定した収益は望めない」（宇野収東洋紡社長，同上）との認識を強め，素材部門の縮小とテキスタイルの拡充をすすめていった。

③　川下事業

　各社の，1990年代の川下事業への展開を新聞記事等から拾ってみると（子会社を含む），消費者ニーズや市場の動きを捉えたり，商品イメージを高めるため，さまざまな取り組みを行っている（図表3-11）。

　このような動きは，1990年代以降に特有なものではなかった。他の成長戦略

図表3-11　1990年代における各社の川下展開

（企画）	産地，アパレルや小売りとの共同企画：東レ，帝人，クラレ，三菱レイヨン，鐘紡，東洋紡，日清紡，クラボウ
	ブランドの導入（デザイナーとの契約）：東レ，帝人，クラレ，三菱レイヨン，鐘紡，東洋紡，ユニチカ，クラボウ，日東紡，フジボウ，ダイワボウ，シキボウ
（製造）	製品事業：クラレ，鐘紡，日清紡，クラボウ，日東紡，フジボウ，ダイワボウ，シキボウ
	縫製：東邦レーヨン，日東紡，シキボウ，日清紡，クラボウ
（販売）	小売：クラレ，鐘紡，日東紡，ダイワボウ，シキボウ

と同様，繊維企業の川下を志向した取り組みの歴史も古い。その主たる理由は，中小企業との差別化，過剰生産傾向の慢性化への対応，合繊の急成長による天然繊維製品のシェアの後退への対応など，多様である。繊維企業では，50年代には「積極的に加工段階に進出して製品の付加価値を高め，同時に販売体制を確立してその価値の実現をはかることが重視される」ようになっていた（藤井，1971）。

昭和30年代（1955 - 1964年）の成長戦略のひとつとして，綿紡績企業は高次加工分野への進出と系列下をすすめた。

紡績企業の間には，朝鮮戦争後の反動恐慌時から，「従来の『糸売り』，『布売り』の地位から抜けでて，二次加工部門や末端販売部門にまで進出する動向」（藤井，1971）が見られた。「昭和28年以降十大紡がいっせいに二次加工，縫製部門に進出し，紡績－織布－染色加工－縫製という生産体系の一貫化が促進された」（藤井，1971）。

東洋紡の「ダイヤシャツ」（1952年市販開始），「シキボウシャツ」（54年市販開始），「富士紡ワイシャツ」（55年販売開始），「クラボウシャツ」（55年キャンペーン実施）のように「このワイシャツ生産は昭和32年当時にはすでに十大紡が軒並みに手をつけ，下請け縫製工場の系列化がみられた」。「その後この十大紡による最終製品販売は一時停滞を示したが，35年頃になるとふたたび一段と積極化し，その品目もワイシャツのほかにブラウス，メリヤス，さらには既成服，カーペットそのほかの製品にまで広げられた」（藤井，1971）。

図表3-12　各社の二次製品対応組織の設置

東洋紡	1957年に製品部を設置
カネボウ	1962年に加工品（二次製品）総部設置
大日本紡（ユニチカ）	1963年に製品部設置
日清紡	1960年，営業部に加工第一課・加工第二課設置
クラボウ	1963年に二次製品部設置
日東紡	1960年「日東紡ふきん」発売
ダイワボウ	1962年に営業第三部設置
フジボウ	1958年に特殊製品課を新設し二次製品部門に進出，64年営業企画部新設
シキボウ	1958年に特品課を廃止して二次製品課を新設
オーミケンシ	1962年にハイ・オーミの商標で寝具・メリヤス等二次製品部門へ進出，63年に第二販売部設置

第3章　繊維企業の成長戦略

　1960年前後から紡績各社は，二次製品部門を強化するために社内に担当部門を設立しており，「本格的な営業体制が整備されるようになった」（藤井，1971）。

　1965年前後には繊維各社で，流通段階を系列化しようとする動きも見られるようになった。各社は以下のような対応を行った。

　ニチボー（ユニチカ）は，加工流通対策をとくに重視していた。縫製，メリヤス，特殊加工業者などの生産チームの組織作りをすすめ，ヒシマル縫製，東衣工業，国産編織などを傘下に入れた。特殊製品としては，ハイパイル機の増設，ブランケットタフケッド機，各種編み機の輸入をすすめた。販売部門としては，ニチボー製品中心の総合地方問屋75社のほか，単品地方問屋約300社のルートを構築した。これらによって，一つの商品で年50万枚ぐらいは自動的にさばけるパイプとなったといわれた。さらにこの流通経路を十分に活用していくために，地方卸と共同で商品開発を行う「商品研究会」を発足させている（繊維対策研究会，1965）。

　カネボウは，糸布売りは極力やめ，二次製品での販売強化政策として，流通の系列下をすすめ，これを化粧品グループと組み合わせて，急速に繊維製品の販売を拡大していく方針をうちだした（繊維対策研究会，1965）。1961年春に全国有力小売店，百貨店，地方有力卸を中心にセールス・チームとして「カネボーサークル」を組織した。これは全国に約2500店に及んだ。63年には小売店の直営「カネボウ・サービス店」に進出し，64年には「鐘紡化粧品販売会社」をすべて「鐘紡製品販売会社」に変更した。

　東洋紡は，昭和30年代に関係会社を23社から47社に増加させているが，それらには川下指向的なものが多い（『百年史東洋紡』1986）。この背景について，「当初，二次製品を手がけていたが，その体験から分離ないし子会社方式で行う方針を打ち出している。二次加工メーカーを多く設立し，また従来自製していたワイシャツも今年9月に分離し，東洋紡としては原糸メーカーに徹しようとしている」（『週刊東洋経済』1965年11月20日号）と報じられている。1964年，全国約530店の優良小売店の賛同を得て「東洋紡サークル」を発足させた。

　1963年9月，ダイワボウは，同じ三和銀行系の縫製メーカーである福助足袋を系列下におさめ（株式を取得し業務提携を行う），二次製品について販売部門の強化を図った。

クラボウは，1963年より大和デパートの株式を買い占め，販売網の強化を図った。また問屋代理店を中心とするグループ「クラボウ友の会」を活用した。67年には大鳥繊維(織布)を系列下し，グンゼと株の持ち合いを行った。

フジボウは，二次製品販売にはとくに力を入れていた。発売元7社と地方卸44社による「富士紡二次製品卸連盟」(1960年結成・販売チーム)など強固な組織作りをすすめ，1964年10月には「富士生販」を日出織布(シーツ)，青野タオル(タオル)，宇高縫工(布雑品)，今井義毛織(毛布)の4社で設立，集中生産により製品のコストダウンを図り，安定した年間商品をフジボウに供給するとともに販売活動を行う(繊維対策研究会，1965)。65年には丸編生地製造の「片倉富士紡ローソン」を設立した。

日清紡は，流行を追わねばならないような固有の二次製品は取り上げず，中間素材に限って手がけることを決めたが，二次製品の縫製，ニット等の各分野について系列化を促進することを図った(『日清紡60年史』1986)。1959年，二次製品のワイシャツについて系列会社の育成，提携の強化を目指して「三ツ桃シャツ会」を結成した。

シキボウは，連携織布業者との会合として，1953年に賃織織布業者と加工企業からなる「遠州人魚会」を結成したが，その後各機業地でも同様の会合を結成していった。メリヤス編み立て業者との会合としては，59年に東京で結成された「一星会」などが代表的なものである。縫製業者とのチーム作りでは，59年に「テトロンシャツ・シキボウ会」が東京と大阪で結成された。小売業者との会合としてもっとも早く作られたものは寝具ルートにおける「東京人魚会」で58年に編成された。

日東紡は，服地，二次製品について専門問屋と提携した(繊維対策研究会，1965)。

合繊の事業化にあたって化繊・紡績企業は，「メーカーが商品企画を樹て，メーカーの技術指導のもとに系列加工業者に賃加工生産，もしくは『「糸売り布買い」』契約にもとづいて生産させ，製品をメーカーチョップ品として販売するという方式」(『100年史東洋紡』1986)である「系列化」戦略を採った。

合成繊維は日本ではまったく新しい素材であったため，市場開拓を行うには最終段階まで責任をもつ必要があった。最終製品の品質・供給量，価格を保証

し維持するために加工メーカーに対する技術指導が必要とされ，系列販売制度というマーケティングの体制を確立する必要があった。各社は，紡績，織布，染色，縫製加工業者などとの系列化をすすめ加工組織であるPT（プロダクション・チーム）と販売組織であるとST（セールス・チーム）を構築していった。これらの動きは，先発企業だけではなく「他の合繊メーカーも基本的には大同小異の方法によって，中間市場を掌握した」（田中，1969，p.136）

先発企業による加工メーカーの系列化は，1950年代からすすめられた。東レでは，ナイロンの工業化の初期段階から，系列化が一般化していたが，59年に，それまでの生産系列，販売系列という呼称を改め，それぞれをPTとST[6]と呼ぶことにした（『東レ70年史』1997）。ユニチカは，56年，ナイロン加工業者の系列化をすすめ，59年10月には「日レ・ナイロン織物会」を発足させている。帝人も59年から61年にかけテトロン用設備を産地に設置させ，その大半をテトロン生産加工系列にしている。そして「63年秋に入ると，鐘紡・呉羽紡・東洋紡を中心とした後発メーカーの系列機業の獲得がし烈をきわめ，しだいに系列機業の範囲が中堅層から20～50台の小規模層にまでおよぶにいたった」（福井県，1996）。

図表3-13　各社の系列化

会社名	原糸メーカー別の機台数（1964年）
東レ	10034（103）
帝人	6962（180）
日本レーヨン	3808（ 94）
旭化成	4088（ 84）
クラレ	747（ 35）
カネボウ	2900（ 58）
呉羽紡	1050（ 20）
東洋紡	1356（ 41）
チッソ	1124（ 33）
三菱アセテート	1232（ 20）
その他	5690（263）
計	38991（931）

注：（　）内は，機業数
出所：福井県編（1996）『福井県史　通史編6 近現代二』。
　　　元データは『商工中金調査時報』第11巻第7号

1960年代の後半になると「ファッション産業」が成長産業として注目されるようになってきた。70年頃には，衣料部門が名実ともに繊維産業を構成するひとつの部門として認められるようになったのである（吉岡，1986）。
　「生産面の合理化によるコスト低減はしれている。流通部門で価格安定，向上に努めるほうが利幅が大きい」（河崎東洋紡社長，『週刊ダイヤモンド』1970年3月2日号「綿紡10社"脱紡績"への道けわし」）と，紡績各社はファッション産業の興隆への対応を図った。期待できる成長分野として消費者志向，付加価値向上への動きを強めていったといえよう。
　カネボウは，1969年にファッション部門を新設した。紡績企業としては初めてファッション担当役員を置いた。70年にはファッション・フェスティバルを開催し，「ファッション元年」を宣言した。
　「東洋紡績，倉敷紡績，敷島紡績も相次いで営業組織を製品中心の消費者志向型に切り替えるとともに商品開発室などの充実に努めている」（同上）。東洋紡では，1961年に設置した「デザイニングセンター」を70年頃から「ファッションセンター」と称するようになった。
　このような動きは合繊企業でも見られた。当時の『日本経済新聞』（1969年12月29日）では，「東洋レーヨン（東レ），帝人，旭化成工業など合繊各社は競ってファッション衣料に適する素材の開発，研究，海外の情報収集網の整備，さらにファッション衣料の販売チーム作りに乗り出している」と報じられている。
　旭化成は，1969年に大阪に繊維商品研究所をつくり，ファッション衣料に関する情報担当室を設置した。また，70年からは「旭化成ＦＩＴ（ニューヨーク州立ファッション工科大学）セミナー」を開催してきた。81年にはアパレル進出計画を発表した（83年には計画を白紙に戻した）。
　ユニチカは，1970年にファッション分野を強化するため，仏ブコール社と提携した。71年には，シャツ地のカラー化，ファッション化でアドレス作戦を推進した。
　三菱レイヨンは，1968年にレナウンなどと共同で婦人ファッション衣料の専門小売りチェーン「レリアン」を設立している。
　クラボウは，1973年に約100社の販売代理店の加入するカラー・ワーキングウェア企画販売のグループ「ゼンロック会」を結成した。

フジボウは1969年，大阪と東京に販売促進課を置いたが，その設立の趣旨のひとつはファッション動向を探ることであった。同69年にはニット課を新設し，営業本部を市場指向型組織に再編成した。72年には「フジボウ・デザイン・センター」を設置した。

日東紡は，1956年から59年まで樹脂加工綿布「ダンセット」製品の新企画を発表するファッションショーを開催してきたが，69年には縫製メーカーなどと共同でファッションビジネスに不可欠な要素である衣服のプロポーション，美観維持に必要な芯地の開発をすすめるために芯地スタジオを設置した。

オーミケンシは1969年に婦人既成服部門を分離し，綿紡大手で初めて「ミカレディ」を設立した。

その後も繊維企業の川下やファッションへの関心は強まっていく。東洋紡の社史には，この頃の状況は次のように描かれている。

「いわゆる川下論ないしダウンストリーム指向論が業界で盛んに論議されるようになったのは，（昭和・著者注）47年から48年にかけてのことであった。ドルショック後の繊維業界は，輸出環境の悪化から構造転換が叫ばれ，国内市場の再開発，あるいは付加価値の高いファッションビジネスへの対応

図表3-14　各社のアパレル関連会社の設立など

1954年	カネボウ「ベルファッション」設立（1969年「ファッション部門」設立）
1960年	「テイジン・メンズショップ」
1969年	「ミカレディ」を設立（オーミケンシ）
1973年	「クラボウアパレル」設立
	「東レ・ディプロモード」
1977年	「シキボウアパレル」設立，88年社内にアパレル専門の事業部設置
1978年	「フジボウアパレル」設立
1978年	「東洋紡リテイル」設立
1981年	旭化成「アパレル進出計画」発表
1982年	「ダイワボウアパレル」設立
1984年	日清紡「東京繊維部」設立
1985年	クラレ，製品事業に本格的に進出
1989年	「帝人アソシア」設立
1990年	東レ「ファッション部門」設立
1990年	ユニチカ「ユニチカモード」設立
1991年	「トーホウアパレル」設立
1992年	日東紡，縫製事業に進出
1992年	三菱レイヨン「製品部」発足

第Ⅰ部　繊維産業の地位と成長戦略

図表3-15　海外（国内を含む）の二次製品メーカーとの提携，技術・ブランドの導入，
　　　　　自社ブランドの例

1963，4年頃，高級品イメージと加工技術の向上をねらった提携ブームが起こった。65年頃には各社が水着で海外企業と提携した。
【鐘紡】 「ハザウェイ」（高級シャツ・ブラウス63年），「クリスチャン・ディオール」（64年），「ピューリタン」（スポーツウェア），「シーサー」（ファンデーション），「ラブ」（子供服），「アバゴルフ」（高級ニットウェア），三陽商会と提携（70年），「エマ」（唯一のオリジナル衣料ブランド，67年），「ジャクリーヌ・ドヌーブ」（国際ブランドとして導入，オートクチュール・89年）
【オーミケンシ】 「ミカレディ」（69年）：米ジョナサンローガン社（68年）や仏トリコーサ社と提携してブランド導入，ライセンス・タオル「ロベルタ・デイ・カメリーノ」発売（80年）
【東洋紡】 「マンシング」（63年加工技術導入・呉羽紡，81年資本参加），米国「リリー・オブ・フランス」社（64年ファウンデーション技術），「ケヴァール」「ガント」「ザイデンスティッカー」ドレスシャツ（71年），「ラングラー」（71年），「オスマン」（74年），仏デザイナー「ウンガロ」と提携（81年），「ハナエ・モリ」，「ローズマリー・リード」（呉羽紡・64年？）
【帝人】 「ジバンシィ」（64年），「ピーターパン」（65年），「ゲーリー・プレーヤー」（内野と提携），「レスリーフェイ」（70年），「ロゼリブラザーズ」（71年），「ジェイン・コルビィ」（71年），「ジョン・ポーマー」（73年），「ＹＭＣＡ」（83年），「アイリーン・ウエスト」，「ミチコロンドン」（92年，帝人商事），「トラサルディ」（99年）
【東レ】 「イブ・サンローラン」（63年），「カイザー・ロス」（64年），「米カタリナ」（66年） 「海外有名ブランド，二次製品メーカーと提携して商品の高級化を行った。例えば"カタリナ"水着（（昭和・著者注）41年），アンバ，ボルナー，アスペンスキーウエア（42年），Ｈ・Ｉ・Ｓユニフォーム，カイザーシャツ（43年）など，消費者の対象購買層や用途範囲を絞ったマーケットセグメンテーションなどの差別化を図った」（東レ50年史）「アーノルド・パーマー」，「エバン・ビコン」（70年），「ヘリー・ハンセン」（83年），「アムレッティ」（96年市場投入），「カルバン」（97年），「マレーラ」「ペニーブラック」（伊・98年から輸入販売），「マルベリー」（99年）
【旭化成】 仏ヤック社から技術導入（70年），「ジャック・ニクラウス」（メルボ，小杉産業と提携）
【クラボウ】 「イブ・サンローラン」（74年），「アラミス」（74年），「ホールマーク」（84年），「ボレ」（90年），「ルート66」（95年）
【フジボウ】 「ゲイ・タッグス」カジュアル製品（71年），「スキャッティ」ニット製品（71年），「リー・トレビノ」カジュアルウエア（72年・福助と提携），「ラインアルター」スポーツ着（72年），「レスリーフェイ」紳士服（73年），「ニック・ニック」婦人服（73年），「ジョン・ポーマー」（73年・帝人等と提携），「キャバロ」（74年・フジックと提携），「サン・ラザール」（75年・ＩＮＳと提携），「ＢＶＤ」ニットおよび布帛製品（76年），「メジャーリーグ・ベースボール」キャラクター繊維製品83年（78年），「セサミストリート」キャラクター繊維製品（78年），「ドラえもん」（79年），「タイトリスト」（84年），「ＯＹＣ」（87年），「バレンチノ・ガラヴァーニ」（90年），「バレンチノ・ガラ

52

	ヴァーニ・ジーンズ」(94年),「J・プレス」(94年展示会発表),「ヒロコ・コシノ・オム・リラクシングウェア」(95年)
【ダイワボウ】	
	「米ヘインズ」(72年),「ギラロッシュ」(77年),「ジョッキー」(78年・94年),「クレヨラ　キッズ」(91年),「ハンテン」(98年),「グウジ」(04年本格展開),「ジョン・ヘンリー」(04年)
【ユニチカ】	
	「ブコール」(70年),花井幸子(83年),「ニコル」(92年),「アンドレ・クレージュ」(93年),「タバスコ」(94年)
【シキボウ】	
	「シキボウ・パンチ」(65年),「リトル・マーメイド」(66年),「ノンスタック」(82年),「ジバンシィ」(88年,初のワイシャツの独自ブランド),初の自社ブランド「カプセル・コンポーゼ」(89年),「パワーチャネル」(91年),「BEDARD」(92年),「ぞうのババール」(96年)
【日東紡】	
	「ナフナフ」(86年),「ローズマリー」(89年),「バラリンジ」(92年)
【クラレ】	
	「A・T・H」(91年),伊デザイナーと提携(91年),香港のデザイナーと契約(98年)
【東邦レーヨン】	
	「FINTA」(91年?)
【三菱レイヨン】	
	「マンセル」(92年),「ラロンド」,「クリーンマインド」(92年),「ミチコロンドンジーンズ」(93年),「トコ」(自社ブランド・99年)

が話題とされた。過剰流動性を背景として，いわゆるダウンストリームを中心とした多角化戦略の展開が，それこそ業界を挙げて華々しく実施された。このような多角化戦略は，素材メーカーのアパレル段階，小売り段階への進出，あるいは商社・製造卸業者の小売り段階への進出という現象となって現れた」(『百年史東洋紡』1986)

1973年には石油危機が発生したが，これによる長期不況下において，合繊，紡績・織布企業が受けた打撃は大きく，業績を大幅に悪化させた。しかし，アパレル企業は業績を伸ばしていた。このような状況も，多くの繊維企業が川下展開を強化していった理由といえよう。

1980年代後半以降，紡績各社はOEMでの縫製事業，製品事業に積極的に進出するようになった。慢性的な縫製力不足に悩む取引先のアパレルメーカーからの要請を受けた格好で手がける例が多かった(『流通サービス新聞』1992年2月11日)。紡績各社は，OEM生産を通じて縫製やデザインのノウハウを習得し，直接アパレル分野に乗り出す方向にあった。合繊企業にも同様の動きが

第Ⅰ部　繊維産業の地位と成長戦略

図表3-16　アパレル製品（縫製を含む）や小売り分野への進出（例）

【東レ】
1964年大型小売店向けの問屋として「ヤック」を設立したが，68年頃には蝶理の協力で「ヤック」を強化した。また，その後も地方問屋の育成にも力をいれた。
「リバティ・モード・センター」，「日本アパレルシステムサイエンス」（72年），「インターモード」（73年），「東レ・ディプロモード」（73年），「サンリッチモード」（84年），「エクセーヌプラザ」（83年），「東レインターナショナル」（86年），「東レ・ディプロモード」（90年），「サンエオリジン」（90年買収），「ペニーブラック・マレーラ・ジャパン」（97年）。
【帝人】
「テイジン・メンズショップ」（1960年設立）「フォークナー」（60年），「マウント・フジ・ファッション」（71年設立），「ウインクル」（72年設立），「ブレイゾン」（73年設立），「テイジン・USI・アパレル」（73年設立，フジボウも資本参加），「帝人ワオ」（73年），「トップ・アート・ファッション」「ジャパン・アパレル・クラフト」「プチポルテ」（74年），「セサミ」（75年），「キオテックス」（76年），「帝健」（79年），「テイジン・アソシア」（89年・チェーン店），「テイジンエヴォルテ」（99年）．91年帝人商事が紳士スーツをタイの合弁で生産，95年系列アパレルメーカー「フォークナー」を完全子会社化。
【旭化成工業】
「サンレル」（1973年設立・ニット外衣の製造・販売），旭化成日比谷ショップ（73年）
【クラレ】
「ケイジェイエル」（1980年）
【三菱レイヨン】
「レリアン」（1968年），「レナウンニシキ」（1970年），「エイコー」（縫製会社），「ダイヤクラフト」（88年設立・生地商社），「ダイヤモード」（93年設立・OEMによる製品供給を目的），「ダイヤ・ファッション・プランニング」（96年）
【東邦レーヨン】
「トーホウアパレル」（1991年・小杉産業のOEMを通じてアパレル事業に参入）
【カネボウ】
「ベルファッション」（1954年），「ジャパンデザインサービス」（61年），「カネボウディオール」（67年），「ベルアールテキスタイル」（70年），「ベルエイシー」（70年），「ファッション東京」（71年），「ショップエンドショップス」（72年），「カネボウディオール・ムッシュ」（73年），「カネボウワナコ」（74年），「カネボウエレガンス」（74年），「カネボウ寝装」「カネボウストッキング」（74年），「カネボウブティック」（75年），「カネボウエマ」（76年），「カネボウ京美人」（76年），「カネボウハサウェイシャツ」（76年），「カネボウファッションセンター」（78年），「カネボウ・ディオール」直営店（78年），「カネボウファッション研究所」（79年），「CUE（キュー）」，「カネボウセモア」（89年），「フィラ」のアンテナ店（94年），「メゾン・ド・ラ・カン」（95年・直営店）
【東洋紡】
「東洋紡レスポワール」アンテナ・ショップ（1950年），「東洋紡ダイヤシャツ」（65年設立），「ラングラージャパン」（71年），「エポホームソーイング」（72年），「トーマス」（73年），「カルティエ」（73年），「サントミック」（73年），「木島メリヤス」（76年資本参加），「東洋紡リティル」（78年），「コスモアパレル」（81年）
【ユニチカ】
「サザン青山」（1973年設立），「トータリア」（73年），「ユニメイト」（73年）「ユニチカバークシャー」（73年），「スキップ」，「ユニチカモード」（90年）
【クラボウ】
「クラボウショップ」（1964年），「クラボウアパレル」（73年設立），「マークス」（85年設立・アンテナ・ショップ）
【日清紡】
「東京キャプテン」（1963年設立・ワイシャツの縫製加工），「東京繊維部・婦人衣料課」（84年・女

54

性向け生地)、「コンフォート・プロポーザル」(製品の通信販売・89年)
【日東紡】
「日東紡プロダクツ」(1985年)、「ナフナフ」(86年設立)、「日東紡プレリュード」(88年設立)
【フジボウ】
「モンファ」(アンテナ・ショップ・1974年)、「フジック」(75年50％資本参加)、「ラザール」(75年)、「フジボウスポーツ」(75年)、「フジボウアパレル」(78年)、「フジミドレス」(縫製子会社)、97年に「バレンチノ・ガラヴァーニ・ジーンズ」直営ブティック開設予定
【シキボウ】
「マーメイド・ショップ」(1961年開設)、「敷島シレーヌ」(65年設立・縫製加工)、「泰和メリヤス工業」(66年設立・縫製)、「シキボウアパレル」(77年設立)、「東京マーメイドニット」(78年)、「ダイジェストアパレル」(87年)、「バザロ」(生活提案型直営店・88年)
【ダイワボウ】
「ダイワファブリックス」(1977年設立)、「菅谷」を子会社に(78年)、「大和繊維販売」「ダイワボウアパレル」(82年設立)、「ダイワボウテリー」(83年)、「菅谷」、「ディピント」(87年・直営店)
【オーミケンシ】
「ミカレディ」(1969年設立)「ミカマリヤ」(71年)、「ミカマン」

図表3-17　1990年頃以降の製品事業・ブランド関連事業（例）

東レ：1995年海外の生産拠点で生産するワイシャツ、ズボンなどの製品を輸入、97年「カルバン」の日本でのマスターライセンス獲得
帝人：「ミチコロンドン」(92年、帝人商事)、「トラサルディ」(99年)
三菱レイヨン：1992年子会社「ダイヤクラフト」が自社ブランドの衣料品に進出、93年OEMによる製品供給を目的とした「ダイヤモード」設立、95年量販店のプライベートブランド商品を強化。96年以降、ブランド展開、97年、「コシノミチコ」氏とライセンス契約、99年自社ブランド「トコ」による衣料販売に乗り出す。
クラレ：1985年本格的に製品事業分野に進出、91年デザイナーブランドユニフォーム発売、98年香港のデザイナーと契約
東邦レーヨン：1992年衣料品に進出、小杉産業向けに紳士服をOEM供給、FINTAブランド導入、96年をめどに自社ブランド品発売を計画
カネボウ（カネボウ繊維）：97年仏「ランバン」導入、2002年秋冬物から自社ブランドの婦人服を発売
東洋紡：1994年「東洋紡ミラクルケア」設立、2002年「東洋紡テキスタイルアセンブレイジ」設立（繊維製品の原料から製品までの組立を一貫して行う）
ユニチカ：92年ユニフォームでニコルと提携、94年「TABASCO」ブランドのライセンスを獲得
日清紡：2004年「ニッシンボウ」ブランドのドレスシャツ店頭販売開始、05年繊維事業本部にアパレルチーム発足
クラボウ：1986年頃よりOEM製品をてがける、90年繊維事業本部に「製品グループ」新設して自社企画に着手、02年秋冬物から自社ブランドの婦人服を販売
日東紡：1989年「プレリュード」カジュアル婦人服販売、92年縫製事業に進出、93年ブランドライセンス事業を本格化
ダイワボウ：1987年自社ブランド「ディピント」を展開、1998年「ハンテン」導入以降ブランドビジネスの展開を強化
フジボウ：1994年「バレンチノ・ガラヴァーニ・ジーンズ」ブランドのライセンス生産開始、94年オンワード樫山とライセンス契約「Jプレス」
シキボウ：1988年ワイシャツで初の独自ブランド仏「ジバンシィ」、89年自社ブランド「カプセル・コンポーゼ」、91年トータルグッズ「パワーチャネル」、92年米ペダード氏とライセンス契約、93年「J.D.B.A」、95年「チェンビアーレ」、96年「ぞうのババール」

見られた。

 1990年代にはいると,紡績・合繊各社が二次製品・アパレル関連事業を強化する動きが見られるようになる。それまでのOEM中心の事業から独自ブランドを強化する動きが強まる。輸入品の増大により,糸やテキスタイルでは利益を上げることがさらにむずかしくなってきたことが背景にある。

(3) 設備の近代化・合理化と多品種少量生産体制
① 設備の近代化・合理化への転換

 製品の国際競争力を高めそれを維持するためには,コストを下げ,品質を高めることが重要となる。設備の近代化にも繊維各社は積極的に取り組んできた。品質の高い製品を比較的安価に提供することが日本企業の強みであった。

 紡績業における技術革新は「戦後当初においては物的生産性の向上による先進工業国との国際競争力強化に重点がおかれていたが,その後構造改善時代に入るや資本集約化による後進低賃金諸国との競争,国内経済の成長に伴う労働力不足に対処する省力化,エネルギー危機にそなえて省エネルギー化,輸入の増大に対抗する高度技術化,高付加価値化等漸次その方向や内容を転化して行かざるを得なかった」(日本紡績協会,1982)。合繊でも同様に「原糸原綿から織布・編立・染色・縫製までのコスト競争力の強化と差別化・高付加価値化などによる非価格競争力の強化等によって,いかにトータル競争力を強化するか」(日本化学繊維協会,1996)という問題に対応する技術革新がすすめられた。

 このような状況下,日本における戦後の繊維の生産技術の面では,省力化,大型化,高速化,工程連結化,連続自動化,高品質化,高付加価値化などがすすめられてきた。

 これらの代表的な技術に関して見てみよう。戦後1950年代の前半までは各社とも設備の復元に注力した。

 「紡績業といわず,レーヨン工業といわず20年代の設備投資はいくらかは近代化を含みながらも,だいたいにおいて戦前の設備の復元だった。こうした設備でも世界的に衣料が不足していたため予想以上に投資の効率をあげることができた」(大島,1994)

 しかし朝鮮戦争特需の反動不況以降,過剰設備問題が浮上してくる。その頃から紡績企業は,労働集約産業から資本集約産業を志向していった。設備の近

第3章　繊維企業の成長戦略

図表3-18　繊維の製造プロセス

紡績過程＊	原綿（短繊維が不規則に集合した繊維形態）——混打綿（原綿をほぐし，混ぜ合わせ，夾雑物を落とす）——そ綿（一本一本の繊維に分離し，平行にそろえながら紐状にする）——精そ綿（さらに短い糸を落とし，糸強力のある毛羽の少ない糸にする）——練条（太さ斑を少なくし，繊維の並行度を上げる）——粗紡（さらに細い紐状にし，適度の撚りをかけてボビンに巻き取る）——精紡（引き伸ばして所定の太さにし，撚りをかけ糸にする）——糸巻——製品
合繊の生産過程＊＊	原料——重合（低分子を多数反応させて高分子をつくる）——紡糸（ナイロンやポリエステルは溶融紡糸：加熱溶融した原液を，口金を通して空気中に押出し，冷却してから引き伸ばす）——延伸（常温で延伸を行い，繊維としての特性を与える）——製品

出所：＊本宮他編（2002）『繊維の百科事典』丸善など，＊＊：東洋紡（1992）『繊維ガイド　素材編（改版）』，ナイロンのケース

代化，省力化・高生産化が志向された。

　紡績分野では，1960年，東洋紡の浜松工場でCAS（コンティニュアス・オートメイテッド・スピニング・システム，連続自動化システム）が公開された。また60年代の半ば頃には，連続操業を実現した。そして60年代後半には，空気精紡機（オープンエンド・OE）が登場した。織布分野では，「準備工程が近代化され，織機の高速化，自動化，広幅化などによる能率の向上が図られた」（ダイヤモンド社編，1967）。

　連続自動紡績は，シキボウ以外の紡績企業が開発，導入した。連続自動紡機は，混打綿，そ綿，練条の各工程を連続自動化し，スライバー（太い綿の棒形状のもの）を直接精紡工程に供給するシステムである。従来の5ないし8の工程を2工程に短縮しており，従来の2分の1の人員ですむとされた（『日本経済新聞』昭和35年11月8日夕刊）。

　紡績機では，1960年代から，技術的には成熟の域にあるリング精紡法と比較

図表3-19　各社の連続自動紡績の導入

東洋紡：CAS・1960年公開，61年開発
呉羽紡：KMS・63年発表
ユニチカ：NACS・68年発表（ニチボー），UKSS・68年，71年
カネボウ：KAPS・68年発表
日清紡：日清紡方式・63年操業，64年稼働
クラボウ：KATSS・66年発表・据え付け
日東紡：NASS・61年開発，63年発表（一般公開）
ダイワボウ：DASS・64年開発・発表
オーミケンシ：OCS・67年開発
シキボウは採用せず

して飛躍的にその生産性を高めることができると期待された革新紡績機が開発されてきた。たとえばオープンエンド精紡機・空気精紡機では，梱当り使用人員はリング精紡機比で3分の1に減少できること，太番手の場合，2～3倍の高速回転が可能であること，所用床面積がリング比で60％に縮小できること，などの効果が期待された（『ダイワボウ60年史』2001）。日東紡を除いて一斉にこの精紡機を試験導入，あるいは導入した。

織機分野では，1950年代にシャトルレス織機としてウォータージェットルーム（ＷＪＬ）やエアージェットルーム（ＡＪＬ）が登場した。合繊フィラメント用の高生産実用織機としてＷＪＬが1960年代に登場して，高速化，多様化に貢献してきた。ＡＪＬも，70年代後半頃から導入されるようになった。今日ではほとんどの織物の製織が可能となり，高速化，多様化に貢献している。ニットの分野では90年代に革新的な「ホールガーメント横編み機」[7]が登場した。

これらの他にも，精紡でのオートドッファーの設置，仕上げにおけるオートコーナー，ギルボスワインダーの導入，自動縫製システム開発への取り組み，などがある。

一方，合繊業界では，原料・重合・紡糸における連続重合・直接紡糸（ポリエステル），原料製造法での革新（ナイロン原料カプロラクタムでのＰＮＣ法），原料の転換，紡糸・延伸・仮撚の一貫化システムのＰＯＹ－ＤＴＹ，超高速紡糸（分速7000メートル以上）などが代表的なものである。

図表3-20　オープンエンド精紡機の導入

導入期間	ダイワボウ：1968年，ダイワボウ量産工場竣工 東レ：1968年，試験装置設置 ユニチカ：1968年 フジボウ：1968年，導入 日清紡：1968年導入 オーミケンシ：1968年導入 クラボウ：1969年 東邦レーヨン：1970年導入		
導入状況（1971年12月末）	東洋紡：	4600錘	ダイワボウ：	39400錘
	カネボウ：	7840錘	フジボウ：	6800錘
	ユニチカ：	9440錘	シキボウ：	1200錘
	日清紡：	13400錘	オーミケンシ：	2000錘
	クラボウ：	1400錘	東邦レーヨン：	2000錘
	日東紡：	0錘		

第 3 章　繊維企業の成長戦略

　超高速紡糸について見てみると，1960年代に 1 km/ 分であった紡糸効率は，70年代には 3 - 4 km/ 分に，そして今日では 8 km/ 分を超える超高速紡糸の生産が試みられるようになった。旭化成では，91年，毎分7000メートルの超高速紡糸設備で高機能製品を生産している。超高速紡糸は，生産性の効率化だけではなく，設備のコンパクト化による他品種少量生産対応性，糸の高染色性・ソフトネス風合い・低熱収縮性等，特異な性能も期待することができる（ユニチカ『100年の歩み』1989）。超高速紡糸の基礎技術は，83年，わが国産業の国際競争力の強化策として制定された「産業活性化技術研究開発補助金制度」に基づき，ポリエステル 8 社が設立した「高効率合繊技術研究組合」における 5 年間の研究成果である（同上）。

　操業体制では，二交代制から欧米式の三交代制による24時間操業，三連続操業や工場の専門化などが行われてきた。

　紡績工場では，「日本で最初に 2 交替16時間連続操業を行ったのは，昭37年，日清紡島田工場であった。また，3 交替24時間連続操業に先鞭をつけたのは，昭40年，東洋紡績浜松工場であった」（『ダイワボウ60年史』2001）。

　1960年代後半以降，24時間連続操業を導入する企業は増加していった。63年には，ダイワボウの金沢工場，舞鶴工場で17時間連続操業を導入した。フジボウは，68年には全工場で二交替での連繰体制を整えるとともに，三島工場で精紡24時間連繰を本格的に実施した。クラボウも68年に安城工場で 3 交代24時間操業に入った。オーミケンシは68年に津第二工場で24時間連続操業システムを導入した。

　合繊の工場では，4 組 3 交代勤務による24時間操業が一般的であるが，さらに合理化（自動化・ロボット化など）の取り組みがすすめられている。東洋紡では，1984年から10年計画で夜間無人操業への取り組みを始めた。東レの三島工場では，極力少ない人数での操業を追求している[8]。

② 　少品種大量生産体制から多品種少量生産体制への転換

　日本の紡績企業が得意としてきたのは少品種大量生産であったが，国内需要の多様化だけではなく，輸入品の急増により，1990年代には国内の紡績工場の閉鎖と海外進出がすすめられ，残った数少ない国内の紡績工場では，多品種少量生産体制の構築がすすめられた。このような体制の構築に必要な改革は，工場だけにとどまらない。成長戦略というよりも生存戦略であるかもしれない。

2002年の段階での状況を見ると，カネボウの浜松工場では123台の精紡機のうち，毎日5～6台で生産品種が切り替わる体制が，クラボウの安城工場では，精紡機131台のうち，毎日6～7台で，シキボウの富山工場では，200台強の精紡機のうち，毎日7台で，東洋紡の井波工場では，精紡機100台のうち毎日4台で，クラボウの丸亀工場では，精紡機35台のうち毎日3台で生産品種が切り替わる体制となっている（『繊維ニュース』2003年1月1日）。

　日本の繊維産業が長期間抱えてきた問題のひとつは，川中・川下であるニット，縫製部門などの加工部門が零細であり，流通段階が非常に長く複雑であることである。谷口豊三郎日本紡績協会委員長（当時）は「合繊メーカーや紡績会社がいくら合理化，近代化しても，加工，流通段階が弱くては全体としての競争力は弱い。加工，流通を含めた繊維産業全体の構造改善が必要」（『エコノミスト』1968年4月20日号）と指摘している。しかし，90年代半ばにおいても，加工部門の多くは零細であり，繊維の原糸・原綿が最終製品となり小売店に並ぶまでの期間の半分以上が，付加価値を生まない期間であるといわれている。すでにふれたグループ化の動き，あるいは川中・川下戦略もこのような問題への対応でもあった。

　このような問題に対して，今日注目されているもののひとつが米国で成果を上げてきたクイック・レスポンス（QR）システム[9]の構築である。素材メーカーからアパレル，小売店までを情報ネットワークで結び受発注をオンライン

図表3-21　情報システム：1990年頃の各社の取り組み（例）

旭化成：裏地から蝶理などの商社，卸問屋とシステムを結び始める（『日経産業新聞』1989年8月18日）。
東レ：すでにアパレル3社との情報システムを稼働（同上）。 　1990年から繊維部門のシステムを順次構築，94年8月には自社系列の染色加工，織物，産地商社など約120社との情報ネットワークを稼働。95年から顧客であるアパレル，商社，問屋と結んだ情報システムの構築に取り組む。
帝人：1989年4月，北陸産地の加工業者33社との情報システムがスタート。
三菱レイヨン：1992年，10億円を投資して「テキスタイル・アドバンスト・システム」を導入。産地の商社，プロダクション・チームである染色，加工メーカーなど約60社をオンラインで結ぶ。
カネボウ：化繊の情報網づくりに取り組んでいる（同上）。
東洋紡：化繊の情報網づくりに取り組んでいる（同上）。
ユニチカ：1989年7月，化繊部門にシステムを推進する業務室を設置。
クラボウ：1993年，ジーンズ情報システム稼働（協力関係にある糸染め工場1か所，染色工場2か所，整理工場2か所を結ぶネットワーク）。

化することよって，店頭で消費者のニーズを正確に迅速に把握，売れ筋商品の短納期化をすすめ，欠品や在庫ロスをなくすことで生産と流通を合理化する。1993年6月の「新繊維ビジョン」の中間報告では，QRへの対応の整備が必要であることが指摘されている。

しかし，生産志向から消費者志向への転換を目指すこのような取り組みは，まだ一部の企業による一部の分野に限られている。

(4) 非衣料分野の開拓

繊維の用途別でその比重を増してきたのが，非衣料分野である。繊維の用途は，衣料用，布団綿や寝具などの家庭用，カーペットやカーテンのインテリア用，そして不織布，タイヤコード，重布などの産業用に分類されている。このなかで「産業資材およびインテリアは，(昭和・著者注)40年代前半に著しく拡大した市場であった」(『化学繊維産業史』1974)。

用途別の繊維消費量・内需を見てみると，日本におけるここ十数年の全繊維消費量は約200万トン (1994年は178万5000トン) でほぼ一定しているが，用途別消費量は著しく変化している。

1965年における構成比率は，衣料用が45％，家庭用31％，インテリア用5％，産業用19％であり，75年にはそれぞれ48％，20％，9％，22％（東洋紡績経済研究所，1980) を占めていた。衣料用は70年代までは40％以上を占めていた。しかし，1996年ではその比率は28.5％に低下している。逆に産業用は約25％から96年には42.7％に増加している。家庭・寝装・インテリア用は約30％から96年には28.7％とほぼ同じ割合を占めている (日本化学繊維協会，1997)。不織布，人工皮革，プラスチック光ファイバー，電磁波シールド素材，医用繊維などに利用がすすんでいる合繊は，その3分の2が産業資材用になっているといわれる。

かつて繊維といえば衣料を意味していたが，土木，農水産など産業用資材に対するニーズが拡大して，軽く，強く，じょうぶ，高機能への要請が高まってきた。このような状況のなかで，繊維産業は長い歴史のなかで新しい繊維技術を開発してきたが，それが新しい繊維産業の分野を開拓，あるいはその技術をテコに非繊維事業を展開してきた（ただしその境界は曖昧である）。1980年代後半以降は，合繊を中心として，このようなニーズの開拓意欲が強まっていく。

図表3-22 主なスーパー繊維

東レ：炭素繊維（1971年生産開始），アラミド繊維（91年本格生産開始）
帝人：アラミド繊維（メタ系69年生産開始，パラ系87年事業化，00年買収），炭素繊維（1999年東邦レーヨンの買収を発表，東邦レーヨンは75年生産開始）
ユニチカ：メタ系アラミド繊維（1987年開発）
東洋紡：ポリエチレン繊維「ダイニーマ」（1991年本格生産開始），ＰＢＯ（ポリパラフェニレンベンゾビスオキサゾール）繊維（98年量産開始）
クラレ：ポリアリレート繊維（1990年生産開始）
旭化成：ポリケトン繊維（2005年パイロットプラント導入）
三菱レイヨン：炭素繊維（1976年プリプレグの生産開始）
カネボウ：アラミド繊維（メタ系94年輸入販売開始，パラ系も導入）

図表3-23 各社の不織布等

旭化成	1973年長繊維不織布（スパンボンド）製造開始
東レ	1978年ポリエステル長繊維不織布（スパンボンド）販売開始
帝人	1961年不織布製造販売の「日本ダイレクト・クロス」設立
クラレ	1971年レーヨン製乾式不織布製造の「クラレチコピー」を設立
三菱レイヨン	1991年長繊維不織布（スパンボンド）でアクゾ社と提携
東邦レーヨン	1981年より不織布用スフを生産
東洋紡	昭和20年代からタイヤコード用強力人絹糸を生産。昭和20年代後半から30年代前半にかけて展開した二次製品の一環としてタオルを製造販売，1961年東洋紡インテリア設立，1976年スパンボンド生産開始
鐘紡	1974年産業資材総部設置，ウレタンスパンボンド
ユニチカ	1960年乾式不織布生産（ニチボー），1973年ポリエステルスパンボンド，1975年本格的生産開始，93年綿100％不織布生産
日清紡	戦前からレースを生産，カタン糸，1992年綿不織布生産開始
クラボウ	1960年「倉敷繊維化工」で不織布の生産開始
日東紡	1962年発売，撤退，その後89年ビニロン不織布を開発
フジボウ	昭和30年代二次製品として毛布，タオル等販売。1961年不織布の「富士ケミクロス」設立，73年壬生川工場に不織布設備完成，93年開発事業部に産業資材部新設
ダイワボウ	1960年頃，重布部門に特色をもっていた。創業以来手がける。90年超極細繊維不織布進出
シキボウ	1953年帆布の製販会社「敷島カンバス」，カーペット，ベルベット，カタン糸の製販会社「敷島カタン糸」を設立
オーミケンシ	1962年「ハイ・オーミ」の商標で寝具・メリヤス等二次製品部門へ進出，96年不織布本格参入

図表3-24　各企業の非衣料

旭化成	不織布，漁網，テント，人工芝，タイヤコード，カーペット
東レ	不織布，人工皮革，寝具用中綿，てぐす
帝人	人工皮革，寝装品，インテリア，タイヤコード，カーシート，不織布，タオル，傘
クラレ	人工皮革，不織布，インテリア，寝装品
三菱レイヨン	人工皮革，不織布，タオル，毛布，シーツ
東邦レーヨン	非衣料用途向け素材の供給，セルローススポンジ
鐘紡	人工皮革，寝装品，
東洋紡	タオル，寝装品，カーペット，タイヤコード，建築土木用繊維，不織布
ユニチカ	不織布，インテリア，帆布，防音シート，テント，てぐす
日清紡	タオル，シーツ，不織布
クラボウ	インテリア，寝装品，不織布
日東紡	ふきん，タオル，
フジボウ	ステンレス繊維，不織布，人工・合成皮革
ダイワボウ	寝具類，タオル，不織布，製紙用ドライヤカンバス
シキボウ	シーツ，布団地，テーブルクロス，製紙用ドライヤカンバス，フィルタークロス
オーミケンシ	寝装品，不織布

　非衣料分野への取り組みは，繊維企業が繊維産業以外の産業との関係，新たな顧客との関係を構築していくプロセスでもあった。例えば，1970年代以降，シート，内装材，エアバッグなどで自動車産業との関係が強くなってきた。

　タイヤコード，タオル，毛布，レース，カタン糸，不織布，重布，帆布，カーペット，シーツ，壁紙などは，早くから各企業が生産を開始している。例えば，シキボウは1962年にカーペットの本格生産をスタートさせている。これらのなかには，戦前から手がけているものもある。

　1990年以降は，「丈夫で軽くねじりに強い」（バンタンコミュニケーション，1997）特性をもつ，そのため主たる用途が産業分野であるスーパー繊維が繊維各社からつぎつぎと事業化されている（図表3-22）。

　繊維の消費量については，最大を記録した1979年の185万トンから95年には143万トンに減少している。この間，衣料，非衣料とも減少しているが，構成比の変化に反映しているように，衣料用はこの間約3割減少しているのに対して非衣料は2割弱の減少にとどまっている。また非衣料の中では産業用の比率が増加している。なかでも消費量で不織布が大幅に増加している。

(5) 海外進出

1970年代初頭までは,繊維企業の成長は輸出に大きく依存していた。スケール・メリットの大きい合成繊維は,当初から輸出の増大を基盤として拡大再生産を展開していった。日本の繊維企業は,昭和30年代（1955－64年）までは輸出市場において高い国際競争力をもっていた。しかし,昭和40年代以降は,先進国や途上国の輸入制限,途上国の成長と国際競争力の向上,円レートの切り上げなどで,輸出主導型の繊維産業の成立基盤は根底から揺さぶられるようになり,急速に国際競争力を失っていった。このような状況のなかで繊維企業各社は,海外進出を積極的にすすめるようになった[10]。

戦後の繊維企業の海外進出は,1950年代の中頃から綿紡績企業を中心にスタートした。60年代にはいると合繊メーカーも進出を開始,70年代初期には紡績,合繊の両産業で海外進出のブーム状態を呈した。このような日本の繊維産業の海外投資は,石油危機までは,他の産業に先駆けて進展した。しかし石油

図表3－25　各社の初期の海外進出

1963年,綿紡大手10社がナイジェリアに合弁紡績設立	
旭化成	1961年インド設立,1968年台湾設立
東レ	1962年スリランカ設立
帝人	1963年スリランカ設立
クラレ	1969年ベネズエラ設立
三菱レイヨン	1963年台湾合弁設立
東邦レーヨン	1969年台湾合弁,1973年ブラジル合弁設立
カネボウ	1955年ブラジル設立
東洋紡	1955年ブラジル設立
呉羽紡	1955年エルサルバドル設立
ユニチカ	1958年ブラジル設立（ニチボー）
日清紡	1960年香港合弁設立
クラボウ	1957年ブラジル設立
日東紡	1988年中国合弁設立
ダイワボウ	1970年韓国設立
フジボウ	1963年CCE（エチオピア）に資本参加
シキボウ	1959年オーストラリア合弁設立
オーミケンシ	1973年ブラジル設立

第3章　繊維企業の成長戦略

危機を契機に計画の中止，延期，資本の撤退が相次いだ（例えば岡本，1988）。その後は，85年のプラザ合意以後の円高に対応して再び紡績，合繊企業とも海外進出が活発化している。

繊維企業にはこのような海外進出の長い歴史はあるものの，多くの繊維企業が内外の生産拠点をネットワークさせ，グローバル・オペレーションを展開できるようになるのは1990年代にはいってからである。

当初の海外進出の主たる目的は，輸出代替であったため，海外投資のほとんどが日本企業の輸出市場である発展途上国であった。日本の繊維企業の繊維事業の進出先としては中南米，北米も含まれるが，アジアを中心としている。

戦後，東洋紡は，1955年にブラジル，エルサルバドルで綿紡織加工に乗り出した。鐘紡は，56年に鐘紡ブラジルを第一号として，その後続々と海外拠点を設立していった。フジボウは，63年にＣＣＥ（コットン・カンパニー・オブ・エチオピア）に資本参加した。東レは62年にスリランカに進出した。

日本の繊維企業は，長く輸出を前提にした生産体制をとってきた。戦後も

図表3-26　各社の海外進出状況

（1961年12月現在）
東洋紡	3社
鐘紡	2社
敷島紡績	2社
倉敷紡績	1社
日清紡績	1社
富士紡績	1社
（日紡，呉羽紡は含まない）	

出所：藤井光男（1971）pp.280-281より作成

（1970年11月現在）
東洋紡	4社	東レ	24社
鐘紡	3社	帝人	10社
敷島紡績	6社	旭化成	1社
倉敷紡績	3社	クラレ	1社
ユニチカ	3社	三菱レイヨン	2社
日清紡績	1社		
富士紡績	1社		

出所：『週刊ダイヤモンド』1970年12月7日号「"繊維王国"は過去の夢か？」より作成

図表3-27　各社の海外進出状況（繊維関連）
（1993・1994年現在）

東洋紡	14社	東レ	21社
鐘紡	20社	帝人	5社
敷島紡績	4社	旭化成	7社
倉敷紡績	8社	クラレ	0社
ユニチカ	9社	三菱レイヨン	4社
日清紡績	4社	東邦レーヨン	0社
富士紡績	2社		
ダイワボウ	4社		
オーミケンシ	2社		
日東紡	3社		

出所：『週刊東洋経済』臨時増刊「海外進出企業総覧1995（会社別編）」より作成

1970年代初頭までは繊維企業の成長は輸出に大きく依存していた。合成繊維は、当初から輸出の増大を基盤として拡大再生産を展開していった。しかしそれ以降は途上国の成長と国際競争力の向上、先進国や途上国の輸入制限、円レートの切り上げなどで、輸出主導型の繊維産業の成立基盤が根底から揺さぶられるようになった。アクリル繊維の輸出比率は、今日でもかなり高い。

このような状況のなかで繊維企業各社は、海外進出をすすめるようになった。綿紡績企業の海外進出は、1950年代半ばから始まった。

合繊企業も1960年頃から海外進出を行うようになったが、65年以降、国内における過剰生産能力が顕在化してきたこともあり積極化させた。

このような海外進出は、「現地市場防衛と原材料・半製品輸出を目的とした進出が中心」（山一証券経済研究所、1976）であったが、当初の加工事業を主体とした進出（日本からの合繊糸綿・織物の輸出促進を図り、既存輸出市場を維持することを目的）から1970年頃からは現地での紡糸へと比重が移行した。

石油危機の影響を受けて、多くの撤退が見られたが、それまでの海外事業は、ほとんどの企業では、比重もまだ大きくなく、経営の業績に大きな影響を及ぼすまでには至っていなかった。

1985年のプラザ合意による円高以降、繊維各社は国内設備の縮小をすすめるとともに海外進出を再び活発化させている。繊維品の貿易収支は、86年から一貫して赤字となっている。しかもその額は拡大している。このため繊維各社は、輸入品対策としての国際戦略、海外進出を本格化させ、グローバル・ネッ

第3章　繊維企業の成長戦略

トワークの構築を目指した。紡績業界では，国内紡績設備の縮小と海外への移転がすすめられている。合繊企業も海外に生産拠点をつぎつぎに設立している。90年代半ばには特定の品種で，海外生産比率（設備）が50％を上回っている企業もある。

1985年以前の海外進出と85年以降の円高に対応した進出について，東洋紡の坪内久雄常務・繊維第二本部長は「以前の海外拠点は日本からの輸出代替型。これからは日本市場に対応した海外生産拠点に再編成していく」（『日経産業新聞』1992年8月14日「アジアに広がる紡績業界」）と述べている。繊維各社の海外進出の理由は，輸出市場への対応から国内市場への対応に大きく転換した。

1994年頃になると紡績企業は，急速に海外展開と流通との製造・販売同盟を進展させた。94年までに東洋紡，シキボウ，ダイワボウはインドネシアで，クラボウはタイで，カネボウ，ユニチカが中国などでそれぞれ紡績からテキスタイル，加工，縫製までの一貫生産体制を構築した。これらで生産された衣料品はほとんどが日本のアパレルメーカーや量販店などへのOEM供給されるため日本へ輸出される。

図表3-28　各社の一貫生産体制（例）

東レ：1995年には国内外での川上から川下までの一貫生産体制確立。
帝人：1991年帝人商事が合弁でタイに紳士スーツの縫製会社設立。
三菱レイヨン：1995年現在，すでにインドネシアの生産拠点の紡績糸を使って中国やベトナム，香港などで縫製するシステムを完成させている。
カネボウ：1994年中国で紡績から縫製までの一貫体制構築。
東洋紡：1994年インドネシアで紡績から縫製までの一貫体制構築。
ユニチカ：1991年インドネシアに合弁で綿ニット製品の編み立て，縫製会社設立，94年中国などで紡績から縫製までの一貫体制構築。
日清紡：1994年中国に合弁でニット製品の一貫生産会社を設立。
クラボウ：1989年タイの合弁で縫製メーカー稼働，94年タイで紡績から縫製までの一貫生産体制を構築。
ダイワボウ：1990年インドネシアで綿製品の一貫生産に乗り出す，92年構築，94年中国に縫製会社設立。
シキボウ：1994年・95年インドネシアやタイで紡績から縫製までの一貫生産体制構築，95年中国に縫製工場と販売拠点を設置。
フジボウ：1987年縫製企業「タイ・フジボウ・ガーメント」設立，生地は日本から輸出し日本向け普及品を生産，1991年にはタイの国内向けにブラウス生産。
東邦レーヨンは，1994年に国内でニット製品の一貫生産体制を整えた。

(6) 化繊の増設・合繊への進出

綿紡績企業は，朝鮮動乱ブーム後には綿紡績部門は過剰生産の状況に陥ったが，このときの苦境に対して，スフ部門の増設や参入をすすめた（図表3-29）。化繊企業も設備を拡張した。

戦後の繊維産業に大きな影響をもたらしたもののひとつは合成繊維の登場であった。その「合成繊維を目的とした高分子重合物の基礎研究は1930年に完成し，1930年代はいろいろな合成繊維が創造された時代である」（大島，1994）。戦後どの企業も合繊進出についての検討を避けることはできなかった（図表3-30）。日清紡，オーミケンシも当初合繊の事業化を計画していた。クラボウもクラレと統合するかどうかについての決断を避けられなかった。

(7) 原料遡及

合成繊維に進出した企業にとって，競争に対応しながら成長を維持するためには，急成長する合繊に対して原料を安定的に確保すること，あるいはコストを下げることは重要な課題であった。原料の自給化（合弁）で原料コストを約2割削減できた企業もあった。また，原料を自給化することによって，品質の改良や新しい合成高分子の開発，また化学工業への多角化の足がかりを得られることも期待された（日本化学繊維協会，1974）。実際合繊企業は，合繊への進出と合繊の競争力を高めるための原料への遡及によって高分子化学，合成化学の分野で技術を蓄積していった。

図表3-29　綿紡企業のスフ生産設備の増設状況（トン／日）

	昭和28年（1953）下期	昭和34年（1959）下期	
鐘紡	63	169	
日東紡	32	118	
東洋紡	73	105	
大日本紡績	30	65	（ユニチカ）
大和紡	36	82	
近江絹糸	0	22	
日清紡	0	44	
富士紡	39	80	

出所：藤井（1971）資料は田中穰「十大紡の体質改善は実を結ぶか」（2）
　　　『繊維界』昭和37年3月号より

図表3-30　各社の合成繊維への取り組み

	ナイロン	ビニロン	ポリエステル	アクリル（系）	ポリプロピレン	ポリ塩化ビ	ポリエチレン	ビニリデン	ポリウレタン
旭化成	○		○	○	○			○	○
東レ	○		○	○	○		○		○
帝人	○		○	△		○			○
クラレ		○	○						○
三菱レイヨン		○	○	○	○				
東邦レーヨン	△			○					
カネボウ	○	△	○	○			○		
東洋紡	○	△	○	○	○			○	○
ユニチカ	○	○	○						
日清紡					△				○
クラボウ									
日東紡				△	○		○		
フジボウ		△			△	○			○
ダイワボウ			○		○		△		
シキボウ		○							
オーミケンシ									

注：○＝事業化
　　△＝パイロットレベルまで

　合繊に進出した企業のほとんどが合繊原料への遡及を行った（図表3-31）。進出形態は，化学企業との合弁や，それに同業企業を加えたかたちが多い。原料の遡及に対する姿勢は先発企業と後発企業とでは異なっていた。また，日レ，東邦レーヨンは商品開発を志向した。東洋紡も加工を志向した。帝人，東洋紡は，後にナイロン6の原料であるカプロラクタムの生産から撤退した。
　粗原料への遡及にとどまらず，さらに石油化学事業の計画や構想を打ち出した企業もあり，そして実際に計画を実現させた企業もある。

第Ⅰ部　繊維産業の地位と成長戦略

図表 3-31　合繊各社の原料遡及例

【東レ】　ナイロン，ポリエステル，アクリル：
「三井石油化学」（カプロラクタム，ＴＰＡ）。1966年ナイロン原料生産方式をＰＮＣ法に全面転換。68年当時名古屋でカプロラクタムを，三島でＤＭＴを製造，69年川崎でナイロン，ポリエステルの粗原料シクロヘキサン，パラキシレンの生産開始。70年「東洋ケミックス」設立（三井東圧と折半出資，アクリル原料）。83年「浮島アロマ」設立（川崎工場のＣＰＸと日石化学のＢＴＸを統合）。

【帝人】　ポリエステル，ナイロン：
1963年「帝人ハーキュレス」設立（ＤＭＴ製造）。63年「日本ラクタム」設立（東洋紡，住友化学との共同出資，ナイロン6原料）。66年「帝人油化」設立（パラキシレン，オルソキシレン，エチルベンゼン）。68年徳山3工場操業開始（パラキシレン，ＤＭＴ，テトロン一貫工場）。

【旭化成】　アクリル，ナイロン66：
1952年旭ダウ（アクリロニトリル）。62年川崎工場（アクリル原料）。68年「山陽石油化学」。71年ＡＨ塩工場（レオナ・ナイロン原料）。
カプロラクタムは宇部興産と日本ラクタムから購入。
ポリエステル原料は三菱化成，帝人ハーキュレス，三井石油化学から購入

【三菱レイヨン】　アクリル，ポリエステル：
1965年「日東化学」に資本参加（アクリル原料）。70年「水島アロマ」設立（ポリエステル原料）。

【クラレ】　ビニロン，ポリエステル：
1950年富山工場操業（ビニロン原料ポバール）。66年「クラレ油化」設立（ＤＭＴ自給）。68年エチレン法酢ビモノマー，ポバールの設備完成。

【ユニチカ】　ビニロン，ポリエステル：
日本レイヨン：1963年「日曹油化工業」設立（エチレングリコール）。66年「日本エステル」設立。ニチボー：68年「信越酢酸ビニル」「ニチボーケミカル」設立（ビニロン原料）。
カプロラクタムは宇部興産と三菱化成から購入。

【鐘紡】　ポリエステル：
1966年「日本エステル」設立。68年丸善石油化学と「松山石油化学」設立（ＤＭＴ）。カプロラクタム，アクリロニトリルは三菱化成から購入。

【東洋紡】　アクリル，ナイロン，ポリエステル：
1956年設立の「日本エクスラン」の折半出資の住友化学から（アクリル原料）。63年「日本ラクタム」設立（呉羽紡・ナイロン6原料）。70年「水島アロマ」設立（ポリエステル原料）。

【東邦レーヨン】　アクリル：
昭和電工（東邦ベスロンに資本参加），三菱化成からアクリル原料を購入。

繊維：原料
ナイロン6：カプロラクタム
ナイロン66：アジピン酸，ヘキサメチレンジアミン
ビニロン：ポリビニルアルコール（ポバール）
ポリエステル：ＴＰＡ（テレフタル酸），ＰＴＡ（高純度テレフタル酸），ＤＭＴ（ジメチルテレフタレート）
アクリル：アクリロニトリル

第3章　繊維企業の成長戦略

図表3-32　各社の石油化学構想・計画

旭化成：水島石油化学計画を公表（1967年） 東レ：石油化学事業計画（1962年） 帝人：総合的芳香族計画発表（1965年） クラレ：水島石油化学計画（1960年頃） カネボウ：出光グループに参加して石油化学に進出計画（1961年頃）

第2節　多角化と合併・提携

(1) 多角化

　各社の1994年度における非繊維事業（連結）とそれが全売上高に占める割合は図表3-33のとおりである。各社とも繊維事業の再活性化だけではなく，繊維以外のさまざまな成長分野，非繊維事業にも積極的に取り組んできた。

　繊維各社の，戦後の非繊維部門への進出は，戦後の混乱期を除けば1960年頃から始まっている。またその頃に繊維各社は，多角化のための組織を設置して

図表3-33　各社の非繊維事業（連結，1995年3月期）

旭化成	化成品・樹脂，住宅・建材，多角化事業（84.8%）
東レ	化成品，住宅・エンジニアリング，医薬・医療，新事業その他（53.7%）
帝人	化成品，医薬，新事業他（43.4%）
クラレ	化学品，人工皮革等，メディカルその他（63.3%）
三菱レイヨン	樹脂及び化成品，その他（64.7%）
東邦レーヨン	化成品，その他（22.4%）
鐘紡	化粧品，食品，薬品，その他（65.9%）
東洋紡	化成品，その他（39.7%）
ユニチカ	プラスチック・化成品，エンジニアリング・建設・不動産，その他（49.4%）
日清紡	ブレーキ製品，その他（メカトロニクス，紙等）（53.0%）
クラボウ	化成品，不動産活用，その他（環境制御機器，情報システム機器等）（29.7%）
日東紡	建材，グラスファイバー，不動産・サービス，その他（79.9%）
フジボウ	その他（電子機器製品，衛生材料等）（12.6%）
ダイワボウ	情報機器，電気部品成形組立，その他（ホテル，ゴルフ場等）（63.3%）
シキボウ	不動産，ゴルフ，その他（石材加工機械，プリント配線基板等）（15.4%）
オーミケンシ	不動産，その他（電子部品・人材派遣等）（8.9%）

出所：各社の『有価証券報告書』から作成

図表3-34　1961年頃計画中の紡績各社の多角化事業

東洋紡	木材化学
鐘紡	化粧品，組立住宅，娯楽センター，石油化学
大日本紡績	石油化学，ファスナー，ビル建設
大和紡績	合成樹脂の成型加工，ポリエステル系ガラス，合成ゴム，機械
富士紡績	不織布，自動車部品，除草用農薬
日東紡績	建材，ボート
近江絹糸	遊休土地利用などで研究中
日清紡績	ウレタンフォーム
倉敷紡績	不織布，機械
呉羽紡績	特になし
敷島紡績	検討中

出所：『週刊東洋経済』1961年2月4日「新分野に野心的な紡績会社」

図表3-35　1955-1964年の化学繊維企業の多角化事業

旭化成工業	合成ゴム，建材，サランラップ，ＡＢＳ樹脂，食品，食肉など
東レ	ＡＢＳ樹脂，ポリエステルフィルム，エンジニアリング，ナイロン樹脂の成型加工など
帝人	ポリカーボネート樹脂，樹脂成型加工，セロファン，ホテルなど
クラレ	人工皮革，アクリル樹脂，ファスナー，不動産，ボウリングなど
三菱レイヨン	ＡＢＳ樹脂，樹脂塗料，化学肥料など
東邦レーヨン	セロファン，樹脂成型加工，スーパー，ガソリンスタンドなど

いる。1950年代後半は，繊維不況が深刻さを増した時期であるが，50年代末からは岩戸景気が始まり，60年には政府が国民所得倍増計画を決定している。その後高度成長期の70年頃，オイルショック後，その影響からの回復時の80年頃，そして90年頃に各社の多角化への取り組みは積極的になっている（図表3-34，35，36参照）。

(2) 合併・提携

繊維企業では成長戦略の一環として，繊維企業間での提携や合併なども行われてきた（図表3-37参照）。

第3章　繊維企業の成長戦略

図表3-36　多角化対応組織などの設置

旭化成	1959年「調査室，企画室」設置
東レ	61年「新事業計画部門」設置
帝人	60年重役を「考えるアイデア重役」と「働く重役」に二分，61年「社長室」を新設
クラレ	60年頃「石油化学構想」
三菱レイヨン	61年，「樹脂本部」設置
東邦レーヨン	58年，本社に「開発部合繊課」，徳島工場に「合繊課」設置
カネボウ	61年「グレーター鐘紡建設計画」打ち出す
東洋紡	61年「長期計画」の作成に着手
ユニチカ	69年「新規事業部門」発足
日清紡	47年「事業部」新設，60年「第1次5カ年計画」纏める，62年「調査室」設置
クラボウ	59年管理部に「事業課」設置
日東紡	58年「合繊部」設置，59年「第二次5カ年計画」発表
ダイワボウ	61年本社に「樹脂課」新設
フジボウ	60年「企画室」新設
シキボウ	61年新規事業の最初の企画「敷島スターチ」設立，63年「企画部」新設
オーミケンシ	60年「第二事業部」「学術研究部」設置

おわりに

　大手繊維企業は，戦後から今日までに大きな変化を経験してきた。戦後の復興を終えた1950年代には国内競争の激化，需要と供給の関係の逆転などを，60年代には合繊の急成長，後進国の台頭などを，70年代以降は，量的充足とファッション産業の成長，石油危機などを，80年代半ば以降には円高や輸入の急増などを経験してきた。この間繊維産業は，相対的・絶対的地位を低下させ，国際競争力を低下させていった。

　このような状況で繊維企業は，さまざまな成長戦略を実行に移してきたが，そのなかにいくつかの大きな流れを見ることができる。第一に，川下志向である。戦後，国際競争力を高めるために糸から製品までの複雑で長い工程毎の水平的グループ化の推進が課題とされ，いくつかの大型合併も行われた。しかし1970年代半ば頃になると，アパレル，工程分断的な産業の構造における垂直的連携が課題とされ，繊維大手企業でも，垂直的グループ化が強化されるように

第Ⅰ部　繊維産業の地位と成長戦略

図表3-37　M&Aと提携の例（繊維企業間）

・M&A
東邦レーヨンと若林紡績（1960年），カネボウと東邦レーヨン（66年・実現せず），東洋紡と呉羽紡（66年），ニチボーと日本レイヨン（69年），帝人と東邦レーヨン（2000年）
・提携
東レと帝人（1957年・ポリエステル繊維の特許導入とテトロンの商標），帝人と東洋紡（63年・「日本ラクタム」合繊原料），日レとカネボウ（66年・「日本エステル」設立），帝人と日レとカネボウ（66年業務提携），日レとカネボウ（66年・合繊原料），帝人とダイワボウ（66年ポリエステル帆布の開発，70年共同生産販売），東洋紡とダイワボウ（66年カタン糸と重布類の品種別交換生産，67年ポリプロピレン帆布の交換生産），日清紡と東邦レーヨン（66年・資本提携），旭化成とフジボウ（67年・株式の持ち合い），東レとシキボウ（67年・株式の持ち合い），東レと帝人（68年・タイでポリ短繊維の共同投資），東レとクラボウ（68年・タイで合弁会社），東レと日東紡（69年・ガラス繊維の販売提携），三菱レイヨンと東洋紡（72年・提携・川下型事業「エポホームソーイング」「カルティエ」「サントミック」，合繊原料，研究），東レと旭化成（72年・ナイロン66原料供給，73年・アイルランドへの共同投資），クラレとクラボウ（74年・共同研究），クラレとダイワボウ（75年・産業資材），カネボウ・東洋紡・ユニチカ（75年発表），東洋紡と三菱レイヨン（77年・共同販売），帝人とユニチカ（78年・業務提携），旭化成とカネボウ（78年・「日本合成繊維」設立・共同販売），クラレとユニチカ（82年・ビニロン短繊維と紡績糸の集約生産，92年・複合繊維の共同開発，94年・レーヨン長繊維の生産委託），東レと帝人（82年・冬物加工糸の共同キャンペーン），帝人と東洋紡（90年・防炎繊維の共同開発），日清紡と東邦レーヨン（93年・織物の共同開発），旭化成と三菱レイヨン（93年・MMAモノマーの生産受委託，97年・ＡＢＳ樹脂の事業一体化），東レとクラボウ（96年・カジュアル衣料の共同開発），ユニチカと帝人（96年・スパンボンドの海外生産），帝人と日清紡（96年・日本毛織とトライアングル・プロジェクトをスタート，97年・アオキインターナショナルとカラーシャツを商品化，98年・日本毛織と三陽商会と衣料の共同開発，98年・インドネシアに染色の合弁会社設立），東洋紡と三菱レイヨンと東邦レーヨンと東レとカネボウ（アクリロニトリルを米モンサントから共同購入），カネボウとクラレ（00年・ザ・ウールマーク・カンパニーとウール素材を開発），東レと帝人（00年・電子商取引ビジネスで新会社を共同出資で設立），旭化成と帝人（02年・新合成繊維ＰＴＴ），旭化成とクラボウ，東洋紡と旭化成（06年・弾性繊維の原糸生産の委託），旭化成とクラレ（07年・事業統合・人工腎臓）など

なった。第二に，国内の設備を縮小するとともに海外拠点の設置とグローバル・オペレーションの確立をすすめたことである。これは川中・川下志向の一環として国内工場と一体化させながらすすめられるようになってきた。第三に，衣料以外の分野へ活動領域を拡大してきたことも大きな特徴である。70年頃からは活動領域を非衣料分野や産業分野や非繊維分野に拡大させてきた。

また，繊維企業が戦後のこのような変化する状況のなかで，さまざまな成長戦略を追求するプロセスのなかでみられるもっとも顕著な特徴は，タイミングや取り組み方の強弱に違いはあるものの，どの大手繊維企業も，ほとんどすべての主要な成長戦略に注目し，実行に取り組んできたことである。繊維各社は，本業の再活性化のためにさまざまな戦略を採るとともに新しい分野へも進

出していった。

　次章で見るように，今日では日本の繊維企業が取り組んできた脱成熟化の成否はかなり明確になっている。繊維企業大手16社の脱成熟化のプロセスを振り返ってみると，各社の実現された戦略の内容は大きく異なっているし，今日の事業構成も各社間で大きく異なっている。その経営成果にも大きな違いが見られる。成長から取り残されてしまった企業もあるし，現在でも売上高ランキングで上位100社以内に入っている企業もある。

　なぜこのような違いが生まれてきたのか。ほぼ同じ時期に同じような成長戦略を採ってきたのに，なぜ大きな成長格差が生まれたのか。なぜ高業績企業と低業績企業が生まれたのか。そのような問いに答えるためには，各社がどのように成長戦略を策定し実行してきたのかを検討する必要がある。繊維企業大手16社の比較分析を通じて，多様な成長戦略を検討する必要がある。選択的に成長戦略が策定され，実行されてきたプロセスが考察されなければならないだろう。

　本章では，繊維大手企業が取り組んできた成長戦略について整理してきたが，それは各社の成長戦略の共通な側面に注目することになった。繊維各社は基本的には，少なくとも当初はよく似た成長戦略を採ってきたからである。しかし，企業間の経営成果の違いを生み出した要因を探るためには，各社の成長戦略の違いに注目する必要がある。各社の成長プロセスと事後的な成長戦略を見る必要がある。当初に採られた戦略のその後を追跡する必要がある。事前に採られた成長戦略と事後的に見た成長戦略の関係，事前及び事後的成長戦略と経営成果との関係を考察しなければならない。成長戦略に影響を及ぼす要因を明らかにしながら，各社がどのように成長戦略を策定し実行・転換してきたのかを詳細に検討して見る必要がある。次章では，これらの課題について検討していく。

注
1） 合成繊維への進出は，紡績企業，化繊企業にとって同じ繊維ではあるが，技術的には既存繊維との間には大きな距離があり，既存繊維より投資額も極めて大きく，また用途開拓にもかなりの時間が必要であった。ここでは合繊の事業化も多角化に含めて考察する。
2） ポリノジックは，従来のスフの欠陥を改善したもので，木綿に非常に近い性質をもつ（日本化学繊維協会，1974）。
3） シルキー合繊とは，断面を絹と同じ三角形にしたり，細さを絹と同じ1デニール程度にしたり

第Ⅰ部　繊維産業の地位と成長戦略

　　して，シルクらしさを出した繊維である（バンタンコミュニケーションズ，1997）。
4）　繊維産業では，一般に素材段階を「川上」，織物・染色加工を「川中」，最終商品段階を「川下」と呼んでいる。分類の方法は時代とともに変化している（本宮他，2002）。川上には，原糸を供給する化合繊メーカー，糸商，紡績業，糸を織物に加工する生地メーカー，染色・整理業，商社，生地卸問屋などのいろいろな種類の加工業者が含まれ，川中には，アパレルメーカー，縫製メーカー，下請け加工業，付属品メーカーなどが含まれ，そして川下は川中から商品を仕入れ，それを生活者に直接供給する各種の小売業を指すとする分類もある（バンタンコミュニケーションズ，1997）。ここでは前者の分類に従っている。
5）　「Ｙシャツに占める生地の価格は正価の六分の一にも満たない」（綱淵，1989）とされるように，糸や織物など素材の価格と最終製品の価格との差は今日でも大きい。
　　東レの榊原定征社長は，次のように語っている。
　　「私がよく例えで使うのはワイシャツ。小売価格が五千円として，ポリエステルのわたを売るだけでは東レの取り分はわずか十六円しかない。デザインや縫製も手掛ければ，残り四千九百八十四円の付加価値の一部も取り込める」（『日本経済新聞』2003年10月7日）
6）　東レは，1961年に関東地区の有力小売店を結集して東レサークルを結成した。翌年にはこれを全国規模の組織に発展させた。
7）　「ホールガーメント」は，島精機が1995年に発売した世界初の無縫製型ニット横編み機で，コンピューターに入力されたデザイン通りに立体的なニットを自動で編み上げることができる（島倉，2007）。
8）　合繊工場では，このほかに，東レでは，これまで口金から出てきた未延伸糸を一度巻き取り，さらに延伸工程にかけていたが，これを一貫して手掛けられるＯＳＰ（ワン・ステップ・プロセス）を積極的に導入している（『日経産業新聞』2000年6月27日）。
9）　クイック・レスポンスとは，「商品とサービスを顧客に対して，顧客の望む時に，正確な量と品揃えで供給しようとする仕組みであり，それを恒常的に最小のリードタイムと最小のリスクで，しかも最大の競争力でおこなうことを目的とするものである」（地引，1993）。
10）「日本企業の多国籍化は，繊維と電機を中心業種として推進されてきた。これに対して欧米の場合は，……繊維の多国籍企業はほとんどみられない」（吉原，1986）
　　戦後の繊維企業の国際化についての議論には，岡本（1988）などがある。戦後の繊維企業の繊維事業についての議論には，米川（1991），鈴木（1991），藤井（1971），山一証券経済研究所（1976）などがある。

第 II 部　脱成熟化プロセスの特徴

　　脱成熟化のプロセスがいつ始まりいつ終わるのかを明確に捉えることは困難である。しかし，第二次世界大戦後の日本の繊維産業の歴史を振り返り，繊維企業の脱成熟化のプロセスを長期的・総合的に眺めたとき，多くの特徴を見出すことができる。本章では，これらの特徴のなかでも顕著なものについて検討する。

　　ここでは5つの章で20の特徴を取り上げている。まず第4章で取り上げる1から3は，脱成熟化には必須である多角化についての特徴である。第5章と第6章で取り上げる4から10は，脱成熟化プロセスの初期の特徴を時系列的に見たものである。第5章の4から7は，成熟の認識についてであり，認識が遅れがちであること，遅れが累積していくことなどを取り上げている。第6章の8から10は，成長戦略の実行過程に見られる特徴である。「集中現象」，失敗，断続的取り組みについて考察している。第7章の11から16では脱成熟化に成功している企業の6つの特徴を取り上げている。11では成功戦略の特徴について整理した。12では，事業戦略が長期を要しているだけではなく，多くが事業戦略の転換を行っていることを，13では批判や反対が多く見られること，14から16では，トップとミドルが重要な役割を担っていることを特徴として取り上げている。第8章の17から20は，脱成熟化プロセスそれ自体，プロセス全体に関する特徴である。外部者が大きな役割を演じていること（17），プロセス全体が学習のプロセスであること（18），成功例が大きな役割を担っているが自ずと限界をもつこと（19），そして脱成熟化が極めて長い時間を要する企業革新であること（20）である。

　　ここでは，新事業開発など個々の成長戦略・事業戦略への取り組みと脱成熟化への取り組みとは区別している。両者は密接に関連しているが，個々の成長戦略の成功が脱成熟化の成功にそのままつながることは少ないからである。

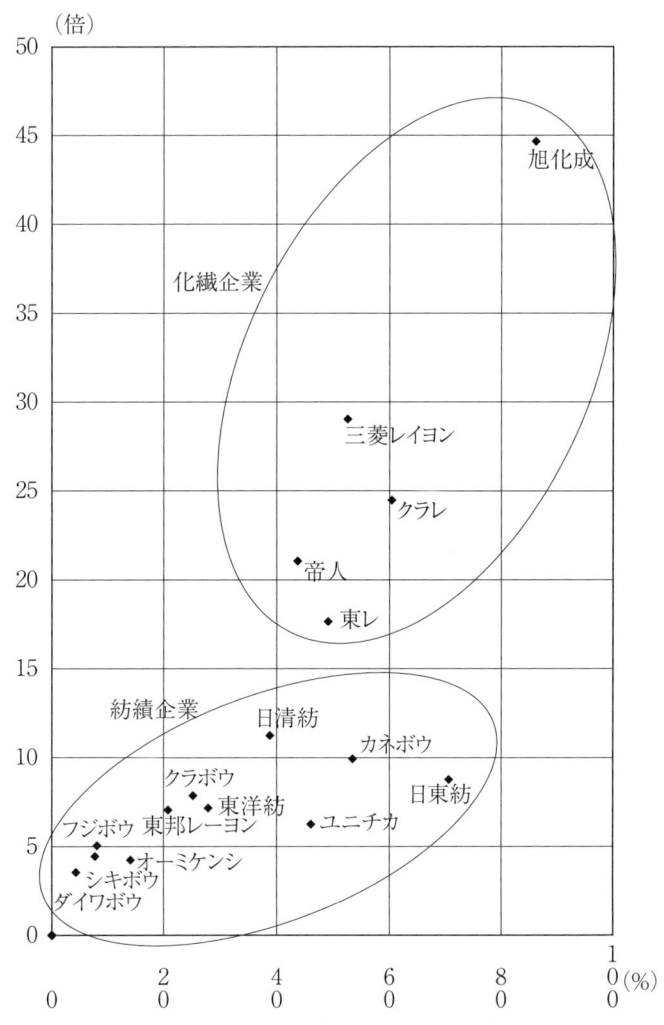

図表 4 − 1　売上高成長倍率と非繊維比率（1954-1994年度）

本図は，16社の40年間の経営成果を示したものである。この図からは，多角化の必要性，成長に結びつく多角化とそうではない多角化の存在，化繊企業と紡績企業の違い，などを明確に読み取ることができる。

第4章　多角化戦略

第1節　多角化の必要性

> 1　成熟産業に属する企業が，長期的に成長していくためには，多角化が必須である。

(1)　売上高成長倍率と非繊維比率

　第2章で見てきたように，繊維産業は明治期以来，日本の経済発展の大きな推進力となってきた。第二次世界大戦後まず日本経済をリードしたのも，繊維産業であった。戦後しばらくは最大の輸出産業であり，日本の輸出の40％以上を占めていた時期もあった。しかしその後，紡績，化学繊維がつぎつぎと成熟化に直面し，70年代には合成繊維も成熟を迎えた。繊維産業の相対的地位もずっと低下し続けている。繊維産業が全産業におけるシェアは，1955年には全製造品出荷額の約19％を占めていたが，91年には約4％になっている。絶対額においても，規模の縮小を余儀なくされている。

　企業レベルにおいても，大半の繊維企業が，相対的地位を低下させつつあるだけではなく，絶対的規模も縮小させてきた。しかし，多くの企業が産業と運命を共にしているなかで，成長を続けている企業もある。戦後の40年間に数倍しか売上高が伸びていない企業がある一方で，売上高が40倍以上にも成長した企業もある。

　企業が産業のライフサイクルを超えて成長を続けていくためには，本業を新たな発想によって再活性化させるか本業以外の分野へ多角化を行う必要がある。

　大きく成長してきた企業の多くは多角化を行っている。前ページの図表4－1は，1954年度から94年度までの40年間における繊維企業大手16社の，売上高成長倍率と多角化（非繊維）比率との関係を示したものである。これをみると

第Ⅱ部　脱成熟化プロセスの特徴

図表 4-2　無配

年	旭化成	東レ	帝人	クラレ	三菱レ	東邦レ	カネボウ	東洋紡	ユニチカ	日清紡	クラボウ	日東紡	ダイワボウ
1950									n.a				
1951									n.a				
1952									n.a				
1953									n.a				
1954									n.a				
1955									n.a				
1956									n.a				
1957									n.a				
1958									n.a				
1959									n.a				
1960									n.a				
1961									n.a				
1962					無配				n.a				
1963					無配				n.a				
1964									n.a				
1965									n.a			無配(半)	
1966					無配		無配(半)		n.a			無配	
1967					無配		無配(半)		n.a			無配	
1968					無配				n.a			無配	
1969					無配(半)				n.a			無配	
1970												無配(半)	
1971								無配(半)					
1972								無配					
1973								無配					
1974													
1975												無配(半)	
1976			無配									無配	
1977			無配	無配		無配	無配	無配				無配	無配
1978			無配	無配	無配	無配	無配	無配				無配	無配
1979			無配	無配		無配	無配	無配					無配
1980			無配				無配	無配					無配
1981							無配	無配					無配
1982							無配	無配					無配
1983							無配	無配					無配
1984							無配						無配
1985							無配						無配
1986							無配						無配
1987							無配						無配
1988							無配						無配
1989													無配
1990													無配
1991													無配
1992													無配
1993													無配
1994					無配	無配		無配		無配			無配
1995					無配	無配		無配		無配			無配
1996					無配	無配		無配		無配			無配
1997					無配	無配		無配					
1998					無配	無配		無配					
1999					無配	無配		無配					
2000					無配	無配		無配					
2001					無配			無配				無配	
2002					無配	無配		無配				無配	
2003					無配	無配		無配					
2004						無配		無配					
2005													
2006													

の回数

フジボウ	シキボウ	オーミケンシ
	無配	
	無配(半)	
無配(半)		
無配		
無配	無配	
無配	無配	
無配		
無配		
無配	無配	
無配	無配	
無配	無配	
無配	無配	
無配		
	無配	
	無配	無配
	無配	無配
	無配	無配
	無配	無配
無配	無配	無配
無配	無配	無配
無配	無配	無配
無配	無配	無配
無配	無配	無配
無配	無配	無配
無配		無配

売上高成長倍率と多角化比率とはほぼ比例している。

このように,多角化比率と売上高成長倍率で見た経営成果との関係を見てみると,企業が成長を続けるためには,本業の再活性化だけでは限界があること,そして多角化が必要であることを理解することができる。成熟産業において長期的な企業成長を確保するためには,多角化が必須であるといえよう。

(2) 売上高成長倍率とその他の経営成績の指標

企業の成長性を測る代表的な指標のひとつとして,まず売上高成長倍率を取り上げた。しかし,売上高成長倍率と他の経営成果との間にも強い関係が見られる。全体的に見ると,売上高成長倍率の高い企業は,収益性や収益の安定性の面においても高いレベルを維持している。もっとも売上高成長倍率の高い企業グループと中程度の売上高成長倍率の企業グループの収益の安定性は高い(無配の回数・図表4-2)。また売上高成長倍率の高い企業グループは,収益性も高い(売上高利益率・図表4-3・税引前利益)。

(3) 戦略グループと経営成果

成長戦略と経営成果(売上高成長倍率)との間にも明確な対応関係を見ることができる。図表4-1をみると,同じような成長戦略を採ってきた企業が同じような経営成果を生んでいる。ここでいう戦略は,事後的に見た戦略である。

図表4-1を経営成果の水準からながめてみると,経営成果の水準の近い企業からなるいくつかのグループを識別できる。これらの識別されたグループに属する企業が,実際にどのような成長戦略を

第Ⅱ部　脱成熟化プロセスの特徴

図表4-3　売上高利益率（収益性）

	1965-1995	1965-1998
旭化成	3.9	3.8
東レ	5	5
帝人	4.8	4.9
クラレ	2.6	3
三菱レイヨン	2.1	2.3
東邦レーヨン	0.8	0.4
カネボウ	1	0.8
東洋紡	1.8	1.8
ユニチカ	0.3*	0.3
日清紡	5.9	5.6
クラボウ	2.3	2.2
日東紡	1.1	1.2
ダイワボウ	0.6	0.6
フジボウ	0.4	0.4
シキボウ	0.5	0.4
オーミケンシ	1.3	1

注：＊　ユニチカについては，1969年以降のデータ

採ってきたのかを整理してみると，各グループ内では極めて似た戦略を追求してきたことが明らかとなる。また，各グループ間では，経営成果だけではなく戦略の点でも明らかな違いが見られる。それぞれの事後戦略と経営成果との間には一定の相関関係が見られる。

　戦後の繊維産業は，成長のエンジンに注目すると大きく2つの時代に分けることができる。ひとつは1970年頃までの合繊時代で，もうひとつは70年頃以降の多角化時代である。合繊時代の各社の戦略は，いち早くナイロン，ポリエステルに進出した企業と合繊に進出したそれ以外の企業，そして結局合繊には進出しなかった企業とに分けることができる。多角化時代では，多角化に積極的に取り組んだ企業，慎重だが継続的に取り組んだ企業，そして取り組みが慎重で断続的であった企業に分類することができる。このように分類された戦略グループ内の企業間では，経営成果の水準は同レベルにある。

第 4 章　多角化戦略

2つの時代

合繊時代

多角化時代

基盤構築（1960年頃～）
事業ポートフォリオ（1990年頃～）

図表 4 - 4　2つの時代（合繊時代と多角化時代）

図表 4 - 5　（事後的）戦略グループ

旭化成，三菱レイヨン，クラレ	：合繊不成功，積極的な多角化
カネボウ，日東紡	：合繊不成功（失敗），積極的な多角化
東レ，帝人	：合繊成功，積極的な多角化
日清紡，クラボウ	：合繊不進出，慎重な（しかし継続的）多角化
東洋紡，ユニチカ	：合繊不成功，慎重な（しかし継続的）多角化
東邦レーヨン，ダイワボウ	：合繊不成功，慎重な（しかし断続的）多角化
フジボウ，オーミケンシ，シキボウ	：合繊不進出，消極的な多角化

(4)　4つの戦略グループと経営成果

　繊維企業が脱成熟化を目指し，追求してきた基本的な成長戦略に注目すると，16社間で，大きくは次の3つの戦略グループを識別できる。

① 　化繊企業・合繊・多角化（化繊企業で3大合繊に進出し，多角化に取り組む）
② 　紡績企業・合繊・多角化（紡績企業で3大合繊に進出し，多角化に取り組む）
③ 　紡績企業・多角化（紡績企業で3大合繊には進出せず，多角化に取り組む：この戦略グループでは，成果によってさらに2つのグループを識別することができる）

　1954年度から94年度までの40年間を対象に，売上高成長倍率（本体・非繊維比率），売上高利益率（税引前利益），無配期間の3つの指標で，それぞれ成長性，収益性，安定性を図り，総合評価した（図表 4 - 6）。これはデータ入手の

図表4-6　成果の総合評価（売上高成長倍率，売上高営業利益率，無配の回数）

	成長性	収益性	安定性	総合評価	
旭化成	3	3	3	9	H
東レ	3	3	3	9	H
帝人	3	3	3	9	H
クラレ	3	2	2	7	H
三菱レイヨン	3	2	2	7	H
東邦レーヨン	2	1	1	4	M
カネボウ	2	1	1	4	M
東洋紡	2	2	2	6	M
ユニチカ	1	1	1	3	L
日清紡	2	3	3	8	H
クラボウ	2	2	3	7	H
日東紡	2	1	1	4	M
ダイワボウ	1	1	1	3	L
フジボウ	1	1	1	3	L
シキボウ	1	1	1	3	L
オーミケンシ	1	1	2	4	M

注：H：高業績，M：中業績，L：低業績

容易性を考慮したものである。

　3つの戦略グループをこのような総合的な経営成果から見ると，次のような関係が見られる。

①化繊企業・合繊・多角化＞＞③紡績企業・多角化（その1）＞②紡績企業・合繊・多角化＞③紡績企業・多角化（その2）

・全体的に見ると，化繊企業の方が紡績企業よりも高い業績を上げている。
・化繊企業＞＞紡績企業：化繊企業の経営成果は紡績企業の経営成果よりかなり高い。
・紡績企業・多角化グループの経営成果の2極化：3大合繊に進出しなかった紡績企業の間で経営成果に大きな違いが生まれている。高いグループをその1，低いグループをその2として分類している。

・紡績企業・多角化（その1）＞紡績企業・合繊・多角化：3大合繊に進出しなかった紡績企業のうち高い経営成果を上げている企業は，紡績企業で合繊に進出した企業よりも高い経営成果を上げている。

(5) 事前戦略の類似性と事後戦略と経営成果の相違

　前章で見てきたように，日本の繊維大手16社のほとんどの企業は，ほとんどの成長戦略に，早い時期に取り組もうとしてきた。しかしその後の数十年の間に，各社間での事後的な成長戦略には違いが生まれ，経営成果で大きな格差が生まれた。事後的な成長戦略と経営成果との間には関連性が見られる。脱成熟化のプロセスを詳細に振り返ることで，なぜこのような成長戦略の違いと経営成果の格差が生まれてきたのかを明らかにすることができるかもしれない。以下において，このような問いに対する答えを見出すことを念頭に置きながら，各企業が「何を行おうとしたのか」「何を行ったのか」「いかに行ったのか」に注目しながら，大きな違いが生まれてきたプロセスをながめ，そこに見られる特徴を整理していく。

第2節　多角化推進と本業の再活性化

> 2　多角化を推進するためには，本業である繊維事業の再活性化が必要である。また，脱成熟化に遅れた企業は，繊維事業の競争力を維持することもできなかった。

　企業が長期的に成長を継続していくには，本業の再活性化だけでは不十分である。多角化は必須である。これは，すでに見たように，売上高成長倍率と非繊維比率との関係から，そして繊維事業の売上高の減少などから理解することができよう。しかし，本業の再活性化は，企業の長期的成長の必要条件でもある。再活性化の成功は，確かに企業の成長に対して少なくない効果を及ぼしてきた。本業の収益基盤が脆弱である場合，多角化を成功させることはむずかしい。

　高業績企業と中業績企業，とくに中業績企業は，非繊維比率が高いだけではなく，繊維事業の競争力も高い。一方，低業績企業の多くは，非繊維比率が低

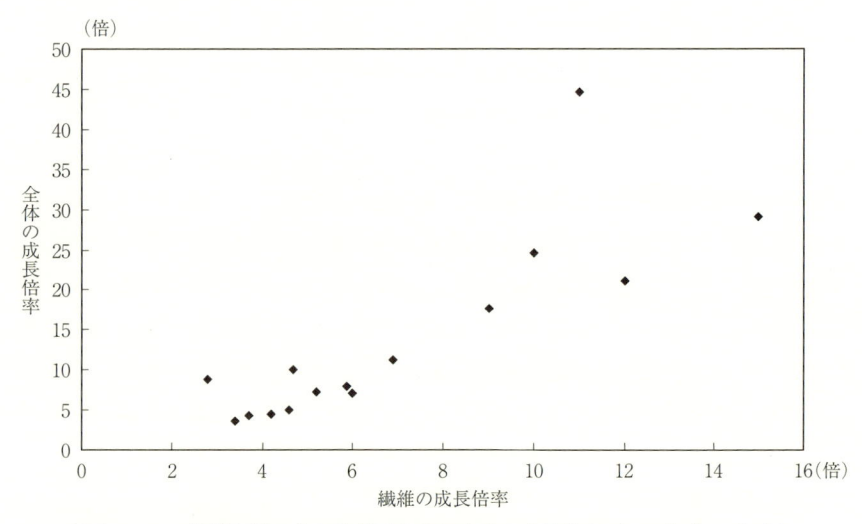

第Ⅱ部　脱成熟化プロセスの特徴

図表4-7　繊維事業の売上高成長倍率と企業の成長倍率（1954年度-94年度）

いだけではなく，繊維事業が中心である企業の業績は不安定であった。石油危機後は長期の不振に陥った。

　帝人，東レ，日清紡，クラボウなどは，戦後の約50年を通して見ても，繊維事業では数度の短期間の赤字を計上しただけである。それに対して，低業績グループは，非繊維比率が低く，またかなり長期にわたって無配を継続している（図表4-2）。

(1) 本業の再活性化の必要性

　企業の長期的な成長にとって，本業の再活性化が重要である理由として次のような点を指摘することができる。

① 基本的な経営資源の投入源・投入基盤である

　主力部門と新規事業との関わりは多面的で強い。これは財務的側面に限らない。人的，物的，そして情報的経営資源の面でも多様な関連をもつ。遊休不動産の有効活用が大きな収益源になっている企業もある。既存部門のエース級の人材が新事業の担当者になることは少なくない。カネボウでは，化粧品事業で，全国に販売会社を新たに設立するために，40～50歳の元工場長クラスの人や人事労務部門の部長クラスの人を支配人として各県に一人ずつ派遣した（和

田, 1985)。また, 既存技術の研究者・技術者が新事業のタネを見出したり推進したりしたケースも少なくない。また, 化学分野では技術での波及性・発展性は極めて広く深い。旭化成の化繊のベンベルグ事業は, 再活性化に成功したケースであり新しい事業の創出に発展したケースであると言えよう。ベンベルグの新しい製造技術や製品を開発するなかで, 不織布や人工腎臓へとつながるハローファイバー(中空糸)が生み出された。繊維部門と非繊維部門との関係は, 目に見えにくい側面でも重要である。

　成長基盤を繊維事業から新事業へとスムーズに移行させることは, 容易なことではない。リスクの高い新事業の開発に失敗した場合, 繊維事業が弱体化していては, 企業の生存も危うくなる。

　資源配分のひとつの指針であるPPM(プロダクト・ポートフォリオ・マネジメント)では「金のなる木」が「問題児」に将来の成長に必要な資金を供給するパターンが「最適キャッシュ・フロー」であるとされ, 「問題児」を「花形」へと育て, 「花形」がいずれ「問題児」に資金を供給する「金のなる木」へと転換していくというパターンを「成功の循環」と呼んでいる(Henderson, 1979)。

　繊維企業の戦後の復興がようやく完了しようしていた1950年に, 朝鮮戦争が勃発した。この戦争による糸へんブームによって繊維企業は, 膨大な利益を獲得した。そのとき東レとクラレは, ブームで得たレーヨンの大きな利益を, それぞれ事業化したばかりのナイロン, ビニロンに積極的に投入した。旭化成では, アクリル繊維の事業化をベンベルグ(レーヨン)の利益が支えた。さらに合繊が石油化学を, 石油化学が住宅を育て, そして住宅が医薬, エレクトロニクスを育てようとしてきた。帝人はポリエステル繊維の利益で新事業に積極的に取り組んだ。東レも合繊の利益を多角化のための研究開発に大量に投入した。

　一般に新事業の育成には時間がかかる。本格的な事業化へとすすむにつれ, 必要投資額は急激に大きくなる。新規事業は, 事業化当初から利益を上げることのできるものは少ない。赤字の額が単年では少額でも事業を軌道に乗せるのに長期を要する場合, 累積額は莫大になる。また, 新規事業にはリスクが伴う。大半が失敗に終わる。失敗した場合, 本業の基盤が揺らいでいては, 企業

全体の存亡につながってしまう。このため新事業の育成には，強固な収益基盤が必要である。基本的な資源の投入基盤である繊維事業がこのような役割の期待に応えるためには，長期的に安定的に利益を上げうることが必要となる。

　日清紡の繊維事業は，高い競争力と安定した業績を維持してきた。1990年代前半までは全利益の大半を繊維事業が生み出していた。この繊維事業で生み出した利益が多角化事業を育ててきた。ブレーキ事業ではブレーキのパッドから，ドラム，ディスクへと多様化を図ってきた。そしてさらにＡＢＳ（アンチ・スキッド・ブレーキ・システム）事業に参入した。今日ＡＢＳ事業はすでに黒字化を達成しているが，車への装着率がなかなか上がらなかったため黒字段階に至るまでには長期を要している。84年の開発着手後10年間で赤字の累計額は約100億円に達した。この赤字額は，ブレーキ事業部だけで処理できる限界をはるかに超えていた。「繊維で蓄積した資産を使いながら逆境に耐え，市場の拡大を待った」のである（指田社長『日経ビジネス』2003年9月8日号）。

　帝人は1980年代，60年代から積極的にすすめてきた多角化事業（未来事業）からの撤退にメドをつけると，まず繊維事業の再建・強化に取り組んだ。まだ当分の間は，繊維事業が企業を支えていく必要，新規事業を育成していく必要があったからである。

　また，本業の基盤が強固であるならば，脱成熟化への対応で時間的余裕を確保することができ，深く掘り下げた技術開発や取り組みが可能である。東レは1961年に——まだ合繊がライフサイクルでは成長過程にある段階であった——合繊で生み出した利益を投入して基礎研究所の建設を始めた。ここでは基礎的・長期的研究を行い，ノーベル賞級の成果を生み出すことを目指した。また，医薬事業をスタートさせるに当たり，インターフェロンの研究者を「今ならまだ東レは繊維で儲かっていて余裕があるので，思い切って基礎研究に資金も人材も投入できる。だから，今なら贅沢に，思いのままに研究してもらえる」（田原『プレジデント』1984年5月号）と説得してスカウトを成功させた。

　事業に必要な資金は，外部から調達することも可能である。高度成長期には売上げが伸びているため，このような資金調達方法はむずかしくはなかったかもしれない。しかし，長期にわたって利益を生み出すことのむずかしい新事業への外部資金の大量・継続的投入はリスクが大きい。

　三菱レイヨンとクラレの両社は，1980年代の半ば頃まで，ともに財務体質は

脆弱であった。三菱レイヨンは，主力のレーヨンが57年以降不振に陥ったため，レーヨンから合繊へのシフトを急いだ。57年以降，アクリル，アセテート，ビニロン，ポリプロピレン，樹脂などにつぎつぎと進出した。これらの設備資金の大きな部分は，借入金で調達しなければならなかった。自己資本比率は低下して，資本構成は悪化した。このため石油危機では極めて大きな影響を受け，4期の無配を余儀なくされた。

　クラレが石油危機で受けた影響も大きく，同時期に4期の無配に陥った。クラレは，ビニロンの事業化に必要な大量の資金を，借り入れている。その後もポリエステルや積極的な研究開発を展開していった。このため長期にわたり有利子負債の負担に苦しんだ。自己資本比率も1970年代には11.4％まで低下した。「大手合繊メーカーと比べ競争力がないといっても，つまるところは金利負担の差」（松田専務『日本経済新聞』1976年8月14日）といわしめるほど財務体質が悪化していた。76年3月期の売上高純金利負担率は，帝人の2.0％に対して，クラレは5.2％と大きな格差がついていた。85年3月期の長短借入金は1125億円で，金融収支は65億円もの赤字を出していた。営業利益を金利が食い潰すかたちになっていた。

　戦争で極めて大きい打撃を受けたカネボウも，戦後継続的に財務体質の問題を抱えながら多角化をすすめてきた。その他の紡績企業もその多くが，石油危機後，長期間無配に陥っている。ダイワボウは石油危機後20年もの間無配を余儀なくされた。繊維事業を含め，企業の業績がこのような状態では，既存事業は「問題児」への継続的・安定的供給源とはなりにくい。

② 自己成就的予言

　主力事業であるがゆえに，成長力が鈍化しつつある状況下でも，再活性化の余地は十分に存在するとの認識はまだまだ強いかもしれない。新規事業へ経営資源が十分には配分されないかもしれない。しかし主力事業の成長力がさらに鈍化してくると，新規事業への期待も高まる。新規事業が軌道に乗るようになると必要な経営資源も飛躍的に多くなる。経営資源について新規事業との競合が激しくなる。このとき企業は限られた経営資源の配分について難しい意思決定を行わなければならない。

　積極的な多角化の推進が，繊維事業の弱体化をもたらすことは少なくない。既存部門への投資が手薄となってしまうからである。日東紡は積極的な多角化

が紡績設備の老朽化をもたらしてしまった。帝人は，1960年代から攻撃的な多角化を推進している間に，繊維事業の収益性を低下させてしまっていた。

　主力事業の再活性化への努力を大きく低減させた場合，成熟化を加速させてしまう可能性が高まる。その要因のひとつは自己成就的予言と呼ばれるものである。

　自己成就（充足）的予言とは，「このようになるのではないかといった予期が，無意識のうちに予期に適合した行動に人を向かわせ，結果として予言された状況を現実につくってしまうプロセスをさす」（川上，1999）。

　繊維企業の脱成熟化のプロセスにおいてもこのような「自己成就的予言」と呼ぶことのできるような現象が見られる。繊維企業の多くは，1980年代以降，本業である繊維事業を成熟事業と位置づけ，「脱繊維」を企業の目的の中心に置き，それを推進するようになった。これは経営資源が充分には繊維事業に配分されにくくなることを意味する。繊維部門の人々は将来に不安を感じるようになる。繊維事業が成熟の烙印を押されてしまうと，繊維事業に従事するメンバーからは負の心的エネルギーが引き出されるようになる。また，周囲も繊維事業への協力には消極的になる。これらが繊維事業の成熟化を予想以上に早めてしまう。

　カネボウは，1985年に策定した長期経営ビジョン「110計画」で，3つの構想を打ち出したが，そのひとつに「繊維が主役たれ」を置いた。その理由を岡本進社長（当時）は「当社の祖業である繊維の人たちがうなじを垂れていたから」（『日経ビジネス』1985年9月30日号）と述べている。カネボウでは，石油危機以降，繊維部門では，規模の縮小・合理化がすすめられてきた。このため繊維部門では消極的な空気が漂い，活気に乏しい雰囲気が生まれていた。

　旭化成は，1960年に策定した5カ年計画で「非繊維化」をターゲットとして掲げた。かなり早い時期から非繊維分野への多角化に本格的に取り組み，繊維比率を下げてきた。石油危機のときにはこの繊維事業の不振が続いた。繊維事業の全売上高に占める比率は低くなりつつあったが，事業規模は他社と比較して小さくなかった。このため繊維事業の立て直しには約5年を要した。90年代にはいって景気が悪化すると，繊維事業では再び赤字が続き，全体の収益の足をひっぱった。2003年には，先発の1社として事業化した，かつてはトップシェアを維持していたアクリル事業から撤退した。このような繊維事業の弱体

化に対して山本一元社長は「従来,安易に脱繊維といいすぎた」と反省している(『週刊ダイヤモンド』1997年10月25日号)。また「宮崎輝社長時代に脱繊維に変わった。そのために繊維の人間が肩身の狭い思いをして不振になった。励ましの言葉が必要だ。……」とも述べている(『日本経済新聞』1997年12月2日)。

③ 再活性化の限界

　本業を再活性化するだけでは企業の長期的な成長には限界があるものの,脱成熟化には本業の再活性化は必要条件である。前章で概観したように繊維事業の再活性化に向けてさまざまな努力がなされ,その過程で多様なイノベーションも生まれた。しかし,本業の再活性化それ自体の達成も多角化と同様に難しい。繊維事業が取り組んできたさまざまな再活性化は,その多くが期待通りの成果を上げることができなかった。繊維企業の相対的地位の継続的な低下・絶対的規模の継続的な減少が,それを如実に物語っている。

　前章で見たように繊維事業の主な再活性化の方法には,素材の差別化,設備の合理化・近代化,川中や川下分野への進出,海外展開などがある。

　繊維企業の海外展開を見ると,中南米では成功している企業も少なくないが,石油危機以前に展開したアジア諸国への進出は,石油危機後に多くの企業が撤退している。また,日清紡,カネボウ,オーミケンシは,1980年代後半に北米に工場進出したが,3社とも撤退している。これは環境の大きな変化や「文化的な障壁」が大きかったと言われる。

　ほとんどの繊維企業にとって,1970年代までの海外進出は,その多くが輸出先国による輸入規制への対応,輸出代替を目的としたものであった。各社が,内外の拠点が互いに有機的な関係をもち,企業としてグローバル・オペレーションを展開できるようになるのは,国内への輸入浸透率が急激に高まることになった90年代にはいってからのことである。海外進出を開始してから30年近く経過している。

　設備の近代化・合理化では,オートメーション化や,革新紡機の導入などがすすめられた。連続自動紡績設備については,東洋紡のCASが1960年に世界で最初に開発された。これは東洋紡の谷口豊三郎副社長(当時)が1955年10月,「綿を入れたら,いきなり糸になって出てくる。そういうプロセスができてもいいはずだ。そういうことをやらなければ,いずれ負けるぞ」と研究を指

示したところから始まった(『百年史東洋紡』1986)。それは開発から62年5月の新設備の工場建設までに約7年を要した。東洋紡に続いて各社が連続自動紡績設備を導入した。

　最終的には無人操業化によるコストダウンを目指した機械化,自動化への取り組みであったが,このような設備の「省力化の効果は前紡までの工程にとどまっており,もっとも人手を多く要する精紡・仕上工程では今一歩という感があった」(『ダイワボウ60年史』2001)。また,「連続自動紡績は重装備であるため,数万錘規模を単位にしないと効果が上がらない方式であり,細番手には向いていなかった」「画期的な方式であるとして注目された連続自動紡績システムも,やがて優秀な工程別機械の出現や製品高級化のなかで姿を消していくことになる……」(『富士紡績百年史』1997)。

　昭和40年代(1965年-)にはいると,繊維(紡績)企業にとって,「若年女子労働力不足と大幅な賃金上昇を克服すること」(『ダイワボウ60年史』2001),そのための省力化が重要な課題となった[1]。その対策の一環として,リング精紡機に比べて飛躍的に効率を高められる「夢の紡績機」・革新的紡機である空気精紡機を,ほとんどの大手紡績会社が導入した。導入数は1968年から増加したが,80年をピークに減少に転じ,平成にはいると著減した(『ダイワボウ60年史』2001)。そしてまもなく,ほとんどの企業が撤退していった。95年には最初に導入したダイワボウだけが残った。その理由は,空気精紡機が,太番手にしか対応できず,細い糸に向かないことであった。このため「用途の面からみて汎用性に欠け」(『百年史東洋紡』1986),「その糸質は,ベッドシーツ,ジーンズ等特殊な用途以外は,衣料用として消費者の満足を得ていない」(伊藤,1994)と評価されている。いち早く,そして最も積極的に導入したダイワボウの社史『ダイワボウ60年史』(2001)には,普及しなかった理由を次のように総括している。

　「……需用者側の要望,すなわちマーケットインによってではなく,生産者側の事情,すなわちプロダクトアウトによって世に出ざるを得なかった生誕時の時代背景こそが,その要因であろう」

　このような設備の合理化・近代化の努力は,一定の成果を上げたものの,他の産業と比較すると見劣りするレベルであり,また長期的な成長を保証するものではなかったといえよう。

「……繊維工業設備等臨時措置法の施行で，昭和39年10月以降綿紡業界は，紡機のスクラップ・アンド・ビルドに努めてきた。自動連続装置の採用，設備の大型化―ラージ・パッケージ化，空気精紡機の導入など，その努力の現れだが，前後の工程の未省力や，特定番手の紡糸しかできないといった弱点があり，部分的な省力化という色が濃い」(『週刊ダイヤモンド』1970年3月2日号「綿紡10社"脱紡績"への道けわし」)

「戦後のテキスタイル産業では，各生産段階で活発な技術発展が展開され，その成果にもみるべきものが多かった。……しかし，テキスタイル産業の技術発展がもたらした生産性向上の成果は，それ自体立派なものであっても，国内の他産業の成果に比べると，見劣りするものであった」(東洋紡績経済研究所，1980)

その後合理化・近代化については，「テキスタイル技術そのものが成熟化の極に達し」(東洋紡績経済研究所，1980)，「紡織生産技術において，近年目覚しい革新技術の開発も見当らず，設備近代化もほぼ飽和状態に達したといえるようだ」(日本紡績協会調査部，2004)と，技術の成熟化について広く認識されるに至っている。

川上に位置する繊維企業にとって，製品の付加価値のほとんどを占めている川下・川中展開は常に関心事であった。川下展開では，「ワイシャツ生産は昭和32年当時にはすでに十大紡が軒並み手をつけ……」(藤井，1971)たように，二次製品への取り組みもかなり早くから多くの企業で行われてきた。1980年代以降においても付加価値のほとんどが原材料以外で占められている。

「当時，二次製品の上代に占めるテキスタイルなどの原材料コストは10分の1程度とされ，テキスタイルの付加価値が十分に取れる状況にはなかった」(『ダイワボウ60年史』2001)。

中小企業に対抗するため，より多くの付加価値を獲得するため，需要を把握するため，あるいは迅速に対応するためなど，川下・川中展開の理由はさまざまである。1970年代後半には，それまでの国際競争力を高めるための水平統合重視から，糸から縫製部門までの垂直統合重視へと政策提言の転換が行われた。それまでに川下を志向する戦略で成果を上げた例は多くない。

ファッション産業の成長に対応して，多くの企業がファッション事業にも取り組んできた。カネボウやオーミケンシなど少数の企業は成功をおさめた。カ

93

ネボウが導入した「クリスチャン・ディオール」は，日本で最大のブランドにまで育った。しかし，導入ブランドが中心であったため，導入先企業の方針転換により提携は解消され大きな打撃を受けた。不況期には，在庫に苦しんでいる。オーミケンシの「ミカレディ」も，石油危機の頃までは急成長した。しかし，ファッション産業が産業らしくなってきた頃から成長力は低下してきた。その後は低迷期間が短くない。各社とも1990年代にはいる頃から，製品事業の強化の一環として自社ブランドの育成に取り組み始めたばかりである。

これは，多くの企業が川下展開を，「自社の糸や織物の消化の手段」として取り組んだこと，糸の顧客との競合関係が存在したこと[2]，大量の資金が固定化されてしまうこと，流行の変化が激しいこと，大量生産には向かないことなどがその理由となっている。

帝人では1990年代後半以降，衣料繊維事業の低迷が続いているが，なかでも収益の改善がすすまないファッション衣料について，そのむずかしさを長島徹社長は「ファッション衣料は嗜好の変化が読みにくいうえ，機能性で購入を刺激できない」と説明している（『日本経済新聞』2006年3月11日）。

海外進出と同様，1990年代にはいって，製販同盟というかたちで流通企業との関係が強まった。再び二次製品の強化がすすめられている。スーパーや大型専門店の成長，輸入品の増加など，企業を取り巻く状況はこの間に大きく変化している。また，実用的な衣料分野でも，輸入品との競争が激しくなってきた。国内の紡績工場の閉鎖が多く行われた時期でもあった。それに対して，取り組み方にも変化が見られるようになってきた。企画段階から最終製品に仕上げるまでを繊維企業が主導的に行うようになってきた。

「これまでは自社の技術に頼ったり，アパレル会社に企画開発を任せたりするケースが大半だった」（『日本経済新聞』1996年9月22日）

しかし多くの企業が二次製品でも，ファッション衣料から高機能繊維が活かせるスポーツ分野やカジュアル衣料などに比重を移しつつある。

合繊大手首脳が「原糸・原綿製造から産地による高次加工をほどこしたテキスタイルまでは合理化が進んでいるのに」（『日経産業新聞』1997年11月12日）と川下分野に不満を示しているように，繊維産業の構造的な問題として早くから認識されてきた原料から小売りまでの長く複雑なプロセスも，情報は分断されたままで，いまだ半分以上の期間が付加価値を生み出さない状況にある。こ

れに対して，1994年にＱＲ推進協議会が関連業界の208社で結成され取り組みが始まった。しかしその後3年経過しても，合繊企業では産地との間で情報共有化は進んだが，アパレルや小売りなどの川下とは分断されたままであった（『日経産業新聞』1997年11月12日）。

　繊維企業の多くは，繊維の輸入浸透率が高まり，設備の縮減を余儀なくされることになった。そして海外拠点の強化に乗り出した1990年代にはいって，素材の差別化，垂直的連携，そして海外展開が有機的に連携した戦略を採れるようになったといえよう。

　第3章で見たように，ほとんどの繊維企業が，ほとんどあらゆる繊維の再活性化に取り組んできた。しかしそれらが充分な成果を上げられないまま，新たな成長軌道に企業を乗せることができていない状況で，合繊も含め，繊維の設備の規模はアジア諸国が圧倒するようになり，日本の繊維企業は，輸入の増大への対応に苦慮するようになった。各社の繊維事業の売上高は，円高がすすんだ1986年以降大幅に減少している。しかし，さまざまな再活性化の取り組みになかから，繊維事業の向かうべき方向を示唆する，そして繊維事業に自信を取り戻させた成功例が存在する。また，同じような再活性化に取り組んできた企業の間に成長格差も生まれた。

(2) 再活性化の成功例

　戦後の繊維産業において，繊維事業の再活性化につながった成功例もいくつか存在する。そのなかでも代表的なものとして，綿紡績における「形態安定素材」と合繊における「新合繊」を挙げることができるだろう。両者とも，長年にわたる技術の蓄積の上に生み出されたものである。

　8000年の歴史をもつといわれる綿の歴史は，しわと縮みとの戦いの歴史でもあった。1960年頃になって，改質綿布が登場した。それは一時かなりの成功を収めたが，品質上の問題などで，結局一時的なものになってしまった。「効果はあったが，実用レベルにはいま一つだった」（柳内，1994）ことがその理由であった。

　その後1990年代にはいって形態安定素材が開発されブームとなった。各社が短期間に参入したことによる群れ現象などによって，形態安定素材は，繊維事業に一定の経済効果をもたらしたが，それぞれの企業で，企業全体を再び成長

軌道に乗せることができるだけの力をもつことはできなかった。繊維事業全体の規模を維持拡大させることはできなかったといえよう。しかし形態安定素材の成功によって紡績企業は，加工こそが日本の繊維企業の「生き残る方法」のひとつであると自信を取り戻し，繊維事業の将来性に対する期待を改めて高めた。形態安定素材を含め，紡績企業にとって加工技術の開発が繊維事業の再活性化の核のひとつとなっている。柴田東洋紡社長は「ノーアイロンシャツの開発にこそ，日本の紡績が生き残るヒントがある」と述べている（『日経産業新聞』1994年1月21日）。

「新合繊」は，1980年代後半に誕生した。それまでの化繊，合繊は常に絹を目標としていた。人絹は人造絹糸の略である。合成繊維の歴史も，天然繊維の構造をまねること，天然繊維の感触，質感をまねることを追求した時期が長く続いた。それが80年代にはいって，それまでの20年以上にわたる「まねる」努力によって技術的な裏付けもでき，合繊独自の感触，質感を追う，という方向へと進化してきた（高橋，1993）。それまでの絹を目標とした，化繊を含め，まねるという発想から，他の繊維にはない合繊の独自性を追求する発想へと根本的な「発想の転換」が行われたのである。技術の蓄積と総合力と発想の転換が新合繊を生み出したといえよう。

新合繊の中心素材であるポリエステル長繊維の売上げは，1989年頃から92年末にかけて活況を呈した。93年1月には生産量で54カ月連続前年同月実績を上回った[3]。新合繊は，繊維事業の再活性化に成功したと言えるかもしれない。新合繊も企業全体を再び成長軌道に乗せるだけの力をもつものではなかったが，新合繊の成功は，経営者に合繊事業の活路，すすむべき方向を見出させ，将来性に対する自信を生み出した。

(3) 繊維事業の競争力に格差を生み出した要因

上述のような繊維事業の再活性化には，ほとんどの企業が取り組んできた。しかし繊維事業でも，競争力の高い企業と弱い企業とが存在しており，その格差は小さくない。

石油危機の影響が依然強く残っていた1975年度にいちはやく経常利益を計上することができたのは，紡績大手ではクラボウと日清紡だけであった。その後も円高，90年代の経済の長期低迷に巻き込まれながらも，日清紡とクラボウの

繊維事業は，比較的安定した業績を維持し続けてきた。

両社に共通することは，方法は異なるものの，市況事業である繊維事業で「脱市況」に早くから本格的に継続的に取り組み，その成果を上げてきたことである。

紡績業界でもっとも積極的に繊維事業の再活性化に取り組み，成果を上げてきたのは日清紡である。1990年代には多くの企業が繊維事業で利益を上げることができなかったのに対して，日清紡は，99年3月期に営業赤字に陥るまで，戦後を通して繊維事業は営業黒字を記録してきた。

日清紡が採った脱市況の方法は，少品種大量生産・高生産性の追求であった[4]。「相場に左右される商品を作っている限り，経営の安定はない」（山本啓四郎社長『日本経済新聞』昭和50年8月5日）として，工場の徹底した合理化をすすめるとともに，少品種大量生産を追求することによりコストダウンを図ってきた。また同時に紡績だけではなく織り編み化を行うことによって付加価値を付け，市販糸を少なくしていった。さらに加工分野も強化していった。紡織加工の一貫体制を構築していったのである。1982年上期の時点では最大の織機保有企業となっている。

中瀬社長は「オイルショック以前の昭和40年代などは競争力を高めるため紡績業界のなかでは最も積極的に設備を更新してきた」と語っている（『日本経

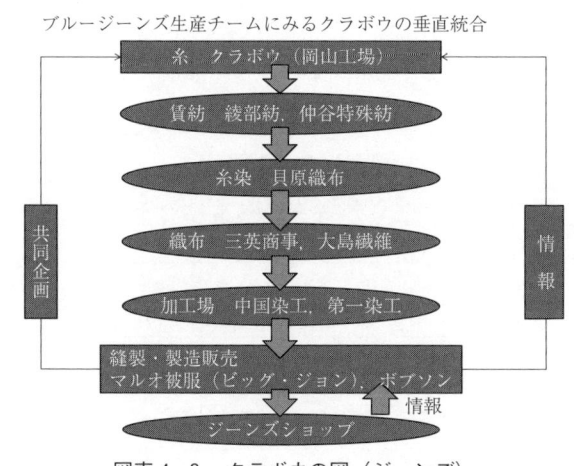

図表4-8　クラボウの図（ジーンズ）
出所：『週刊ダイヤモンド』1977年2月26日号

済新聞』昭和58年12月26日)。また,織物については外注するのではなく「自家製織を続けたことが製品の品質維持に貢献した」(米川,1991)。

　紡績業界は,昭和30 (1955) 年前後から一律勧告操短で市況を調整しようとしてきた。しかし日清紡は,「誰にも頼らない私企業の自由競争原理と自己責任主義」といった自主経営路線を堅持してきた。勧告操短を「操短の上にあぐらをかくもの」として,ほぼ一貫してこれに反対してきた。不況カルテルに対しても「業界の体質を弱める」(山本社長『日本経済新聞』1977年4月2日) とカルテル申請にはほとんど加わらなかった (75年1月からの不況カルテルには参加している)。大手紡績企業の中でこのようなアクションを行った企業は,日清紡だけであった[5]。

　クラボウの業績も紡績企業のなかでは比較的高く安定している。クラボウは,昭和40 (1965-) 年代の初め,業界のなかでいち早く「相場をにらみながら糸売りで儲ける時代は終わった」と糸売り時代の終焉を宣言した。そして,糸を織物や編み物にして売るテキスタイル化路線を展開した。この路線は,商品企画の力点をユーザーとの取り組みに置き,カジュアルやジーンズの分野で,染め・織り・加工・縫製・販売の各社との間で垂直的連携をすすめることにより,糸売り比率を下げ,市況に左右されにくい経営体質の構築をすすめるものであった。

　「国内販売の7-8割は安定取引先にハメ込んでいる。販売単価も他社より高いはずだ」と牧内栄蔵専務は述べている(『週刊東洋経済』1976年4月17日号)。

　日清紡とクラボウのように脱市況を一貫して推進してきた企業は,紡績を主

図表4-9　市況製品

	市況関連商品の割合	非繊維比率
日清紡		22% (75年4月期)
クラボウ	約16%	9%
フジボウ		約1%
シキボウ	約70%	
ダイワボウ	約80%	
オーミケンシ	自社生産品の95%が紡績糸	

注:1975年10月期
出所:山一証券経済研究所,1976

たる事業としている企業のなかでは例外的な存在であった。他の多くの紡績企業は，高い糸売り比率を維持してきたため，石油危機後長期間，業績が低迷し

図表4-10　先発企業と後発企業の生産設備規模（トン／日）

アクリル繊維

	1966年8月現在	79年3月末	98年1月末
三菱レイヨン	65	239	330
旭化成	65	244	245
東洋紡	65	186	168
東邦レーヨン	30	141	109
東レ	31	129	107
カネカ	23		
カネボウ		75	105

ポリエステル繊維

	1965年末現在	79年3月末	98年1月末
帝人	101	441	626
東レ	101	460	568
クラレ	30	186	215
日本エステル	30	239	237
東洋紡	30	218	310
カネボウ		90	92
ユニチカ		20	111
三菱レイヨン		97	102
旭化成		65*	99

注：＊1979年9月末
日本エステルは，ユニチカ・カネボウ・三菱化成の合弁

ナイロン繊維

	1965年末現在	79年3月末	98年1月末
東レ	161	296	294
ユニチカ	74	155	173
帝人	29	127	124
東洋紡	29	72	75
カネボウ	29	76	78
旭化成	14	164	130

第Ⅱ部　脱成熟化プロセスの特徴

た。しかし「この間の不況でも，テキスタイルの売り上げ比率が70％に達する日清紡績や，60％台の倉敷紡績などは経常黒字を確保，抵抗力を示した」（『日本経済新聞』1982年1月11日）のである。

　とくに，これら2社とは対照的に，もっとも多角化比率の低いグループ，成長倍率のもっとも小さいグループに属する企業は，繊維事業では糸売り重視という旧来のやり方を長期にわたって踏襲してきた。市況に影響を大きく受ける糸売りを重視した，商業利潤の追求的対応は，好況と不況で業績のぶれが大きい。売上げ全体に占めるその比率は低下傾向にあるものの，糸売り比率の高かった企業は，石油危機で大きな打撃を被った。このため長期間無配を続けざるを得なかった企業も少なくなかったといえよう。

　糸売りは，必要とされる資金量が少なく，機動的な対応が可能である。これらの企業は，相場の低下に対して，基本的には従来の対応である操短と輸出の促進での回復を期待してきたといえよう。このような対応は，効果がなかったわけではなかった。しかし，このような政策の有効性は時間とともに低下していった。このグループに属する企業では，主力とする繊維事業において，市況に左右されやすいこの糸売りの比率が高いことが，企業業績の不安定と低迷の主因のひとつとなっている。また，勧告操短，不況カルテルに依存してきたことも競争力を低下させた一因といえよう。例えば，オーミケンシは，国内市場における綿製品の輸入浸透率が80％を超えるようになる1990年代後半でも，紡績大手の中では糸売りの比率が高く，「あまりにも相場の影響を受けやすい業態」（龍宝惟男専務『日刊工業新聞』1997年3月3日）から抜け出せていなかった。

　化繊企業の間では，合繊の先発企業と後発企業との間に，繊維事業における競争力に大きな格差が生まれた。とくにナイロンに先行した東レ，ポリエステルに先行した東レと帝人と，その他の化繊企業との間には，繊維事業の規模と競争力において大きな格差が生まれた。このような格差はほとんどの場合，長く維持されてきた。

　本業の再活性化に成功している企業は，企業全体の成長倍率だけではなく，繊維事業の成長倍率も高い。しかし次に見るように，多角化と本業の再活性化の両立は容易ではない。

第3節　多角化の課題

> 3　多角化は必ずしも長期的な成長をもたらすとは限らない。また，多角化事業の推進と繊維事業の再活性化とを両立させることは，容易なことではない。

　企業の長期的な成長には，本業の再活性化だけでは不十分であり多角化が必要であることが，繊維企業の成長プロセスの分析から明らかとなった。しかし，繊維企業の経験は同時に，多角化が必ずしも企業の長期的な成長を保証するものではないことも示している。多角化は高いリスクを伴う。多角化の成功確率は高くない。

　図表4-1からは，非繊維比率が高いにもかかわらず，売上高成長倍率の低い企業が見られる。これは多角化が高いリスクを抱えていることを示している。多角化には，その展開のプロセスで多くの落とし穴が待ち受けている。

　多角化のリスクは，多角化事業を開発すること自体に内包されたリスクだけではなく，20のうちの2，前節で見たように既存事業に及ぼすリスクとも密接に関連している。新事業は既存事業と不可分の関係があるからである。限られた経営資源を両部門にどのように配分するべきかが問題となる。本業の軽視によって繊維事業の競争力を低下させてしまうこともある。既存部門に大きな負担をかけてしまうかもしれない。両事業は目に見えない面でも相互依存関係をもっている。

　さらに，多角化に成功している企業には，成功しているが故に新たなマネジメントの難しさを内包することになる。異質な事業をいかに運営・発展させていくかという問題の解決は容易なものではない。ポートフォリオのマネジメントにおいて，選択と集中が必要となるかもしれない。成功率は高くないため，成長を維持するためには，常に多角化を考える必要があるかもしれない。

　多角化比率は高いが，成長倍率の低いグループに属するカネボウと日東紡の両社は，脱成熟化の過程で，早い段階で積極的に多角化をすすめ，成功事業を生み出した。しかし他方で，本業であった繊維事業の競争力を大きく落としてしまった。これらのケースからは，多角化の推進と本業の再活性化との両立が容易ではないことを理解することができる。

第Ⅱ部　脱成熟化プロセスの特徴

　日東紡もカネボウも，1950年当時の主力事業は綿紡績であった。綿紡績業界は，50年からの朝鮮特需による「糸へん景気」によって高業績を上げた。しかし，特需後の反動不況の後は，数年のうちに第一次と第二次の勧告操業短縮の実施を余儀なくされた。このような紡績の不振に対して，この時両社が経営資源を重点的に配分したのは，新しく登場してきた合繊ではなく，戦前に事業の経験のあるスフであった。当時スフ織物の輸出が急増していたことがこのような決定に強く影響した（和田，1985）。53年には日本のスフ製品の輸出が世界第1位となっている。このため両社とも合繊の事業化に遅れた。しかしフスへの投資も，各社の増設によってまもなく過剰生産となった。このため，もっとも積極的にスフへ投資してきた両社とも業績は不振となり，経営危機に陥った。そして両社とも，このときの危機を契機として積極的に多角化を推進していった。

(1) 日東紡のケース

　日東紡の主力事業であった綿紡績やスフは，1955年前後には生産過剰に陥ってしまった。54年からの第一次5カ年計画の中で「設備投資総額70億円のほぼ35～35％を投入して」，52年に日産能力が約17トンであったスフ製造設備を，59年に同117トンにまで大きく増加させてきた日東紡は，58-59年のスフ不況で大打撃を被った。しかし他の紡績企業には見られない日東紡の特徴である，戦前から事業化していたロック・ウールやガラス繊維の需要は着実に伸びていた。

　島田英一社長（当時）は「何をやっても，繊維は繊維で，景気の波は同じ。そこで，業績を安定させ，会社を発展させるためには繊維から逃げる以外ない」（『週刊ダイヤモンド』1965年3月25日号）として，昭和30年代（1955-1964年）後半，多角化を積極的にすすめた。

　1959年11月に新たな5カ年計画を策定した。繊維事業では，合繊および加工部門を積極的に推進する，ガラス繊維事業では，糸以降の加工部門を中心に発展を図る，ロック・ウール事業では，産業用資材を中心に発展を図ることを計画の3本柱としている。

　合繊ではポリプロピレン，ポリエチレンに進出した。そのほかにもメラミン化粧板，合成皮革，フォームラバー製品，塩ビタイル，ロック・ウール吹き付

け材，不燃天井板，釣り竿，自動車部品，レジャーボート，ヘルメットなど各種のFRP製品に進出，さらに公害防止分野やインテリア分野にも進出した。このような積極的な多角化戦略の展開によって，日東紡の売上高は，1955年からの10年間は年率10％近い成長を続けた（『日東紡半世紀の歩み』1979）。

　しかしこれらの多角化事業は，大量の経営資源の投入にもかかわらずそれに見合った収益を生み出すことができなかった。それは，それらの多角化事業の多くが，中小企業向きであったり，低価格品と競合したり，過当競争に巻き込まれたり，狭隘な市場といった問題を有していたからであった。また多角化事業に積極的に取り組んでいる間に，繊維事業では設備の近代化に遅れ，競争力を弱体化させてしまった。さらに，投入された大量の経営資源は外部借り入れに依存していた。1964年4月期の自己資本比率はわずか15％にすぎなかった。このため金融費用の増加が収益を悪化させた。このような状態が続くなかで内在させていた諸問題は，65年の不況時に一気に顕在化した。65年10月期（半期）には，約170億円の売上高に対して24.7億円もの最終損失を出し，初めての無配に転落した。66年12月の『訂正有価証券報告書』によると赤字累計額は約75億円にものぼっていた。無配は65年10月期以降5年間も続いた。

　このときの日東紡の再建は，メインバンクである日本興業銀行を中心にすすめられた。通産省出身の柿坪精吾と興銀出身の長島武夫が経営に参画した。このふたりを軸にして，日東紡の再建，浮上への舵取りが行われていった。

　このとき採られたのは，競争力のある事業に特化するという戦略であった。繊維事業では，徹底した質的改善が，非繊維事業では品目を大幅に整理した上での量的拡大がすすめられた。繊維事業ではコーマーニット糸，芯地，そして差別化素材であるCSY（コア・スパーン・ヤーン）への特化戦略を展開した。非繊維事業では，ガラス繊維を中心に積極的な拡大政策が採られた。長島社長はそのときの状況を次のように述べている。

　「再建当初は問題点が多すぎた。紡績業の過剰設備に加え，後進国が自給体制を整えた。それに不況の追い打ち。日東紡は，設備が老朽化していたので品質が劣り，とくに打撃がきつかった。それにいろんな新規事業を手がけていたが，中途半端で赤字のものが多く，限界企業になっていた」（『週刊ダイヤモンド』1980年12月13日号）。

　1970年10月期に復配を達成した。それ以降の日東紡は，石油危機，円高など

においても厳しい状況に直面したが，それらへの対応の過程における戦略も，それまでの戦略を基本としたものであった。繊維事業では，成熟度の深まってきたスフ綿事業の撤収や紡績事業の縮小をすすめるとともに，「得意とするＣ．Ｓ．Ｙと芯地の２分野での事業に特化・集約しその深耕に取り組んだ」(『アニュアル・レポート2003』)。非繊維事業で比重を置いたのも，競争力の高いガラス繊維と建材を中心としたものである。

(2) カネボウのケース

　綿紡績業界は，1955年５月，戦後二度目の操業短縮を行った。カネボウは，綿紡績の成熟化に対して，スフの増設を積極的にすすめた。1954年まで日産63トンであった生産設備は，59年には日産169トンにまで増設された。57年にはカネボウのスフ設備は国内最大規模となっている。しかしその直後の不況によって，業績は大幅に悪化してしまった。当時の伊藤淳二副社長は「半期10億円の赤字が３期もつづいて出た」(『エコノミスト』1968年６月25日号)と述べている。当時の年間売上高は400〜500億円であった。

　このときカネボウは，３工場の休止，賃金切り下げなどの緊急不況対策の実施を余儀なくされた。配当も1958年４月期の１割８分を10月期には一気に８分まで減配した。しかもその内７分は株式配当であった。

　この経験を契機としてカネボウは，1961年４月に「グレーター・カネボウ計画」をスタートさせた。これは「天然繊維から合繊へ，労働集約産業から資本集約産業へ」をスローガンとしたもので，かつての「大鐘紡」の再現を目指していた。そして，ナイロンの事業化と，このナイロンのリスクをカバーすることをねらいとして化粧品など非繊維分野へ積極的に進出していった。この計画は，その後70年代に「ペンタゴン経営」へと発展していった。

　こうしてカネボウは，1960年代から70年代にかけて合成繊維事業，化粧品事業，食品事業，薬品事業，住宅事業につぎつぎと進出していった。合繊事業では，ナイロン，ポリエステル，アクリルの３大合繊のすべてに進出した。ペンタゴン経営とは，これら５つの事業を育成して，各事業が正５角形の一辺をなすような企業形態を目指す構想である。

　このような多角化への取り組みのなかで，まず立ち上げに成功したのは，化粧品事業であった。資生堂に次ぐ国内第２位メーカーの地位を確保し，成長を

維持していく。しかしそのほかの事業は，期待通りの成果を上げることはなかなかできなかった。とくに規模の経済が大きく働く合繊は，すべて後発による事業化であったため，高い競争力を確保することはできなかった。しかしそれでも企業の業績は，石油危機までは順調に推移した。

カネボウが1973年の石油危機によって受けた影響は大きかった。石油危機以後は，長期にわたって業績の低迷を続けることになった。石油危機以前に軌道に乗っていた化粧品事業は，その後も好調を続けた。しかし，合繊，食品，薬品，住宅事業はなかなか軌道に乗せることができなかった。このため，石油危機を契機として，ペンタゴン計画の問題が一気に噴出した。カネボウは，業績不振に陥ってしまい，長期の無配を余儀なくされた。

伊藤社長は，「総合経営の甘え」(『週刊東洋経済』昭和52年2月2日号)に業績不振の原因があるとして，「大企業意識，名門意識を変革させ，中小企業に徹した効率経営に転換させる」(伊藤社長『週刊東洋経済』昭和52年2月26日号)ために繊維部門の分社化をすすめた。

積極的な多角化推進のプロセスで，経営資源の分散がすすんでしまった。また，全体で良ければよいという甘えも生まれた。全体で利益が出ている限り順

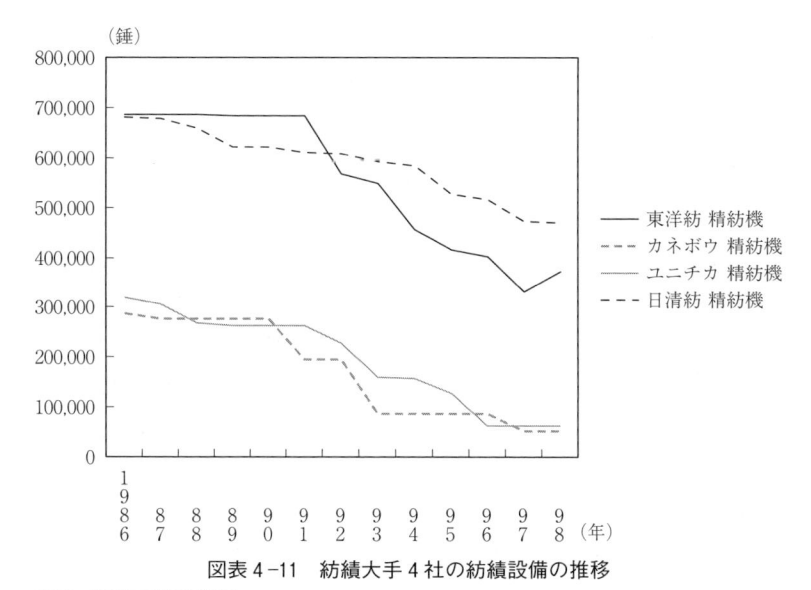

図表4-11　紡績大手4社の紡績設備の推移

出所：『紡績事情参考書』

調であるとの認識が定着してしまっていた。また社史には，新事業のタイミングを急ぎすぎたことが反省点として記されている（『鐘紡百年史』1988）。

7年もの無配の期間を経て，ようやく1984年3月期に復配を達成した。分社させていた事業は再び統合させた。伊藤社長は「幸い復配も出来ましたし，ペンタゴン路線の基礎も出来ました。もう余程のことがない限り大丈夫です」（伊藤，2000）と述べている。

しかし1990年代にはいって，カネボウは再び業績を大幅に悪化させることになった。とくに繊維，ファッション，食品の業績の悪化が大きかった。94年3月期には，再び無配に転落した。カネボウは再び大規模なリストラをすすめた。食品部門の分社化，天然繊維事業の縮小などを行った。借入金の圧縮，繊維事業などの大幅な縮小が不可避であった。96年には繊維素材部門の分社化を断行した。他の多角化事業にもリストラを実施する必要があった。「選択と集中」がすすめられた。

経営首脳は，この時の経営の行き詰まりについて「ヒト，カネ，モノが分散化し，経営効率低下を招いてしまった」と述べている（『日本経済新聞』1995年6月16日）。また，このときも経営陣は「総合経営の甘え」を業績悪化の原因に挙げている。石原社長は「各分野の事業本部がお互いをあてにして，もたれあう体質が非常に強くなっている。それぞれが独立してやっていくという意識改革が必要だ」（『朝日新聞』1994年8月18日）と述べている。荒川要専務も「繊維で赤字を出しても，非繊維で稼いで何とかなる，という大カネボウ意識」（『朝日新聞』1996年6月8日）の存在を指摘している。

多角化のすすんだ旭化成でも1980年代から，弱い事業を集めたような多角化では国際競争では太刀打ちできないとの認識が強くなり，全体で利益がでていればよいというもたれ合いの問題，多くの案件に限られた資源をいかに配分すべきかといった問題の解消に取り組まなければならなかった。

このような点の他にも，多角化をすすめる場合には，本業との関係で問題が生じることがある。例えば，大事に育成しようとするあまり新規事業に本社が強く介入したり，両事業には関連があるとして既存事業と同じようなマネジメントを導入してしまったりしてしまう。逆にリスクを重視して，本体への影響を極力避けようと，別会社で行う。また十分な資源の投入も躊躇してしまうことで育成を難しくしてしまう。

第4章　多角化戦略

注

1）紡績企業の中卒女子の採用状況について，「紡績協会」の片岡労務課長は「昭和38年までは，充員計画がそのまま達成できた」と語っている（『週刊ダイヤモンド』1968年1月22日号）。
2）「戦後一時期，綿紡績メーカーによる原綿からメリヤスまでの一貫生産が企図されたこともあったが，この企てはニット業界の生産団体，日本メリヤス工業会の反対運動で潰れ去り」（藤井，1995）。
3）1993年2月から前年実績を下回った。
4）「戦前から当社の得意とした大量生産，大量販売によって工場の生産設備，販売網がそれに対処して作られているために固有の二次製品には向かないことも考慮したため」「経営の多角化，総合化の傾向に対処して，当社はすでに記した如く合成繊維，原料生産への進出は行なわず，また二次製品への進出についても流行を負わなければならないような固有の二次製品は取り上げず，中間素材に限って手掛けることを決めた」（『日清紡績六十年史』1969, pp.891-892）
5）東邦レーヨンは，カネボウとの合併が破綻したことから1966年に日清紡の傘下に入った。それ以降，日清紡が経営権を握ってきた。このため東邦レーヨンもカルテルには批判的であった。

第5章　成熟の認識

第1節　早期の対応と技術

> 4　多角化に早く取り組んだ企業の方が，脱成熟化により成功している。多角化に取り組むひとつの鍵となっていたものは技術である。

図表5-1は，有価証券報告書に記載されている，非繊維事業が全売上高あるいは全生産金額に占める割合である[1]。これを見ると，化繊企業の方が紡績

図表5-1　売上高構成の非繊維比率（売上高成長倍率の高い順）

	1961年	1965年	1970年	1975年
旭化成	27%	26%	30%	41%
三菱レイヨン	10.8%	8.7%	15.8%	20.7%
クラレ	7.6%	17.7%	31.5%	32.8%
帝人				27.6%
東レ		2.5%	15%	22.1%
日清紡	9%	12.8%	17.8%	22.6%
カネボウ		27.4%	16.8%	27.8%
日東紡	13.4%	16.6%	29.6%	37.3%
クラボウ		3.4%	4.0%	6.6%
東洋紡				1.9%
東邦レーヨン				
ユニチカ	n.a.	n.a.	n.a.	4.8%
フジボウ				1.0%
シキボウ				
オーミケンシ				
ダイワボウ				

企業よりも本格的な多角化に早く取り組んでいる。そして第4章で見たように，化繊企業の方が紡績企業よりも高い経営成果を達成してきた。化繊企業の多くは，繊維事業がまだ成長期にある段階で，繊維事業から生み出される利益を投入して多角化に取り組んできたといえよう。

(1) 基盤技術

多角化比率と売上高成長倍率との関係を全体的に見れば，化繊・合繊企業の方が紡績企業よりも脱成熟化に成功している率は高い（図表4-1）。技術的な蓄積の深さと広さの違いが，その主たる原因である。

紡績企業の核となる技術は，紡績技術と機械技術である[2]。紡績企業も染色技術のようなある種の化学技術をもっていたが，それは主流の技術ではなかった。紡績企業は，総じて加工技術と遊休不動産の活用を軸として多角化を展開していった。今日，日清紡，クラボウ，シキボウ，オーミケンシなどでは，不動産活用事業が安定した収益源となっている。

紡績企業のなかには「機械を回す能力には優れているがクリエイティビティが足りない」（日清紡の中瀬社長，綱淵，1989，p.226）と研究開発の強化に乗りだした企業もあるが，本業との関わりが弱いため，内部成長を基本方針としている場合，短期間で期待通りの成果を上げることは容易ではない。

東洋紡では，化繊原料のパルプから出る廃液に含まれる糖分の活用から酵母を培養，酵母から核酸，そして酵素を取り出し，それが診断薬へと展開していった。スフを生産していた紡績企業の多くは，このような経緯で酵素研究からバイオ技術を身につけてきた。

一方，化学繊維企業の核となる技術は，化学技術であった。化学への関心は，ナイロンやポリエステルやアクリルやビニロンなどの新しい合成繊維へと展開していった。デュポン社が1938年に初めて合成繊維ナイロンの発明と開発の発表を行って以来，合繊に対する関心は高まった。いくつかの化学繊維企業は，戦前すでに本格的な合繊の研究開発を開始していた。そのような企業の合繊への多角化は，技術的展開の自然の結果であった。

そして合繊への多角化は，その後の多角化のテコとなった。化学への関心と関心領域への研究開発の投資は，さらに多角化するためのさまざまなシーズを生み出した。合繊への取り組みで獲得・蓄積した高分子化学，合成化学，エン

ジニアリング技術が,その後の多角化のテコとなっている。これらの技術から派生した技術・製品分野は広範にわたっている。合繊の製造技術で開発された中空糸は,人工腎臓,浄水器,海水淡水化装置(逆浸透膜)などへと展開していった。

東レは,このような技術的派生効果によって多角化を推進していった代表的な企業である。東レが繊維の次に取り組んだのは,プラスチックとフィルムであった。これは高分子化学である合成繊維技術と技術的な共通性をもっている。また高分子化学と樹脂技術を活かして感光性樹脂凸版材を開発している。炭素繊維,人工腎臓,逆浸透膜も技術的な展開の代表例である。

アクリル繊維を主事業としていた東邦レーヨンの多角化も同様に,アクリル繊維を焼成して作る炭素繊維への多角化であった。このような展開はアクリル繊維を事業化している東レ,三菱レイヨン,旭化成においても見られる。炭素繊維は鉄よりも軽くて強く,航空機の機体などに利用されることが期待されているが,1990年代以降,東レ,東邦レーヨン,三菱レイヨンの3社で世界シェアの60%前後を占めている。

クラレも合成化学と高分子化学をベースに多角化を展開していった。クラレは,ビニロン繊維の事業化と同時に原料であるポリビニルアルコール「ポバール」も自給化した。その後にすすめられたポバールの原料転換の過程では,ガス化学,石油化学分野との関連も強くなる。クラレのビニロン繊維は,衣料用繊維としては高い期待を満足させることはできなかったが,大原総一郎社長(当時)は,「ビニロンの研究は同時に高分子化学の基礎研究でもあったし,将来,いろんな応用研究への基礎にもなっている」と述べている(『エコノミスト』昭和37年1月16日号)。「エバール」は,エチレン・ビニルアルコール共重合体で,ポバールの繊維以外の用途開発をすすめるなかで生まれた「ガスバリア」性に優れる樹脂である。食品包装容器やガソリンタンクなどに利用される。

このように合繊に進出した各社は,合繊や樹脂で培った高分子化学を基礎にして,さらに多角化をすすめている。しかし,いくつかの紡績企業も化繊部門に進出している。また,合繊の研究開発に投資している。技術は,多角化の成功の違いをすべて説明することはできない。

(2) 投資リスクに対する認識

紡績企業と化繊企業との間に，新事業への取り組みのタイミングに違いが生まれたのは，投資に対するリスク感覚の違いも原因である。

紡績企業と化学繊維企業とでは，投資リスクに対する認識にも大きな違いがあった。化繊工場（レーヨン長繊維）への投資に必要な金額と，紡績工場への投資に必要な金額との間にはかなり大きい格差があった。レーヨンは紡績より多くの設備投資が必要であった。合繊の事業化にはこのレーヨンのさらに3倍もの投資が必要であった[3]。

「おおざっぱにいって，日産1トン当りの所要設備額は，合繊3億，人絹2億，スフ1億であるといわれる」「経済単位は20トンとも30トンともいわれ」「綿紡績の経済単位は30番手で3万錘，50番手で5万錘といわれるが，その所要設備は9億円から15億円見当である」（長洲・田中，1960）

実際，クラレがビニロンの事業化で，日産5トンの設備をつくるためには14億円が必要であった。東レでは，ナイロン日産5トン工場を建設するのに約23億円を必要とした（『東レ50年史』，1977）。三菱レイヨンはポリプロピレン日産15トン工場を工費30億円で工事を開始した。旭化成は59年に56億円をかけて日産10トンのアクリル工場を完成させた。東洋紡も日本エクスランでアクリル日産30トン設備に総工費約100億円で着工した。東邦レーヨンのアクリル10トンの建設の場合，土地こみ二十数億円の資金が必要とされた（日本化学繊維協会，1974）。旭化成の宮崎社長も，合繊は「トン3億円からの建設費がかかる事業」と述べている。また合繊の経済規模は30トンから50トンともいわれている。

これに対して，ダイワボウは1952年にレーヨン短繊維の10トン設備を完成させたが，このときの所要資金は約11億円であった。紡績工場について見てみると，オーミケンシが52年に津の土地と建物の払い下げを受けたが，さらに「工場に入れる紡機，かりに6万錘とすれば5-6億円はどうしても入用となる」（桧山，1988）という。

紡績企業にとって合繊の事業化に必要な資金は，紡績で必要とされてきた資金と比較してかなり大きい額であったといえよう。1950年頃，資金力，赤字耐久力では，紡績企業のほうが化繊企業よりも高かったが，合繊の投資リスクの大きさに対する認識は，紡績企業の方が強かったのかもしれない。

図表 5-2　1955年頃の紡績企業と化繊企業との資本金,自己資本での比較

1955年 3・4・6月期			資本(資本金+資本剰余金+利益剰余金)		
資本金					
大日本紡績	52.5億円	紡	東洋紡	236億円	紡
東洋紡	43	紡	大日本紡績	181	紡
帝人	32		東レ	145	
東レ	30		帝人	124	
旭化成	24.5		旭化成	124	
フジボウ	20	紡	カネボウ	120	紡
クラボウ	20	紡	フジボウ	101	紡
カネボウ	17.8	紡	クラボウ	88	紡
呉羽紡	17.5	紡	呉羽紡	76	紡
クラレ	15		ダイワボウ	75	紡
三菱レイヨン	15		日清紡	74	紡
東邦レーヨン	15		クラレ	65	
日東紡	13.5	紡	シキボウ	63	紡
日清紡	10.4	紡	三菱レイヨン	54	
オーミケンシ	10		日東紡	48	紡
ダイワボウ	9.6	紡	東邦レーヨン	44	
シキボウ	8	紡	日本レーヨン	29	
日本レーヨン	6		オーミケンシ	20	紡

　内田盛也帝人常務理事(当時)は,「同じ繊維業界でも合繊メーカーと紡績企業で収益力が開いたのは,多額の設備投資への経営判断の差がある。合繊はレーヨンの経験からナイロンやポリエステルにすぐに踏み切れた」と述べている(『日経産業新聞』1998年8月11日)。

(3) 投資パターン

　紡績企業の多くは,新しい事業に取り組む場合の姿勢についても,極めて慎重であった。リスクが大きいと思われる事業は避けられた。大規模な投資を行う場合でも,小さな初期投資から徐々に業容を拡大させるという成長パターンをとってきた。これは紡績産業が市況の変動に大きく影響を受けてきたことが大きな要因のひとつである。紡績企業の多くは,紡績事業での慎重な投資姿勢で新事業も行おうとした。

　日清紡の露口達会長(当時)は「紡績というのは市況産業で波乱が多い。多額の借金をして設備投資するには危険が大きすぎる。できる範囲でやるという

のがウチの伝統的なやり方だ」(『日本経済新聞』昭和50年10月22日) と述べている。多角化についても既存事業とのつながりを重視した「半島戦略」を追求してきた。大きな投資を必要とする事業や二正面作戦は避けられた。

東洋紡も戦前から「我が社は内外の動きを精察し,『手堅く進む』方針を堅持しながらも,『他社に遅れず,また敢えて魁を衒わず』綿糸布を基本として,これに関連性のある事業へ進出し,徐々にその範囲を広げた」(『東洋紡績70年史』1953,p.290) が,このようなパターンは戦後の多角化への取り組みにおいても踏襲されている。

オーミケンシでも多角化事業は,「拙速よりも巧遅(スロー・バット・ステイ)を戒めのことばとして企業化が進められていった」(桧山,1988)。

日清紡とオーミケンシも他の多くの繊維企業と同様,合繊への進出を計画していた。しかし両社とも,いきなり合繊に進出するのではなく,まずその第一段階としてスフ(レーヨン)に進出している。多角化事業についても紡績企業は,リスクを考慮して新事業を別会社で事業化することも多かった。

化繊企業は,化学技術,とくに合繊の川上段階で高分子化学,合成化学技術をベースに新しいシーズをつぎつぎと生み出していった。また旭化成,東レ,帝人,クラレは,合繊の粗原料にとどまらず,石油化学分野への進出を目指した。このように化繊企業は川上への志向が強かったのに対して,紡績企業は,素原料段階では改良できる余地が大きくないこともあり,加工を中心とした川下方向を志向する傾向が強かった。糸の多様化は,混紡やテキスタイルで特徴を出すことができる。このような傾向は,合繊の事業化に取り組んだ紡績企業においても見られる。

(4) 社齢

ナイロンがデュポンから発表された1938年当時,紡績企業のなかで社齢が,すでに50年近くの企業も少なくなかった。それに対して,化繊企業は設立から20年ほどのまだまだ社歴の若いベンチャー企業であった。東レとクラレの社齢はまだ12年である。企業規模においても,概して紡績企業は化繊企業よりも大規模であった。例えば,東洋紡が38年上期と下期の社外売上高が約2億4000万円であったのに対して,東レの38年度の売上高は3600万円であった。

一般に社齢が長く規模の大きい企業は,公式化された行動と保守的な組織文

第Ⅱ部　脱成熟化プロセスの特徴

図表 5-3　社齢（各社の設立創立年）

```
紡）東洋紡：      1882年創立，1914年設立
紡）カネボウ：    1887年創立，1944年設立
紡）クラボウ：    1888年設立
紡）ダイワボウ：  1888年（和歌山織布創立），1941年設立（4社合併）
紡）ユニチカ：    1889年創立
紡）シキボウ：    1892年設立
紡）フジボウ：    1896年設立
紡）日清紡：      1907年設立
紡）オーミケンシ：1917年設立
紡）日東紡：      1918年設立
化）帝人：        1918年設立
化）旭化成：      1922年創業
化）東レ：        1926年設立
化）クラレ：      1926年設立
化）三菱レイヨン：1933年設立
化）東邦レーヨン：1934年設立
```

化をもつ傾向が強い（Mintzberg, 1983, Khandwalla, 1977など）。合繊への取り組みに対する姿勢で，紡績企業と化繊企業との間に見られた違いは，このような社齢の違いから理解することもできるかもしれない。

(5)　経験

　紡績企業のなかでも多角化に積極的な企業が存在する。化繊企業のなかでも同様である。過去に多角化の経験があったことが早く多角化に取り組めた要因のひとつかもしれない。戦前・戦時中に非繊維事業への取り組みに積極的であった企業は，戦後の多角化パターンも前向きなものである（逆に，消極的であった企業は，戦後の多角化も消極的であった）。

　旭化成では，戦前から多角化を積極的にすすめていた。アンモニア合成技術を核として誘導化学品をつぎつぎと生み出し，これらを事業化していった。原料薬品から繊維，火薬，食品にいたる一大コンビナートを構築していた。戦後の再建もまず硫安から行われている。

　戦時体制は繊維企業に多角化を強制したが，これに対してカネボウは，直営事業として多角化を積極的にすすめた。まず非繊維事業を鐘淵実業に集約し，さらにこれをカネボウ本体と合併して鐘淵工業を設立した（坂本，1990）。これは東洋紡がほとんどの非繊維事業を子会社ですすめ，本体とは一定の距離を

置いた形で多角化に取り組んだのとは対照的であった。カネボウの多角化事業は，紙・パルプ，木材，農・牧畜，水産，油脂，薬品，化粧品，化学，窯業，航空機部品，燃料，内燃機関，軽金属，鉄，鉱山に及び「鐘紡コンツェルン」を形成した。

　戦後の旭化成やカネボウで見られる積極的な多角化に対して，このような経験が促進要因として働いているといえよう。カネボウのグレーター・カネボウ構想は，戦前の姿を取り戻そうとしたものでもあった。久留島和太副社長は「ここ十数年の多角化政策に抵抗感なく取り組めた原因は，戦時体制下における事業の拡張経験があったことにもよる」と述べている（日本経済新聞社，1973）。

(6) **紡績と合繊**

　紡績企業にとって，化繊や合繊は綿と同様，紡績して糸にするための素材の一種でもあった。化繊企業が，合繊と樹脂やフィルムとの関係を自然な技術的展開として見ていたのに対して，紡績企業には，化繊や合繊を糸の素材の一種として捉えようとする傾向が見られた。また，繊維の中心は綿紡績との意識も強かった。1950年代においても繊維全体のなかで綿の占める比率は高かった[4]。紡績企業は繊維産業のなかで規模的にも大きかった。これらが紡績企業に，合繊を事業化することの必要性に対する認識を高めることをむずかしくさせた面も軽視できない。

図表5-4　各繊維の生産高構成

	天然繊維	うち綿糸	化繊など	合繊糸
1950年	78.8%	57.6%	21%	0.1%
1960年	59.8%	42.5%	28.8%	11.4%

第2節　脱成熟化アクションの遅れ

> 5　多くの企業は，産業の成熟に対して，脱成熟化のアクション（脱成熟化のための本業の再活性化と多角化に向けた本格的なアクション）に遅れがちである。

第Ⅱ部　脱成熟化プロセスの特徴

　既存の事業がこれまで通りのやり方でやっていると,企業としての成長の余地がなくなるということを認識するプロセスが,成熟の認識である。主力事業部門が成熟した,あるいは成熟が間近に迫っているということが,組織のどこかで認識され,それが組織内部に拡散していくプロセスである。成熟の認識によって,脱成熟化への本格的なアクションがとられることになる。
　企業のなかで成熟の認識は一様に起こるのではない。しかし,企業内のどこから起こるのかの特定はむずかしい。企業によって認識の仕方は異なっている。トップによる組織の設置や方針の発表というアクションがとられることもあるし,ある特定のミドルあるいはその集団によって,具体的な事業計画などがトップに対して提案されるというかたちで成熟の認識が始まることもある。トップがそのような提案に対して否定的であるときは,成熟の認識は組織的な認識にはつながらない。
　外部の観察者から見ると,しごく当然のこの事実の認識が,組織のなかに浸透するには時間がかかるし,大変な努力が必要である。主力事業の成熟の認識と本格的な脱成熟化へのアクションとの間には大きなギャップがある。

　多くの紡績企業と化学繊維企業は,戦前から合繊が天然繊維や化学繊維に取って代わるだろうと予測していた。少なくとも大きな影響を及ぼすだろうと考えていた。しかし東レとクラレ以外の企業は,産業の成熟に直面してから本格的な多角化を開始している。多くの企業では,成熟の認識は他社の動きに触発されて起こる。しかし他社のアクションに追随してようやく脱成熟化のアクションを起こした企業では,脱成熟化は遅れがちである。
　成熟産業に属する多くの企業において,成熟の認識が脱成熟化の本格的なアクションをもたらさないのには,いくつかの理由が考えられる。
　ひとつは,これまでの事業運営の基本的な考え方でも,短期的には十分に対応が可能であるためである。既存の考え方に基づいたアクションを強化することによって,一時的には業績を回復させることも可能である。紡績企業は不況に対して,戦前から操業短縮（操短）と輸出の促進で対応してきた。戦後も,操短と輸出の促進というそれまでの適応パターンによって対応した。1952年3月から5月までの第一次勧告操短から81年5月から9月までの第4次不況カルテルまで,業界での操短を行ってきた。産業政策でも長い期間,輸出産業とし

ての強化が図られてきた。そしてそのような対応は一定の効果をもっていた。

　第二に，経営者の既存の事業や製品に対する心理的なコミットメントである。そのような心理的なコミットメントは，成熟のシグナルに対する否定的な感情，アクションをとることへの消極的な姿勢を生み出す源泉になっていた。既存事業への感情的な一体化は，既存事業の可能性に対する楽観的な期待を生み出すことも少なくなかった。また，企業のなかの本流意識が強いと，新事業への人事異動が左遷と見なされ，新事業担当者の意気を消沈させる。このような状況で，新事業への探索的な投資が行われたとしても，投資は小出しになりがちで，成果を上げるまでにはいたらない。とくにモノカルチャー的な企業は，本流意識が強いため，成熟の認識には遅れがちである。経営者の注意や経営者用役[5]は，扱いなれた分野へ投入されやすい。経営者の限られた注意は繊維事業から解放されにくい。本業に関する問題が優先される。

　第三に，産業の周期的な変動である。繊維産業の経営者は，産業の周期的な景気変動には慣れており，脱成熟化の必要性を真剣には認識することができなかった。彼らは，産業の景気の下降は，周期的な景気変動の一局面であるに過ぎないと考えた。彼らは，この景気の下降は最悪の状況であり，次の景気の上昇局面が早晩やってくる，と考えた。市況の回復を計算に入れた事業計画が策定された。実際に，予想したように産業の景気は回復する。

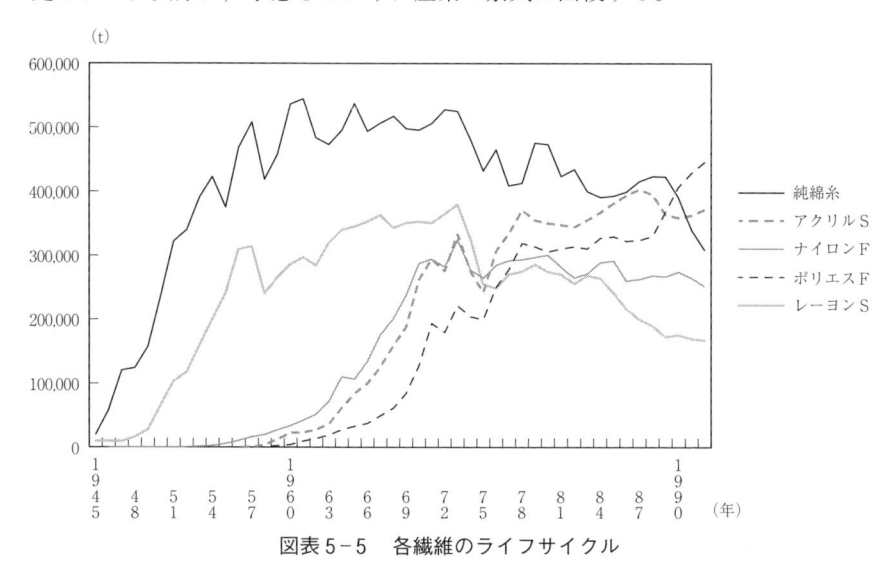

図表5-5　各繊維のライフサイクル

第Ⅱ部　脱成熟化プロセスの特徴

　少なくとも「昭和50年代の半ばまで紡織業では，業界の景気サイクルを表す言葉として『利益1年損2年』といわれ，そのとおりの現実が繰り返された」（『ダイワボウ60年史』2001）。しかし，次の回復はそれまでほど大きなものではなく，また次の下降はそれで以上となった。主力事業の売上高や成長率は一様に低下することは少なく，波動を示しながら低下することが多い。多くの企業は，何度かの波動を経験して初めて，成熟という事実に気がつく。
　ダイワボウの有延社長は，1991年の新年にあたって「業界では過去永年の経験からいつかは回復するものと景気循環的に考えてきた。しかし，昨年の夏場以降大幅な自主減産を実施したが，その努力の甲斐なく市況の回復をみないまま越年した」と述べている（『ダイワボウ60年史』2001）。
　紡績企業では，景気循環・変動を利用する知識も蓄積してきていた。第一次世界大戦後には，綿花相場による商業利潤の追求さえ行われていた。
　また，「ゆでがえる現象」も対応を遅らせる。急激ではなく，徐々にすすむ変化に対しては，組織は対症療法的な対応をとったり，要求水準を適応させていく。このような状況で変革への引き金を引くためには，「ショック」が必要である（Van de Ven, 1993）。
　第四に，彼らの実験的な態度である。どっちつかずの，中途半端な態度を基礎として，多角化プロジェクトを実験的に実行した企業もある。このようなプロジェクトは実験的なプロジェクトであると認識されていたため，充分な経営資源がプロジェクトに投資されず，経営資源の不足のためにさまざまな困難に直面した。そのような困難は，多角化が問題を解決することはできないというだけではなく，状況をますます悪化させることを示す証拠として知覚される。多角化事業を将来の柱としてではなく，本業の収益の悪化を補うものとして捉えていた企業もある。合繊に取り組むためにまずレーヨンで経験を積むことを重視するといった段階的対応も対応の遅れをもたらす。
　第五に，大量のスラック（余剰資源）の存在である。スラックの存在は，環境の変化に対する感受性を鈍くすることが少なくない。繊維企業，とくに紡績企業はスラックを大量に保有していた。繊維企業は，財務体質が良好であっただけではなく，含み資産として多くの株と土地のスラックを保有していた。これらは，業績が悪化してはじめて顕在化することが多い。そのような企業では，投資に対する姿勢は不安定になりがちである。

図表5-6　綿紡企業の土地の含み益と総資産

	推定含み益（億円）	総資産（億円）
東洋紡	1892	3068
カネボウ	1945	3286
フジボウ	379	920
日清紡	1921	872
クラボウ	581	987
ダイワボウ	482	838
シキボウ	265	571
日東紡	338	737
オーミケンシ	571	517

注：1974年10月期の有価証券報告書と公示価格からの推定
出所：山一証券経済研究所，1976

　東洋紡は，石油危機時，3期間の無配を余儀なくされた。このとき4年間で約840億円の資産売却益で借金と人員の圧縮を行った。ユニチカも1977年度までの4年間に合計で608億円もの経常損失を出し，この間資産売却益を775億円計上した。

　ダイワボウは，約20年もの間，無配を続けた。1977年5月から97年3月期までの20年間に，本体事業関係損失，関係会社整理損失など，特別損失として約550億円を計上した。一方で，二次製品，産業資材・カンバス，合繊・不織布などの戦略事業分野に200億円を超える重点投資を実施した。社史には次のように記されている。

　「こうして当社が業績不振の中で事業と財務両面のリストラを断行し生き残れたのは，先人の遺産，すなわち含み資産があったからに他ならない。このリストラ断行のために，当社は株式・土地の売却益約850億円を投じたのである」（『ダイワボウ60年史』2001）

　オーミケンシも，歴史が古いため，簿価の低い銀行株を数多く保有していた。有価証券の含み益は1991年3月期末で，年間売上高とほぼ同じ690億円にのぼっている。日清紡は89年当時，所有株式で2000億円に及ぶ含み資産を有していた。99年3月期末でも売上高の約1600億円に対して株式含み益を1196億円有している。また，74年当時，日清紡とオーミケンシは総資産を上回る土地含

み益を有していた（図表5-6）。

　もちろん多くのスラックを有していることが必ずしも遅れの要因となるとはいえない。スラックの存在がリスクの大きい投資を促すかもしれない。旭化成の宮崎社長は「売上に見合うくらいの含み資産がないと思い切った，粘りのある新規投資はできないよ」と述べている（『日本経済新聞』1987年8月23日）。しかし，ある企業では，いざというときには「ひとつ工場を売れば」といった意識が存在していたことも否定できない。スラックが多くある場合，高い危機意識をもつことはむずかしい。このような意識が対応を遅らせたのかもしれない。

　第六に，社会的学習によって，他社の苦労する状況を見ることで自社には合っていないと学習するためである。合繊では先発の東レ，クラレが合成繊維の事業を軌道に乗せるために社運を賭して取り組んでいる姿を見て，他社は合繊への取り組みに躊躇した。

　社運を賭して取り組んだ合繊の事業化の最初の数年間は，東レとクラレの両社とも極めて厳しい状況に陥っていた。クラレは当時資本金2.5億円で，14億円の設備資金を投じてビニロンの事業化をスタートさせた。しかし，昭和26年末の在庫量は月産の4倍近くに達した。販売損も数十億円にのぼった。「クルシキレイヨン」だと囁かれた。東レも当時の資本金7億5000万円を大きく上回る特許料10.8億円を支払った上に，昭和26年末には月産の6倍近くの在庫を抱えていた。ナイロンは「東レの命取りになる」と言われた。加子は，この頃の両社の状況について次のように記している。

　「10億円前後の製品ストックをかかえながらも，ナイロンの連続重合紡糸機は二十数回も改良された。一方，ビニロンにいたっては，工場ぐるみの大改造が数回も断行された。後日，私が試算したところによると，この時分に費やされた研究費（回収不能の製品を含む）は，ナイロンが約37億円，ビニロンが約45億円という莫大な額であった」（加子，1960）

　両社以外の多くの企業では，東レとクラレの直面していた状況と，両社がこのような合繊の事業化に苦闘している様子から，自社にとって合繊の事業化はふさわしくない戦略である，との学習が行われた。そして本業，あるいはその近辺の事業に経営資源を投入していった。

　帝人では「感銘を受けるよりは，むしろ白眼視して，"あんなものに手を着

けるから余計な苦労をして，レーヨンの利益を食い潰すのだ"などと，冷笑する人さえ多かった。金子直吉以来培われ引き継がれてきたパイオニアの精神は失われ，却って伝来のレーヨンを守って新しい危険な事業は，他の成果を見てから追随しようとする，安逸な気風さえ生じた」(福島, 1972)。

第七に，成長期から成熟期に移行する段階では，さまざまな重要な課題が競合的・複合的に登場してくることである。これが問題を不確実・曖昧なものにしている。そして希少資源である経営者たちの「注意」(Simon, 1947) を対応させることをむずかしくしている。また，このような問題を組織や組織の構造は排除しようとする。

戦後まもない頃から繊維産業では，過剰設備問題，輸出の強化，人件費の高騰，川中・川下展開，ファッション産業の急成長，輸入規制と海外生産拠点，繊維の差別化などへの対応が求められた。これらは企業の存続に関わる重要な問題であるだけではなく，成長機会でもある。主力の素材を中心とした繊維事業が成熟化を迎えている繊維企業にとって，ファッション産業の勃興は無限の成長可能性を抱かせる分野として受け止められた。海外展開についても，繊維産業は，規模が大きく奥行きが深い，人が服を着る限り繊維産業はなくならない，国内だけではなく世界的に見ればまだまだ成長産業だ，といった意識を背景として，無限の成長余地が存在すると認識されたのかもしれない。

さらに，後発のメリットを積極的に評価して二番手戦略を意識的にとることもあるかもしれない。いち早く対応することには大きなリスクがあると評価される。

第3節　リーダー企業の認識の遅れ

> 6　脱成熟化に最初に本格的に取り組んだのは，産業のリーダーではなかった。言い換えれば，業界のリーダー企業は，多角化に遅れをとることが多かった。

産業のリーダーは，脱成熟化への本格的な取り組みに遅れている[6]。化学繊維業界（レーヨン長繊維）のリーダーは，帝人であった。しかし，化学繊維の成熟化に対して脱成熟化のアクションを最初にとったのは，東レとクラレで

あった。レーヨン短繊維のトップ企業であった東邦レーヨンも、レーヨン短繊維に固執したために合繊への進出に遅れてしまった。また、紡績業界のリーダーは、東洋紡であった。しかし、紡績の成熟化に対して脱成熟化のアクションを最初にとったのも、東洋紡ではなかった。

　リーダー企業、中枢企業が脱成熟化の本格的な取り組みに遅れることに関しては、いくつかの理由が考えられる。

　まず、リーダー企業の経営業績は、自社の過去の業績と比較すると低下しているものの、他の企業と比較すると相対的には優れていることである。パフォーマンス・ギャップが大きいほど、革新への圧力は大きくなる。

　二番目は、リーダー企業の強さ自体である。リーダー企業は、リーダーであるがゆえに市場では競争力の優位性をもっている。そのためこれまでの戦略を強化することによって他社よりも容易に業績を回復させることができる。

　また、リーダー、あるいは老舗としてのプライドも成熟化の認識の障害となったといえよう。

　戦前、人絹（レーヨン長繊維）時代のパイオニアでありリーダーであった帝人は戦後、ただ人絹の復元に専念していた。レーヨン時代に帝人の後塵を拝していた東レがナイロンの成功で一気に帝人を追い抜いたとき、帝人の社内外から、当時政界に進出していた大屋晋三氏の社長復帰を求める声が強まった。そのような声に応えて大屋氏が社長として復帰したときも、帝人の社内はまだまだ過去の繁栄の夢に浸り、化繊の復元に専念している状況であった。その頃の帝人の社内の状況を、『週刊東洋経済』は次のように叙述している。

　「レーヨンによる約40年にわたる高成長、高収益の維持と業界首位の座の堅持は、堅実経営の名のもとに、経営を知らず知らずのうちに保守化させていた。当時、社内では、レーヨンの発展性に疑問を持たず、合成繊維等に余計な神経を使わないほうが良いとの意見が多かった。大屋氏が社長に復帰後、取り組まざるをえなかったのはこうした保守的性向の排除であり、合繊への進出であった」（『週刊東洋経済』1980年3月22日号）

　戦後日本の代表的な企業として復活した東洋紡は、ナイロンとポリエステルを他社に先駆けて事業化できるチャンスに恵まれていた。東洋紡は、特許を有するデュポン、ＩＣＩ社からそれぞれナイロン、ポリエステルの特許導入の誘いを受けたのである。

このときの東レの立場は東洋紡とは対照的である。三井物産によってレーヨンの事業化のために設立された東レ（東洋レーヨン）は，「労働問題などが起きた場合，累を三井合名その他に及ぼさないようにとの配慮から」（『東レ50年史』1977），設立に当たって三井を社名に冠することができなかった。

東レは，ナイロンの特許導入の交渉を行おうとデュポン社との接触を試みた。しかし，デュポンにはなかなか交渉相手として応じてもらえなかった。担当者が「何度手紙を書いてもとんと返事がこない」（田代，1992），「なしのつぶて」の状況が続いた。担当者は，三井物産時代の上司を介して，東レがデュポンと同じように長い歴史を有する三井物産の子会社であるという情報が伝わり，ようやく交渉をスタートさせることができた。

一方，東洋紡のトップは，デュポン，ＩＣＩからの誘いに対して消極的な態度をとった。トップは社内の合繊事業化推進の意見に反対し，綿紡績と化繊の復活に専念していった。結局このとき合繊への進出については「急ぐ必要はない」として，両社からの特許導入の誘いを断り，合繊を事業化しなかった。その後合繊として最初にアクリル繊維を事業化することになったが，それは他の化学会社から合弁での事業化を誘われるかたちで行ったものであった。

特定のセグメントにおいても，このような傾向は見られる。東邦レーヨンでは「衣料は短繊維，短繊維なら捲縮スフ」「諸々の新繊維を貫くバック・ボーンたるものが捲縮スフ」という考え方を主軸としていた（『週刊ダイヤモンド』昭和30年2月？日号）。得意とするこの捲縮酢化スフ「アロン」に依存しすぎたため，アクリルの事業化に大きく遅れてしまった。スフにこだわっている間に人絹，スフの市況が悪化してしまい，収益を悪化させ，それが早い段階で策定していたアクリル事業化計画を予定通りにすすめることをできなくさせてしまったのである。1956年5月に首脳部がアクリル繊維を手掛ける方針を決定してから，三島工場が運転を開始するまでに6年が経過していた。

日東紡は，「日本で初めて，自社技術によるスフの企業化に成功した」（『日東紡半世紀の歩み』1979）パイオニアであった。日東紡は，合繊時代の黎明期におけるスフの拡大に最も積極的な企業のひとつであった。

一方，業界のリーダーではなかった東レ，クラレが，いち早く合繊事業に本格的に取り組んでいった。これらの企業がいち早く本格的に合繊に取り組んだ理由も，単一の要因に帰すことは困難である。

第Ⅱ部　脱成熟化プロセスの特徴

　三井物産が人絹に進出するために東レを設立したのは1926年のことで、パイオニアである帝人の東レザー分工場米沢人造絹糸製造所が設立された15年からは10年以上も後のことであった。このため東レでは、人絹時代には後発の苦労を味わっていた[7]。

　東レの田代会長は「オレはこれからデュポンと分割払いの交渉をやるぞってね。私としてはデュポンとどうしても結びたかった。東レはレーヨンで後発だった。ために辛島さんはじめ初期の技術者たちの苦労は多かった。そこで辛島さんはナイロンで先手をとろうと、研究開発においても企業化においても戦前からリードしてきた。デュポンとの提携はナイロンの本格的量産のためには不可欠の条件だった」と語っている（三戸，1971）。

　東レの伊藤昌壽（よしかず）社長は「戦前から、経営者の考え方の中に『レーヨンだけでは将来、問題である。高分子化学を使った合成繊維やプラスチックを手がけるべきだ』という意識がありました」（『週刊東洋経済』昭和56年6月6日号）と述べている。田代会長は、終戦直後から、東レの将来を託せるものとしてナイロンやプラスチックに強い期待をもっていた。

　東レは戦前から、技術志向の強い企業であった。販売は三井物産に、金融は三井銀行に依存しており、東レとしては技術に特化することができた。これが技術の変化に敏感に対応させたのかもしれない。

　クラレでは、戦後1945年10月には原料のポバールからビニロン繊維を一貫してつくる計画がすすめられることになった。これは極めて小規模なものであったが、後に大原総一郎社長が全力を傾倒して取り組んだビニロンの企業化の出発点になった（井上，1993）。大原社長はビニロンの事業化について「ビニロンは、倉レが開発したものだが、広く見れば、戦前の日本の繊維工業全体が生み出した技術である。戦後になったからといって、安易に外国技術にとびつき、日本の技術を顧みないということでは困ると思った。そこでビニロンを買って出たわけだ」と述べている（『週刊ダイヤモンド』1964年10月10日号）。クラレがこのビニロンに関心をもったのは戦前のことである。

　戦前の人絹工場では、二硫化炭素を原因とする悪瓦斯問題に悩まされていた。就業中の紡糸工の眼疾問題が生じていた。先代の社長である大原孫三郎は、この問題を心配していた。「悪臭のひどい二硫化炭素を使用しないで人絹が作れないものだろうか」といつも言っていた（井上，1993）。そして「この

考えは友成九十九の胸に継承され」ていった（大原, 1980）。

1930年頃，技術員であった友成九十九が新型紡糸機の購入契約と化学繊維の研究のために渡欧した。その頃には高分子化学の発展が見られ，合成繊維の着想も生まれていた。このとき友成は，ドイツで無水酢酸を原料とした繊維に注目した。この無水酢酸を原料とするポリビニルアルコールからつくられた繊維を改良すれば新しい繊維が作れるのではないかと考えたからであった。帰国後，京都大学の桜田一郎助教授が行っていた合繊の基礎研究にこの繊維の研究を加えてもらった（井上, 1993）。39年10月，桜田グループによりポリビニルアルコール系繊維の湿式紡糸に関する研究が完成して，「合成一号」として発表された。クラレは直ちにこの繊維の工業化研究に踏み切った。

非繊維事業への多角化についても，いち早くもっとも積極的に推進したのは合繊時代のリーダー，成功企業ではなかった。旭化成，クラレ，カネボウなど多角化にもっとも積極的であった企業は，合繊時代の成功企業ではなかった。この点についてはのちに検討する。

第4節　対応遅滞の累積性

> 7　脱成熟化の遅れは，累積的である。

高業績企業と低業績企業との間にある戦後40年間における売上高成長倍率の差は，極めて大きい。最高の旭化成が約45倍であるのに対して，最低のダイワボウは約4倍である。これだけの違いを単一の要因でのみ説明することは困難である。しかも1954年当時の企業規模は，紡績企業の方が化繊企業よりも大きく，その違いも小さくはなかった。

このような大きな成長格差が生じた理由のひとつは，いったん後れをとると，遅れを取り戻すことが容易ではないこと，遅れが遅れを呼び込んでしまうことが考えられる。その典型的なパターンは，最初の遅れが業績の悪化をもたらし，それがリスクをとることを躊躇させ，さらに遅れをもたらすというものである。

一方で，先行企業のなかには，新事業の経験をテコに躍進する企業が現われ

図表 5-7　各社の売上高

東レ：	1950年度140億円，55年度410億円（成長倍率2.9倍）。
東洋紡：	1950年度372億円，55年度459億円（1.2倍）。
シキボウ：	1950年度148億円，55年度137億円（0.9倍）。

る。こうして両社の格差は累積的に開いていく。

　繊維企業の戦後50年間の成長プロセスを振り返って見ると，いち早く本格的な多角化に取り組んだ企業と，多角化に遅れた企業との差は大きい。いったん遅れをとると，遅れは累積的に起こるからである。

　ここでは，合繊の先発企業，後発企業，不進出企業間に見られる格差に注目しよう。

　戦後，化繊企業が積極的に取り組んだ合成繊維事業の成長力は大きかった。合繊の登場は，繊維産業の構造を一変させた。東レはナイロンの成功によって短期間に大きく成長した。

　帝人もポリエステルを事業化した1957年度の売上高は199億円であったが，5年後の62年度には1002億円となり5倍にも増加した。日清紡の同期間の売上高は178億円から244億円へ増加したにすぎない。

　このように合繊事業に進出できた企業とできなかった，あるいはしなかった企業との間の成長性には大きな格差が生まれた。戦後まもなくの段階では，紡績企業の方が化繊企業よりも企業の規模は大きかった。しかし，戦後初めて合繊の不況を迎えることになった1965年時点では，化繊企業の方が紡績企業よりも企業規模は大きくなっている。合成繊維という新しいイノベーションが繊維産業の構造を一変させてしまったといえよう。

(1) 先行者利得

　合成繊維事業は装置産業である。このためスケール・メリットが大きい。また特許による参入障壁も高かった。先行した企業と後発企業との規模の格差は容易には縮まらなかった。後発企業が事業を経済規模まで拡大させているうちに，先行企業はさらに規模を拡大させた。また，後発企業が規模の拡大を追求しているときに，先発企業は差別化素材の開発に取り組んだ。

　東レは，戦後いち早く合成繊維ナイロンを事業化した。東レはこのナイロン事業の成功によって，化学繊維企業から合成繊維企業へと質的な転換を図るこ

とができた。規模的にも大きく成長することができた。売上高は1951年から58年の間にほぼ4倍になった。室町にある本社には，ナイロンを確保しようと機屋や問屋が列をつくって日参したという。その様子から「室町通産省」と呼ばれたこともあった。ナイロンに次いでポリエステルでも先行した東レは，58年から60年代にかけて，東レ1社の計上利益（税込み）が他のライバル企業（化繊企業）4社の利益の合計を上回った。東レは63年度まで黄金時代を謳歌することができた。

東洋紡の河崎邦夫社長は，その頃のことを振り返って「昭和30年頃東洋レの売上，利益は当社の半分であった。それが31年下期にはまったく同一線にならび，3-4年後には当社が東洋レの半分になった」（『週刊東洋経済』昭和42年4月29日号）と述べている。

東レのこのナイロンでの大きな成功は，ナイロンの製造技術のイノベーションだけではなく，ナイロンの事業化を支えるさまざまなイノベーションによってもたらされたものであった。政府の保護政策や，特許もこれらのイノベーションを支えた。

合繊の成功要因は，合繊の開発と生産の技術におけるイノベーションだけではなかった。合繊の原料，加工，さらに販売の面でのイノベーションも成功要

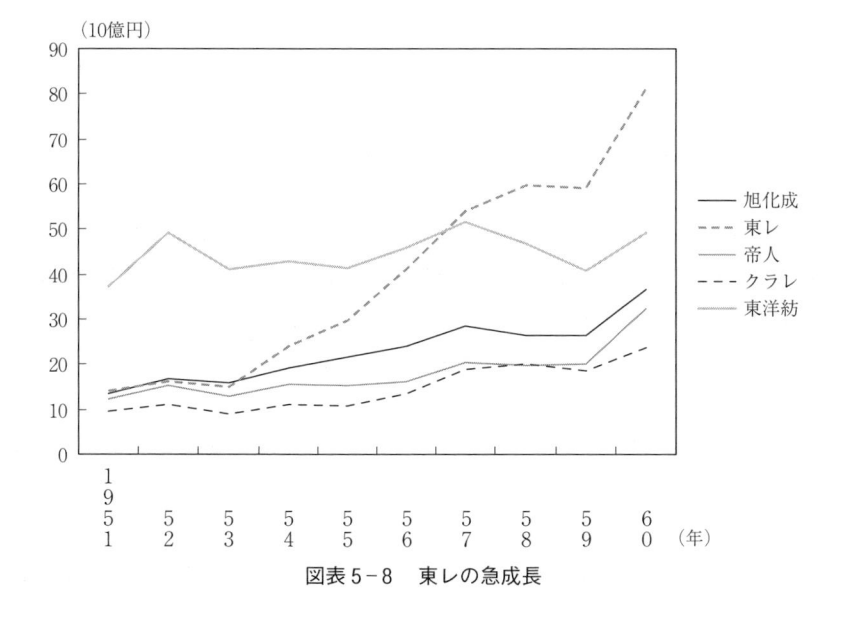

図表5-8　東レの急成長

図表5-9　化繊5社の1960年9月期決算（単位：100万円）

	売上げ	計上利益	売上げに占める合繊の比率（％）
東洋レ	44806	4910	79
帝国人絹	25034	1253	64
旭化成	21082	890	22
日本レ	146056	813	72
倉敷レ	13670	814	59
計	119197	8680	

出所：『日本経済新聞』1960年11月4日

因に含まれる。

　東レは戦前からナイロンの研究を開始し，開発にも成功していた。戦後，デュポン社から特許を買い，自社技術を基本として事業をスタートさせた。そして多くの困難を克服しながら，ナイロンを大量に安定的につくる量産技術の開発にも成功した。

　このような技術上のイノベーションと表裏一体で成功の要因となったものは，加工・販売系列の整備であった。ナイロンは日本ではまったく新しい製品であったため，品質を保証し，販売の最終段階まで東レが責任をもつ必要があったのである。そのためには，加工メーカーに対する技術指導が必要とされた。また系列販売制度というかたちでのマーケティングの体制を確立する必要もあった[8]。ナイロンを製造し販売するためには，高次加工と流通段階の系列化が必要であったのである。こうして，新しい生産チームや販売チームとして，プロダクション・チームとセールス・チームが1959年に結成された。合繊不況直前の64年のプロダクション・チームは300社を超えていた。後発企業も，同様の系列化をすすめたが，すでにそのときには東レなどの先行企業によっていち早く優良加工業者は組織化されてしまっていた。

　東レはさらにナイロンの原料製造工程でもイノベーションを行っている。ナイロンの原料を，光化学反応を用いて製造するPNC法を開発した。これにより製造工程は大幅に簡略化され，大幅なコスト引き下げが実現したといわれる。

　このようにナイロン事業の成功は，スケール・メリット，優良加工業者，優

良流通経路，新たな生産方法の開発など多様なイノベーションが基盤となっていた。

(2) 「ダイナミック・シナジー」と「キャッチ・アップ」

1965年までが各社の3大合繊への参入の時期であったのに対して，65年以降70年代前半の期間は，国内需要の拡大と輸出の急増に支えられた合繊の拡張競争の時代であった。しかし先発企業と比較して収益性の低い後発企業にとって急速な設備の拡張は大きな負担であっただけではなく，さらに設備を拡大させていった先発企業との格差も埋まらなかった。

東洋紡は合繊では，アクリルをまず事業化した。アクリルでは先発企業の一角を占めることができた。しかしナイロン，ポリエステルの事業化に出遅れた。ポリエステルには後発で進出，そして呉羽紡との合併でナイロンに進出して3大合繊をそろえた。しかし，規模の大きい紡績事業でもつぎつぎと問題に直面，合繊事業でも先発企業との格差は小さくなかった。呉羽紡との合併による，組織の融合・再構築にも時間を要した。また，合併は財務体質を悪化させた。東洋紡にとって，昭和40年代前半に直面した課題である，合繊設備の拡充・新鋭化と紡績設備の新鋭化とを両立させることは容易ではなかった。ライバル企業はすでに多角化にも取り組み始めていた。このとき東洋紡は，合繊を優先する決定を行い，経営資源を合繊に集中投資していった。

「40年代前半において当社はエステル設備の拡充，新鋭化を最重点課題としてきた。当時紡織工場近代化のための設備投資を活発におこなっていた同業他社の一部との競争上，当社でも紡織の近代化をはからなければならぬとの認識はあったが，合繊設備の充実と並行的にそれをおこなうことは必ずしも容易ではなかった」(『百年史東洋紡』1986)

こうして東洋紡は，1970年頃までは「繊維以外のことには手を出さない」方針に基づいて先発企業へのキャッチ・アップに専念，先発企業との格差の縮小に力を入れた。しかし，合繊投資の負担は小さくなかった。東洋紡は低収益性から脱出することができなかった。

「昭和40年代，経常利益，売上高総利益率，使用総資本経常利益率は低下し，47年上・下期には配当率を6％に下げざるを得なかった」(『百年史東洋紡』1986)。

図表5-10 東洋紡と東レの設備規模

	東洋紡の増設	東レの規模	東洋紡の増設	東レの規模
	ポリエステル		ナイロン	
1964年	日産15トン	日産101トン	日産29トン	日産159トン
1965年	28	120	35	191
1966年	36	134	35	191
1967年	51	149	46	206
1968年	69	169	53	242
1969年	96	216	72	279
1970年	135	277	87	309
1971年	139	277	87	319
1972年	156	299	87	319
1973年	175	335	87	319

注：各年度末，フィラメントとステープルの合計
出所：『百年史東洋紡』『東レ70年史』

　まもなく石油危機に直面，当時3％の非繊維比率では繊維事業の業績の悪化をカバーすることはできず，企業の業績は低迷，大規模なリストラを余儀なくされた。以後歴代の社長は，多角化に取り組むが「10年遅れた」と述べている。

　カネボウでは1990年代の半ばでも「他社に遅れて1960年代から参入した合繊部門の投資などで増えた有利子負債がいまだに5500億円を超え，年間の利払いが159億円あった」（『朝日新聞』1996年6月8日）。

　合繊の進出に遅れた企業が，そのキャッチ・アップに専念している間に，先行企業はさらに合繊の増設をすすめるとともに，いち早く素材の差別化を展開したり，非繊維事業への多角化をすすめていった。すでに述べたように合繊の基礎技術である高分子化学や合成化学は多角化のための多くのシーズを生み出している。高成長企業は，このようなシーズをベースに生み出されたダイナミック・シナジー（伊丹，1984）を脱成熟化・高成長のテコとしている。

(3) 「能力と必要性のジレンマ」

　脱成熟化の取り組みに大きく遅れてしまった企業が，陥ってしまったのが，「能力と必要性のジレンマ」であった。経営資源が豊富で能力の高い状況で

第5章　成熟の認識

図表 5-11　自己資本比率と売上高順位（1956年4月期と90年3月期）

(86年3月期)

ダイワボウ	57%から29.7%へ	7位（16社中）	15.0%
フジボウ	66%から13.5%へ	10位	11.1%
シキボウ	58%から26.5%へ	12位	15.0%
オーミケンシ	21%から20.9%へ	14位	22.1%

注：オーミケンシは1955年4月期

は，新しいことを行う必要性が低いと認識される。しかし能力が低下してしまった段階では，新しいことを行う必要性が高いにもかかわらず，実行することが困難である。このような「能力と必要性のジレンマ」に陥った企業にとって，歯車を入れ替え，悪循環から抜け出し，成長軌道に乗せることは極めて難しくなる。このようなパラドクスに陥ってしまった企業は，後ろ向きの構造改善対策で手一杯で，将来の成長に向けた対策はとりづらい。

3大合繊には進出できなかった，多角化に対して慎重で多角化比率の低い[9]，そして糸売り比率の高い状態を続けてきたフジボウ，ダイワボウ，シキボウ，オーミケンシの各社は，いずれも1950年代，企業規模では16社中中堅レベルであり財務体質も良好であった。

しかし，石油危機の直後からは，財務体質は急激に弱体化していった。長期の無配，含み資産の投入を余儀なくされた。企業規模の成長も停滞した。

1950年代，これらの企業の財務体質は極めて良好な状態にあった。企業規模も業界で比較的上位にあった。当時は帝人，クラレ，三菱レイヨンなど，化繊企業の多くの企業よりも売上高は多かった。紡績企業には高いブランド力もあった。

「昭和三十年代初期，紡績会社に対する消費者のイメージは非常に高く，したがって紡績ブランドをつけて売ることで商品価値を高めることが一般的になってきた」（『富士紡績百年史』1997）

しかしその後，これら紡績企業の地位は低下，財務体質は弱体化していった。

1951年から1995年までの間に，業界内における売上高の順位では，フジボウが16社中第4位から第12位へ，ダイワボウが第9位から第14位へ，シキボウが

第6位から第13位へと（オーミケンシは第16位から第16位），大きく低下させた。

相対的地位の低下にとどまらず，財務面でもその健全性を大きく低下させた。フジボウは，1959年4月期に58％であった自己資本比率は，64年10月期には33％に低下，石油危機後は10％以下にまで落ち込んだ。

これらの企業が体力を低下させてしまった大きな要因は，脱成熟化への本格的な取り組みに遅れてしまったことにあった。石油危機の影響は，それまでに糸売り体質へどのように対応してきたのかによって大きく異なった。シキボウなどが本格的に多角化に取り組み始めたのは80年代に入ってからであった。各社が糸売りからの脱却を強力にはかるようになる90年代まで，「そんなにしなくても食っていける」との意識が残っていた。その他すでに触れた遅れ要因によって，糸売り，輸出，操短など，それまでのやり方を踏襲し続け，その間に体力を大きく低下させていった。

石油危機以降，各社とも無配期間が長い。2000年までにダイワボウは約20年間，フジボウは約17年間，シキボウは18年間無配を余儀なくされている。オーミケンシの業績は，1980年代後半から長期にわたって低迷した。91年3月期末で690億円も有していた有価証券の含み益は，96年3月期には120億円前後に縮小していたが，さらにこれらをリストラに投入せざるを得なかった。これら各社の企業体力は，継続的に弱体化していった。

他方，脱成熟化によって企業を再び成長軌道に乗せるということが喫緊の課

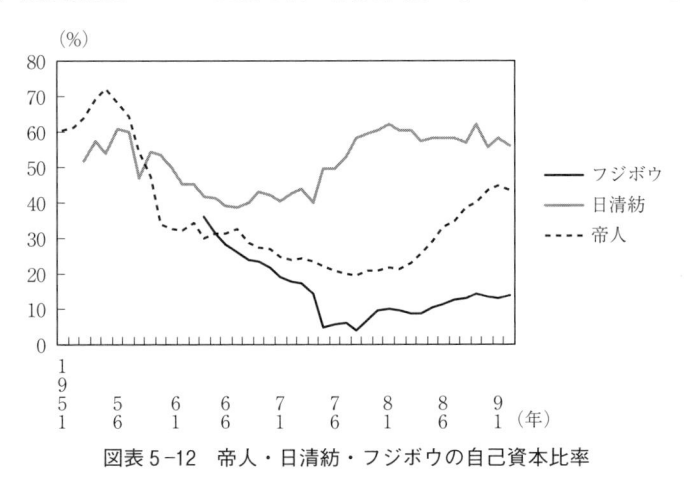

図表5-12　帝人・日清紡・フジボウの自己資本比率

題となってきた。しかし，これらの企業の非繊維比率はまだ小さく，企業を成長軌道に乗せるためには，本業を活性化させながら多角化をすすめる必要があるが，そのためには各社とも極めてむずかしい状況に置かれてしまった。

　1980年代後半以降，市況の悪化に対して，自主操業短縮を行うものの，市況が回復すると，輸入が増加することになり，自主操短の目立った効果は見られなくなった。かつての成功パターンは通用しなくなってしまった。このため90年度決算では，ダイワボウ，フジボウなどが軒並み赤字に転落した。

　1994年の日本の綿糸生産は，中国の20分の1，綿織物も中国の10分の1になっており，国内綿製品需要に占める輸入品比率は80％に達した。

　「もはや操短という対症療法では体制の立て直しは不可能なところまで綿紡各社は追いつめられていたといえる」（『日本経済新聞』1991年2月12日）

　これらの企業は，企業規模の大幅な縮小を余儀なくされた。しかし，それによって問題の限定・成長戦略の明確化が可能となり，成長基盤の再構築に手応えを得始めた。

注
1)　半期決算の有価証券報告書の数字である。生産金額比率と売上高比率が混在しているが，大きな傾向は読み取ることができる。
2)　東洋紡，日清紡，クラボウ，ダイワボウ，フジボウなど，多くの繊維企業が，工作機械部門，あるいは工作機械子会社を有している（た）。
3)　「化繊に対する設備投資は，新設の場合，合成繊維生産設備への投資と比較してほぼ三分の一の資金量で可能であり，既存設備による増設の場合にはさらにそれ以下の少額で可能であった」（藤井，1971, p.121, 元資料は田中穣『日本の繊維産業』）。
4)　1967年に合繊の生産高が綿糸生産高を上回った。
5)　経営者用役とは，利益獲得のため新しい理念を導入すること，とくに製品，技術，産業内における自己の地位等の側面で重要な変化に即応すること，新しい経営者を獲得すること，管理組織を基本的に改革すること，必要資金を調達すること，実行可能な拡張計画をつくること等に対する貢献を意味する（Penrose, 1959；稲葉, 1979）。
6)　技術について，ある時期リーダーであった企業が，次の時期にはリーダーを維持することができないことが少なくないことが指摘されている（Christensen, 1997：Utterback, 1994など）。繊維産業でも炭素繊維のケースも，その一例であろう。ＰＡＮ系炭素繊維はアクリル繊維が原料となるが，炭素繊維でのトップ1，2位企業は，アクリル繊維の事業では後発企業であった。
7)　「そのうえ，自社技術でない，という負い目もあった。東レ技術者の間では，いつか業界のトップに立って，物産を見返してやろう，という思いは深かったに違いない」（鈴木，2001）
8)　「初期の合繊は，最終の二次製品として完成するまでのながい加工過程で，まちがった加工をされるおそれは十分あった。一工程でもわからぬまま適当に加工されれば，折角の合繊の長所が欠点となり，製品としての価値がまったく失われるおそれがあった。……そこで，はじめてナイロ

第Ⅱ部　脱成熟化プロセスの特徴

ンを開発した東レは，早くから混紡，交織，染色整理，編立，縫製などの各加工段階の企業から一部の企業を選抜して，これと協力して加工工程の研究をすすめてきた」(中込，1977)
9) ダイワボウは，積極的に多角化をすすめたが，別会社方式を採った。

第6章 成長戦略の実行過程

第1節 進出の集中現象

> 8 多くの企業が特定の成長分野に（比較的短期間に）一斉に進出するという集中現象が多く見られる。

(1) 集中現象を引き起こす理由

特定の成長分野に一斉に進出するという現象は，多角化でだけではなく，再活性化・海外進出でも見られた。このようなアクションは，個々の企業の観点からは合理的であるように見える。しかし，産業全体から見ると，また，長期的観点から見ると，そのようなアクションは，非合理的である。このような非合理的なアクションがとられるのは，次のような理由からである。

第一の理由は，経営資源の類似性である。企業は同じ産業で同じような経営資源を開発・蓄積してきている。そのため，多角化のために利用できるような経営資源を分析し，自社の経営資源にもっともふさわしい製品や市場を見出そうとするとき，多くの企業によって同じような製品や市場分野が自然に選択されることになる。発想の方法も同質的である可能性が高い。

第二の理由は，他社のアクションからの学習である。ある市場へ多角化するという他社の意思決定は，そのほかの企業にとってその市場の適切さ，潜在可能性，およびリスクを評価するための重要な情報となる。リスクやコストなどの面で後発には大きなメリットがある。後発のメリットが過剰に評価されたのかもしれない。企業間にある寡占的相互依存性は，模倣的な学習を加速させる傾向がある。なぜなら，新市場でのある企業の成功は，もし成功した企業に続いて参入しなければ，産業の競争構造を変化させてしまうと，他の企業は考えてしまうからである。このような現象は「バンドワゴン」効果と呼ばれている。ライバル企業や有力企業のアクションは，それは成功しないかもしれない

が，成功した場合，業界の構造を大きく変えてしまう可能性がある。

第三の理由は，時代の空気である。多くの企業が，その時代の成長分野として注目されている領域に注意を向けることは自然である。1970年頃，レジャー，住宅などが有望な分野として注目されていた。高度経済成長のもと，実際にこれらの分野は大きく成長していた。80年代には，エレクトロニクスや医薬が注目された。90年頃のバブル期には企業による株への投資が積極的に行われていた。日清紡もファイナンス子会社を設立している。時代の空気によって，社内では，もっとも保守的な人々も，反対できない雰囲気が生まれる。

このような集中現象の結果，事前に期待されていたシナジーの実現が困難になっているケースも少なくない。このような現象を「群れ症候群」と呼ぶことができよう。

(2) 集中現象のケース

合成繊維では，先発企業の有する特許の期限が切れると，多くの企業が集中的に進出した。先発企業は「価格競争」を宣言して増産で対応した。各社の生産の増大と需要の減退によって合繊業界は1965年，初めての不況に直面した。

紡績企業は紡績の成熟化による収益悪化の打開策として，レーヨン短繊維事業に一斉に参入した。そのためたちまちレーヨン短繊維は供給過剰に陥った。1957年以降，設備の過剰に陥った。勧告操短が行われるようになった。日東紡，カネボウ，フジボウなどはこのとき積極的にレーヨン短繊維の増設をすす

図表6-1　各社の合繊進出

アクリルの生産開始	1957年，旭化成 1958年，東洋紡（日本エクスラン） 1959年，三菱レイヨン（三菱ボンネル） 　　　　東邦レーヨン（試験生産） 1963年，東レ
ナイロンの生産開始	1950年，東レ 1955年，日本レーヨン 1963年，カネボウ，帝人，旭化成 1964年，東洋紡（呉羽紡）
ポリエステルの生産開始	1958年，東レ，帝人 1964年，東洋紡，クラレ，日本レイヨン 1968年，カネボウ 1969年，三菱レイヨン，旭化成

めた結果，不況の影響を強く受け，企業の体力を弱めてしまった。

 ポリプロピレン繊維は，ナイロン，ポリエステル，アクリルに次ぐ第4の大型繊維と期待されていた。多くの日本企業がその導入競争に参加して，特許をもつ伊モンテカチーニ社に，特許導入権を勝ち取ろうと「モンテ詣で」を行った。

 1968年頃までに8社が技術導入などで参入した。大手繊維企業では，東レ，三菱レイヨン，東洋紡，旭化成，ダイワボウ，日東紡の6社が進出した。しかし，ポリプロピレンは，染色性や触感など，繊維としての未解決の問題が残っていた。事前に問題点が十分に検討されないまま特許導入競争に走り，一斉に進出してしまった。これが日本企業のモンテ社に対する交渉力を弱めることにもなり，特許料を高くしてしまうことにもなった。結局，技術的な問題を解消できず，衣料用として開拓することができなかったため，東レ，東洋紡をはじめ多くの企業が撤退していった。「夢の繊維」と期待されたポリプロピレンは「悪夢の繊維」になってしまった。

 ガラス繊維でも群れ現象が生じた。1970年頃のガラス繊維の市場には日東紡など数社がすでに存在していた。しかしこの頃，ガラス繊維の需要がFRP，建設用に急成長していた。前年度と比較した生産実績の伸びは，66年度は28.9％，67年度43.2％，68年度28.4％であった。こうした状況を背景として，71年にはカネボウ・スチーブンス（カネボウと米スチーブンス社との合弁），富士ファイバーグラス（帝人，日立化成，日本無機繊維の合弁），旭シュエーベル（旭化成，福井精錬，米シュエーベル社の合弁），ユニチカユーエムグラス（ユニチカと米UMMC社との合弁）の4社が一斉に参入した。このため72年にはいって需給バランスが極端に崩れた。72年8月には，不況カルテルを結成，73年3月末まで40％程度の第一次操業短縮を実施した。後発企業の参入と大幅な増設は，供給過剰をもたらし，トップクラスの日東紡も大幅な操短を余儀なくされた。

 人工腎臓は，繊維企業の技術の延長上に発展した中空糸を利用したものである。1974年に旭化成が生産を開始したが，76年にはクラレが，77年には東レが，78年には帝人が，そして82年には東洋紡が参入した。しかし各社の「参入と増産によって供給過剰となり，採算は低下していった」（鈴木，1991）。

 靴用の人工皮革では，デュポンの開発情報にも刺激され，1965年の春にクラ

レ,東レを含む4社(クラレ,東洋ゴム,日本レーヨン・日本クロス,東レ・東洋クロス)がほぼ一斉に市場に製品を出した。これがかえって人気を集め,一時は爆発的な伸びを見せた。それに勢いを得たメーカー各社は,増設に踏み切った。しかし,その設備が稼働し始めた頃から情勢は急速に悪化した。天然皮革は大幅に値下がりした。需要分野は大半が紳士靴であり,開拓が不十分であった。このような無謀な増設,品質上の欠点から,クラレ以外は撤退することになった。

衣料用の人工皮革でも,東レが1970年に「エクセーヌ」として開発と事業化を成功させたが,これに刺激され,75年以降,カネボウ(77年),クラレ(78年),帝人(78年),ユニチカ(79年),旭化成(80年),三菱レイヨン(80年)が市場に参入した。

1970年前後からのレジャー・ブームでボウリングが本格的に普及し始めた。65年には4600レーンであったのが,年率50%に近い伸びを続け,71年末には6万3000レーン規模に達したと推定されている(『週刊東洋経済』1972年2月19日号)。このボウリング市場へ71年から72年にかけて東洋紡,ダイワボウ,フジボウ,クラボウ,東レ,カネボウ,ユニチカ,オーミケンシ,東邦レーヨン,帝人などが参入を計画,あるいはボウリング場を建設した。しかし,「大企業がやるようになったらブームは終わり」との巷間の噂どおり,繊維企業の参入後まもなくブームは急激に冷えていった。もちろん競争によるメリット(市場拡大・競争)もあるものの,ほとんどの企業はボウリング事業からの撤退を余儀なくされている。

1993年,日清紡と東洋紡によって形態安定シャツが発売された。2年後の95年には,13社もの企業の製品が乱立する状態になっている(『日経産業新聞』95年5月18日)。

第2節　事業づくりの失敗

> 9　多角化の過程では,事業づくりの失敗が非常に多い。

脱成熟化へのアクションは,通常は,新しい事業を探索する部門の設置というかたちをとる。新たな成長機会の模索,研究開発,既存事業の問題の分析な

どが行われる。この段階では本格的な投資は行われない。発見された新事業に実際に進出するようになると本格的な投資が始まる。

研究開発の段階での失敗は多い。新しい事業も順調に立ち上がることは少ない。新しい事業を創造する試行錯誤のプロセスでは，多くの失敗が生じる[1]。もっとも典型的な失敗は，撤退である。失敗が多いことは，新しい事業を創造するプロセスの最大の特徴のひとつである。事前に事業と人材の評価を正しく行うことは困難である。新しい事業では，つぎつぎと予想もしなかった問題に直面することが一般的である。成功確率は高くない[2]。

もっとも脱成熟化に成功していると見られる旭化成でも，合成繊維，建材，食品，炭素繊維等の事業では失敗を経験している。1990年代半ば以降には100近くもの製品や事業から撤退している。帝人も50近くの新事業に進出するという攻撃的な多角化をすすめたが，そのほとんどから撤退した。しかし，そのようなチャレンジのなかから医薬事業を育てることができた。脱成熟化に成功している企業は，そうではない企業と比較すると，より多くのチャレンジを行いより多くの失敗を経験している。撤退や失敗の数と経営成果との間には，比例関係が見られる。失敗の少ない企業は，チャレンジを避け，自ら学習の機会を放棄している可能性，「目に見えない失敗」をしている可能性が高い。

大企業といえども，すべての多角化プロジェクトを成功させることはできない。成功と失敗がなぜ起こるのかについて構造的に説明できる要因は存在しない。失敗プロジェクトのなかにも，シナジーが存在したケースもあるし，シナジーが乏しいと思われるプロジェクトでも成功しているものがある。脱成熟化のプロセスで重要なのは，どの分野へ進出するかの決定だけでなく，進出の前後でどのような学習が行われるか，一旦進出した事業からいつ撤退するかの決定である。

図表6-2　失敗・期待外れの例（撤退を中心に）

旭化成
化合繊（サラン・55年頃，アセテート長繊維・78年，ポリプロピレン，ナイロン6・94年，レーヨン・00年，アクリル・02年）
海外事業（ブラジル・81年，グアテマラ・95年，韓国・95年，アイルランド・98年，台湾99年，インドネシア・04年）
建材「シリカリチート」，食品（ハム），セルロイド（60年），工作機械（67年），証券，ガラス繊

第Ⅱ部　脱成熟化プロセスの特徴

維不織布 (77年), パイプ「旭ミカルス」(77年),「旭合成管」(77年), ファッション商品製造販売「サンレル」(82年), コンピュータ用磁気テープ (83年),ニット外衣「チムニット」(88年),「旭テクノコンピュータ」(90年), ウラン濃縮 (91年), 炭素繊維 (94年), ポリプロピレン (94年),「日本合成繊維」(94年),「東洋ピザ」(94年？), 光磁気ディスク (96年), チルド食品「明星旭フレッシュ」, 食品 (99年), 木造住宅「スクラムハウス」(00年), 焼酎・低アルコール事業 (02年),「富久娘酒造」(03年), 動物薬関連事業 (03年),「蝶理」(04年), パイル (04年), 建材「グランデ」(05年)

＊94年以降, 約10年間で約100の事業・製品から撤退

東レ

化合繊（レーヨン・63年, スフ・75年, ポリプロピレン・67年69年）

海外事業（ポルトガル・71年, ブラジル・79年・96年, ケニア・78年, シンガポール・80年, 韓国・82年, 英国・80年・82年, インドネシア・83年, フィリピン, コスタリカ・81年, 台湾・82年, マレーシア・82年, タイ・77年・78年・86年・92年・96年, ナイジェリア・90年, 米国・95年）

塩 (49年), ペニシリン (53年),「東洋ケミカル工業所」(54年),「名古屋製鉄化学工業」(64年), ポリ塩化ビニルフィルム (68年),「東洋サイジング」(69年), 靴用人工皮革「ハイテラック」(70年), 合成紙, MMA樹脂 (72年), キール型人工腎臓,「トプカ」(79年), ボトル用ペット樹脂 (82年),「東洋ケミックス」(82年),「テーシー商事」(86年),「浮島アロマ」(87年),「東レハイソール」(87年),「東レ事業開発」(88年), 80年代に診断薬から撤退,「東レ・ホスピタルサプライ」(89年),「東レ富士ビッカーインターナショナル」(91年),「東レ・プラン・ドゥ」(92年),「東レ・ピーピーエス」(94年),「東レ休暇村」(94年),「日本運輸施設」(94年), 診断薬「トーレ・フジバイオニクス」(96年), スコット社の「SYSTEM200」, ケイ酸質発泡体の建材, マリーン, 酒石酸, リジン, 炭素繊維成型 (米国95年), 偏光フィルム, 人工血管, 在宅酸素事業 (05年), ホテル (06年)

帝人

合繊（レーヨン・71年, テビロン短繊維・78年, アクリル, ポリウレタン弾性糸・78年, ナイロン6・95年, アセテート・02年, ナイロン・03年）

海外事業（香港・79年, 米国・79年, ブラジル・80年81年, オーストラリア・81年, カナダ・81年, スペイン・81年, メキシコ・82年, ナイジェリア・82年, シンガポール・84年, インドネシア・85年, タイ・78年86年, 台湾・83年, 北米・00年, イタリア・05年）

セロハン (69年), ファインケミカル (76年), 牧畜, 石油開発（「イラン石油」77年度,「ナイジェリア石油」78年度,「帝人マレーシア石油開発」80年）, 眼用医薬品輸入, 不織布「ジャパン・メルテッド」, ガソリンスタンド「スコーレ石油」, 国内食品事業 (77年),「トップ・アート・ファッション」(78年),「帝人リビングファッション」,「帝人リビングシステム」(77年),「プレイゾン」(78年),「ジャパン・アパレル・クラフト」(79年), 旅行代理店「テイジン・インターナショナル」(79年),「日本イー・ヴィー・アール」(79年), ビデオ事業「ビデオインターナショナル」(80年), レストランチェーン「にんじん」(81年),「マウント・フジ・ファッション」(81年),「帝人食品」(81年), 飲食店「カージナル」(81年英),「ホテル三愛」(81年),「帝人教育システム」(82年),「帝人ROC」(82年), ガラス繊維 (82年), 電子部品の輸入・販売「帝人アドバンストプロダクツ」(83年),「帝人ディア・ホーム」(84年),「帝人ピーエイ」(85年), 自動車販売「帝人ボルボ」(86年),「帝人ラッカー」(86年), 化粧品「帝人パピリオ」(87年)

＊未来事業で約50の事業から撤退

農薬事業 (99年), アウトドアスポーツ用品「ファルホーク」(99年),「テイジンアソシア」(99年), デュポンとの北米でのポリエステル繊維事業の統合 (00年), 食品・冷凍事業 (00年～01年), 原料運搬の海運事業 (00年～01年), 後発医薬品 (02年), 杏林との医薬事業の統合 (03年),「テイジンエヴォルテ」(03年)

第 6 章　成長戦略の実行過程

＊安居社長時代に中核事業と関連のない事業約50社を整理（安居，2009）

カネボウ

化合繊（ビニロン55年，アクリル系61年，アクリル・03年）

海外事業（オーストラリア・78年，イラン・78年，タイ・77年78年，韓国・78年79年80年，米国・77年，ブラジル・77年，マレーシア・04年，インドネシア・04年，中国・05年）

ポリプロピレン・フィルム，船舶用エンジン「鐘淵ヂーゼル」（67年），「カネボウエレガンス」（67年），「カネボウハリス」（67年），「カネボウ海外提携品販売」（68年），フェルト事業（70年），エポキシ樹脂「三井カネボウエポキシ」（76年），ゴルフ練習場・ボウリング場（80年），「アメリカン・カイノール」（81年），防災繊維，ガラス繊維，「ベルフーズ」「カネボウ鈴鹿」（94年？），「日本合成繊維」（94年），「ファッション東京」，「銀座カネボウビル」（96年），ディオール婦人服（98年），医療用新薬（99年），化成品事業（99年），「カネボウ久慈」（01年），「カネボウ電子」（03年）
＊2004年以降，漢方薬，トイレタリー，食品以外の国内外事業を売却・撤退（約40）

樹脂，化粧品，カップ麺，繊維委託加工，羊毛，合繊新市場開拓，ポリ乳酸，電池，電子関連，人工皮革，テキストグラス，ベルパール，医用材料，建材，化成品，重量物つり上げベルト，布製面ファスナー，天然繊維，飲料，椎茸，ファッション，合繊，不動産，海外事業など

東洋紡

化合繊（ビニロン・52年工業化断念，ポリプロピレン・67年，レーヨン・71年・特殊レーヨン・01年，弾性繊維・07年）

海外事業（セイロン・68年，シンガポール・76年，香港・68年77年，マレーシア・77年，インドネシア・78年06年，カナダ・79年85年，コスタリカ・83年，ブラジルの人工皮革・84年，インドネシア・84年，米国2社・85年）

酵母事業，パルプ事業・副産事業（68年），合成紙，「東洋紡豊和テキスタイルエンジニアリング」（75年），炭素繊維「大洋化研」（77年），「大信紡績」（77年），ホーム・ソーイング「エポ・ホーム・ソーイング」（79年），「東和繊維」（78年），「東洋紡ダイヤシャツ」（80年），「東洋紡レスポワール」（81年），「トーヨーヤーン」（82年），「ユニバーサル・アート・デザイン」（82年），「東海編物」（83年），ヨット・ハーバー，ボウリング，水処理事業，活性炭，フロッピー・ディスク，TPA（血栓溶解剤・92年），「ティーエムサービス」「播磨重布」（94年？），「パジェロ製造」（03年），新薬開発（05年），「東洋紡ファッションプラニングインターナショナル」（06年），「日平トヤマ」（06年），「大同マルタ染工」，「東洋染色工業」（06年），「ファブリカトヤマ」（09年）

ユニチカ

化合繊（エイテル・74年，強力人絹・89年，レーヨン・94年）

海外事業（台湾・76年・79年，香港・76年・07年，シンガポール・77年，マレーシア・81年・82年，アレワ紡・88年，フランス・99年など）

「新北紡」（73年），ミニ・スキー，住宅「ユニチカミサワホーム」（73年），化粧品（75年），「水環境コンサルタント」（76年），カーペット「ユニチカデブロン」（78年），FRP，「日本スペースプランニング」（78年），「ユニエンパイヤー」（78年），防災事業「ユニチガード」（79年），ファウンデーション「フォームフィット・ジャパン」（79年），「アイ・ビー・エフ」（79年），「第一ナイロン工業」（79年），「中部化繊」（80年），「葵繊維」（80年），「ユニチカ絹糸」（82年），「ユニチカ化工」（85年），「カロリナ」（85年），「ユニチカサンシ」（85年），インテリア製品「ユニチカトータリア」（86年），防音材，「ユーキエンジニアリング」，「木頭精絹」，「ユーエヌ電子」（86年），「ユニチカプラント」（86年），「ユニイースト」（86年），アラミドペーパー（87年・95年），「カネマツユニカ」（88年），「日本アロマ」（88年），メタ系アラミド繊維生産・アラミド紙（95年），子供服ブランド製品「サザン青山」（97年），「大和田カーボン工業」（99年），「ユニチカライフ」（99年），食品「ユニチカ三幸」（00年），食料品などの販売店経営「ユニサン」（01年），東海寝具（02年），赤穂化成（03年），日本酢ビ・ポバール（05年），オフィスビル（大阪・05年）

141

第3節　断続的取り組み

> 10　脱成熟化に大きく遅れた企業の脱成熟化への取り組みは，継続的であるというよりむしろ断続的であった。多くの企業は，取り組みが遅れたというよりも，中止あるいは中断させた結果，脱成熟化の流れを作ることができなかった。

(1) 断続的取り組み

　第3章で見たように，ほとんどの企業は，ほとんどの成長戦略を採ってきた。しかも，どの企業も新規事業などに取り組み始めた時期は，遅くはなかった。

　事後的に繊維企業の脱成熟化のプロセスを眺めて見ると，脱成熟化への取り組みに対して先発企業と後発企業が存在し，後発企業の経営成果は高くないことを見ることができる。しかし，脱成熟化への取り組みを詳細に見ると，ほとんどの企業の新しいアクションへの取り組みは先発企業に比して大きく遅れていたわけではなかった。

　多くの企業が合繊の登場後，早い段階で合繊の研究に取り組み始めている。非繊維事業への多角化についても，ほとんどの企業が本業である繊維事業の成熟化の早い段階で取り組んでいる。また繊維事業の再活性化についても各企業とも早くから取り組んできた。

　同じ産業に属し，同じような問題に直面してきた企業間で，このような現象が見られることは不思議ではないかもしれない。しかし長い時間を経るとともに，それら企業間で大きな成長格差が生まれた。本格的な脱成熟化のアクションのタイミングの違いで理解できる部分も小さくない。

　しかし各社の間で経営成果に格差が生まれてきたのは，多くの企業が，一旦スタートさせた脱成熟化の取り組みを中断，あるいは関心を低下させ取り組みの優先度を低下させ，そして，しばらくしてから再び脱成熟化の取り組みをスタート，あるいは強化させるというパターンをとってきたことも重要な要因のひとつかもしれない。もちろん本格的なアクションは，継続力が高いであろう。

　脱成熟化のアクションに断続的な取り組みを行った企業にとって，本業の再

活性化や多角化への取り組みから，企業の成長につながるような成果を上げることは困難であった。このような成果を上げるためには継続的な取り組みが必要であるからである。継続させている企業との格差が大きく開いてしまうからである。取り組みを中断している間にも成熟化は進行している。こうして断続的な取り組みを行ってきた企業は，脱成熟化に大きく遅れてしまうことになった。

① 合繊

合繊（図表6-3）への取り組みは，多くの企業が戦前にスタートさせている。しかし，そのほとんどの企業は戦時中に，あるいは戦後の復興期に合繊への取り組みを中断させている。また，初期の失敗で断念した企業もある。
東レのナイロン研究者・星野孝平は，「各社の合成繊維の研究開発はがまん比べみたいなもので，研究をやめてしまったところが多かった」と述べている（三戸，1971）。

多くの企業は，1950年代の後半になって再び合繊の取り組みを開始している。

② 多角化

繊維各社の戦後における非繊維部門への進出は，戦後の混乱期を除けば1960年頃から始まっている。その後も70年頃，石油危機後，そして90年頃と，断続的に各社の多角化への取り組みは積極的にすすめられた（図表6-4）。

③ 海外進出

海外進出（図表6-5）についても，各社の海外拠点の設置は1970年頃，90年頃に集中している。その両期の間には多くの企業が計画の中断や大幅な撤退を行っている。繊維企業は，海外事業の経験で長い歴史をもっているが，多くの企業が海外事業からは大きな成果を生み出すことができなかった。海外進出は，80年代後半から再び積極化していったが，ほとんどの企業は，90年代にはいって，戦略的に海外事業間そして国内事業とを有機的に機能させることができるようになった。

④ 川中・川下展開

繊維企業は，戦後の早い時期から川中・川下分野に目を向けるようになった（図表6-6）。勧告操短が繰り返されるようになって以来，糸売りだけでは売れにくくなってきたため，川中・川下を志向するというように，傾向的には川

第Ⅱ部　脱成熟化プロセスの特徴

図表6-3　各社の

	旭化成	東レ	帝人	クラレ	三菱レイヨン	東邦レーヨン	カネボウ
1934							武藤理化学研究所設立
1935				合繊に関する調査開始			
1936							
1937							
1938		ナイロンに関する情報を入手 ポリアミド系合繊の研究開始	1研究者が合繊研究に着手	ビニル系合繊を中心とする合繊に関する一連の研究開始	トリアセテートの研究に着手		東レより早くナイロンの現物を入手 本格的に合繊の研究開始 武藤理にてビニル系合繊研究着手
1939		ナイロン66合成成功			ポリビニル系合繊の研究開始	合繊研究開始 京大に研究員を派遣・ナイロン	カネビヤン完成
1940							カネビヤン発表
1941		ナイロン6とナイロン66の中間工業化試験設備の建設に着手			トリアセテートの研究打ち切り		カネビヤンの中間試験プラント建設
1942		試験設備完成		ポリビニルアルコール系合繊の基礎的技術に関する研究完了			淀川工場内でビニロンフィラメントの工業化試験開始
1943		試験設備操業開始 アミランテグスの試作市販 海軍へナイロン樹脂初出荷		ポリビニルアルコール日産200キロ設備完成			
1944							被災により研究施設焼失 ナイロン研究打ち切り カネビヤンに研究集中
1945		アミランテグス生産開始		日産200キロの一貫試験工場の建設に着手		戦争直後ナイロン66合成の実験 ポリ塩化ビニル,ナイロン6など研究	カネビヤンの工業化断念
1946	塩化ビニリデンの研究に着手	ナイロンフィラメントの試験再開			ビニロンモノフィラメントの中間試験		
1947					ビニロンモノフィラメントテグス製造開始		
1948	塩化ビニリデン系合繊基礎研究開始	ポリエステルの研究開始	ポリエステルの研究開始	ポリビニルアルコール系合繊一貫製造試験設備運転開始			ビニロンの復元を開始
1949		ナイロンマルチフィラメント生産開始	アクリロニトリル製造研究開始				ビニロン日産500kg設備試験運転開始
1950	塩化ビニリデンのパイロットプラント建設	ナイロンフィラメント,ナイロンステープル生産開始		ビニロン企業化 ポバール・ビニロン日産5トン設備運転開始	ビニロン繊維の製造研究再開		ビニロンステープル試験設備日産1トンを復元拡充
1951		ナイロン企業化			ビニロン湿式紡糸試験開始		カネビヤン日産2トン規模に
1952	ビニリデン技術導入認可 旭ダウ設立認可	ICIとポリエステルの技術導入に関する交渉開始		ICIにポリエステルの導入を打診	アセテートの研究再開 ビニロンモノフィラメントテグス製造中止 アクリルの研究開始		

第6章　成長戦略の実行過程

合繊への取り組み

東洋紡	ユニチカ	日清紡	クラボウ	ダイワボウ	フジボウ	シキボウ	オーミケンシ
ナイロンの研究に着手 1937年頃							
京大に研究員を派遣ナイロンの研究に従事							
京大に研究員を派遣ビニロンの改良に参画	合繊研究開始						
戦況の悪化によりナイロン研究中止							
ビニロン研究開始	ビニロン研究開始						
	ポリアミド系合繊の研究に着手						
	合繊の実験室的な検討開始						
ビニロン研究再開	日本ビニロンを傘下にナイロンの中間工場完成			京大へ研究員を派遣ビニロン，数名			
	ポリアミド系合繊日産7トン設備運転ビニロン日産3トン設備運転開始			ビニロン製造の中間製造試験開始	ビニロンの研究に着手		
デュポン社からのナイロン特許売り込みを拒否 アセテート，ナイロン，ビニロン研究 ビニロン工業化研究へ アクリル導入に関し提携の打診を受ける			クラレとは合併せず 独自の立場を選択	ビニロン製造第1回の試験生産	パイロットプラントで試験	ビニロンで「日本合成繊維」に資本参加	
ビニロンの工業化放棄 アクリル研究開始				ビニロン研究			

145

第Ⅱ部　脱成熟化プロセスの特徴

年								
1953	サラン日産5トンの生産開始	ポリエステルの研究開始	ICIにポリエステルの技術導入の意向を打診		ビニロン長繊維乾式紡糸中間試験開始			カネビヤンの設備拡張計画を白紙に戻す
1954			アセテート技術導入認可					
1955								カネビヤンの生産中止
1956	アクリル系合繊の企業化決定		塩化ビニル日産5トン生産開始		アセテート技術導入認可	アクリル研究を採用する方針を決定 10年続いたナイロン研究を放棄		「カネカロン」設立
1957	アクリルのパイロットプラント完成	アクリル試験生産開始 ポリエステル技術導入認可 ポリプロピレン試験生産開始	ポリエステル技術導入認可	ビニロンフィラメント試験生産開始	アクリル技術導入認可 三菱ボンネル設立			カネカロン5トン操業開始
1958		ポリエステル生産開始	ポリエステル生産開始			アクリルの試験生産設備完成		ポリエチレン系繊維の工業生産
1959	アクリル10トン生産開始	アクリル試験生産開始	アクリル試験生産開始 アクリル技術導入認可 帝人アクリル設立		アクリル10トン生産開始 ビニロン企業化に着手	半合繊「アロン」企業化		
1960					アセテート糸の生産開始	アクリル3トン操業開始		合繊企業化を決定 ナイロンを選択
1961					ビニロン企業化中止 日本ビニロン発足	アクリル企業化 東邦ベスロン設立		カネカロンをカネカに譲渡 ナイロン進出決定 ポリエチレン生産開始
1962	ナイロン技術導入認可 ナイロン事業部設置	ポリプロピレン操業開始	ナイロン技術導入認可	ポリエステル技術導入認可	ポリプロピレン生産開始 アセテート技術導入認可	アクリル日産5トン設備完成		ナイロン技術導入認可
1963		スパンデックス技術導入認可 東洋プロダクツ設立認可	帝人スパンデックス設立認可		ポリプロピレン日産10トン竣工	アクリル本格生産		
1964	ナイロン操業開始	アクリル企業化・本格生産		ポリエステル操業開始				
1965								
1966								
1967	ポリエステル製造技術導入		アクリル企業化を当分見送ると表明					
1968					新光エステル設立			アクリル試験生産開始
1969	ポリエステル工場完成	ポリプロピレン繊維全面撤退表明			ポリエステルフィラメント生産開始			ポリエステルフィラメント本格生産開始
1970	ナイロン66生産開始							アクリル企業化・カネボウアクリル設立
1971								アクリル生産開始
1972								
1973								
1974								

注：1959年, 東レ他5社でポリエチレン系繊維の生産開始

第6章　成長戦略の実行過程

アクリル研究に集中							加古川工場建設構想
ビニロンの研究中止 ICIからのポリエステルの技術導入についての話を受ける，しかし導入を見送る	ビニロン企業化 ナイロン企業化				ビニロン企業化採算のメドがたたず断念	ビニロンの生産開始	
	ナイロン生産開始	化繊再進出決定			アクリルへの進出を検討	ビニロンステーブルの生産中止フィラメントの試験生産に切り替え	
「日本エクスラン」設立					欧米の合繊事情を視察 ポリプロピレンへの進出方針決定		加古川スフ工場操業開始
アクリル試験設備完成		昭和油化設立 ポリエチレンを生産するため		ビニロン研究打ち切り		欧米視察	
日本エクスラン7.5トン設備操業開始		スフ工場建設 合繊へのワンステップとして		含フッ素繊維について大阪金属と共同開発契約締結		ナイロンフィラメント計画	
				ポリプロピレン企画部設置			
				ポリプロピレンの企業化断念			
ナイロン技術導入契約締結	ポリエステル事業化委員会設置 研究開始	ポリプロピレン企業化の意図		ポリプロピレン製造用実験プラント設置 含フッ素繊維の企業化断念			
ナイロン技術導入認可 ポリプロピレン操業開始 ポリエステル技術導入認可	ポリエステル技術導入認可			ポリプロピレン中間工場完成 ポリプロピレン企業化決定 ポリエステルエーテル開発会社に出資，共同研究に参加			
				ポリプロピレン工場原料投入式		スパンデックス技術導入認可	
ナイロン操業開始 ポリエステル操業開始	ポリエステル操業開始			ポリプロピレン工場完成			
				ポリエステルエーテルの企業化を断念		塩ビ繊維生産開始	
		ポリウレタン繊維原料製造技術導入					
ポリプロ繊維全面撤退表明	(ユニチカ発足)			ポリプロピレン繊維・衣料分野からの撤退終了			
				ポリエステル生産開始			
				ポリエステル本格生産			

第Ⅱ部　脱成熟化プロセスの特徴

図表6-4　多角化

年	旭化成	東レ	帝人	クラレ
1945		製塩		
1946		製氷		
1947		ペニシリン		
1948				
1949				
1950				ポバール
1951				
1952			帝人商事	
1953				
1954				
1955				
1956		成型用ナイロン樹脂		
1957	スタイロン　ポリスチレン樹脂			
1958		東洋メタライジング		ポバール外販
1959	東洋醸造に経営参加	ポリエステルフィルム	帝人化成	
	スチレンモノマー	東洋実業		
1960	丸起証券	エンジニアリング（東洋工事）	ポリカーボネート樹脂・帝人化成	協和ガス化学工業に資本参加
			プラスチック成形加工会社	アクリル樹脂
1961	食品事業部	ナイロン樹脂の成形加工	帝人殖産	ビニロンフィルム
			日本ダイレクト・クロス　不織布	大阪合成品
			帝人ノン・ウーブン	
			錦海化学	
			化成品本部	
			新和木材	
1962	ナイロン事業部	名古屋製鉄化学工業	高級キャバレー	クラレショップ
	アクリロニトリル生産開始		日本ロザイ　タバコ用フィルター	セロファン
			ホテル三愛設立に出資	
1963	マグネシアクリンカー	ポリプロピレンフィルム	富士セロファンの経営権取得	
	シリカリチート事業部　建材	東洋合成フィルム	帝人ハーキュレス	
	合成ゴム事業部	テーシー商事	アセテート樹脂	
	デルタプラスチック　アクリル樹脂		帝人フードリー	
	ミタス		日本ラクタム	
1964	旭ダウ　ABS樹脂	ABS樹脂	帝人積水化成	クラレ不動産
	ブタジエンゴム	塩化ビニルフィルム		人工皮革
	MMAモノマー	東洋プロダクツ		日本ベルクロに資本参加
		東レ・デュポン		クラレインテリア
1965				活性炭
1966	旭チバ　エポキシ樹脂	合成皮革（ハイテラック）	帝人食品（帝人殖産）	クラレ油化
	赤穂海水化学工業に資本参加	トーレ・シリコーン	帝人油化	
			帝人小西六フィルム	
			新光化学	
1967	ヘーベル建材			
1968	山陽石油化学	ポリエチレン発砲体	広島プラスチック	
	合成樹脂事業部			
1969	不動産部	東レチオコール	日曹油化工業に資本参加	エチレン・酢酸ビニル共重合エマルジョン
	AHSパイル生産開始		マダガスカルCOVIM社（牛肉エキス）	
			化成品事業部	
			チタン	
1970	岡山ブタジエン	東洋ケミックス　アクリロニトリル	教育研修所	
	旭エッカルト	スエード調人工皮革	テビロンかつら	
	スチレン系熱可塑性エラストマー	ガス分析システムの販売	錦海海水工業	
	医薬品事業		住宅産業（帝人殖産経由）	
	ナイロン66		ナイジェリアに石油掘削法人	
	高密度ポリエチレン		コロンビア石油	
			石油開発事業部門設置	
1971	旭シュエーベル		富士ファイバー・グラスへ資本参加	クラレチコピー　不織布
	スパンデックス	炭素繊維	イラン石油	
	旭ケイライト	名古屋高辻スポーツセンター	帝人コードレ（人工皮革）	
		石膏	ナイジェリア石油開発	
			ユニオンタイヤコード	
			レジャー　国内	
1972	旭化成インターナショナル	漢字情報システム	農業　帝人アグロケミカル	メディカル　クラレハイドロンメディカル
	住宅事業	東レアイリーブ	帝人アドバンスト・プロダクツ	ポリイソプレンゴム

148

第6章　成長戦略の実行過程

年					
	エチレンセンター完成	イースタンビバ(飲料等の製造販売)	帝三製薬	医薬事業本部	エバール
	旭エンジニアリング	曾田香料に資本参加	感光性樹脂版		クラレニューブラ
	日本エラストマー	カナダドライ中部日本ボトリング	ミクロネシア観光開発事業		クラレコンポジット
		カナダドライ北陸日本ボトリング	日本EVR		
		東レエンタープライズ	インテリアート		
		人工芝	PETフィルム加工事業		
			帝人インターナショナル(海外旅行代理店)		
			宝石事業		
1973	スパンボンド	東レグラサル	建材	スコーレ石油(ガソリンスタンド)	クラレジョナサンローガン
	旭ビービージー	自動分析装置	化粧品		トランスイソプレンゴム
			帝人リビングシステム		
			軽量気泡コンクリートパネル		
			帝人アルコン(眼科関連医療品)		
			帝人メルテッド		
			帝人フェアー・メディカル		
			テイジン・タイム・インターナショナル		
			PBT樹脂		
			ゴルフ・タウン		
1974	旭メディカル	人工腎臓	東レ・ホスピタルサプライ	ブラジルに帝人農牧会社	結婚式場
	旭リサーチセンター		東レ休暇村	帝人マレーシア石油開発	
	キュプラ不織布		トブカ	テイジン・ジョイランド・ゴルフ練習場	
				マダガスカルで屠殺工場買収	
				医薬事業本部	
				情報教育センター	
				帝人ボルボ	
1975	グリーンビジネス		PBT樹脂	木造一戸建注文住宅試販	スエードタイプ人工皮革
			建材事業部	帝人環境技術センター	
			自動コンポジットサンプラー	ブラジルにホテル会社	
1976					人工腎臓
					NIC　ファインケミカル
					工業用透析膜
1977	旭ファイナンス		ペフ事業部	帝人ラッカー	クラレエンジニアリング
			人工腎臓販売	帝人バイオサイエンス・ラボラトリーズ	
			感光性樹脂凸版材		
1978	ホール素子		東レリサーチセンター	帝人メモレックス	歯科材料
				帝人エンジニアリング	クラレイソプレンケミカル
				帝人医薬	
				帝人ディア・ホーム	
				帝人技術情報	
				帝人メンテナンス	
				ボトル用PET樹脂	
				中空糸人工腎臓	
1979			水なし平版		人工補助肝臓
1980			東レ・メディカル	帝人ROC(化粧品の輸入販売)	御鷹茶屋全株式取得
			医薬開発部	ユニセル不織布	
				帝人物流	
				新薬発売	
1981	泉北ポリマーに資本参加		ソフトコンタクトレンズ		
	旭カーボンファイバー		逆浸透膜		
	複合材料事業				
	医薬事業部				
1982	旭フーズ		東レエクセーヌプラザ	在宅医療	
			東レ建設	油井管の内面塗装	
			トーレ・フジバイオニクス		
			銅張ポリイミドフィルム		
1983	LSI		三東都市開発	帝人システム・テクノロジー	健康食品事業
	電子事業推進本部		東レ事業開発		
			抗血栓性カテーテル		
			VDT用フィルター		
1984	NMR-CT		東レ物流		テクノソフト
	ニューセラミクス		東レ富士ピッカーインターナショナル		
			ケブラー事業部		
			強靭性ジルコニア		
1985	サン・アビリティ		インターフェロン		ソフトコンタクトレンズ
	光ファイバー		東レシステムセンター		アクリル系人工大理石
			東レアイブラザ		基礎化粧品
			ポリイミドコーティング剤		

149

第Ⅱ部 脱成熟化プロセスの特徴

年					
1986		トーレ・トラベルサービス	帝人ファイナンス		光ディスク
		東レテクノ			クラレトラベルサービス
		東レ機器			「クラレファミリー製品」
		東レファイナンス			レーザーディスク
		東レ経営研究所			
		東レ・フィリップスペトローリアム			
		東レインターナショナル			
1987	アミダス	東レ・ブラン・ドゥ / ドゥ	アラミド繊維		
	旭化成情報システム	イースタン・フーズ	帝人経営技術センター		
	エルオルト	高性能ワイピングクロス	テー・エス・エム	金融関係	
	エラストマー				
1988		ポニフェニレンサルファイドフィルム	総合サービス		人材斡旋業「セクリール」
		家庭用浄水器	テクセット		フレネルレンズ
		バルーンカテーテル			
1989	テレビネットワーク延岡	プラスチック光ファイバー	帝人ハーキュレス		協和ガス化学を合併メタクリル樹脂
	サンエアシステム	矯正用プラスチックレンズ	ジャパン・インテリジェント・システム		風船ビジネス
	コンタクトレンズ	対外診断薬			メルトブロー不織布
		メガネフレーム			
1990		高酸素透過性ハードコンタクトレンズ	PPS繊維		熱可塑性エラストマー「セプトン」
		回転ドラム式高性能ろ過機	ナイロン46樹脂		ベクトラン
		人工血管	PENフィルム		かつら事業
					光磁気ディスク
1991	酒類事業部		スポーツカイト		電子出版
1992	東洋醸造と合併	末梢循環障害治療薬	スーパーエンプラ		PBT樹脂
		プリンター			
1993	旭マイクロシステム製造	液晶ディスプレー用カラーフィルター			「お部屋は水族館」
		電子写真式プリンタ			水着
		ネコインカテーフェロン			
1994	不動産仲介	敗血しょう治療用血液浄化器	光ディスク基板		クラレテクノ
1995	化合繊ろ過膜	相変化型光ディスク			
		イーストスリーテクノロジー			
		東レアイ・ピー・イー			
		透水舗装材 / トレスルー			
1996	インテリア	アラミドフィルム			
		スノーボード事業			
1997					
1998	アラミドフィルム	ヘルスケア			SFフィルター
1999		在宅医療	東邦レーヨンに資本参加・炭素繊維		RSポリマー
			アラミドペーパー		高機能性樹脂「ジェネスタ」
2000	旭化成エルタス	スパンボンド	アラミド繊維事業買収		乳酸系樹脂
2001					
2002		ICタグ分野			
2003					
2004	発電事業				
2005	フットケア化粧品				
2006		DNAチップ			

第6章　成長戦略の実行過程

	三菱レイヨン	東邦レーヨン	カネボウ	東洋紡
1945				
1946				
1947				
1948				
1949				
1950				
1951				
1952	新光不動産			
1953				
1954				
1955				
1956	新光合成樹脂			
1957		東邦セロファン		酵母の工業化
1958				
1959			共栄不動産	
1960			ゴルフ練習場	
1961		長浜合板の株取得　樹脂加工	カネボウ化粧品 ボウリング場	東洋紡インテリア 東洋リネンサプライ
1962	デュアクロン　塗料 ダイヤナール	東邦セールス	ＰＶＡ	
1963	菱光電子工業	東邦機械工業	ポリプロピレンフィルム	ポリプロピレンフィルム
1964			食品「カネボウハリス」	ポリプロピレンフィルム生産開始 リグニン工場
1965	ＡＢＳ樹脂 プリント配線板		カネボウ立花アイスクリーム販売 立花製菓を合併	
1966			薬品「ヤマシロ製薬」 カネボウ海外提携品販売	
1967			鐘淵合成化学 和泉製菓と業務提携 鐘紡クリスチャンディオール製品販売	
1968		新邦商事	松山石油化学	
1969				
1970			カネボウエンジニアリング	プラスチック事業 水島アロマ　テレフタル酸
1971	樹脂改質剤 三菱バーリントン・カーペット ＦＲＰ　　ダイヤプレミックス		ガラス繊維　カネボウスティーブンス 和泉製菓合併 カネボウ石鹸販売 カネボウ石鹸製造 カネボウエンジニアリング 中滝製薬の株式取得 三井カネボウエポキシ 布製ファスナー 渡辺製薬の経営権を譲り受ける	東洋不動産 ポリエステルフィルム 生化学事業
1972	ＰＢＴ樹脂 エポホームソーイング	東邦開発　レジャー部門 　　　　　ボウリング 　　　　　レストラン	鐘紡倉庫 カネボウ薬品販売	東洋紡エンジニアリング エポホームソーイング ボウリング ゴルフ練習場 海洋レジャー部門
1973	ダイヤフロック 　　　凝集剤	炭素繊維	薬品事業総部 飲料事業	不飽和ポリエステル樹脂 太洋化研 東洋紡サンリビング
1974	ハウジング事業部		缶コーヒー カネボウハウジング カネボウベルタッチ　布製ファスナー カネボウキャドバリー（チョコレート） カネボウエヌエスシー	テニス練習場
1975	プラスチック光ファイバー 三菱レイヨン・エンジニアリング 食品事業部	東邦化工建設 耐炎繊維 養鰻事業（徳島工場）		活性炭素繊維
1976	炭素繊維　プリプレグ	養鰻事業（三島工場）		ＰＢＴ スパンボンド ナイロンフィルム ボン電気に資本参加
1977			衣料用人工皮革	感光性樹脂板
1978			ホテルアミスタ 銀座シグナスビル	
1979				
1980	ポリオレフィン系多孔質中空糸膜		三鐘都市開発	逆浸透モジュール

151

第Ⅱ部　脱成熟化プロセスの特徴

年						
1981					椎茸事業	電子機器事業
					新薬マイリス	豊科フィルム
1982					カネボウ菊池電子	日本マグファン
					歯科材料	人工腎臓
1983	人工肺	中空糸膜			OA機器	ティー・エヌ・シー
	ダイヤ・ヒトコ・コンポジット	複合材料			POSを事業化	コスモ電子
					ベルパークシティ　A, B棟完成	電子材料事業開発部
1984	家庭用浄水器				チルド事業	
	ポリサッカライド					
1985					情報システム	コスモメディア
					カネボウ電子　ICの生産	フレキシブル銅張/張積層板
					電子関連事業本部	医薬品事業
						電子情報事業
						エンジニアリングプラスチック
1986	MRC・デュポン				カネボウサロンドエステ	
					アイスクリームショップ事業	
1987	ダイヤ・スポーツ					
1988						
1989	可食性フィルム					医薬第1号承認申請
	眼鏡ふき					ポリエステル製畳床
1990	エムアールシー情報システム				全天候トラック　NSC	合成紙
	リゾートマンション				固体・液体分離機	補助人工心臓
					ポリアセン2次電池	
					フィトネスクラブ	
1991	マルチビジョンシステム		天然甘味料「ステビア」		ショッピングセンター	超高強力ポリエチレン繊維
	スパンボンド					
1992					「フリスク」輸入販売	システム開発
					健康緑茶	東洋紡テクノサービス（環境関連装置）
1993			成邦商事			
1994					メタ系アラミド繊維	
1995			ショッピングセンター（土地貸与）	緊急用浄水器		
					スノーボード事業	
1996	ダイヤ・ファッション・プランニング					熱可塑性エラストマー
1997			セルロース・スポンジ		電子部品事業	
					歯科材料事業	
1998	日東化学を合併ファインケミカル					PBO繊維
1999			帝人がTOB			人材派遣「東洋紡サードフロント」
2000	DNAチップ		介護ショップ（東邦セールス）	乳酸系樹脂		DNAチップ
	温浴療法用装置					
2001	ダイヤニトリックス					デジタルファッション
2002						
2003	液晶用プリズムシート					
2004						
2005						上下水道向け浄化設備
2006						

第6章　成長戦略の実行過程

	ユニチカ	日清紡	クラボウ	日東紡
1945		ちり紙		
1946		石綿		
		クラッチフェーシング		
		ブレーキライニング		
		フェノール系樹脂		
1947				
1948		ユリア樹脂		
1949			倉敷機械	
1950		洋紙		
1951			恒栄商事	
1952		メラミン樹脂		
1953		日本無線の経営に参加		
1954		日本ポスタルフランカー系列化に		
1955				FRP波板
1956				
1957		昭和油化　ポリエチレン		グラスファイバー本格生産　加工
1958		日本高分子管		
		ブレーキシュー・ブレーキアセンブリ		
1959				レジャーボート
				音響工事部門
1960		硬質ウレタン	不織布	日東紡不動産
				塩ビタイル
				ヘルメット
				建材用充填材
1961			日本インスタント食品に資本参加	日本レザック工業
				マットレス
1962	日本リネンサプライ	バム式印刷	ポリウレタンフォーム　化成品	不織布
			倉敷国際ホテル	不燃・吸音天井板
			ナショナルリネンサプライ	
1963	ガラス繊維	軟式ウレタンフォーム	クラボウドライビングスクール	
	「ニチボー不動産」	フライス盤　工作機械の本格生産		
	「ニチボーモータースクール」			
1964	東京ゴルフセンター			耐炎繊維
1965	ニチボー阪神ゴルフセンター	ディスクパッド		
	ニチボーリバーサイドプール			
1966		東邦レーヨンの経営に参加		染料固着材
1967	ニチボーリネンサプライ			
1968	ナイロン同時二軸延伸フィルム	ドラムブレーキ		
1969	赤穂カントリークラブ		東名化成	ICクロス
1970	ボウリング	合成紙	エンジニアリング事業部	
	防災機器　ユニチガード		排煙脱硫装置	
	ユニチカビルディング			
	エンジニアリング事業部			
	住宅，不動産事業			
	ユニチカレブロン　カーペット			
	ユニチカブラン			
1971	ユニチカミサワホーム	賃貸マンション	合成木材　接着剤事業	
	エンジニアリング	UM樹脂	水処理部門	
	無機薬品			
	ユニチカユーエムグラス			
	赤穂化成			
	ユニチカ成羽　畳表			
1972	スパンボンド	ボウリング場　日新事業	クラボウ興発	首都圏ミサワホーム
	ユニチカ三幸　冷凍食品		ボウリング場（クラボウ興発）	
	ガラスクロス		ゴルフセンター（クラボウ興発）	
1973	ミニスキー		倉敷アイビースクエア	日東興発
	大阪国際ビルディング			
1974	Uポリマー　スーパーエンプラ	テニスクラブ　日新事業	坂出ショッピングデパートビル	日東紡音響エンジニアリング
			合成木材　化成品事業部	
1975	化粧品			日東紡興産
	ショッピングセンター			
1976	ビニロンフィルム	日新環境調査センター	情報開発部	エンジニアリング部
	ユニチカエーエムグラス		クラボウ工事サービス	
	ユニチカ京都ファミリーセンター			
	加工食品			
1977	ユニチカ環境技術センター		エンジニアリング部	
	ユニチカメインテナンス			
1978	ビニロンフィルム	ディスクブレーキ（トラック用）	カラーマッチングシステム	血液検査臨床試薬

153

第Ⅱ部　脱成熟化プロセスの特徴

年						
1979			「ボンドリーム」			
1980	ユニチカ三幸		分光光度計			
	血管カテーテル		非繊維事業開発グループ発足			
1981	ポリエステルフィルム		自動調液装置			
			建材用グラビア印刷システム			
1982	メディカル開発部	ディスクブレーキ（乗用車用）	シールド材			
			バイオ研究支援フィルター製品分野			
1983	抗血栓カテーテル		テフロン製フィルター	クランフィル	アサカ電子	プリント配線基板加工
	プリント配線板					
1984	生化学		精密ろ過部門			
			フレームラミネート加工事業			
1985	ガラスビーズ					
	アモルファス金属繊維					
1986	ユニチカリサーチラボ	アンチスキッド事業本部	赤外線膜厚計	医薬品事業		
	ユニチカ情報システム	日清紡ファイナンス	CAD分野	不動産活用推進室		
	熱硬化性樹脂	ニッシンボウ・エンジニアリング	フッ素樹脂加工製品分野			
			含侵加工事業			
			精密計測機器分野			
1987	液晶ポリエステル樹脂	四国日清紡ソフト	電子機器開発部	メディカル事業		
	ユニテックサービス	VDTフィルター	フラワー事業		子会社設立	
	ユニチカ設備技術	カルボGシート	エコ技術　洗浄装置			
		救急ばんそうこう	アセッツ・プロモーション・プロジェクト			
1988	活性炭繊維	日清紡テクノビークル	バイオ研究試薬・生化学材料分野	ゴルフ練習場		
	人工補助膀胱	メトン事業	人材開発分野	介護用品（車いす）		
	人工皮膚		「センチュリーテクノサービス」			
1989	人材紹介	日清紡建物	エンプラ合成・加工	総合スポーツクラブ		
	栄養ドリンク	健康食品	日清紡テンペスト	バイオ機器分野	アルミ製天井材	
	不動産賃貸（本体）	日清紡システムインテグレート	無機建材分野			
		コンフォートプロポーザル				
1990		日清紡メック				
		日清紡ウェルス				
1991	立体駐車場		バイオメディカル事業			
1992		不織布	アネックスビル			
			紛体用自動計量装置			
1993	アラミド紙	メトン樹脂大型成型品生産開始				
1994	綿100％不織布	再生紙事業	木曽川ショッピングビル			
	止血材					
1995	HD基板	カーボンプロジェクトチーム発足		ニットーボー技研	リフォーム	
		ジャスコ岡崎南店開店		牛乳仕込豆腐		
		微粒子「フラビカファイン」				
1996		アピタ名古屋南店オープン	ザモール安城			
1997				ニットーボービバレッジ設立		
				飲料生産		
1998		カラーシステム事業部		鈴鹿サティ		
		太陽電池製造装置				
1999	生分解性フィルム	アピタ島田店オープン	受託解析サービス			
2000	飼料用原料	次世代真空断熱パネル	エイジレス・ヒューマンライフ・プロジェクト	ザモール郡山		
	乳酸系樹脂	燃料電池事業部				
		イオン岡崎ショッピングセンター				
2001		オプティカル事業部		金属屋根材		
		DNAチップ				
		フジ・グラン北島ショッピングセンター				
2002		PDPフィルター生産開始				
		アピタ浜北店オープン				
2003	ハナビラタケ	健康補助食品	日清紡ヒューマンサービス			
		フレンドマート能登川店オープン				
2004		ドミー美合店オープン				
2005		新日本無線を子会社化				
		建材事業本格化				
		ベルク川越東田町店オープン				
2006			スーパーエンプラフィルム	表面硬化剤		
			電子部品材料			

第6章　成長戦略の実行過程

	ダイワボウ		フジボウ		シキボウ	オーミケンシ	
1945							
1946							
1947							
1948							
1949	オーエム製作所						
1950			柳井化学工業				
1951							
1952							
1953							
1954			富士機工				
1955							
1956							
1957							
1958						昭和運送	
1959			埼玉機工				
1960	大洋化成	合成樹脂機械加工				公正企業	
	大和ポリグラス						
		不飽和ポリエステル樹脂加工					
							1961年頃
1961			富士ケミクロス	不織布	敷島スターチ	東洋観光	
			三晃化学	樹脂二次加工	敷島カンバス	久宝寺不動産	
						日本三旺食品	
						を設立	
1962			富士レジン工業		カーペット		
1963	天王寺ボーリングセンター				敷島興産	近陽自動車教習所	
					和歌山リネンサプライ		
1964			水族館		自動車教習所		
					石油販売		
					敷島モーターサービス		
1965			新富士レジン		ガソリンスタンド		
1966	大和ゴルフセンター				エスエス・モーターサービス		
					自動車整備		
					モータープール		
1967			無水ぼう硝				
1968			豊門商事				
1969	大和霧島観光	ホテル事業	プラスチック成形事業				
1970			電子機器事業場設置				
			FRP船				
1971	霧島国際ホテル					緑化造園事業	
	ジャンボ播磨ボウル						
	観光事業部						
1972	千里ボウル		中津レッツボウル				
	益田大和ゴム		レッツ	ボウリング, 洗車			
	緑化事業課		富士運輸				
1973	人工ゲレンデ		汎用不織布（壬生川工場）		シキボウミサワホーム	ゴルフ練習場	
	大和紡興産				テニスクラブ	ミカレディ化粧品	
	ゴルフ事業						
1974			人工皮革の一貫生産				
			衛生材料				
1975	赤穂国際CC		フジボウスポーツ			圧縮固型タオル	
1976			メディカル関連事業		化成品事業	ハウジング事業	
			宝永開発			園芸事業	
1977	ダイワエンジニアリング						
	出雲加工材						
1978	ソーラー産業	食品					
1979							
1980					マーメイドスポーツ	ゴルフ場	
1981			マイクロモーター組立			富士宮工場・プリント基板組立加工	
			レッツ興産			彦根工場・テレビ部品の組立	
1982	ダイワボウ情報システム		マイクロモータ組立事業			富士宮工場・液晶表示板の加工	
	NBF 熱融着繊維						
1983			塗装事業			大垣工場・プリント基板の加工	
						富士宮オーミ建設	
1984			フッソ繊維・精製事業		シキシマサービス	健康食品販売	
			エンプラ成形事業				
			フジボウ化成				

155

第Ⅱ部　脱成熟化プロセスの特徴

年				
1985		ステンレス繊維		労働者派遣事業
1986		不織布		不織布
1987		エンプラ製の押し出し板		
		イベントホール	シキボウ開発（不動産開発）	電子事業部
			シキボウファイナンス	システム設計・ソフトウェア開発事業
			シキボウリビング	
1988	ジャパンリネンサービス		シキボウライフシステム	
1989	ダイワボウクリエイト		機能性食品	
	ダイワボウファイナンス		紙幣識別機	
	ダイワボウ・ヒューマン・クリエイト		シキボウフーズ	
	ダイワボウソフトウェア		蛍光表示管ランプ	
1990	ダイワボウホームズ		セラミクス／小田陶器	
	超極細繊維の不織布		診断薬	
			ゴルフ練習場	
			大和機械製作所を買収	
			シナトクを買収	プリント配線基盤
			食品添加物販売（シキボウフーズ）	
1991	八代クック	植物活力剤	エックスボックス・リサーチ	
	スパンレース不織布	レッツ・トヨハマゴルフセンター		
	電子機器事業			
1992	大和ゴム吸収合併			
	サーマルボンド不織布			
1993	ディーアイエス情報機器販売	キトサンビーズ	姫路ショッピングセンター	
1994			繊維強化コンクリート材料	中津川工場跡地をユニーに賃貸
1995		フジボウ電子		
1996	プラスティック・メッシュベルト	キトポリ倶楽部	輸入住宅事業	
1997			「シキボウフレンディ」設立	
			在宅介護用品	
1998		研磨材事業		
1999				
2000			高知ショッピングセンター	
2001				スキンケアブランド「エナリー」事業部
				富士宮工場跡地をイオンに賃貸
2002				
2003				
2004				
2005				彦根工場跡地をカインズに賃貸
2006			航空材料部新設	

下志向は強くなってきているが，これらの取り組みも継続的であったとは言い難い。

「……紡績各社が，自ら繊維完製品の生産，販売に乗りだしたのは昭和20年代も後半に入ってのことであるが……」（『敷島紡績七五年史』1968），二次製品の強化を，企業の生き残りの重要な手段として取り組まざるを得なくなったのは1990年代以降である。90年代にはいって合繊メーカーの新素材開発は「それまでの素材開発重視の発想，視点が通用しなくなり，メーカー，アパレル，加工工場，織物工場が垂直統合的な取り組みで一緒に考え，素材開発に反映させることが当たり前となっている」（『日経産業新聞』1994年4月13日）。しかし，この間の各社の取り組みは，継続的なものではなかった。

尾原蓉子旭化成繊維営業推進総部ゼネラルマネジャーは「……素材メーカーの市場に対する影響力も大きかった。しかし，オイルショック後の低成長下で各社のマーケティングへの取り組みは後退した。……」と述べている（『日経

産業新聞』1989年8月11日)。

1990年代にはいって帝人は、紳士服チェーンのアオキインターナショナルと素材の共同開発に乗りだしているが、帝人も「70年代にもスーパーの意向をくんだ商品づくりに努めたが、結局しりすぼみに終わった」(マーケティング部の植谷英明課長、『日本経済新聞』1994年1月5日)。

東レと帝人は、1970年代に合繊100％の紳士スーツを販売したが、短期間に市場から消えていった。91年に再び両社が販売を開始した。

海外ブランドの導入に関しても、多くの企業で1960年頃から行われてきたが、成功例は少なかった。各社は90年代にはいって再びライセンス・ビジネスを積極化させている。

加工では、防しわ・防縮加工として1960年に「ニューコットン」が、65年には「パーマネントプレス」が開発され、多くの日本企業も取り組んだが、「いずれの加工も効果はあったが、実用レベルにはいま一つだった」(柳内、1994)。その後90年代になって形態安定生地が開発されブームとなった。

(2) プロセスの中断

第3章で見たように、ほとんどの企業が脱成熟化への取り組みをスタートさせた時期は、決して遅くはなかった。また、ほとんどすべての企業にとって多角化への関心は、継続的なものであった。しかし、低業績企業の多くの脱成熟化、多角化への取り組みは、断続的であった。

これに対して、脱成熟化に成功している企業の多くの多角化への取り組みは、継続的・累積的であった。このため脱成熟化に成功している企業の戦略は比較的明確である。

繊維企業の合繊への取り組みは、さまざまな理由から断念されている。多角化への取り組みが断続的なものであった理由としては、つぎのような要因を指摘することができる。脱成熟化のプロセスには、そのプロセスを中断させるような多様な要因が存在していると言えよう。

① 大規模な社会的・経済的変化や景気の循環と業績

戦争、戦後の混乱・復興期、石油危機、円高などの社会的・経済的変化、また好況と不況を繰り返すビジネスサイクル、とくに長い好況、大きな好況や深い落ち込みは、企業の業績の高低と密接に関連している。その業績は脱成熟化

第Ⅱ部　脱成熟化プロセスの特徴

図表6-5　海外進出

年	旭化成	東レ*	帝人	クラレ
1945				
1946				
1947				
1948				
1949				
1950				
1951				
1952				
1953				
1954				
1955		香港・設立		
1956				
1957				
1958				
1959				
1960				
1961	インド・設立			
1962		スリランカ・設立		
1963		タイ・設立	スリランカ・設立	
		シンガポール・設立		
		タイ・設立		
		ダンロップ・オーストラリアに資本参加		
1964		エチオピア・設立		
		タイ・設立		
		ケニア・設立		
1965		ベネズエラ・資本参加	タイ・設立	
1966	パキスタン・設立	エルサルバドル・設立	シンガポール・出資	
		ポルトガル・設立		
		台湾・設立		
1967	スリランカ・設立	台湾・設立　2社	オーストラリア・出資	
	メキシコ・設立	オーストラリア・出資	台湾・設立	
1968	台湾・設立	タイ・設立	フィリピン・設立	
1969		タイ・設立	韓国・設立	ベネズエラ・合弁・設立
		韓国・設立	台湾・出資	
		タイ・設立		
1970	ナイジェリア	インドネシア・設立	タイ・出資	
		インドネシア・設立	ナイジェリア・設立	
		インドネシア・設立	タイ・出資	
		タイ・設立	ブラジル・資本参加	
			フィリピン・出資	
			香港・設立	
1971		香港・資本参加	インドネシア・設立	香港
		香港・資本参加		
		韓国・資本参加		
		マレーシア・設立		
		シンガポール・資本参加		
		インドネシア・設立		
1972	インドネシア・設立	韓国・設立	香港・出資	
		タイ・資本参加	コスタリカ・出資	
		ブラジル・設立	タイ・設立	
		香港・設立		
		香港・設立		
		英社を買収		
1973	グアテマラ・紡績・設立	マレーシア・設立	タイ・出資	
	韓国・資本参加	インドネシア・設立	シンガポール・資本参加	
		マレーシア・設立	カナダ・出資	
		ブラジル・設立	ブラジル・出資	
		コスタリカ・設立	ブラジル・出資	
		ナイジェリア・設立	アメリカ・設立	
		インドネシア・設立	メキシコ・出資	
		香港・資本参加	インドネシア・設立	
		マレーシア・設立	韓国・設立	
1974	アイルランド・アクリル原綿・設立	マレーシア・設立		
	ブラジル・設立	マレーシア・設立		
	アイルランド・紡績・設立	アイルランド・設立		
		インドネシア・設立		
		韓国・設立		

第6章 成長戦略の実行過程

年				
		香港・資本参加		
1975		インドネシア・資本参加		
1976			スペイン・出資	
1977				
1978				
1979				
1980				
1981	アイルランド・設立・事業譲受			
1982				
1983				
1984				西独・設立・人工皮革
1985				
1986				
1987				
1988				
1989		イギリス・設立	タイ・設立 ?	
1990				
1991		タイ・設立	タイ・設立	
		インドネシア・設立	タイ・設立	
1992		インドネシア・設立		
1993			イタリア・設立	
1994	中国・設立	中国・設立	中国・設立	
1995	中国・設立	ベトナム・設立	タイ	
	中国・設立	イギリス・設立	インドネシア	
		中国・設立	中国・設立	
		中国・設立	中国・設立	
1996			タイ・設立・コード	
1997		中国・建設	米・設立	
1998			タイ・操業・スパンボンド	
1999		韓国・設立	メキシコ・経営権取得	
2000				
2001	タイ・設立			
2002	中国・設立			
2003				
2004				
2005		中国・設立		
2006		中国・設立		
2007				

第Ⅱ部　脱成熟化プロセスの特徴

年	三菱レイヨン	東邦レーヨン	カネボウ	東洋紡
1945				
1946				
1947				
1948				
1949				
1950				
1951				
1952				
1953				
1954				
1955			ブラジル・設立	ブラジル・設立
1956				セイロン・設立
1957				エルサルバドル・呉羽
1958				
1959				
1960				
1961				
1962				
1963	台湾・合弁・設立			
1964			アレワ・ナイジェリア・合弁・設立	アレワ・ナイジェリア・合弁・設立
				コスタリカ・設立・呉羽
1965			台湾・設立	
1966				コスタリカ・設立
				ポルトガル
1967				
			タイ・設立	
1968			インドネシア・設立	
1969		台湾・合弁・設立		
			韓国・設立	インドネシア・設立
			オーストラリア・設立	
1970	台湾・合弁・設立		台湾・設立	
			タイ・設立	
			韓国・設立	
			香港・設立	ブラジル
			ブラジル・設立	コスタリカ
			韓国・設立	シンガポール
1971	フィリピン・資本参加			
			ブラジル・設立	アメリカ・資本参加
			マレーシア・設立	ブラジル・買収
				カナダ・資本参加
1972	香港・操業		タイ・資本参加	
			タイ・資本参加	
		,		オーストラリア・操業
				コスタリカ
				インドネシア
1973	ポルトガル・設立?	ブラジル・合弁・設立	米国・設立	マレーシア・設立
	アメリカ・設立?		オーストラリア・設立	タイ・設立
	ブラジル・合弁		インドネシア・設立	アメリカ・設立
			オーストラリア・設立	ブラジル・設立
			イラン・設立	ブラジル・設立
				インドネシア・合弁
			タイ・設立	マレーシア・操業・2社
				タイ・操業
1974				カナダ・資本参加
				アメリカ・設立
1975	インドネシア・操業			

第6章　成長戦略の実行過程

年				
1976				
1977				
1978			中国・設立	
1979				マレーシア・設立
1980				
1981				
1982				
1983				
1984			中国・設立・2社	マレーシア・操業
1985				
1986			中国・設立・3社	
1987			中国・設立・6社	インドネシア・設立
1988			ブラジル・操業	中国・操業
1989			中国・設立・2社	アメリカ・操業・不織布
1990	フィリピン・操業？		インドネシア・操業	
1991			中国・設立	インドネシア・操業
1992				
1993			中国・設立	中国・設立
1994	中国・合弁・設立			タイ・操業・スパンボンド
1995		中国・合弁・操業開始設立	中国・設立	
		インド・合弁・設立		
1996				
1997				
1998				
1999				
2000				
2001				
2002				
2003	中国・設立			
2004				
2005				
2006				
2007				

第Ⅱ部　脱成熟化プロセスの特徴

	ユニチカ	日清紡*	クラボウ*	日東紡
1945				
1946				
1947				
1948				
1949				
1950				
1951				
1952				
1953				
1954				
1955				
1956				
1957			ブラジル・設立	
1958	ブラジル・設立・ニチボー			
1959				
1960		香港・合弁設立		
1961	香港・設立・大日本			
1962	タイ・設立・日レ			
	マレーシア・設立・ニチボー			
1963	ナイジェリア・合弁設立　大日本		海外紡績投資会社に参画	
	香港・設立・ニチボー			
1964				
1965				
1966				
1967	コートジボアール・設立・ニチボー			
	シンガポール・設立・ニチボー			
1968			タイ・合弁・設立	
1969	台湾・設立・ニチボー			
1970			インドネシア・出資	
1971	インドネシア・設立		インドネシア・技術指導	
1972		ブラジル・設立	ブラジル・設立	
1973	コートジボアール・設立			
	香港・設立			
1974	アメリカ・設立		インドネシア・設立	
	ナイジェリア・設立			
1975				
1976				
1977				
1978				
1979				
1980				
1981				
1982				
1983				
1984				

162

第6章　成長戦略の実行過程

年	列1	列2	列3	列4
1985				
1986				
1987				
1988	中国・設立	アメリカ・設立		中国・合弁・設立
1989	イタリア・設立		タイ・設立	
			スコットランド	
1990				台湾・合弁・操業
1991	フランス・設立			中国・合弁・操業開始
1992	インドネシア・操業		中国・資本参加	
			中国・設立	
1993		インドネシア・合弁設立	中国・設立	
1994			インドネシア・設立	
1995	インド・操業・技術指導	中国・合弁・操業開始	タイ・設立	中国・設立
	中国・操業・2社	中国・合弁・操業開始		
		中国・合弁・操業開始		
1996		中国・設立		マカオ・設立
		中国・設立	香港・設立	
1997		中国・設立		
1998	タイ・合弁・不織布・操業	インドネシア・設立		
1999				
2000				
2001		中国・資本参加		
2002	中国・設立	中国・合弁設立　2社		マカオ・発足
		インド・合弁設立		
2003				
2004				
2005				
2006			ブラジル・発足	
			中国・設立	
2007				

163

第Ⅱ部 脱成熟化プロセスの特徴

年	ダイワボウ	フジボウ	シキボウ	オーミケンシ
1945				
1946				
1947				
1948				
1949				
1950				
1951				
1952				
1953				
1954				
1955				
1956				
1957				
1958				
1959			オーストラリア・合弁・設立	
1960				
1961			ケニア・合弁・設立	
1962			タイ・合弁・設立	
1963	アレワ・ナイジェリア・合弁・設立	エチオピア・合弁事業に参加	アレワ・ナイジェリア・合弁・設立	
		アレワ・ナイジェリア・合弁・設立		
1964			タイ・合弁・設立	
1965				
1966				
1967			台湾・合弁・設立	
1968			タイ・合弁・設立	
			タイ・合弁・設立	
1969				
1970	韓国・設立	エチオピア・設立		
		エチオピア・経営参加		
1971	インドネシア・設立			
1972		タイ・資本・経営参加	インドネシア・設立	
1973	ブラジル・設立	エチオピア・設立	ブラジル・資本参加	ブラジル・設立
	ブラジル・買収			
	タイ・合弁・設立			
1974	アメリカ・合弁・設立	タイ・経営参加		
1975				
1976				
1977				
1978				アメリカ・合弁・設立
1979				
1980				
1981				
1982				
1983				
1984				
1985				
1986				
1987		タイ・設立		
1988			タイ・設立	
1989				
1990	インドネシア・設立			
	インドネシア・設立			
1991		タイ・設立		
1992	インドネシア・設立		タイ・操業	
1993		タイ・合弁・操業開始	香港・設立	
1994	中国・設立		インドネシア・操業	
1995			タイ・資本参加	
			中国・設立	
			中国・設立	
1996	ベトナムで委託生産開始		中国・設立	
	中国・コート縫製事業開始		タイ・操業	
1997	中国・設立		中国・操業	
1998	インドネシア・設立			
1999	インドネシア・設立			
2000				
2001		タイ・設立		
		中国・設立		
		韓国・設立		
2002		台湾・設立		

第6章　成長戦略の実行過程

2003		香港・設立		
2004			中国・設立	
2005	中国・設立	中国・設立	中国・設立	
2006			中国・設立	中国・設立
2007			中国・設立	

図表6-6　川中・川下

	旭化成	東レ	帝人	クラレ
1945				
1946				
1947				
1948				
1949				
1950				
1951				
1952				
1953				
1954				
1955				
1956				
1957				
1958				
1959				
1960		水着発表会を開催	「帝人メンズショップ」設立	
			「フォークナー」設立	
1961		資生堂とシャーベット作戦	ホンコンシャツ発売	
1962				
1963		イブサンローランと提携		
1964		カイザーロス社と提携	ジバンシーと提携	
		企画問屋ヤック設立	「トップアートファッション」設立	
1965		マーケティングチーム結成	米ピーターパン社と提携	
1966		東レショールームを開設	仏ボロン社から技術導入	
1967		米社と提携カジュアルウエア	米社より婦人服技術導入	
		カラーシャツのキャンペーン	カラーシャツキャンペーン	
1968				
1969	繊維商品研究所			
1970	FTIセミナー　スタート	エバンビコン社と提携	ジョンワイツ社と提携　紳士服	
	仏ヤック社から技術導入		米レスリーフェイ社と提携	
	「チムニット」設立		三越・三陽商会などと提携	
	「九州旭シームレス」設立		ケネスベリーと提携	
			米カントリーミス社から婦人服技術	
			米ケイより婦人服技術導入	
1971			米女児服メーカーと提携	
			「マウントフジファッション」設立	
			米社よりスポーツウエアファッション	
1972		日本アパレルシステムサイエンス	米社よりスポーツウエアファッション	
			「ウィンクル」設立婦人服小売りチェーン	
			「エレナ産業」経営権取得	
1973	「サンレル」設立	「東レディプロモード」設立	「帝人ワオ」設立	
	「旭サンヨー」設立	「東レテキスタイル」設立	「ブレイゾン」設立	
	「旭化成日比谷ショップ」設立	「インターモード」設立		
1974				
1975	「旭化成テキスタイル」設立			
1976	「ヌーヌー」設立			
1977				
1978				
1979				
1980				「ケイジェイエル」設立
1981	アパレル進出計画発表			
1982				
1983		ヘリーハンセン社と技術提携	YMCAブランド導入	
		西武流通グループと提携		
		「エクセーヌプラザ青山」設立		
1984		「サンリッチモード」設立		
1985				製品事業に本格的に進出
1986		「東レインターナショナル」設立		

第Ⅱ部　脱成熟化プロセスの特徴

年				
1987				
1988				
1989			「帝人アソシア」設立	
1990		ファッション部門設立		クラレファミリーシステム強化
1991				
1992				
1993				
1994				
1995				
1996		クラボウとカジュアル衣料共同開発		
1997		「ペニーブラックマレーラジャパン」		
		仏「カルバン」マスターブランド獲得		
1998				
1999		「マルベリー」マスターライセンス	「テイジンエヴォルト」設立	
			「トラサルディ」	
2000				
2001				
2002				
2003				
2004				
2005				
2006		ユニクロと提携		
2007				

第 6 章　成長戦略の実行過程

	三菱レイヨン	東邦レーヨン	カネボウ	東洋紡
1945				
1946				
1947				
1948				
1949				
1950				アンテナショップ「東洋紡レスポワール」
1951				
1952			サンフォライズ生産開始	ダイヤシャツ市販開始
				サンフォライズ技術導入
				エバーグレーズ技術導入
1953			エバーセット生産開始	
1954			「ベルファッション」設立	
1955				
1956				
1957				製品部発足
1958				
1959				
1960				
1961		「東邦セールス」発足	「ジャパンデザインサービス」設立	「デザイニングセンター」設置
1962			二次製品総部設置	
1963				
1964			ディオールと製造販売契約締結	米リリー社から技術導入
1965				マンシングウエアとライセンス契約
				「東洋紡ダイヤシャツ」設立
1966			「カネボウ海外提携品販売」設立	
1967				
1968	「レリアン」設立			
1969				
1970			カネボウファッションフェスティバル	ファッションセンター設置
			「ベルアールテキスタイル」設立	
			「ベルエイシー」設立	
			「カネボウエレガンス」設立	
1971				米ラングラー社から技術導入
				「ラングラージャパン」設立
1972	「エポホームソーイング」設立		「ショップエンドショップ」設立	「エポホームソーイング」設立
1973	「カルティエ」設立			「カルティエ」「サントミック」設立
	「サントミック」設立			「トーマス」発足
1974				
1975			「カネボウ繊維販売」設立	「東洋紡ＦＰＩ」設立
			「カネボウブティック」設立	「東洋紡テキスタイル」設立
1976			「カネボウエマ」設立	「東洋紡メンズ・ファブリック」
1977				
1978			「カネボウファッション研究所」設立	「東洋紡リティル」設立
1979				
1980				
1981				仏ウンガロ氏と提携
1982		テキスタイル路線に転換		「呉羽アパレル」設立
1983			「カネボウテキスタイル」設立	
1984				「東洋紡ATI」設立
1985				
1986				
1987			フィラ導入	
1988	「ダイヤクラフト」生地商社設立			
1989			ジャクリーヌドリーブ社と提携	
			「カネボウセモア」訪問販売	

167

第Ⅱ部　脱成熟化プロセスの特徴

1990		商品開発センター設置		
1991		「トーホウアパレル」設立		
1992	「ダイヤクラフト」自社ブランド進出	カスガ染工を買収		
1993				
1994			「フィラ」アンテナ店	「東洋紡ミラクルケア」設立
1995				
1996	「ダイヤファッションプランニング」			
1997	コシノミチコとライセンス契約		仏「クロエ」ブランド生産販売	
			「カネボウ・モード・クリエイティブ」設立	
1998			仏「ランバン」導入	
1999				
2000				
2001	「三菱レイヨン・テキスタイル」			
2002				
2003				
2004				
2005				
2006				
2007				

第6章 成長戦略の実行過程

	ユニチカ	日清紡	クラボウ	日東紡
1945				
1946				
1947				
1948				
1949				
1950				
1951				
1952				
1953				
1954		サンフォライズ技術導入	サンフォライズ技術導入	
1955			フジボウワイシャツ発売	サンフォライズ生産開始
1956			テビライズ導入	この頃二次製品への進出を計画「ダンセット」発売
1957			フジボウテックス発売	
1958				
1959		「三ツ桃シャツ会」結成		オーストラリアでファッションショー
1960			ベルファスト導入	
1961		「ベスター」発売		「ベルファスト」発売
1962				
1963	製品部（大日本紡）	「東京キャプテン」設立	二次製品部新設 大和と業務提携	
1964		「ビーチブレス」開発	「クラボウショップ」スタート	
1965				「ダンヒット」
1966				
1967				
1968			カジュアル・フェア 日星社に出資	
1969	「興徳」設立・織布加工		ユニアル・フェア開催	芯地スタジオ
1970	仏ブコール社と提携 「ユニユニサークル」結成			
1971	シャツ地アドレス作戦推進			
1972	製品事業部設置			
1973	「サザン青山」「トータリア」 「ユニメイト」設立「ユニカパークシャ」 ハナエモリブラウス 縫製センター		「クラボウアパレル」設立 日星社を関係会社に ゼンロック会結成	
1974	ハナエモリトップス・生産販売本格化 大蔵屋に資本参加 仏ファッションコンサルタントと提携 「カネマツユニカ」 森英恵ハンカチ発売		イブサンローラン、アラミス マーケティング部設置	
1975	「フォームフィットジャパン」			
1976	「ユニチカテキスタイル」設立			
1977				
1978				
1979				
1980				
1981	ユニチカオルドスカシミアセーター発売			
1982				
1983			「アラミスインターナショナル」設立	
1984		東京繊維部スタート 婦人衣料課	米ホールマーク社と提携	
1985			「マークス」設立	
1986			綿合繊第2事業部	「ナフナフ」を合弁で設立
1987	「フックファッション」			
1988		文化服装学院文化祭後援		
1989		通信販売事業に参入		「日東紡プレリュード」活動本格化

第Ⅱ部　脱成熟化プロセスの特徴

1990	「スキップ」設立・子供服		仏「ボレ」ブランド導入	
	「ユニチカモード」設立		ホールマークのデザイン導入	
			「製品グループ」新設・自社企画	
1991		ＳＳ発売		
1992	ニコルと提携			縫製事業に進出
1993	「クレージュ」ブランド導入	ＳＳＰ発売		
1994	「タバスコ」ブランド導入		染色加工工場建設	
			アパレル数社と共同企画製造契約	
1995			ルート66導入	
1996			東レとカジュアル衣料共同開発	
1997				
1998				
1999				
2000		繊維事業本部発足		
2001				
2002				
2003				
2004		「ナイガイシャツ」子会社化		
		CHOYA子会社化		
2005				
2006				
2007				

第6章　成長戦略の実行過程

	ダイワボウ	フジボウ	シキボウ	オーミケンシ
1945				
1946				
1947				
1948				
1949				
1950				
1951				
1952	エバーグレーズ加工高瀬染工場		ベッドシーツ発売	
1953		サンフォライズ導入		
1954	サンフォライズ導入	マーセライズ導入	サンフォライズ発売	
1955			シキボウシャツ市販開始 シキボウカラーシーツ市販開始 業務部に特品課新設	
1956			シキボウブラウス発売	
1957				
1958		二次製品進出「特殊製品課」新設	二次製品課新設	
1959		テビライズ導入	シキボウテトロンブラウス発売	
1960		富士紡二次製品卸連盟		
1961	「ブドー・ムウムウ」発売		バンケア製品発売 二次製品課を製品課と改称 「マーメイド・ショップ」開設	
1962	営業第3部新設・製品課宣伝課			二次製品部門に進出　二次製品課
1963	福助足袋を系列化	テベクセル導入	「敷繊」に資本参加	ハイオーミ製品販売開始
1964		「富士製版」設立		「ミカレディ」で婦人服に進出
1965		「片倉富士紡ローソン」設立	「敷島シレーヌ」設立	
1966			「敷幸」設立 「泰和メリヤス工業」に資本参加	
1967				
1968				ジョナサン・ローガン社と技術提携
1969				「ミカレディ」設立
1970				
1971	仏サファット社	「ゲイタッグス」「スキャッティ」導入	「テックス」設立	「ミカマリア」設立
1972	米ヘインズ社と提携	「フジボウデザインセンター」開設		
		「リートレビノ」「ラインアルター」		
1973	ピーターメイトプリントシャツ	「レスリーフェイ」導入		
	ラブソーラータオル販売開始			
1974		アンテナショップ「モンファ」オープン		
1975		製品事業本格スタート		「ドレスコ」設立
		「フジボウアパレル」設立		「サンドライ」「キャメリアン」設立
		「フジボウスポーツ」設立		
1976		「BVD」使用権獲得		
1977	「ギラロッシュ」タオル製品販売開始		「シキボウアパレル」設立	
1978	「菅谷」資本参加・子会社化	「メジャーリーグ」「セサミストリート」	「東京マーメイドニット」設立	
		「フジボウアパレル」設立		
1979		「ドラえもん」		
1980	「製品部」新設			ライセンス・タオル販売開始
1981				
1982	「ダイワボウアパレル」設立			
1983	「ダイワボウテリー」設立	「ニックニック」		
1984		「メダリオン」設立		
		「タイトリスト」		
1985				
1986			「ケンブリッジ」設立	
1987	直営店「ディビント」営業開始	「OYC」	「マーメイド岐阜」設立	
			「ダイジェストアパレル」設立	
1988	ミラクルドライタオル発売		「ジバンシィ」ワイシャツ販売	
1989			「カプセルコンポーゼ」発売	
1990	「菅谷アウター」	「バレンチノガラヴァーニ」	「ジバンシィ」下着など契約	
1991	Tシャツ製品開発販売開始		松下弘幸とキャラクター契約	
1992			米イラストレーターと契約	
1993	「ダイワボウテックス」「菅谷」			
1994				
1995		Jプレスブランド発売	「チェントヴィアーレ」設立婦人服製造販売	
1996			「ぞうのパパール」ブランド導入	
1997				
1998				
1999				
2000				
2001	ハンテンブランド製造販売			

第Ⅱ部　脱成熟化プロセスの特徴

	ライセンスビジネス開始				
2002					
2003					
2004					
2005					
2006					
2007					

の必要性の認識に関連している。

　高度経済成長期，各社の業績は好調を続けた。「造れば売れる」「新しいことをしなくてもやっていける」時期には，リスクを冒して新しい事業に取り組む必要性は強くない。

　成熟の認識過程においてビジネスサイクルは大きな影響を及ぼしていた。しかしその後の脱成熟化のプロセスにおいても，景気の循環は企業のアクションに強い影響を及ぼしている。

　ビジネスサイクルや業績と革新との関係は一様ではない。業績の悪化は企業の革新を促進することもあるが，中断させることもある。しかし，新しい事業は，好況，不況のいずれの場合でも，脆弱な存在であることが少なくない。不況の場合，新規事業の必要性は高まるが，本業の立て直しの緊急性がそれを上回る。好況の場合は，新規事業に対する関心は急激に低下する。新規事業は，次の好況までのつなぎ的な存在であることが少なくない。多角化など，新しい取り組みに対する考えが消極的，実験的，不安定であった場合は，とくにこのような状況に陥る。朝鮮戦争によるブーム時，各社の合繊への関心は低下した。

　第二次世界大戦，そしてその敗戦は，合繊の研究開発にも大きな影響を及ぼした。戦前から合繊の研究開発に取り組んでいた企業の多くは，戦時中，研究を中断させ，戦後も，本業の復興を最優先して，合繊への取り組みを中断，延期，あるいは断念させてしまった。

　東レは，すでに1960年頃から，いずれ迎えるであろう合繊の成熟化による将来への危機感から，いろいろな新規企画を立てていた。そして，いくつかの開発を既存の事業部門のなかの一部署に担当させた。しかし，既存部門内では既存事業から距離があり利益を生まない新規企画は重視されず，全部失敗してしまった。ライフサイクルの波動，大量の遊休資源の存在も，景気の回復と相まって，脱成熟化の必要性の認識を減じる。

　日清紡でも各研究所が工場に属していた時期は，研究の果実は出てこなかっ

た。事業部はどうしても目先の利を追いがちになる。「本当の意味の研究開発は，昭和40年代で一度途切れた」と感じている研究者は少なくない（綱淵，1989）。加藤常務は次のように述べている「理由は不景気になると本業に集中し，新分野から退く，好況でまた投資するのくり返しだったのではないか」（綱淵，1989）。

　東レは，1965年の初めての合繊不況時，業績が大幅に悪化した。このとき基礎研究所では予算の削減やテーマの大幅な見直しを行った。設立時に目指したノーベル賞級の研究から事業化に結びつく研究への転換が図られた。このときの様子を伊藤昌壽会長は，次のように述べている。

　「東京オリンピックの翌年までは順調だったのが，急に大不況に陥った。東レでもそれまでの積極投資が裏目に出て資金繰りが悪化。もう都銀は融資してくれず，地銀にまで資金調達に奔走した」（日刊工業新聞社，1995）

　二次製品についても同様であった。「相場の低迷が続くと，二次製品への進出は増えたが，この分野は従来の繊維工業とは異質な分野のため，大企業でもなかなか成功せず，そのうち相場が回復すると熱意を失って後退するが，相場が悪化すると再開するというくりかえしであった」（中込，1977）。

　海外進出・新事業開発では，石油危機後，多くの企業が計画を中止したり凍結したりした。すでに進出していた新事業，海外拠点から撤退した。このとき海外展開を中断させてしまった要因としては，輸出代替的な海外進出であったこと，経験から学ぶのに時間が必要であったこと，それゆえまだ基盤を確立できていなかったことなども理由として考えられるが，石油危機で打撃を受けた国内の繊維事業の再建が喫緊の課題となり，最優先せざるを得なかったことが大きい。

　ユニチカの海外事業は，昭和「48年の好況時には各種の新事業の展開を図ったが，その後は63年にイタリアと香港に合弁会社を設立するまでの間，新会社の設立は全くなく，既存会社の撤収・統廃合のみが行われた」（『100年の歩み』1989）。

　経営計画にも景気と業績は大きな影響を及ぼす。旭化成は，1991年の宮崎会長の急逝後，「総合」経営を捨て経営資源をコア事業に集中させた。収益悪化が顕著な事業は新旧を問わず再評価し，見込みのないものからは撤収した。宮崎イズムと決別した。しかし，収益改善の兆候があらわれると"縮小均衡"と

の批判が内外から噴出した。これを受けて95年度中期経営計画では，大きく飛躍する夢のある10年後のビジョンが策定された（山本，2003）。

技術的な制約も取り組みの断続性と関わっている。防縮・防皺加工や合繊の加工の技術は，連続的に発展してきたのではなかった。形態安定素材や新合繊は，長い時間積み上げられてきたさまざまな技術の集大成として登場したが，それらの技術は散発的な発展を経てきている。

② 再活性化・多角化の難しさ（失敗）

多角化をはじめ新しい取り組みは，リスクの高いアクションである。それは脱成熟化の過程に見られる失敗の多さがそれを物語っている。多額の投資を行ってきた新事業が失敗した場合，企業全体への影響も小さくない。失敗の影響が大きい場合，企業は当分の間，新しい事業への取り組みの断念を余儀なくされる。新事業への取り組みの中断は，実験的な新事業がうまくいかなかった場合にも見られる。多角化の成果，本業の再活性化への高い期待と期待外れが，過剰学習をもたらす。

川下志向も繊維各社にとって継続的な課題である。その一環として流通の系列化を図ったが，うまくいかなかった。「流通系列が成功しなかったのは，業者がばく大な数にのぼり，参加企業もあつかい品の一部で，系列に参加しても独占は保証されず，ほとんどメリットがないため」（中込，1977）であった。

少品種大量生産を得意としてきた日本の繊維企業にとって，二次製品，とくに女性用衣料は，多品種少量生産への対応が求められる上に流行に敏感でファッション性が高いため，収益部門として育成することはむずかしかった。

海外進出では，制度や文化の違いだけではなく，政治体制の違いに対応できず撤退を余儀なくされたケースは少なくなかった。突然にゲームのルールが変更されることがある。繊維企業は，東南アジア諸国における関税政策や韓国における民族資本化など自国産業育成政策や外資優遇政策での大きな転換に直面した。

1970年頃から東レの海外事業の核となってきたTAL事業は，当時主流であった輸入代替型の海外進出ではなく，「最終目標はあくまで欧米の先進国マーケットにおいていた」（向川，1998）。しかし期待外れに終わった。安くても自社の限られた生産品種では欧米市場は受け入れてくれなかった。『週刊東洋経済』1998年9月5日号には「このとき，さらに川下のアパレルまで手が

け，欧米に販売しようとしたが，在庫問題で大失敗したため，いまも東レが簡単にファッションアパレル事業に手を出さない教訓となっている」と記されている。

■事例：シキボウ　財テクの失敗

　シキボウは1992年3月期に，87年に設立した金融子会社である「シキボウファイナンス」「シキボウファイナンス東京」を清算して，135億円にものぼる損失を計上した。これによって最終損益も赤字に転落した。資金繰りの悪化で長短借入金はこの期に170億円も膨らんだ。飛谷高照常務は「M&Aを含めた拡大路線を進めるつもりであったが，資金面の制約がきつい」と述べている（『日本経済新聞』1992年6月12日）。これら金融子会社の経営破綻は，親会社であるシキボウの中・長期ビジョンを根本から揺さぶることになった。

　シキボウは石油危機以降，無配と復配を繰り返していた。1980年代後半，多角化に積極的になる。86年7月に就任した山内新社長は「繊維だけに頼っていては経営の先行きが読めない。市況に左右されない経営体質を築きたい」（『日経ビジネス』1991年6月17日号）として，「シキボウ総資本の見直し」を標榜し，多角化を最優先課題とした中期計画「ホップ100」の実行をすすめた。89年以降，遊休不動産の活用をはじめ積極的に多角化に取り組んだ。M&Aや提携もすすめた。

　1990年には，最終年度の93年3月期に売上高900億円，経常利益20億円を目指す3カ年計画をすすめていた。この計画は非繊維比率を大幅に急拡大させるという内容で，89年3月期に約2％にすぎなかった比率を93年3月期に30％にすることを目指した。しかし，この財テクの失敗の後始末で膨らむ借入金の金利負担と本体に残る特金の処分損で，93年3月期の経常損益は赤字が続く見通しとなり，翌期以降の新たな計画の見直しを迫られた。結局，95年3月期に売上高910億円，経常利益30億円を目標とする控えめな計画に落ち着いた。

　財テクの失敗は，新規事業の芽もつぶしてしまった。若者向けブランド雑貨と健康関連商品「マーメイドウェルネス」を販売する子会社2社を1992年3月に整理した。採算が合うまで時間がかかるとの判断からである。

　シキボウは，綿糸の比重が高く，業績は綿糸の市況に左右されやすい。このため，業績を安定させるため多角化を急ごうとした矢先であった。子会社の財

テク失敗は，体質改善のチャンスを先送りにしてしまったといえよう。

ダイワボウは1960年代から70年代にかけて，観光事業などに100億円近い投資を行った。しかしこれによる借入金の増大と支払い利息の増加は，石油危機後の長期低迷の原因となった。70年度の年間売上高は約540億円であった。観光事業や海外事業は，中断を余儀なくされた。

帝人では，1970年代に展開してきた大屋社長時代の多角化事業のほとんどが，期待通りの成果を上げることができなかった。それらの多くの不採算事業を80年代に整理していったが，このとき「帝人は"撤退の帝人"という有り難くないキャッチフレーズを頂いた」(中尾益朗副社長『日経ビジネス』1985年11月11日号)。帝人の80年代は体質の改善を優先せざるを得ない「臥薪嘗胆」の10年であった。

③ 消極的・実験的態度

取り組もうとするアクションが，初めての試みである場合，リスクが小さくないと思われる場合，あるいは必要性がそれほど高くないと認識されている場合，組織は消極的な，あるいは実験的な対応をしがちである。消極的な態度ですすめた場合，新事業が失敗による撤退を避けることができても，インパクトが小さい場合，あるいは景気の動向次第で容易に企業の関心が，本業に向いてしまうこともある。

企業に多くのスラックがある場合や強い本業意識が強い場合，「急ぐ必要はない」「いつでもできる」と，危機感が小さく，新しい取り組みに前向きになりにくい。前向きではなく，引きずられた海外展開やリスクを避けるための子会社で行う新規事業は，インパクトが小さく，推進力とはなりにくい。業績の悪化を経験した後は，組織はエネルギーの大量投入を必要とするような取り組みには消極的になる。

昭和30年代（1955-）の紡績企業各社の川下展開は，自社の糸や織物の消化を目的として，二次メーカーに接近した。このためほとんどの取り組みは成功しなかった。合繊企業も初期の川下展開も同様であった。戦後の合繊メーカーの営業展開は，加工度を高めて末端の市場に近づいてきたが，三菱レイヨンの田口栄一常務（当時）は「売れないから引きずられてそうなっただけ」と厳しい分析を行っている（『日経産業新聞』1990年7月25日）。

東レの伊藤昌壽社長も，昭和40年代にすすめた川下戦略は挫折しましたが

……との質問を受けて「着実に続けておけばよかったのに，やめてしまった。糸売りだけでもうかっていた時代なので，なにもケガするようなことに手を出さなくてもという気持ちがありましたね。しかし，今は糸売りではもうけられない時代ですから，どうしても企画力が必要になっているのです」(『週刊東洋経済』昭和56年6月6日号) と述べている。

多角化に関しても，繊維事業がまだ成長力をもっていた時期には「そんなことしなくても繊維でやっていける」という姿勢が強かった。このような雰囲気のなかでは，新規事業に取り組んでも長続きさせることはむずかしい。

石油危機前の高度成長とブームでは，事業の可能性について十分な検討をしないまま進出してしまった企業も少なくない。三菱レイヨンの金沢会長は，「新規分野へ進出するといっても，真剣な検討や準備もせず，安易にウナギやスッポンの養殖などに手を広げ，その結果，当然のことに概ね失敗に終わった」(日経ビジネス編，1988) と述べている。

ダイワボウ，フジボウ，シキボウ，オーミケンシの各社は，子会社を通じて新事業に進出した。それは「……当社もこれらの新規部門は，当時流行の事業部制を採用することなく，経営の危険分散などを考慮して別会社の形態をとった」(『大和紡績30年史』1971)。これらの企業と対照的なのが日清紡とクラボウである。クラボウはウレタン事業を社内で行った。それは「成長経済下の紡績企業にあっては，新規事業の業績を，直ちに本体の成長に反映したい事情からでもあった」(『倉敷紡績百年史』1988)。リスクを避けるために子会社で行う事業化や加工中心の新事業では，さらなる多角化のテコになりにくい。

海外展開でも，もっとも積極的に海外拠点をつくってきた企業のひとつである東レにおいても，1980年代半ば頃までは，その展開の基本的な性格は，防衛的・消極的・後ろ向きであった。海外進出の主たる目的は，輸出国の輸入規制への対応策の域を大きく超えるものではなかったといえよう。70年頃にはグローバルなネットワークづくりを志向する動きが見られたが，この構想はうまくいかなかった。国際的なアパレル戦略の行き詰まりに加え石油危機の影響も大きく受けて，長期にわたる海外事業の再建・再編を余儀なくされた。経営会議は総撤退の方針を打ち出している。東レにおいて80年代前半までの海外展開は，戦略のなかで重要な位置づけはなされていなかったように見える (山路，1997)。このような消極的な姿勢から抜け出すことのできない状況では，予期

せぬ問題に直面した場合，取り組みの継続はむずかしい。

④　トラブル，組織的問題

新事業は，その新事業とは直接には関わりのないような諸要因によって，中断を余儀なくされることも少なくない。オーミケンシでは労働争議が，ユニチカでは合併後の労使の対立が一定の期間，組織のエネルギーを内向きにさせ，新事業への取り組みを中断させてしまった。

■事例：オーミケンシのケース

オーミケンシは，戦後1947年2月にGHQが打ち出した「綿紡績生産能力に関する覚え書き」により，設備総枠400万錘の復元を許可した際に，1万錘の枠を得て綿紡績事業に新たに参入した「新紡」であった。以後飛躍的に規模を拡大させ，50年4月期までの5年間に，売上高は7.1倍にも増大した。同時期の10大紡は同1.5倍にすぎない。

こうしてオーミケンシは，1950年代前半には「綿紡・スフ紡で先進十社の域に達するにおよび，夏川嘉久次社長の意図は原料面の拡充や化合繊繊維への進出に向けられるにいたった」（藤川，1967）。そしてスフ綿の新工場の建設を中心とした壮大な長期計画をすすめようとしていた。これは1期から5期計画まであり，2期からは人絹にも進出，そして5期計画には合成繊維の事業化も織り込まれていた（藤川，1967）。

しかしちょうどその頃，労働争議が発生した。スフ進出のためにレーヨン・コンサルタンツ社との間で技術導入契約に関する正式調印を行ったのが，1954年の2月であった。労働争議は54年6月に起こり，それは9月まで，106日間にも及んだ。争議の原因は「強引な個人企業的経営方式が従業員の反発を」買ったことにあるといわれる。中央労働委員会の斡旋でようやく収拾をみた。しかし，労働組合の分裂，工場の休止・閉鎖，トップのめまぐるしい交替，銀行団からの融資停止などによって，長期計画はしばらくとん挫した。生産能率も極度に低下した。労働争議がようやく解決した後も，企業の再建にかなりの時間とエネルギーを費やさなければならなかったのである。

加古川スフ工場の建設もしばらくはとん挫した状態となった。1955年8月にようやく工場の建設に着手したが，結局合繊への進出計画は実行に移されることはなかった。

■事例：ユニチカのケース

　ユニチカは，国際競争力のある総合繊維会社になることを目指して，1969年10月にニチボーと日本レイヨンが合併して誕生した。両社は，大正15年（1926年）にレーヨンの事業化を目的に大日本紡績（ニチボー）が日本レイヨン（日レ）を設立した関係にあった。両社はルーツが同じであるだけでなく，事業内容も紡績と素材という補完関係にあった。

　ユニチカは，合併当初から「脱繊維化」を企業の目標として掲げた。新会社の初代社長に就任した坂口二郎日レ社長は「今後のわが社の課題は脱繊維化の推進だ」（『日本経済新聞』1970年1月1日）として，住宅，ガラス繊維など5つの部からなる新規事業部門を発足させ，脱繊維化を目指した。

　しかし，合併に伴う組織の融和に手間取ってしまった。また，その間にニクソン・ショックや石油危機など環境の大きな変化に直面して業績が大幅に悪化した。1977年には無配に転落し，以後無配は12期も続いた。ユニチカは，リスクの高い新事業にチャレンジすることがむずかしい状況に陥ってしまった。

　ユニチカは合併後，大幅な機構改革をめぐる労使交渉の過程で生じた労使の対立や労労間の牽制，それらに伴う内部の不統一などの混乱によって社内の融和がすすまなかった。社長の交替も行われた。

　合併後の新役員人事と機構改革についての会社側提案に対して，旧ニチボー労組は，会長・社長の退陣を要求した。それは，(1)部長以上人事にみる対等原則の無視(2)組合軽視が理由であった（『週刊東洋経済』昭和45年4月11日号）。これがその後の混乱の発端となった。その結果，合理化もなかなかすすまなかった。合併効果を上げ得ない状態が続いている間に，石油危機とその後の不況に直面してしまったのである。1977年度までの4年間に約600億円もの経常損失を計上した。このような状況下では，合併以来目標のひとつとしてきた脱繊維についても，リスキーな新事業に積極的には取り組めなかったため，大きな成果は得られなかった。

　岩田雄二常務は，「非繊維拡充の芽は多いのだが，繊維が大幅な出血を強いられているので，リスキーな事業に踏み込めるだけの余裕はない」（『週刊東洋経済』昭和50年6月7日）と述べている。

⑤　競合問題，成長機会と「注意の焦点」「経営者用役」

　戦後の繊維業界では，企業の長期的な成長の方向を左右するような重大な問

題が，次から次へと生じてきていた。繊維企業は，主力事業である繊維事業でさまざまな成長機会と重大な問題に直面していた。主力事業の成長力が鈍化するようになると，それまでは成長の陰に隠されていた「七難」がつぎつぎと重要な課題として繊維企業の目のまえに現われてきたといえるかもしれない。

紡績企業では，戦後まず設備の復興と拡張とが問題となった。続いて過剰設備と操業短縮が，合成繊維の登場と急成長が，また産業構造の高度化とともに困難となってきた従業員の確保が，後進国の台頭と貿易摩擦などが，そして多角化が問題となった。設備の合理化・近代化，合繊の企業化，国際化，他産業との競合，多角化という問題への対応が迫られたのである。また，ファッション産業の成長などへの対応も必要とされた。そのプロセスでは合併等の業界再編も行われた。石油危機や円高などへの対応も重要問題であった。

組織のこれらの構造問題への対応は，同時並行的であるより逐次的になりがちである（Cyert & March, 1963）。このような対応をとる傾向があるのは，組織がある時点で利用できる経営資源，情報処理能力，あるいは経営者用役などが限られているからである。

繊維企業の戦後の最大問題は，他の産業と同様，復興であった。戦争による設備の喪失は極めて大きかった[3]。このため多くの繊維企業はその復興に専念することになった。

「主要繊維設備能力について，戦前最大時と終戦直後を比較すると，綿スフ紡，人絹糸，そ毛糸などは約80％の設備を失い，他の設備もおおむね戦前の3～4割程度にまで縮小した」（『百年史東洋紡』1986）

戦時中からすすめてきた合繊の研究や開発も多くの企業で中断された。カネボウは，合繊への取り組みがもっとも早かった企業のひとつである。1941年にはビニロンの中間プラントを建設している。しかし戦後は，紡績の復興を最優先することにしたため，化繊部門を分離し，合繊の事業化も中止した。55年にはカネビヤン（ビニロン）の生産を中止している。「ここで鐘紡の合繊事業化の灯は一時中断することになった」（『鐘紡百年史』1988）。のちに3大合繊すべてに進出することになるが，カネボウの合繊への取り組みは，大きく遅れてしまった。東洋紡も戦後，それまでの合繊研究で高いレベルの技術をもっていた合繊研究者を子会社に移籍させ，復興に専念した。

企業の成長に責任をもつトップ・マネジメントにとって注意の焦点は，希少

資源である。また，一度に多くの戦略的問題に対応することは組織の力を分散化させてしまう。集中と選択の決断や優先順位の決定を迫られる。また，トップ・マネジメントの注意の焦点とエネルギーは，これら繊維事業における重大問題に向けられた。

東洋紡は他社が多角化に取り組み始めていた1960年代，紡績事業の近代化投資など他の問題への対応の重要性を認識していたが，経営資源の制約を考慮して合繊の拡張に専念する選択を行った。

成長戦略のひとつとして合併も行われた。呉羽紡と東洋紡の合併，ニチボーと日本レイヨンの合併，東邦レーヨンと若林紡績の合併などが行われたが，これらの企業では，合併後しばらくの間は，経営者は効率化や融和など組織内部の問題に多くのエネルギーを投入せざるを得なかった。

⑥ 社会的学習

企業は，他社の経験からも学習する。合繊への取り組みでは，多くの企業が，いち早く合繊事業に進出して苦闘する東レとクラレの姿を見て進出に消極的になった。儲かるとわかると殺到するだけではなく，事業化がむずかしいことが明らかになると取り組みを中断させる。実験的に取り組んでいる企業は，儲からなくなると容易に撤退していくだけではなく，他社の動きにも影響を受けやすい。新事業への参入だけではなく，中断・撤退にも「群れ現象」が見られる。

⑦ トップの交替

トップの交替は，企業の成長軌道に何らかの影響を及ぼす。ときには成長軌道，成長方向を大きく変えるような戦略の転換を伴うことがある。「イズム」からの脱却は，容易なことではない。退任後でも影響力を及ぼし続けることもある。しかし，トップの交替は，それまでの方針を中断させることもある。もちろん環境の変化と業績の変動がこの社長の交替の背景にあることは少なくない。

カネボウは，第二次世界大戦が終了するまでは，極めて積極的に多角化をすすめてきた。しかし，多角化や合繊の事業化に積極的であった津田信吾社長（昭和5年から昭和20年まで社長）は，戦後GHQによって追放され，次に社長に就任した倉知四郎も追放された。そしてその次に社長に就任した武藤絲治は，多角化事業を整理し，カネボウを繊維企業にした。この時化学部門は鐘淵

第Ⅱ部　脱成熟化プロセスの特徴

化学を設立（1949年）してそこに移転させた。合繊にもっとも理解のあった中司清専務もこのとき鐘淵化学の社長として転出した。こうしてカネボウのビニロン企業化は事実上後退させられた（鈴木，1991）。

帝人は，積極的に多角化をすすめてきた大屋社長の急逝以後，多角化からの撤退と効率経営へと大きく舵を切った。シキボウでは，多角化を積極的にすすめてきた社長が芸能スキャンダルに巻き込まれて交替を余儀なくされた。新社長は多角化事業の取捨選択に取り組んだ。旭化成でも，「健全な赤字」の必要性を説き積極的に多角化をすすめてきた宮崎会長の死去以降は，「選択と集中」へと大きく方針を転換して，多くの事業や製品から撤退した。日清紡では積極的な多角化へと戦略の転換を進めた時期と桜田氏が死去した時期は重なっている。

注
1）　ここでは失敗を事前の期待水準に達していない場合として，広く理解している。
2）　榊原ほか（1989）によれば，3Mのベンチャーの成功率は約10％，東レのそれは約30％である。多くの調査でも，調査が行われた時期にかかわらず，その成功確率は10〜30％の範囲にある。
3）　各繊維部門の戦前最大設備と終戦直後の設備の対照表は石井・松本（1960）を参照。

第7章　成功企業

第1節　3つの成功戦略

> 11　事業の多角化に関して，3つの成功戦略が存在する。

　Porterは，競争戦略の基本戦略として，コスト・リーダーシップ，差別化，ニッチを指摘している（1980）。脱成熟化の過程でもいくつかの基本的な成功戦略を見出すことができる。実際に脱成熟化に成功した繊維企業の多くは，多くの企業が参入する分野に他社よりも早く進出するか，他社が集中的に進出している分野を避け，他の分野に進出した企業である。成功している戦略は，次の3つに分類することができる。

(1) トップ・ランナー戦略

　これは他の競争企業よりも早く製品・市場に多角化する戦略である。この戦略は，合繊やフィルムなど資本集約的な，大きな投資が必要な事業でもっとも成功している。これらはスケール・メリットの大きい分野でもあるが，このような効果が期待できる分野で有効である。

　装置産業である合繊では，東レのナイロン，東レと帝人のポリエステルがこ

図表7-1　トップ・ランナー戦略の例

東レ：ナイロン，ポリエステル，ポリエステルフィルム，衣料用人工皮革，炭素繊維
帝人：ポリエステル，ポリカーボネート樹脂，在宅医療
クラレ：ビニロン，靴用人工皮革，ポバール，エバール
三菱レイヨン：MMA樹脂，アクリル，光ファイバー
東邦レーヨン：炭素繊維
ユニチカ：ナイロンフィルム，不織布
東洋紡：ポリプロピレンフィルム，生化学
カネボウ：化粧品
旭化成：ポリスチレン，イオン交換膜，建材（軽量気泡コンクリート），人工腎臓
日東紡：ガラス繊維

の戦略の典型例である。

　旭化成のナイロンなど，後発でも成功しているケースもあり，2番手戦略にも利点は少なくない（Schnaars, 1996）。しかし後発では，特許を回避する必要があること，優良パートナーを見出すことが困難であることなど，弱点もある。繊維企業の脱成熟化の過程では，トップ・ランナー戦略が成功の鍵となっている事業は少なくない。

　また，先発や後発の定義は厳密なものではないが，大きく成功している事業は，先発のメリットだけではなく後発のメリットも利用している。東レのナイロン，東レと帝人のポリエステルの場合，国内での先発のメリットと同時に特許導入によって後発のメリットも活かしている。カネボウの化粧品事業は，資生堂に比較すると後発であり，徹底して資生堂をマネすることでそのメリットを最大限活かしているが，国内でのチェーン店網の構築では先発としてのメリットを活かしている。旭化成の住宅事業でも，軽量気泡コンクリート建材の

図表7-2　各社の合繊の売上高　　　（1995年3月期）

ナイロンの売上高		ポリエステルの売上高	
東レ	649億円・先発	東レ	1,529億円・先発
ユニチカ	262億円・先発	帝人	1,456億円・先発
帝人	160億円	東洋紡	845億円
カネボウ	157億円	クラレ	709億円
東洋紡	98億円	ユニチカ	618億円
		カネボウ	417億円
		三菱レイヨン	291億円（ポリエステル他）
		旭化成	約200億円

アクリルの売上高		ビニロンの売上高	
三菱レイヨン	431億円・先発	クラレ	238億円・先発
旭化成	237億円・先発	ユニチカ	78億円
東洋紡	225億円・先発		
東邦レーヨン	169億円		
カネボウ	143億円		
東レ	136億円		

旭化成は，合繊長繊維で約420億円

プレハブ住宅では先発のメリットを活かすとともに，住宅産業では後発のメリットを活用している。

(2) ローン・ランナー戦略

これは競争企業が興味をもたない，あるいは参入することのできない市場を追求する戦略である。ニッチ戦略に近い。

旭化成のキュプラ（ベンベルグ）のように，多くの企業が撤退するような成熟した事業に，踏みとどまることによって残存者利益を獲得する戦略も，ローン・ランナー戦略に含めることができよう。これらの市場では，独占的な地位を占めている。

クラレは「小さな池の大きな鯉になる」（松尾博人社長）戦略を追求している。競争相手の少ない市場を探り出し，技術をテコに効率よく利益を稼ぐ方針を強調している（『日本経済新聞』1997年7月28日）。

「だぼハゼ」と揶揄される旭化成も，住宅事業やエレクトロニクス事業では，この戦略を追求してきた。プレハブ住宅の市場は住宅市場全体の約20％を占めるにすぎないが，そのプレハブ市場の中でも軽量気泡コンクリートを活用した都市近郊の高級住宅をターゲットにしてきた。エレクトロニクス事業でもホール素子やカスタムＬＳＩなど，ニッチを目指した取り組みを行ってきた。

このような戦略は，小さい市場や，ユニークな技術によって独占的な地位を占めることのできる市場に参入する戦略である。

図表7-3 ローン・ランナー戦略の例

```
旭化成：キュプラ，住宅（プレハブ，首都圏，高額所得者の建て替え），エレクトロニクス
クラレ：ビニロンの原料で機能性樹脂「ポバール」，「エバール」，ＮＩＣ（ニューイソプレ
       ンケミカル），歯科材料
東洋紡：生化学・診断薬
日清紡：合成紙，通販事業
ダイワボウ：ポリプロピレン
オーミケンシ：レーヨン短繊維
```

(3) カウンター・ランナー戦略

これは競争企業の「群れ症候群」を利用する戦略である。

この典型的なケースは，合繊時代における日清紡の紡績設備への投資である。日清紡も他の多くの企業と同様に合成繊維への進出を計画していた。その

ワンステップとしてまず戦前にも経験のあるスフへ進出した。しかし合成繊維には結局進出しなかった。かわりに選択したのは「紡績の総合化」であった。あらゆる短繊維を紡績・織布・加工する方針を選択した。そして綿，化繊，合繊の紡績設備に投資していった。日清紡は，多くの企業が合繊に進出し，そのため過剰な生産が行われるようになり，「群れ症候群」が生じるであろうと考えたのである。そこで日清紡は，合繊の供給者よりむしろ合繊の購買者の立場を選択したのである。日清紡は「合繊にも限界がある。天然繊維とのバランスが一定のところにきたときがそれだ」との判断をしている。

桜田武は「日清紡が合繊に進出しなかったことについて，当時いろいろ言われたが，私はアメリカの石油化学をみて，これはどうみても勝負がついていると確信したからだ。……そのかわり，帝人からポリエステル綿をもらい，綿混にして，日清紡のマークをつけて売ることにした。この分野ならどこにも負けないし，もし帝人が原料を高くしようとすれば，いつでもデュポンやセラニーズなど，海外から安いものを輸入してやればいい」(『週刊東洋経済』昭和54年11月17日号) と述べている。

第2節　長期にわたる取り組みと事業戦略の転換

> 12　成功している事業の多くは，研究・開発をスタートしてから事業が軌道に乗り始めるまで10年前後，あるいはそれ以上の長期間を要している。
> また，成功している事業の多くは，この長期にわたるプロセスで事業戦略の転換を行っている。

(1)　新事業開発と時間

脱成熟化に成功している企業の多くに共通していることは，長期間忍耐強く新規事業を育てていかなければならなかったことである。取り組んでいるさまざまなプロジェクトのなかで，収益を上げ，累積損失を解消するものが現われ，経営資源を集中的に投入することのできる分野を見出すまでには，かなり長い失敗を伴うような試行錯誤的な学習を必要とした。

成功している事業の多くは，研究をスタートさせてから事業が軌道に乗り始

めるまでに10年前後，あるいはそれ以上の長期間を要している。このため，資源供給余力が，プロジェクト継続の決定の鍵となる。脱成熟化の取り組みに遅れた企業にとってはむずかしい。

旭化成は多角化に成功した企業と評価されているが，宮崎社長（当時）は次のように述べている。

「私はこれまで様々な事業を手がけてきたが，スタート当初から黒字だったのは，先に述べた旭ダウのスタイロンと，このアクリロニトリル・モノマーだけである」（日本経済新聞社編，1992）

多くの企業が新規事業を軌道に乗せるのに長期を要していることを考えると，新しい事業の開発におけるスピードアップには限界があるのかもしれない。振り返って見ると，無駄と思われるプロセスやスピードアップできた諸要因を多く見出すことができるかもしれない。しかし，成功した事業の多くがかなりの時間を，試行錯誤を通じたその開発に要しているということは，不完全な合理性しかもたない人間，組織にとって，技術や市場の不確実性の高い新しい事業を行うには，どうしても必要とされる一定の時間というものがあることを示唆している。理解するための学習には，かなりの時間が不可欠であるのかもしれない。振り返って見ると無駄・遠回りであったと思われる時間も少なくないかもしれない。

企業の多くは即効薬を求めようとしがちである。新規事業にもスピードを要求しようとする。そのような時間をも短縮させることは，かえって新事業開発の成功に対しては有害でさえあるかもしれない。

Mintzbergなど（1976）は，戦略的意思決定を暗中模索的な循環的なプロセスとして描いている。意思決定者は，このようなプロセスで「理解サイクル」を通して徐々に複雑な問題を理解していく。また，多くの科学的発見のプロセスでは，問題から距離を置く「孵化期間」，「休み」が存在することが知られている（Weisberg，1991）。

経営資源の蓄積は，試行錯誤を通して行われるが，それに要する時間としては，問題の理解に必要な時間をベースとして，

・探索の時間
・技術の開発に要する時間
・用途開発に必要な時間

第Ⅱ部　脱成熟化プロセスの特徴

図表7-4　事業開発のプロセス（例）

アイデアの創出──テーマとして検討するかどうか──アイデアの段階から実際の研究テーマにするため，判断材料の収集と予備実験を行う──正式なテーマとするかどうか──本部長によるヒアリング──正式なテーマとして研究──実際に開発するかどうか──開発──商品化するかどうか──試験・確認──量産するかどうか──量産──商品

・大量生産技術の確立に要する時間
・周辺技術の発達に要する時間
・安全確認・承認に要する時間

などが加わる。

　学習は，試行錯誤からの学習，ラーニング・バイ・ドゥーイングが主要なものとなる。予期していない問題に直面したり失敗することは，それぞれの時間に含まれる。技術的な問題だけではなく，組織プロセスの問題にも直面する。手続きに従う，承認を得る等のプロセスも必要となる。また組織における問題への取り組みは，基本的には線形的に，逐次的にすすめられることが少なくない。

　旭化成の3種の新規事業の探索には，約2年間を費やした。クラレでは，新設された中央研究所で，取り組むべきテーマについて数年間，議論を重ねた。

　アクリル繊維は1957年頃から量産が始まったが，各社の事業が軌道に乗るのは，ニットブームが起こる62年頃である。この間，各社はさまざまな用途開拓を試みた。そのなかで織物からニットへの転換がなされた。

　旭化成のサランでは，サラン繊維の衣料用展開での失敗からラップへの転換を図ったが，電気冷蔵庫が普及してラップの需要が伸びていくまでに8年もの期間を要している。

　クラレのビニロン繊維は，戦前から研究開発に取り組み，戦後，社運を賭して事業化したものの，染色や肌触りの問題を解消できず，繊維の主用途である衣料用に適さず，学生服，非衣料用に展開せざるを得なかった。それでも大きな伸びは見せなかったが，1970年頃までは成長期を維持できた。しかし73年の石油危機以後需要は急減した。このためビニロンは新用途の開拓を迫られた。

　アスベスト代替材や高強力ビニロンなどの新用途で需要の減少をカバーすることを目指した。1980年にはアスベスト代替材としての可能性が見えてきた。環境保護のために使用が規制されたアスベストに代わる製品として，欧州各国

を中心に引き合いが強くなる。アスベストは，ドイツ，スイス，イタリアなど欧州各国で使用規制の動きが相次ぎ，代わりにビニロン短繊維が屋根材などに積極的に使用されるようになった。アスベストはセメント補強材として使われていたが，ビニロンは耐アルカリ性が高く強度のある繊維である。

　クラレの安井昭夫専務は，ビニロンのアスベスト代替材用途について「30年かかってようやく本当の用途が見つかった」と述べている（繊維学会での講演，1993年9月30日）。

　クラレのビニロン繊維の中間材料であるポリビニルアルコール（ポバール）からプラスチック化のため開発された「エバール」も，「ガスバリア性」の特徴を見出しそれを活かすことができるようになるまでには，研究をスタートしてから15年以上を経過している。

　周辺技術の発達に時間を要することもある。帝人のPENフィルムは，1972年に発表したが，74年には撤退した。これは製造方法に問題があったためである。しかしその後，新しい原料の製造法が開発され，90年に再び開発をスタートさせた。

　綿の防縮，紡シワについて，満足できる製品が誕生するまでには，技術の発展，機械の導入，ノウハウの蓄積が必要であり，30年以上の期間が必要であった。

　安全性や信頼性の確認に長い時間を要する事業もある。産業用途では顧客の認定が必要である。東レの炭素繊維では，航空機に本格採用されるためには，構造材料としての耐疲労度，信頼性，安全性などのデータを充分に蓄積する必要があり，これにかなりの時間を要した。また，高機能材料を開発するためにも長期間が必要であった。帝人のアラミド繊維について長島社長は「お客様の意向に従ってつくっていきます。そうして認定が得られるのに，平均5年かかるのです」（『財界』2005年4月19日号）と述べている。旭化成の3階建て住宅の開発でも，それが開発から発売まで6年ほど必要であったのは，安全性を実証する必要があったからである。

　医薬品の開発では，さらに長期を要することが少なくない。新規物質の創製からスクリーニング，動物での前臨床試験，臨床試験，診査，承認を得るという手続きが必要で，そのためには10年から16年を要する。

第Ⅱ部　脱成熟化プロセスの特徴

図表7-5　軌道に乗るまで（or上市までなど）の期間

東レのナイロン繊維：工場稼働後3年，研究開始から約15年
東レのナイロン原料のPNC法：基礎研究から日産10トン工場完成まで約13年
クラレのビニロン繊維：量産工場稼働後6年，研究開始から約16年
旭化成・東洋紡・三菱レイヨンのアクリル繊維：約6年
フジボウの弾性繊維：「軌道に乗せるのに6年かかった」
三菱レイヨンのポリプロピレン繊維：工場稼働から約5年
ダイワボウのポリプロピレン繊維：工場稼働から6年
東レの「エクセーヌ」：靴用人工皮革の開発から約10年，エクセーヌ販売から4，5年で採算ベースに
東レの炭素繊維：基礎研究から期間損益が黒字化するまでに15年
東レのインターフェロン：研究から発売まで約15年
東レのドルナー（抗血小板薬）：研究開発に約16年
東レのセラミクス：試作工場完成から10年以上
東レのアラミドフィルム：研究開始から量産プラント稼働までに25年
「東レアイリーブ」：設立から13年半で初配当
東レのカラーフィルター：正式テーマになってから生産までに8年，生産開始から黒字化までに約10年
東レの逆浸透膜：研究開始から本格生産まで約17年
帝人の医薬：研究開始から11年で黒字
帝人のアラミド繊維：研究開始から生産まで15年，事業部設置から10年で黒字化
帝人のPENフィルム：製品発表から2年で一度撤退，その16年後に開発の再発足，71年に商品化，95年度に黒字化
旭化成のサラン：8年以上
旭化成のスエード調人工皮革：1980年に販売を開始，黒字事業となったのは90年代半ば
旭化成の住宅事業：4，5年，建材事業化からは12年
旭化成の3階建て住宅：開発開始から発売まで約6年，その約4年後にヒット
旭化成の木造住宅：計画開始から本格的進出まで約9年
旭化成の医薬：10年以上
旭化成の半導体：約11年で軌道に乗る
旭化成のイオン交換膜：研究開始から11年目に製塩技術が確立
旭化成のリチウムイオン二次電池：基礎研究着手から15年
旭化成のアラミドフィルム：事業化に16年
旭化成のポリカーボネート新製造技術：技術開発から商業生産まで約18年
東邦レーヨンの炭素繊維：研究スタートから黒字転換までに約15年
カネボウの化粧品事業：約10年
カネボウの医家向け新薬：70年開発スタート，81年「マイルス」発売
カネボウの椎茸事業：研究開始から10年で事業化，その10年後に本格的事業化
カネボウのポリアセン樹脂電池：74年頃導電性高分子の開発を手掛け，97年生産・販売
東洋紡の弾性繊維：研究開始から7，8年
東洋紡のスパンボンド：研究着手から本格的事業化まで約10年
東洋紡の不飽和ポリエステル樹脂：約7年
東洋紡の金属繊維：83年に研究開始，88年に基本技術確立
東洋紡のシルキー合繊「シノン」：探索的基礎研究から企業化発表まで約12年
東洋紡の診断薬：生化学事業で，1975年に診断薬分野に絞り込んで1985年に黒字化
東洋紡の医薬：研究開始から13年目に第一号製品を発売
東洋紡のスーパー繊維「ダイニーマ」：生産技術段階からの共同研究開始から本格生産販売開始まで約5年

東洋紡のPBO繊維「ザイロン」：91年からダウ・ケミカル社と共同開発，ダウ・ケミカル社の技術をもとに総合研究所での本格的生産開始，98年に量産開始
東洋紡の形状記憶素材：ライセンス契約から3年半で発売
日清紡の形態安定素材：SS発売までに10年
日清紡の合成紙：約10年
日清紡のABS：10年間赤字
日清紡のカラー・システム事業：90年から外販，98年に事業部
日清紡の通販事業：単年度黒字まで約12年
日清紡の高機能性樹脂素材：「カルボジライト」94年開発着手，99年試験生産，05年本格的量産
日清紡のセパレータ事業：92年燃料電池の研究開始，00年事業部設立，02年量産ラインの立ち上げ
クラボウの公害防止機器：本格的に進出して4年で黒字
クラボウのエンプラ事業：80年に参入，95年度後半までに赤字を解消できる見通しに（『日刊工業新聞』95年5月9日）
クラレの「クラリーノ」：研究開始から約7年
クラレの「エバール」：研究開始から約15年で事業化に成功
クラレのイソプレン事業：操業15年目にして事業として独り立ち
クラレのNIC（イソプレン誘導体）：イソプレンモノマーの研究開始から生産開始まで約16年
ユニチカのキレート樹脂：研究開始から約8年
ユニチカのポリアリレート樹脂：販売開始から8年後もセミコマーシャルプラント
ユニチカの人工皮膚：キチンの研究を開始してから約15年で製品化
ユニチカのアモルファス金属繊維：8年間の用途開発，90年頃盗難防止用ラベルがものになってきた
三菱レイヨンの光ファイバー：開発から通信の基本技術として脚光を浴びることになるまで約20年
日東紡のガラス繊維：本格的生産から約10年
日東紡のメディカル事業：研究開始から事業部設立まで約18年，その後約7年で黒字化
日東紡のスペシャリティケミカル事業：事業部発足から約10年で黒字安定化
フジボウの衛生材料：研究所から「新製品事業部」として分離するまで15年
フジボウの研磨材：「30年ほど前から研磨材部門に進出……当初は鳴かず飛ばず……10年前から需要が伸びました」（中野光雄社長『繊維ニュース』06年11月14日）
オーミケンシの「ミカレディ」：約6年

(2) 事業戦略の転換

　多くの企業において，新規事業を軌道に乗せるのに長期間を要することになる大きな要因のひとつは，新規事業の開発プロセスにおいて，事業戦略の転換を余儀なくされていることがある。当初の事業戦略がうまくいかない場合，多くの企業は撤退する。しかし，それまでの経験と新しい情報を元に事業戦略を転換し，新事業への取り組みを継続させている企業も少なくない。

　実際，ほとんどの成功事業は，その開発プロセスで，事業戦略の転換を行っている。環境の激変への対応から，事業の本質，自社の強み，成功の鍵を見出しているのである。これらは，事前情報・評価の不確かさを示していると同時に，事業開発のプロセスが，学習プロセスであることを意味している。事業開発のプロセスで，失敗を通して事業の成功の鍵が見出されている。

■事例：旭化成の「サランラップ」

　旭化成は，カセイソーダを製造する際に発生する塩素の有効利用法としてサラン繊維を研究していた。ダウ・ケミカル社から技術も導入，1952年に会社を設立して事業化をすすめた。しかし「サランは水に強く，化学薬品に浸されない，といった特徴はあるが，衣料用繊維としては染色性，風合いなどに弱点があった」（宮崎，1992）ため，サランの事業は，操業開始3年間で，累積赤字額は7億2000万円にのぼった。

　このため，サランの用途先を衣料用以外に求めることにした。しかし，この取り組みもなかなか有望な分野を見出すことができなかった。結局，8年間の苦闘を経て1960年にハムやソーセージなどの食品包装材として，フィルム分野に進出した。そして，折からの冷凍食品，インスタント食品の出現や電気冷蔵庫の普及などで，需要が伸び，事業はようやく収益的に安定させることができた。

■事例：旭化成の医薬事業

　旭化成の医薬事業は，1970年に本格的にスタートした。81年には医薬事業部を開設した。以来10年以上にわたって研究費を投じてきたが，なかなか有力な新薬を登場させることができなかった。研究開発は空回りしていた（『日経産業新聞』1992年1月23日）。91年3月に興和と共同開発した次世代の血栓溶解剤を発売しただけであった。このため医薬事業は低迷していた。90年における医薬品部門の売上げは135億円と小さく，約50億円もの赤字を計上している。

　医薬品事業を強化・拡大させるために1991年4月，東洋醸造と対等合併した。東洋醸造とは，59年から資本，業務提携関係にあり，89年4月には旭化成が出資比率を51％に引き上げている。この合併によって研究費は50億円から110億円へ，医薬営業員が約70人から約570人へと大幅に増えた。

　研究領域についても再考されている。宮崎会長は医薬事業について「スタートを誤った」「開発の方向をバイオテクノロジー（生命工学）の応用領域に絞り込んだのがまずかった」と述べている（『日本経済新聞』1991年4月26日）。旭化成の得意とする技術は，化成品や合繊で培った有機合成とグルタミン酸ソーダの製造で習得した発酵技術であった。

第7章　成功企業

■事例：旭化成の住宅事業

「ヘーベルハウス」の事業を展開するに当たって旭化成は，住宅事業への参入が後発であったために，また当時急成長していた市場をいち早く捉えるために，間接施工方式で全国展開を目指した。しかし，このようなやり方はうまくいかなかった。そして直接販売直接施工方式に変えるとともに，販売地域を軽く燃えにくいというヘーベルの特徴と強みを活かせる都市中心に限定する戦略に転換した。

■事例：東レの人工皮革

東レの衣料用人工皮革「エクセーヌ」は，靴用人工皮革の失敗から衣料用人工皮革へ事業戦略を転換することによって生まれた。東レは，先発のクラレを追って1967年に靴用人工皮革の生産に着手した。しかし，「先行するデュポンやクラレの基本的な特許を回避しようとすると，必然的にコストの高い，品質水準の低いものにならざるを得ない」（伊藤社長『ＷＩＬＬ』1982年11月）ため70年に撤退した。

このとき２年間の期限付きの第二事業部を設置して，人工皮革の可能性を徹底的に検討し直した。この２年間に他の研究所で開発されていた極細繊維を絡み合わせることで衣料用人工皮革を開発することができた。これが「エクセーヌ」として大きな成功をおさめた。

■事例：クラレのビニロン

クラレのビニロン繊維も他の合繊と同様，当初は最大のセグメントである衣料分野をターゲットにしていた。しかし染色などの問題から衣料用に適した繊維を開発することができず，非衣料分野に比重を移さざるを得なかった。このため衣料用としてポリエステル繊維に参入した。その後ビニロンは1970年代の前半には売上げのピークを迎えていた。そこでビニロンの新たな用途の開拓をすすめた。そして事業化から30年後，ビニロンは耐薬品性などビニロンが有する特質を活かすことのできるアスベスト代替材としての需要を見出すことができた。

第Ⅱ部　脱成熟化プロセスの特徴

■事例：旭化成のホール素子

　旭化成は，1973年8月に，エアバッグ用センサーとしてホール素子の研究を開始した。しかし76年4月には，エアバッグの開発が中止され，ホール素子も開発の中断を余儀なくされた。その後2年ほどの期間を経て78年3月には，量産技術の確立に向けて開発を再開し，78年6月には，電子部品分野に向けての事業化を本格的に開始した。80年7月には，ホール素子製造のため「宮崎電子」を設立し，80年12月に，生産を開始した（『旭化成80年史』2002）。しかし家庭用ＶＴＲによって需要が急増したホール素子も，81年にはＶＴＲの需要が鈍化して，生産量が半減した。このとき1年間かけて製造プロセスを見直して，新しい製造システムを導入し，82年に再スタートした（梅沢，1989）。

■事例：カネボウの化粧品事業

　カネボウの化粧品事業は，事業参入後数年間で売上げを大幅に増やした。1961年頃に10億円程度であった売上高は，64年には150億円へと大幅に増加した。しかし，実際には消費者に売れていたのではなかった。販社に在庫がたまってしまっていた。

　化粧品事業は，1965年には在庫の山を築いており，50-60億円の損失を出した。そして主力銀行からは撤退を強く求められた。

　『鐘紡百年史』（1988）には，1965年から69年頃の化粧品事業について「急激な売り上げ伸長に伴う無理，内部管理体制の整備の遅れなどにより，流通段階での不良在庫，不良債権が急増し，販社採算の悪化により事業存廃の危殆に瀕した」と記されている。伊藤社長はこのときのことについて「一時は在庫があふれ，社内はもとより銀行からも何度もあきらめろと迫られた」（『日本経済新聞』1981年11月3日）と述べている。

　このときすでに実質的な会社のリーダーシップを握っていた伊藤人事企画部長（当時）は，「化粧品市場は将来伸びる」と判断（和田，1985），自ら化粧品特別担当に就任した。本部も繊維の文化が支配的であった大阪から東京の銀座へ移転した。これはカネボウが化粧品事業を本腰を入れて継続・成長させるとのメッセージとなり，チェーン店の信頼を得ることにも寄与した。また，事業戦略については，業界リーダーである資生堂を手本にした「資生堂同質化戦略」を追求した。伊藤名誉会長は，このときのことについて次のように述べて

図表7-6　開発・事業戦略の転換

アクリル繊維：織物からニットに
東洋紡のポリプロピレン：繊維からフィルムに
ダイワボウのポリプロピレン：衣料用から非衣料用に
旭化成のサラン事業：繊維からラップに
旭化成のナイロン繊維：ナイロン6からナイロン66へ
旭化成の医薬事業：バイオテクノロジーの応用領域から強みを活かした有機合成などへ
旭化成の建材事業：シリカリチートからヘーベルへ
旭化成の住宅事業：間接施工・全国展開から直接施工・首都圏に
旭化成のホール素子：エアバック用から磁気センサー等へ
旭化成のLSI：カスタムに絞る，移動体通信機器用に的を絞る
旭化成のリチウム二次電池：電池からセパレータや膜へ，さらに特許のライセンス供与へ
クラレのビニロン：衣料用から産業用へ，さらにアスベスト代替材へ
クラレのポバール：ビニロン原料からそれ以外の用途へ
クラレのビニロンフィルム：衣料包装用から光学用フィルムへ
クラレのクラリーノ：輸出7割，内70％は社会主義圏から，石油危機後，多様化，内需拡大，輸出比率是正，生機も
クラレのイソプレン事業：合成ゴムからNIC（ニュー・イソプレン・ケミカル）などへ
クラレの医薬事業：新薬開発から中間体製造へ
クラレの創傷被覆材：1993年から95年まで輸入販売したが撤退，99年自社開発品で本格進出
東レの人工皮革事業：靴用から衣料用，輸出へ
東レのインターフェロン事業：技術の導入からスカウトして自社開発へ，抗がん剤からC型肝炎へ
東レの炭素繊維事業：原糸供給から自社での事業化へ
東レの人工腎臓：キール型から撤退，中空糸型へ
東レのカラーフィルター：大型から中小型へ
帝人のPENフィルム：一度撤退，再参入
帝人のアラミド繊維：自社開発とM＆A
カネボウの化粧品事業：資生堂同質化戦略へ
カネボウのファッション事業：トータル・ファッションから「クリスチャン・ディオール」への集中
カネボウの医薬事業：一般漢方薬に特化
カネボウの住宅事業：「ユニット工法」から「木質2×4工法」へ
東洋紡の生化学事業：ウリカーゼ（痛風治療薬から診断薬へ），生化学事業の最重点を診断薬および同酵素剤に
東洋紡の合成紙：一度撤退，再参入
東洋紡の医薬事業：新薬開発から製造受託へ
東洋紡のPBO繊維「ザイロン」：ダウ・ケミカル社との共同開発から自社開発へ
日清紡の合成紙：紙の一種という捉え方からまったく新しい素材へ
クラボウのポリウレタン：寝具，防寒衣料関係主体から自動車，建材，家具関係に重点
ダイワボウのダイワボウ情報システム：システム開発からパソコン販売へ
ダイワボウのスパンレース不織布：高目付から低目付へ
フジボウの研磨材：素材販売から製品販売へ
日東紡のガラス繊維：原繊部門から撤退して加工専業へ，再び原繊へ進出
オーミケンシのミカレディ：婦人服から紳士服・子供服へ拡大，再び婦人服へ

いる。

「一から出発したんです。無理な押し付け販売ではダメだということで,在庫をすべて整理して,原理原則経営を行ったんですよ。何しろ,先発メーカーに資生堂さんという教師のようなメーカーがいたので資生堂に追いつき追い抜くことを目標にして,原則通りのマーケティングをやり,原則通りの商品をつくり,原則通りの販売をやったんです。チェーン店づくりにたいへん苦労しましたけど,このときに現在の販売システムをつくり上げたんです。おかげで,このあとはだんだんと成長して,現在の姿になったといえるでしょう」(『国際商業』1996年6月号)

■事例:カネボウのファッション事業

カネボウのファッション事業は,欧米ブランドである「クリスチャン・ディオール」のライセンス生産を柱に据えることで,成長してきた。カネボウは,1964年,拡大のきざしを見せていたファッション産業へ進出した。このとき自社の強みを活かすために,衣服だけではなく,アクセサリー,服飾品などを合わせてトータル・ファッション・ビジネスを展開した。しかし68年には「クリスチャン・ディオール関係を除いて,全面的に撤収に移行せざるを得なくなった」(『鐘紡百年史』1988)。

第3節　反対者の役割

13　脱成熟化のプロセスでは,反対が重要な役割を果たしている[1]。

高成長企業が主たる多角化を開始したとき,多くのケースで役員の間に反対者がいた。脱成熟化に成功した企業の多くは,トップ・マネジメントの間に多くの反対者が存在する段階で,多角化の開始の決定,新しい事業への資源配分の決定を行っている。

合繊の企業化をはじめ,とりわけ他社とは異なる事業や他社に先行しての企業化,事業が軌道に乗るまでに長期を要すると予想される事業や多額の投資が必要な事業の企業化の決定,それゆえリスクが大きいと考えられる事業への進出,既存事業との距離が大きい事業,社風に合わないと思われている分野への

進出，資源配分の決定に対しては，多くの場合，強い反対が生じやすい。そして成功事業の多くの決定が，このような強い反対の中で行われている。

クラレのビニロン，帝人のポリエステル，鐘紡のグレーター・カネボウ計画，旭化成の3種の新規事業，旭化成の水島計画などは，多くの反対者の存在するなかでトップが事業化の決定を行っている。とくに鐘紡の場合は，保守派の役員によるクーデターを引き起こすことにもなり，社長は会長に棚上げにされてしまった。しかし，これらは，それぞれの企業の成長に，中心的な役割を演じてきた事業である。

クラレにとって，合成繊維ビニロンの事業化は社運を賭す大事業であった。世界で初めてのチャレンジであり，14億円の設備資金を投下するという事業であった。当時のクラレの資本金は2億5000万円であった。技術重役の一人以外は社内役員の全員がこの計画に反対したという。

クラレの人工皮革「クラリーノ」の場合も，一繊維メーカーが天然皮革という未知の世界へ繰り出すにはリスクが大きすぎるとの見方から，この事業の推進には反対の声も多かったという（日本繊維新聞社編，1991）。

旭化成の宮崎輝社長は，1960年頃に，当時急成長しつつあった合成繊維もいずれ駄目になるとして，3種の新規事業（ナイロン，合成ゴム，建材）の事業化を決めた。アクリル繊維をようやく軌道に乗せることができたときであった。そのため社内の空気は，「新規事業なんて危険なことは絶対にやめろ」というものであった。

旭化成が水島に石油コンビナートを建設するという場合も，反対は強かった。その事業は，計画が確定して着工するまでに5年の歳月を費やし，完成までにさらに3年かかるという大事業であった。当時の年間売上高に匹敵する額の投資を必要とした。この決定を行ったときの心境を宮崎社長は「ルビコン川を渡る」と表現している。このプロジェクトは当初，社内の猛反対にあった。このようななかで宮崎社長は，それらの計画を推し進めた。住宅事業，半導体事業への進出についても反対の声は小さくなかった。

カネボウの武藤絲治社長は，綿や化学繊維の成熟化を迎えて，合成繊維と化粧品，食品，などの非繊維部門への多方面にわたる新事業を計画した。それに対して社内の慎重派からは，かなり強い批判を受けた。そして一部の不平役員による「クーデター」によって武藤社長は，一時代表権のない会長に棚上げさ

帝人の大屋晋三社長が，ポリエステル繊維を事業化することを決定するときも，ほとんどの役員が強く反対している。レーヨンへの強い思い入れ，非常に高額（12億4200万円）の技術導入料，あるいはすでにナイロンで成功を収めている東レとの競争などがその背景にあったといえよう。

　東洋紡は，非繊維事業の積極的な拡大策の一環として，ソニー一宮工場の下請けのかたちで電子部品事業へ進出した。この進出を決定するときには，「やせてもかれてもソニーの軍門に降りるようなことは」という猛反対にあっている。

　ダイワボウは多角化の一環として，1982年4月にダイワボウ情報システムを設立して，パソコンなどの企業向け販売を始めた。設立に当たっては，山村滋常務が，他の役員が誰も賛成しなかったなかで，社長の支援を受け突破した（『日本経済新聞』1991年11月10日）。

　クラボウが脱市況を目指してテキスタイル化路線への転換を図ったのは，まだ作ればすぐに売れる時代であった昭和40年代の初めであった。牧内栄蔵社長は「糸売りは簡単なうえ，まだもうかっていたので，この転向は内部にもかなり抵抗があった」と述べている（『週刊ダイヤモンド』1984年7月14日号）。

　日清紡は進出を検討していた合繊への不進出を決定した。このとき，「合繊に出て，いま一段の飛躍を期すべし。そのために株があるのでは……」という声は社内に多かったという（綱淵，1989）。「合繊に出るべし，の内圧，外圧が胃の底にこたえた。だが経営者として，馬の背を行く危険，わかりきっているような無理はすべきではない」と露口は，合繊論議への基本的な考え方を語っている。

　しかし，このような反対のなかで実行されたプロジェクトは，意外に失敗は少ない。これらの事業の多くは，成功している。むしろ，あまり反対がなく実行に移されたプロジェクトの失敗の方が多い。反対がない典型的なケースは，追随型の戦略をとった事業である。

　他社に追随して進出する場合は，リスクが少ないと評価されるため，反対や批判は，他社に先駆けて事業化を決定する場合や，他社とは異なった事業分野への進出を決定する場合に比較して，ずっと小さい。また，後発として事業に進出する場合は，先発企業に遅れてはならないという焦りから，それをすすめ

ようとする声は強くなる。しかし十分に事業の可能性について検討することはむずかしい。

多くの企業では，このようなあまり反対がない状況で事業化が決定されることが多い。繊維産業の脱成熟化のプロセスにおいて，成長分野に多くの繊維企業が続々と参入していくといった集中現象は，類似の経営資源からだけではなく，このような組織の知識の性質からも理解することができる。繊維企業は，他社の経験からも多くを学習しているのである。このとき事業の将来性よりも，自企業のもつ経営資源の有効利用を重視した決定が行われることも多い。

このことは，多くの企業において，競争のリスクよりも，新市場の開拓のリスクの方が過大に評価されがちである，ということを示している。

1960年頃，多くの企業が競ってポリプロピレンの特許を導入しようと「モンテ詣で」を行った。先発企業の急成長を見てきた各社にとって，この新繊維への期待は大きかった。しかし，これが「群れ症候群」を引き起こし，特許料の高騰を招くことにもなった。

カネボウが後発としてアクリル繊維に進出するとき，社内では「乗り遅れないように進出すべきだ」という声が強かった。しかし先発のメリットの大きかった合繊事業では，最後発でやっと事業化したものの，収益力はなかなか高まらなかった。事業化後まもなく生じた二度の石油危機時には，大きな赤字を出している。

三菱レイヨンの金沢侑三会長は「新規分野へ進出するといっても真剣な検討も準備もせず，安易にウナギやスッポンの養殖などに手を広げ，その結果，当然のことに概ね失敗に終わった」（日経ビジネス編，1988）と述べている。

このようなパラドクシカルな発見事実は，反対が成熟企業の脱成熟化のプロセスで積極的な，そしておそらくなくてはならない役割を果たしていることを示唆している。他社とは異なる戦略の採用によって脱成熟化に成功している企業は，組織のこのような性質を理解しており，この性質を克服する努力をしているのである。意識的にこの性質を利用しているといえよう。反対の積極的な役割に関しては，次章で検討する。

第4節　トップの役割

> 14　脱成熟化プロセスにおけるトップの役割は極めて重要である。

　脱成熟化は，戦略的問題であり，企業全体の長期的な成長に関わる問題である。これら戦略的問題の解決に一義的な責任をもつと期待されているのはトップである。また，戦略的問題の解決に伴う変化への抵抗，企業革新の障害となる情報的経営資源の固定性（吉原，1986）に対抗できるだけの権限やパワーをもつのはトップである。

　繊維企業には，旭化成の宮崎，帝人の大屋，カネボウの武藤，伊藤，日清紡の桜田，クラレの大原，など強力なパワーをもった経営者が存在した。そして彼らは，脱成熟化のプロセスで大きな役割を演じてきた。また同時に，脱成熟化のプロセスは，このような経営者が築いてきた「イズム」との戦いのプロセスでもあった。

　脱成熟化の過程では，トップは次のような重要な役割を演じている。

(1)　トップが脱成熟化に否定的であった場合，本格的な脱成熟化のアクションは始まらない

　東洋紡では，合繊の事業化について開発企業の側からのナイロン，ポリエステルの売り込みがあったが，両繊維とも特許導入の申し入れを断った。そこにはトップの合繊に対する「いずれはやらなければならないだろう，しかしまだ急ぐ必要はない」との考えが反映しているように見える。

　東洋紡が合繊の研究に取り組み始めたのは，東レやクラレと同様に戦前のことで，ナイロン，ビニロンの研究を開始していた。

　「戦前の（昭和・著者注）12年頃からナイロンの研究に着手，その水準は東レと並んでいた」（富久力松東洋ゴム工業名誉顧問『読売新聞』1982年2月28日）。

　戦後，企業の再建に専念するため子会社に合繊の技術者たちを移していたが，合繊時代になっても「子会社は子会社」として彼らの情報的経営資源を活用しようとはしなかった。

　多角化についても，他社が多角化に取り組み始めた頃，東洋紡は合繊に専念

第7章 成功企業

図表7-7 各社のトップ

	旭化成	東レ	帝人	クラレ	三菱レイヨン	東邦レーヨン	カネボウ	東洋紡
1945	堀朋近	田代茂樹	大屋晋三	大原総一郎	池田亀三郎			
1946					森本・森			
1947	浜田茂亨				森規矩夫		武藤絲治	阿部孝次郎
1948		袖山喜久雄						
1949	片岡武修		森新治					
1950					桑田・賀集	佐々木義彦		
1951					賀集益蔵			
1952								
1953								
1954								
1955								
1956			大屋晋三					
1957								
1958								
1959					古川尚彦			谷口豊三郎
1960		森広三郎					田中豊	
1961	宮崎輝					若林展一郎	武藤絲治	
1962								
1963								
1964								
1965								
1966		広田精一郎				真船清蔵		河崎邦夫
1967					清水喜三郎			
1968			仙石襄				伊藤淳二	
1969								
1970								
1971		藤吉次英						
1972								
1973					金沢侑三	湯浅誠也		
1974								大谷一二
1975				岡林次男				

第Ⅱ部　脱成熟化プロセスの特徴

年								
1976								
1977								
1978								宇野收
1979								
1980	井川正雄	徳末知夫						
1981	伊藤昌壽							
1982			上野他一					
1983		岡本佐四郎		河崎晃夫	鐘江啓蔵			茶谷周次郎
1984						岡本進		
1985	世古真臣		中村尚夫					滝沢三郎
1986								
1987	前田勝之助							
1988				永井弥太郎				
1989	弓倉礼一	板垣宏				石沢一朝		
1990								
1991						古賀正		
1992	山口信夫							柴田稔
1993			松尾博人	田口栄一				
1994						石原聰一		
1995								
1996								
1997	山本一元	安居祥策			古江俊夫			
1998						帆足隆		
1999								津村準二
2000			和久井康明	皇芳之				
2001		長島徹			奥村国雄			
2002	榊原定征							
2003	蛭田史郎				宇都宮吉邦			
2004						中嶋章義		
2005								坂元龍三
2006				鎌原正直				

第7章 成功企業

	ユニチカ	日清紡	クラボウ	日東紡	ダイワボウ	フジボウ	シキボウ	オーミケンシ
1945	n.a.	桜田武	大原総一郎	片倉三平	加藤正人	堀文平会長	山内貢	夏川嘉久次
1946	n.a.			内藤圓治				
1947	n.a.		福井専務				室賀国威	
1948	n.a.							
1949	n.a.		藤田勉二					
1950	n.a.							
1951	n.a.		塚田公太					
1952	n.a.					小原源治		
1953	n.a.							
1954	n.a.			広川憲				
1955	n.a.		三木哲持					水野嘉友
1956	n.a.							
1957	n.a.			島田英一				山内貢 丹波秀伯
1958	n.a.							
1959	n.a.							
1960	n.a.					武内徹太郎		
1961	n.a.							
1962	n.a.							高見重雄
1963	n.a.				瀬戸直一			
1964	n.a.	露口達						夏川鉄之肋
1965	n.a.		田中敦					
1966	n.a.							
1967	n.a.			柿坪精吾				
1968	n.a.						磯井賢次	
1969	坂口二郎							
1970	富井一雄						室賀国威	
1971							松本良諄	
1972	小幡謙三							
1973		山本啓四郎						
1974	小寺新六郎				川崎俊男			
1975								

203

第Ⅱ部　脱成熟化プロセスの特徴

年	1	2	3	4	5	6	7	8
1976								
1977							小林正夫	
1978				長島武夫				
1979		中瀬秀夫	牧内栄蔵					
1980					森山克己	坪内正勝		
1981								
1982	平田豊			春日袈裟治				
1983								
1984					有延悟	阿部裕正		
1985				鈴木慎二				
1986		田辺辰男					山内信	
1987			藤田温					
1988								
1989	田口圭太							
1990				林真帆				夏川浩
1991						広瀬貞雄	坂本尚弘	
1992					武藤治太			
1993			真銅孝三					大田通夫
1994		望月朗宏						
1995				相良敦彦				
1996	勝匡昭							
1997								
1998						安原裕		龍宝惟男
1999								
2000	平井雅英	指田禎一						
2001			丹羽昊					
2002								
2003					菅野肇			
2004	大西音文							
2005				南園克己				
2006		岩下俊士				中野光雄	加藤禎一	

していた。トップは合繊での遅れを取り戻すことを優先する決定を行った。社内では「繊維以外のことには手を出さない」との封鎖令が出されており、多角化に対しては否定的、消極的であった。

社内にはイノベーションの動きがあった。多角化について社内では早くから自生的動きが存在していた。ひとつは繊維として導入したポリプロピレンのフィルム化の動き、もうひとつはレーヨンの廃液対応から生まれた生化学の流れである。しかし当時、これらの動きは全社レベルの支持は得られなかった。

東洋紡は、繊維事業に専念するものの低収益性から抜け出すことができず、1970年代にはいって、企業として多角化に本格的に取り組むことになった。このとき、フィルム事業と生化学事業が多角化推進のテコのひとつになっていったが、他社と比べると「10年遅れ」てしまった。

日清紡の合繊進出の場合も、トップが不進出を決断している。

(2) 多角化のすすめ方・イズムの形成

組織はトップに合わせてつくられていく。トップがマネジメントしやすいように組織は構築されていく。組織はトップのカラーに染まっていく。また、このような強力なトップの影響力は、トップの交替によって弱体化するとは限らない。トップを退いてからも組織に影響を及ぼし続けることも少なくない。

日清紡では桜田武時代、若手を中心に「合繊に出るべきだ」という意見が強かったが、トップは結局合繊への不進出を決定した。また、日清紡の、繊維以外の分野への多角化は、極めて慎重にすすめられた。それについて、桜田会長（発言当時）は、次のように述べている。

「次に私は、一部の力を注いで新しい仕事の部門を開拓成長させたいと思う。昔からあったわが社の工場で、すでに紡織以外の仕事をやっている所や、子会社、関連会社の仕事を見れば、徐々にこの方向に進められていることがわかると思う。ただ非繊維部門事業の育成について心せねばならぬことがある。戦争の例で言えば二正面作戦はなかなか難しいものである。三正面、四正面作戦となると失敗する例の方が多くなる。われわれは世間でかっさいを受ける所の『経営の多角化』ということについて、その長所よりはむしろ短所の方をこそ戒心すべきである。『インスタント・ラーメンから原子力まで』と言うキャッチ・フレーズが誇らしげに唱えられることを、私はも

図表7-8　各社の「イズム」

日清紡の「桜田イズム」：堅実経営，自主独立
ダイワボウ：合繊では国産技術による事業化にこだわった。これは戦前から1964年まで社長であった加藤正人の宿願でもあった（『ダイワボウ60年史』2001）。
東邦レーヨン：技術陣トップの捲縮スフへのこだわりが戦略に影響した（合繊事業化の遅れにつながった）
鐘紡の「伊藤イズム」：運命共同体的労使関係，ペンタゴン経営，繊維・管理・慶應大出身
帝人の大屋社長：未来事業，攻撃的な多角化，医薬
旭化成の「宮崎イズム」：「拡大至上主義，撤収敗北主義，残存者利益，価値ある赤字論」（山本一元常任相談役『Business Research』2003年11月）。関連分野を手掛ける「いもづる」，何にでも食らいつく「だぼはぜ」
クラレの「大原イズム」：研究開発における粘り強さ

社長の就任期間
クラレ：大原総一郎　1939年社長就任，戦後一時辞任，48年復帰，68年社長のまま逝去
帝人：大屋晋三　1980年社長のまま急逝，社長在任26年
旭化成：宮崎輝　1961年社長就任，85年会長就任，92年会長のまま急逝
カネボウ：武藤絲治　1947年社長就任，一時代表権を持たない会長へ，その後68年まで社長
　　　　　伊藤淳二　1968年社長就任，84年から92年まで会長，2003年7月まで名誉会長，「中興の祖」と称された
日清紡：桜田武　1945年社長就任，64年会長就任，70年相談役就任，84年顧問就任，85年逝去

し経営者が言ったんだとすれば冗談だと思う。正気で言えた言葉ではない。」（昭和37年3月社報第28号で，繊維産業は整理段階に入ったと判断しその対策を披瀝した時の発言，『日清紡績60年史』1969）

　実際の日清紡の投資パターンもリスクを極力避けるかたちで行われた。二正面作戦のむずかしさを意識しつつ「半島作戦」を追求してきた。日清紡では，本業に関係のない分野に進出する方式を「離島作戦」，現業の延長ですすめる方式を「半島作戦」と呼んでいる。

　多角化事業としてブレーキ，紙，工作機械などに進出しているが，これら一見離島作戦に見える事業も，紡績技術を利用して石綿から糸，織物をつくり摩擦材をつくったように，半島作戦の追求の結果であった。

　また，1980年度までは，減価償却の範囲内の設備投資を行ってきた。84年まで資本市場からの資金調達は「額面発行」だけであった。

　このような堅実経営は，「桜田イズム」の重要な構成要素であった。

　カネボウの場合も，トップが退任した後にも依然として大きな影響力をもち続けたと言われている。クラレの社風，大原イズムは，10年にわたる試行錯誤の連続であったビニロンの事業化の過程でその基礎ができた（中村，1994）。

大原社長は1968年に死去したが，今日でもこのイズムは影響力をもっている。

(3) 成熟の認識から生じる，組織の意思の焦点

　危機への対応などの重要や問題や機会に関する意思決定は，トップによって監督され統合される。トップ以外の組織のメンバーが，これらの意思決定に対して責任をとることはできない（Mintzberg, 1973）。

　推進者が少数派の場合でも，脱成熟化のアクションの開始・実行は可能である場合は少なくない。少数派が，新しい取り組みを実行できるのはトップの理解と支持があるからである。トップは，強い反対のなかで，新規事業をスタートさせている。経営資源の配分者としてトップは，なかなか軌道に乗らないプロジェクトへの経営資源の投入を続ける。

　帝人は戦後，東レやクラレが合成繊維の事業化に社運を賭していた頃，得意とするレーヨンに固執していたため，合成繊維への進出に出遅れた。いち早くナイロンに進出して軌道に乗せた東レとの差は拡大していった。「帝人老ゆ」「老大国帝人」と呼ばれるようになった。このような状況下，政界に進出していた大屋晋三を「復帰させよ」という声が社の内外に高まった。

　当時の三和銀行頭取の渡辺忠雄と日商会長の高畑誠一は，大屋に「もし，政界にこれ以上，留まるならば，帝人に外部から社長を入れる」と，政界を選ぶのか，帝人を選ぶのかの二者択一を迫った（綱淵, 1975）。

　三菱レイヨンでは，金沢侑三が1973年から83年まで社長を務め，石油危機後の経営危機に対応してきたが，彼はその頃のことを「役員会で意見を聞いても，皆シュンとして何もいわない。私が引っ張っていくしかなかった」と述懐している（『日本経済新聞』1982年6月28日）。

　東レは，2002年3月期の決算が，創業以来初めての本体赤字になるという危機に直面していた。このとき役員，労組から，「危機的状況においては，圧倒的なリーダーシップを持った人が必要」（薩美登喜男全東レ労組会長『週刊ダイヤモンド』2000年6月1日号）であると，会長の前田勝之助のＣＥＯへの復帰の期待が強まった。そして前田会長はＣＥＯとして経営トップに復帰した。前田は「新社長をはじめ役員，組合から再登板の強い要請を受けた」（『日本経済新聞』2002年4月2日）と述べている。

　成熟が迫ってきた場合や危機に直面した場合などに生じるこのようなパワー

の集中（加護野，1989a）は，トップに成熟の認識を強く促すだけではなく，脱成熟化へのアクションの実行を可能にする。

　トップは，このような成熟化や危機に対する組織の意思を基盤として，企業革新を本格的に起動させる。どのようなパターンで多角化をすすめるのかの決定に大きな影響力をもつ。

　業績の悪化から業績を回復させるための改革，さらにはそこから挽回・飛躍させるための企業革新の策定・実行では，旭化成のアクリル繊維の事業化による業績不振からの挽回を目指した本格的な多角化，カネボウ，日東紡のスフ不況後の多角化，三菱レイヨンの積極的な投資など，ほとんどのケースで，トップの強い関与が見られる。

　しかし，トップは脱成熟化のプロセスで大きな役割を演じてきたことは事実であるが，トップだけで脱成熟化を完成させることはむずかしい。構想に具体的内容をもたせ，実際に革新を展開するのはミドルだからである。

第5節　トップとミドルの相互作用

> 15　事業を推進するミドルと資源配分者であるトップとの相互作用が，新規事業の成功の鍵である[2]。

　大きなリスクをもつプロジェクトに対して，トップ経営陣の評価は分かれる。しかし，脱成熟化に成功している企業の多くは，反対者が存在する段階で，新しい事業への資源配分を決定している。このような状態でスタートした新事業は，社内からのさまざまな反対を受けたり，抵抗を受けたりする。

　新事業は，他部門からの協力を得にくいことが少なくない。カネボウの化粧品，東洋紡の多角化事業，東レの新事業などのケースのように，社内には新事業に対する理解，協力体制が不十分であることが普通である。

　また新事業では，生産技術を確立させたり，用途の開拓をすすめたりするためには，長期間を要する。利益を上げるどころか，莫大な赤字を出すことが少なくない。またその間，景気の変動を経験することも多い。当然，組織のその事業を見る目は厳しくなる。新事業に対する批判や反対が強くなる。景気の回復によって新事業への関心が低下する。

第7章　成功企業

　さらに，新事業開発の担当者たちは，本流から外されたとして，心的エネルギーを低下させてしまうことも少なくない。つぎつぎに現われる障害，道の見えない状況で担当者たちは途方に暮れることもある。全社方針として脱成熟化がスタートしても，組織の新事業に対する理解は不十分な状態が続く。

　このような状況では，資源配分者であるトップの，ミドルからの提案をスタートさせる決定，継続の決定，社内からのさまざまな反対からプロジェクトを守る防波堤としての役割，ミドルを鼓舞する役割が重要となる。事業推進者であるミドルを，批判や反対から守り，ミドルを激励し続ける資源配分者であるトップと，トップの激励に応えて，新しい事業を推進し続けるミドルの存在が重要である。

　しかしそれだけでは十分ではない。新しい事業に強いコミットメントを示し，推進していくミドルと，それに応えてプロジェクトへの経営資源の投入を決定し，経営資源を投入し続けていくトップの存在も，新事業を軌道に乗せるための鍵となる。

　脱成熟化に成功した企業には，このようなトップとミドルの存在が多く見られる。批判や反対のなかでのトップとミドルの連携が，企業革新のプロセスを促進する鍵となっている。しかし彼らは，少数派である。撤退に追い込まれることも少なくない。

■事例：各社のケース

　ユニチカのキレート樹脂の開発は1971年にスタートしたが，平井雅英中央研究所第六研究室室長（1984年11月現在）がただ一人で取り組んだものであった。キレート樹脂は，各種の重金属混合物から単一の物質を選択的に分離抽出する樹脂で，環境装置向け薬品の重金属固定剤である。スタートから1年後に事業化のメドがつき始めた。75年には世界最初の15トン規模のパイロットプラントの建設にこぎつけた。このとき，「技術的なことともかく，意欲を買った」田口圭太副社長が，役員会の反対を押し切って支援した。ユニチカは，前期に続き75年3月期には，経常段階で195億円もの赤字を計上している。

　1975年には「ユニセレック開発部」として独立した。スタッフも50人に増え，マーケットの開拓に乗り出した。しかしキレート樹脂は，世間では誰も知らない商品であり，スタッフも技術屋ばかりで販売の経験のないものばかりで

あった。そのため，「最初の2年間はまったく売れなかった」（平井）。当然，「カネの無駄遣い，やめてしまえ」との声が強まり，スタッフも半分に減らされた。しかし，このときも応援したのが田口副社長であった。彼は「これをやめたら，ウチは夢も希望もない会社になってしまう」と社内を説得して回った。その後も苦労は続いたが，新日本製鐵との共同開発に成功した79年頃から軌道に乗り始めた（『週刊東洋経済　企業新時代』1984年11月9日号）。

　旭化成がイオン交換膜の研究を開始したのは1949年である。しかし製塩事業として最初の用途で実用化できたのは約11年後の61年であった。この間，研究開発費は，雪だるま式に増えた。10年間で10億円を超えてしまった。当時の売上高は300億円弱であった。当然，金食い虫といわれ社内で強い批判が起きた。しかしイオン交換膜技術は，世古真臣をはじめとした研究者たちのひたむきな努力と，やりとおすべきだとみた宮崎輝社長の陰からの応援によって実を結んだ（宮崎，1983；荒川，1990）。

　「社長を初め，専務，常務ら同社の幹部は『いいかげんに道楽は，やめてもらいたい。もう研究費はださない』と言っていたが，その中で宮崎一人だけが，『もう少し，もう少し』と言い，研究陣をかばっていたという。そのおかげで，どうやらイオン交換膜の研究は細々と続けられた」（大野，1992）。このイオン交換膜は，その後カセイソーダの生産技術へとつながっていく。

　東レのナイロン原料ラクタムの新しい合成法である光化学反応法の開発のケースでは，1950年，ナイロンの製造技術を確立するパイロットプラントの開発部隊の主任であった伊藤昌壽が，ナイロン原料カプロラクタムを古いプロセスで将来大量生産するのは非常に問題がある，大規模にもっていくのならばもっとスマートなものをつくるべきだと，合成課長に進言したところから始まった。合成課長は，「じゃあ考えてみろ，いまからでも十分時間はあるから探索研究をしたらどうだと言って，工場の片隅に実験室を作ってくれた」（伊藤，1990）。当時27歳であった開発担当者（伊藤）のところには，しばしば会長，社長（辛島浅彦相談役，袖山喜久雄社長）が来て「とことん頑張れ，あきらめるな」と激励した。担当者も執念をもって取り組んだ。また，工業化の過程に入って「こんな見込みのない開発は止めさせるべきだ」という社内の声が次第に強まったときに，断固として励ましたのが田代茂樹会長（当時）であった（『日経ビジネス』1984年8月6日号）。この技術は，12年後ナイロンの大規

模生産を支える技術として結実した。

　東レの伊藤社長は，1970年に取締役に就任した。翌71年，広田精一郎社長から「伊藤君，新規事業をやってくれ給え」と言い渡され，新規事業開発を担当することになった（日経ビジネス編，1985）。このとき「10年かかってもいいか」という伊藤の要望に，広田社長はただうなずいただけだった（『週刊東洋経済』昭和56年2月28日号）。新規事業は現在では同社の収益源である。しかし，大きく育ち，成長を支えることができるようになるまでは苦難の連続であった。毎年10億円，20億円と投資するが，利益はいっこうにでないという期間が何年も続いた。なぜあのような事業に投資を続けるのか，と批判する役員が何人もいた。社内の批判は伊藤に集中し「役員会で長い時間，つるしあげられたこともある」と伊藤は述懐している（日経ビジネス編，1985）。そういう状況のときに，同社の歴代の社長は，そういう批判にはいっさい耳を貸さず，「伊藤君，よろしく頼むよ」といい，そしてヒトとカネは出し続けた。この社長の期待と激励にこたえて，伊藤は情熱をもって新規事業に取り組み続けた（吉原，1986）。この新事業推進部門からは，その後84年にこの部門が発展的に解消されるまでに，建材，メディカル，化学品など，数多くの事業部が生み出されていった。

　帝人の医薬事業は，未来事業のなかから生まれた数少ない成功プロジェクトである。この医薬事業の立ち上げで中心的な役割を果たしたのは，医薬事業のトップとして日本曹達からスカウトされた野口照久であった。未来事業と位置づけた医薬事業に期待をかける大屋晋二社長の後押しを受け，自分の仕事ぶりに口をはさませなかったと言われる（『日経産業新聞』1992年5月25日）。

　野口は，「いわば企業内起業家の立場で自由にやれた」「ほかの社員とは別次元の世界にいられたことが成功した原因だった」（『日経産業新聞』1993年11月2日）と述べている。

　しかし石油危機で繊維の業績が悪化し，多角化事業も不振に陥るようになると，大屋社長の社内における影響力が低下していった。医薬事業の縮小を迫る経営陣に対して，1978年に大屋社長は計画の修正を決断した（『日経ビジネス』2003年3月31日号）。また野口と「当時の経営陣との意思の食い違いがめだった」（『日経産業新聞』1991年5月2日）。79年，野口は帝人を去ることになった。

第Ⅱ部　脱成熟化プロセスの特徴

　ダイワボウ情報システムは1984年4月に設立され，その後大きく成長して91年11月には店頭登録が行われた。売上げ規模では親会社であるダイワボウを大きく超えている。しかし設立に当たっては，一人の役員がこれを提案したものの社内ではほとんど理解を得ることはできなかった。「他の役員が誰も賛成しなかったのを社長の支援を受け強行突破」（『日本経済新聞』1991年11月10日）することでスタートを切ることができた。

　新しい部門が設置される場合，全社から多様なメンバーが集められることが少なくない。そして，彼らが抱く「左遷」意識が部門内の雰囲気を悪化させる。このとき，リーダーには，組織の一体感を生み出し，メンバーから前向きの心的エネルギーを引き出す役割が求められる。

　東洋紡では，商品開発部，商品開発部長心得となった宇野收は，当時の商品開発部について「商品開発部は名前は立派だが，あちこちの営業部門，デザイン部門からあぶれた人をまとめた『寄せ集め部隊』と社内で見られていた」「商品開発部も空気は沈滞していた。宇野は『この部門の存在価値を認めてもらえるように頑張ろう』と，みんなに元気を出すように言った。意思疎通を図るために毎月曜日に一時間早く出社して，自由に発言してもらうようにした」。また，東洋紡が初めて設置した非繊維事業を担当する化成品事業部の初代事業部長に任命された宇野は，「事業部全体の雰囲気も悪かった。本業の繊維から離されて部員は『村八分』にされた思いを抱いていた」（『日本経済新聞』1994年12月19日）と述べている。励まし合うことが必要であった。

　旭化成の山口信夫会長は，1974年12月に住宅事業部長になったが，当時のことについて次のように語っている。

　「若い人の中には『旭化成に入って，なんで住宅なんかやらなくちゃならないんだ』と思う人も決して少なくありませんでした」「そうした若い人たちとどのように一体感を生み出していくかが最大のポイントになりました」（『日経ベンチャー』1998年4月号）

　山口部長は一体感を生み出すために「一緒に苦労しよう。若いときの苦労は必ず実る。苦労を乗り越えることが，自分を強くすることだから，是非そうしてほしい」と言い続けた（『日経ベンチャー』1998年4月号）。

　帝人が，ポリエステルの事業化をすすめようとしたとき，それに対して，世間だけではなく社員の多くも弱気だった。すでにナイロンに進出してそれを成

功させている東レと競争をすることになるからである。このとき大屋社長は「東洋レーヨンとうちとでは，10年の差がある。君達が逆立ちしたところで，東レよりは悪いものができるだろう，無駄な金も使うだろうし，期限も遅れるだろう。しかしそんなことは当たり前だから気にするな。ビクビクせずに，思い切ってやれ。だがこの10年の遅れを，2～3年の遅れまで取戻してもらいたい」と社員を叱咤した（福島，1974）。

第6節　ミドルの役割

> 16　新事業開発の成否は，最終的にはその事業を推進する人によって規定される。

　シナジーは，繊維企業の多角化の成否を予測する場合に重要である。成功しているケースの多くでは，シナジーは新事業開発のプロセスで開拓されていくと同時に，そのプロセスで創造されている。そしてシナジーの創造の鍵となっているのがミドルである。プロジェクトの担当者は，新事業の開発のプロセスで，自分自身や他の人たちの隠れた能力を見出している。そこではミドルのイニシアティブが重要な役割を演じている。その例は豊富にみられる。また，ミドルのアクションは，組織をも大きく動かすことがある。

(1)　事業開発とミドル

　旭化成では，最初に事業化した建材シリカリチートは日本の状況に合わず失敗したが，新しい建材の研究は続けられた。そのような努力を続けているときに，西ドイツの駐在員から，軽量気泡コンクリートの新技術・ＡＬＣヘーベルの情報がもたらされた。このヘーベルの技術導入とシリカリチートの経験によって建材事業は成功した。

　日清紡は，1966年に出荷したパーマネントプレス加工生地によって，それまで東洋紡やカネボウの後塵を拝していたシャツ地で国内シェア30％以上を獲得することになった。このパーマネントプレス加工の情報を他社に先駆けていち早く捉え，日本に情報を伝え続けたのは米国ニューヨーク初代駐在員であった。

第Ⅱ部　脱成熟化プロセスの特徴

　旭化成のホール素子は最初，エアバッグ用に開発が開始された。エアバッグ開発の中止とともにホール素子の研究は中止された。このとき担当者のねばりが開発の再開と成功につながった。ホール素子は，エレクトロニクス事業において，先兵としての役割を超えて大きな役割を果たしている。

　東レは，靴用人工皮革の事業化に失敗した。しかし，担当者が上司に開発の継続を訴え，その上司がトップに訴えることで時限付きの継続が許可された。そして，いままで蓄積してきた人工皮革の技術を活用する別の道を見つけようとする開発者たちと，その頃別の研究室で極めて細い合成繊維をつくることに情熱を燃やしていた，そしてその応用先を探索していた研究者が出会い，この２つの技術が結びついて新しい衣料用の人工皮革が生まれた。

　東レのインターフェロンは，1985年に国内で初めて商品化したことで「フエロン」という商標を認められた。東レとインターフェロンとの関わりは，60年代末にさかのぼる。60年代後半になって，田代茂樹名誉会長（当時）は「これからはポリマーサイエンスにつぐ技術を身につけるべきである。それはライフサイエンスだ」と提唱し始めた（柳田，1990）。それを契機とした「バイオテクノロジーとはなにか分からない中での模索の中」，一研究員が目にした小さな新聞記事からインターフェロンへの取り組みが始まった。

　クラレにとって，社運を賭して事業化したものの主たる用途が非衣料分野に限られていたビニロンの衣料展開が重要テーマとなっていた。そのためにはビニロンの長繊維が必要であった。このための一大プロジェクトを組んだ。このときプロジェクトでは長繊維を乾式紡糸で行おうとした。「そのとき，福嶌さんはこれでは大量生産はとても無理だ，といってね。自分なりに溶融紡糸の研究を始めだした」（湯面英昭専務，日本繊維新聞社，1991）。そして福嶌氏は，混合溶融紡糸の研究に取り組んだ。この研究が極細繊維を生み，靴用人工皮革「クラリーノ」の開発につながった。

　東レの衣料用人工皮革「エクセーヌ」につながる超極細繊維のアイデアは，一人のレーヨン研究者によってもたらされた。東レはいち早くレーヨンからの撤退を決定したため，それまでレーヨンの研究を行っていた研究者たちは，研究テーマを自ら探索しなければならなくなった。自由研究とはいうものの，彼らは自らの存立基盤を失ってしまった。「最後のレーヨン研究者」として入社した岡本三宜もその一人であった。彼は自由研究のなかから，性質の異なる繊

維成分の伸縮度の格差によって捲縮を生みだそうと発想した。それが布団綿での成功につながり、さらにこの発想の極限追求が超極細繊維の開発につながっていった（岡本・今井，1991）。

東レのセラミクスも、技術者の存立基盤の危機から生み出された。東レは、光合成法によるナイロン原料生産の研究を行っていたが、この方法でナイロン原料をつくるとき、特殊な塩素化合物を多量に使うため、これによる腐食に耐える材料を開発する必要があった。この開発のために無機材料の専門家が採用された。しかし、腐食の問題が解決されると、繊維‐有機化学‐中心の東レでは、彼ら無機材料の専門家たちが活躍できる場はなくなってしまった。社内での彼らの存立基盤は喪失してしまった。彼らが無機関係で何か新しい製品を生み出そうと始めたのがセラミクスであった。彼らが「自分たちの存在意義を見つけようと懸命になって、ついにジルコニアセラミックスを開発した」（中橋龍一新事業本部長（当時），田原，1984）のである。

ユニチカの環境関連事業の一端を担うキレート樹脂を開発した担当者も、合繊の成熟化がすすむなか、繊維以外の研究を行うことを指示され、テーマの探索を開始したが、ここからキレート樹脂の可能性を見出した。

東レは戦後、ペニシリンの製造をタンク培養で行った。医薬品の製造はその後中止したが、このときの技術者が培養についての研究をずっと継続させていた。これが後に取り組んだインターフェロンの細胞培養につながる。

三菱レイヨンでは、作業手順の間違いから開発された中空糸膜と、金沢社長が出張先のメキシコのホテルで水を飲んで腹をこわした「事件」とが結びついて、自社にとって初めての最終消費財である携帯用浄水器が開発されることになった。これが家庭用浄水器の開発へとつながっていった。

クラボウはジーンズのデニムでは、高いシェアを獲得してきた。この事業は、1970年、先染課の一営業マンが「課の柱になる商品を求めて」ジーンズに注目したところからスタートした。

(2) 戦略転換とミドル

ミドルが会社の重要な決定と行動に大きな影響を及ぼすこともある。

東レの繊維の海外事業では、担当部長が、すでに「撤退」とした経営会議の決定を覆した。その後この海外拠点が東レの繊維事業の再活性化と成長の基盤

として重要な役割を担うことになる。

　東レは，海外進出にもっとも積極的であった企業のひとつであったが，1973年の第一次石油危機以降，東南アジアの合弁会社は，苦しい状況が続いていた。82年当時，ASEANにある20数カ所もの工場のほとんどが赤字であった。このため当時，東レの繊維の海外事業は重大な岐路に立たされていた。東レと同様に積極的に海外進出を行ってきていた帝人は，「不採算会社は清算」との方針から川中段階からは撤退した。東レでも経営会議は，東南アジアからの「総撤退」の方針を打ち出した。しかし，このとき就任した海外事業の関係会社の担当部長（前田勝之助）が，経営会議の決定を覆してしまった。

　担当部長は「赤字の拡大は，仕事のやり方考え方が間違っているせいだ。それを直せば，工場を生き返らせることができるかもしれない」「しばらく時間をくれれば必ず立て直してみせる」と本社の関係役員を口説いて回った。そして了解を取り付けることに成功した（前田『週刊ダイヤモンド』1993年4月17日号）。担当部長は，まず日本人経営幹部の考え方を根本から改めることから手を付け，そして合理化投資をすすめた。人員の削減を実施し，東レの国内基準をクリアさせることを目標として品質の向上を図った。こうした取り組みによって体質の改善が進展したことと，1985年のプラザ合意を契機としたドル安による日本，韓国，台湾の輸出競争力の減退によって，東南アジアのほとんどの工場は黒字に転換した。これらの工場群は，世界最強の生産拠点へと変貌していった。

　カネボウは，1980年代の後半から積極的に中国に拠点をつくっていったが，その中心には常に古林恒雄中国部長がいた。78年に上海向けのポリエステル製造プラントの輸出と技術指導をカネボウが中心となって請け負ったが，古林は70年代から84年まで，中国政府へのこのプロジェクト責任者として上海に滞在していた。この「経験を引き継ぐ形で合弁による対中進出を開始した」（古林，2001）。合繊プラントの完成時に，古林は中国事業の強化のために中国担当室の設置を本社に求め，この組織ができたのであった（『日経産業新聞』1994年10月19日）。そして85年には，当時本社が関心を示さなかったなかで，中国での製品の製造と販売の事業を個人商店のようなかたちでスタートさせた。それは女性用ストッキングの製造と販売の会社であった。

　その後カネボウ本社も中国事業に関心を強めることになった。1994年の円高

はカネボウに危機感をもたらし，ほとんどの事業部が中国の進出を図ることになったのである。2001年4月時点で中国の事業所の数は22カ所にものぼっている。このようなカネボウ全事業部の中国進出の過程で，古林は現地資金を借り入れながら会社作りを主導していった。こうして自然に，カネボウの中国事業と資金問題は，古林によって統括されるようになった（古田，2003）。

　形態安定生地やシャツは，1990年代前半にブームを起こしたが，このブームを先導したのは日清紡と東洋紡であった。日清紡の形態安定生地やシャツは，樹脂加工と液体アンモニア加工を基本的な技術としており，この2つの技術が結びついてできたものである。樹脂加工の技術としては，ブームの約30年前にはニューコットンが，約25年前にパーマネントプレスが登場していた。しかしニューコットンは強度の低下などで「実用化にはいまいち」であった。また1960年代半ば頃から合繊全盛の時代が長く続いた。しかし日清紡ではこの間もしぶとく防縮・防皺の研究を続けていた。「30年前に業界が樹脂加工シャツの失敗に懲りてからも，ずっと研究を続けていた」（柳内『日経産業新聞』1994年5月26日）のである。

　日清紡がいち早く形態安定生地の開発をできたのは，この樹脂加工の技術をもち続けていたためであった。パーマネントプレスのシャツ地の開発で社長賞を得ている柳内雄一は「綿の課題として，30年前ニューコットンの時に取り組んだのが，私にとって幸いしました。現在では紡シワの技術者が引退してしまい，世の中から消えてしまったのです。現役では，私を含めて数人しかいないと思います。技術は私の頭の中のフロッピーに伝承されていたわけです」（『花王ファミリー』1994）と述べている。

　しかし技術が伝承されていただけでは，形態安定シャツをいち早く上市することはできない。アメリカで開発された液体アンモニア加工について，美合工場研究所長（当時）の柳内は何年もの間，トップに原理の優秀性と加工設備導入の必要性を訴え続けている。そしてついに1980年代の後半に30億円の投資を必要とするプロジェクトを実現させた（柳内『日経産業新聞』1994年2月3日）。

注
1）　反対や抵抗という用語をここでは厳密なものではなく，一般的な用語として使用している。変化や革新を決定し，実施することに関して生じる反対，批判，摩擦，ネガティブな反応などを意

第Ⅱ部　脱成熟化プロセスの特徴

　　味する用語として使用する（吉原，1986）。
2）　ここでトップ，ミドルという名称は，組織的な地位を相対的に示したものであり，トップとは
　　組織のなかで資源配分の権限をもっている個人あるいは集団を指し，ミドルとは，配分された資
　　源を利用して，新しい事業の創造に直接に関わる個人あるいは集団を指す。

第8章 プロセス全体の特徴

第1節 既成枠を超えたアクション

> 17 脱成熟化のプロセスは,組織の壁,ルール,枠,範囲を超える活発なアクションが見られるプロセスである。また,組織の外部者が極めて重要な役割を演じるプロセスでもある。

　脱成熟化プロセスでは,イノベーティブな組織として,有機的組織（Burns & Stalker, 1961）の特性の多くを有するような組織,縦割りではない組織,外向きの組織,将来を志向する組織が求められる。また脱成熟化プロセスは,環境と組織との新しい関係の構築過程でもある。脱成熟化のプロセスは,組織が有機的になるプロセスであり,また外部の経営資源を積極的に活用するプロセスであった。

(1) ルール・組織の枠を超えるアクション

　成熟産業に属する企業において,新しいことを始めようとする人たちにとって,障害となるのが社内のさまざまなルールや手続きであり,既存部門からの理解不足である。歴史のある,成功体験をもつ企業は,成長の過程でルールやプログラムの複雑なシステムを作り上げる。企業は,さまざまな経験を積むことでどんどんルールや手続きを整備していく。

　組織はルールやプログラム,あるいは手続きをもつ。これらの体系が組織の構造的側面である。組織の構造は,決められた仕事を正確に効率的にすすめるために重要である。組織構造は,主としてルーティンを効率よく,正しく行う仕組みである。しかし新しいことをすすめる場合,これらが慣性力として,逆機能を生み出す原因のひとつとなる。これらが障害になることは少なくない。

　また新事業の開発には,既存部門からの協力が不可欠である。しかし,既存

部門は優秀な人材を部門内部に置いておこうとする。技術や設備についても，新事業に対して否定的・懐疑的な部門からは協力を得にくい。さらに歴史のある，規模の大きい組織の人々の発想は，保守的になりがちである。

脱成熟化に成功している企業は，このような壁を乗り越えて新事業を軌道に乗せてきた。

イノベーションは異種混合から生まれる。それまで関係があるとは思われていなかったことが結び付くところにイノベーションが生まれる。異なる部署に属する技術の結合が生じやすいことがイノベーションが生まれる確率を高める。東レの衣料用人工皮革や炭素繊維は，異なる部署で生まれた技術が結び付いて生まれた。このような結びつきは自然に行われるのではなく，担当者が自分の技術の可能性を探ろうとする努力のプロセスから生まれる。

東レの極細繊維の開発者である中央研究所の研究員は「この新繊維に一番ふさわしい使い道，何かないでしょうか，ねえ」と社内の研究所やあちこちの工場研究室に資料を送ったり，また自ら足を運んでせっせと用途開発の道を探し求めていた（内橋，1982）。このような活動は求評活動と呼ばれている。

東レの炭素繊維の開発では，その初期段階で，米ＵＣＣとの技術提携，大型プラントの建設が行われた。また，100人近い研究者の集中投入などが行われた。これらは伊藤開発研究所長と藤吉副社長によってかなり強引にすすめられた。

「その過程では常務会の承認というようなまだるこしい手続きを経ないで事を進めた事もあった」（松尾，1983）。

直属の上司を飛び越えて相談することもある。東レのセラミクスの場合，無機材料がなかなか理解されないなかで，担当者は事業化について直接の上司を飛び越えて新事業本部長に直接相談した。

旭化成の住宅事業では，それまで毎年，若干名の新人を配属させていたのを1975年には，新人の大半を住宅事業に投入した。事務系新人約75人のうち27人を住宅事業部に配属したのである。石油危機後の不況で，他の事業部ではあまり新人を採らなかったことが原因であった。「つぶれる」との心配をよそに，この27人が事業の大きな核となり，旭化成の住宅事業の離陸への推進力・原動力となった（山口，1998）。75年入社組の同期会の名称は「社長会」であるが，これは一人一人が社長として活動することで事業を立ち上げてきたことを

象徴している。

　メーカーの新事業は普通，新しい製品の開発からスタートする。しかしクラレのメディカル事業は，販売からスタートした。スタート時，まだ自社製品は何もなかった。「日本で初めてであって，世界にはすでに存在する」，自社製品を開発してからでは「時機を逸する」との判断からであった。

　新事業の取り組みの初期段階では，既存部門・他部門から理解や協力を得ることは容易なことではない。このため新事業の専門部署の設置や推進者とトップの連携や推進者のエネルギーがとくに重要となる。東レでは，1971年の専門部署である新事業推進部門の設置によって社内の関連部門からの経営資源が引き出しやすくなった。また，85年の技術センターの設置によって，それまで分散していた研究開発，生産ライン，エンジニアリングの技術関係の役員を一部屋に集め，常時，技術開発戦略について議論を行い，全社の技術者をいつでも結集できるように機動性をもたせた。

　新事業の開発に必要な創造性は，個人の自由な発想がベースとなる。東レでは，「研究時間の20％ぐらいはアングラ研究に充てるべきだ」（前田勝之助社長『日経産業新聞』1997年2月14日）として自主的な研究が奨励されている。アングラ（アンダーグラウンド）研究とは，会社から与えられたテーマ以外の研究を行うことである。「研究本部は研究者個人が何をアングラ研究しているか，一切チェックしない」という（城内宏専務研究本部長『日経産業新聞』1997年2月14日）。

(2) 外部資源の活用

　組織はオープン・システムであり，外部との深い関わりのなかで生存・成長が可能となる。外部資源・外部者はイノベーションの源泉でもある（von. Hippel, 1988）。異種混合はイノベーションを促進させる条件である。ラディカルな革新では外部資源が大きな役割を演じることが少なくない（Leifer et al., 2000）。しかし，成功体験をもち長い歴史をもつ，そして大企業である企業の多くは，自前主義やＮＩＨ（ノット・インベンテッド・ヒア）の文化をもつ傾向が強い。そのような企業は，自社の能力を高く評価し，プライドも高い。現状肯定から発想しようとする傾向も強い。日本の繊維企業も例外ではなく，繊維企業の多くでは自前主義の傾向が強かった。このような傾向は事業の

継続に貢献するだけではなく，脱成熟化にとって足かせともなることも少なくない。しかし，多くの企業では，新製品や新事業の開発で，他社との提携によって不足する経営資源を積極的に活用している。

東洋紡は，合繊の導入について業界のトップ企業として有利な立場にあったが，特許導入の申し入れを断った。また戦前から合繊の研究を開始しており，社内にはナイロン研究の第一人者もいた。戦後復興時には，研究者を散逸させてしまったが，合繊の事業化をすすめるにあたっては，子会社は子会社との立場をとり，子会社から彼らを呼び戻すことはなかった。子会社に有能な人材がいても彼らを十分に活かすことはなかった。

ダイワボウは，合繊ではビニロン，含フッ素繊維，ポリプロピレン，ポリエステルエーテルに取り組んできたが，いずれも国産技術による開発・事業化にこだわった。これは戦前から1964年まで社長であった加藤正人の宿願でもあった（『ダイワボウ60年史』2001）。しかし，事業化に成功したのはポリプロピレンだけであった。開発しているうちに，既存の合繊の改良がすすみ，新しい合繊としての特徴を出せなくなってしまったこともあった。

シキボウは，1980年代，積極的に多角化をすすめるにあたり，過去の多角化の失敗がすべて自前で行ってきた結果であることを踏まえての反省から，中途採用や異業種との提携にも前向きに取り組んだ。坂本専務は，「サービス分野などの新規事業を進めるには社内の人間だけではダメ。外の血が必要」「社内の人間だけではメーカーの発想からなかなか抜け出せないからだ」と述べている（『日経ビジネス』1991年6月17日号）。

東邦レーヨンは，得意とするレーヨンや半合成繊維である「アロン」にこだわりアクリル繊維の事業化に遅れてしまった。クラレは，国産合成繊維ビニロンの事業化に社運を賭けた。これがポリエステル繊維参入の遅れの原因となった。

東レの初期の多角化戦略は，「自主・先端・先行」を志向したものであった。基礎研究所では，設立当初は，事業にすぐに結びつくような研究よりもノーベル賞級の研究が重視された。このような取り組みは，成果をなかなか上げることができなかった。日清紡も，戦後一貫して内部の人材を重視してきた。桜田社長は「社内で育成した人材によって主として行うものとの考え方をとってきている」「人材は自社で育成する純血主義をとった」と述べている。

しかし1986年から，純血を掲げて，新卒を気長に育て，では新規分野は追いつかない，として中途採用を開始した（綱淵，1989）。

　自前主義にはデメリットがある反面，メリットも少なくない。他社には簡単にはマネのできない経営資源を蓄積することができるからである。東レやクラレなどでは，持続性の高い優位性のある事業を生み出している。東邦レーヨンでは，炭素繊維事業を生み出しているが，波多野正彦・東邦ベスロン専務は「ウチはアクリル繊維の開発を導入に頼らず自前でやり，業績不振の原因ともなった。しかし，おかげで技術者は育ったし，結果的に炭素繊維に最適の特性をもった独自のアクリル原糸を開発できた。他社ではマネできない」（『週刊ダイヤモンド』1980年7月19日号）と述べている。クラレでは，ビニロンの事業化の過程で，ねばり強く続けるという忍耐力を養うことができた。

　脱成熟化に成功している企業は，脱成熟化のプロセスにおいて，自前主義をとるだけではなく，外部の資源を積極的に活用してきた。自前主義に変更を加えた企業もある。企業は積極的に他社からの学習を行ってきた。脱成熟化においては，外部の経営資源が重要な役割を担っている。不足する経営資源を短時間で獲得することができる。同質化しがちな社内に異質な視点をもち込むことができる。イノベーションに必要な多様性を生み出すことができる。しかし成果を生み出すためには，内外の経営資源をうまくミックスさせる必要がある。

① 技術導入，提携，派遣

　戦後日本企業の多くは，海外企業から技術を積極的に導入することによって成長してきた。繊維企業も同様であった。繊維企業の成長の基盤の重要な部分には，技術の導入や提携があった。また，すべてを導入技術に依存するのではなく，自社で開発した技術とうまくミックスさせているケースも少なくない。東レのナイロンでは，自社技術と導入技術の相乗効果が大きな力を発揮したといえよう。

　合成繊維の研究を開始するにあたって，日東紡，東レ，東洋紡，日紡（ユニチカ），東邦レーヨンなどの各社は，研究員を大学の研究室へ派遣している。クラレは，京都大学の桜田氏に，合繊の基礎研究にビニロンの研究を加えてもらえるように働きかけている。

　合繊の事業化では，東レのナイロン，東レ・帝人のポリエステル，旭化成のサラン（塩化ビニリデン）をはじめ，多くの企業が欧米企業から技術導入を

第Ⅱ部　脱成熟化プロセスの特徴

図表 8-1　合繊の技術導入

品　種	認可年月	導入企業	導　入　先
ナイロン	1951年4月 1954年6月 1962年6月 1962年6月 1962年6月 1962年6月 1962年7月	東レ 日本レイヨン カネボウ 呉羽紡績 旭化成 旭化成 帝人	DuPont（アメリカ） InvestaAG（スイス） SniaViscosa（イタリア） Zimmer（ドイツ） Zimmer（ドイツ） Firestone（アメリカ） AlliedChemical（アメリカ）
ビニリデン	1952年5月	旭ダウ	DowChemical（アメリカ）
アクリル	1956年5月 1957年9月 1959年11月	住友化学工業 三菱ボンネル 帝人	AmericanCyanamid（アメリカ） Chemstrand（アメリカ） Bayer（ドイツ）
ポリエステル	1957年1月 1957年1月 1962年9月 1962年9月 1962年9月	東レ 帝人 日本レイヨン 東洋紡 クラレ	ICI（イギリス） ICI（イギリス） InvestaAG（スイス） EmserWerkeAG（スイス） Chemtex（アメリカ） Monsanto（アメリカ）
ポリプロピレン	1960年11月 1960年11月 1961年1月 1961年1月	三井化学工業 三菱油化 住友化学工業 チッソ	Montecatini（イタリア） Montecatini（イタリア） Montecatini（イタリア） Avisun（アメリカ）
スパンデックス	1963年2月 1963年12月	フジボウ 東洋プロダクツ	AmicaleIndustries（アメリカ） Dupont（アメリカ）
キュプラ	1953年3月	旭化成	BeaunitMill（アメリカ）
アセテート	1954年4月 1956年5月 1962年5月 1962年10月	帝人 三菱アセテート ダイセル 三菱アセテート	Bayer（ドイツ） Celanese（アメリカ） Eastman（アメリカ） Eastman（アメリカ）

注：『日本化学繊維産業史』1974

行っている。当時の一般的な日本企業の技術水準を考えれば，当然のことかもしれない。その後日本企業の技術水準が高まっていくが，合繊以外の事業についても，国内外の企業からの技術導入やそれらの企業との提携を行ったケースは少なくない。日本でも戦略的な提携やM＆Aは日常的になってきているが，繊維企業は戦後の早い時期からこのような方法での外部の経営資源の活用も積極的に行ってきた。

　1960年頃に結成された合繊各社のプロダクション・チームやマーケティング・チーム，2000年以降の合繊クラスターなどは，川上・川中企業などとの提

第8章　プロセス全体の特徴

携の姿である。また新合繊の開発には，川中企業との提携，密接な連携が必須である。

日清紡のブレーキ事業では，ドラムブレーキを英ガーリング社から，ディスクブレーキ，ABSの技術を独テーベス社から導入した。

旭化成の3種の新規事業（ナイロン，合成ゴム，建材）は，いずれも技術を導入してスタートさせている。また医薬事業を強化するために，東洋醸造と合併している。エレクトロニクス事業でも，積極的に外部資源を活用している。旭化成では，1983年に始めたアメリカン・マイクロシステムの通信用LSIの輸入販売が半導体事業参入のきっかけとなった。86年には日立製作所とプロセス技術の導入に関して技術提携した。工場の立ち上げに日立が全面協力した半導体量産工場が93年夏から稼働したが，当初はライセンス生産を中心としたものであり，生産の半分近くが日立への1メガSRAMのOEM供給が占めていた。また86年には，アナログ設計の米クリスタル社，特殊ROM（読み出し専用メモリー）の米ICT社と提携した。このような専門メーカーとの技術提携が事業化のスピードを速めた（『日経産業新聞』1990年12月27日）。

カネボウは1960年代からの多角化によって急成長を達成したが，それら多角化事業は，主として外部成長によるものであった。ペンタゴンの各事業を見ると，化粧品は61年に鐘化から事業を譲受することで，食品では64年にハリス食

図表8-2　各社のM＆A例（経営権の取得，系列化）

旭化成：住宅（鉄骨メーカー），コンタクトレンズ，医薬，酒類（清酒など），コンパウンド樹脂（米・欧）
東レ：繊維の海外事業，アパレル，建築用タイル，建材，半導体検査装置，炭素繊維加工（米），ポリエステルフィルム（仏），アパレル
帝人：化粧品，医薬，炭素繊維，アラミド繊維（オランダ），医薬（失敗），モノフィラメント（米），在宅医療（米）
クラレ：マジックテープ，MMA樹脂，ポバール・PVB事業
三菱レイヨン：ABS樹脂，ファインケミカル，炭素繊維（米・米）
東邦レーヨン：樹脂加工，紡績，縫製，染色，炭素繊維（オランダ）
カネボウ：化粧品，食品，医薬，紡績
東洋紡：ナイロン，エレクトロニクス
ユニチカ：不動産
日清紡：紙ナプキン，デニム，エレクトロニクス，建材
クラボウ：紡績，フィルム
日東紡：メディカル（米），芯地
ダイワボウ：織物，紡績，ホテル，紡績（ブラジル），アパレル
フジボウ：アパレル
シキボウ：産業機械，セラミクス，プリント配線板

品，立花製菓，和泉製菓，渡辺製菓を，医薬では66年に山城製薬を，71年に中滝製薬を合併して本格的にスタートさせている。カネボウのほかにもM&Aによる多角化（進出・強化）を行った企業は少なくなかった。

ほとんどの繊維企業がブランドを導入してファッション関連事業を展開してきた。カネボウのファッション事業では，1963年に「クリスチャン・ディオール」ブランドを導入したが，それ以来91年に570億円のピークを記録するまで29年間売上げを伸ばしてきた。日本市場で最大規模の海外ブランドに成長させている。オーミケンシのミカレディも，米国と仏国企業と提携してブランドを導入した。

帝人の医薬事業では，1980年に第一号の医薬品を発売して以来，藤沢薬品工業と販売提携を結んでいる。藤沢薬品からノウハウを吸収しながら，首都圏，近畿圏，東海地方へと段階的に自社販売地域を拡大していった。95年には完全に自社販売にシフトさせた。土肥専務は「他社が手掛けていない新しい分野の新薬の開発に力を入れたこと。そして提携先をうまく選んだこと」と医薬事業の成功の理由を分析している（『日経産業新聞』1992年1月10日）。

東レも医薬事業では，科研製薬と共同開発などで関係を強めている。また，住宅事業では，大和ハウスと提携している。炭素繊維では，ユニオンカーバイドと提携した。東レに不足していた焼く技術の導入を図っている。東レの人工皮革では，海外市場開拓のために外国企業と提携した。

クラレでも，人工皮革の開発では靴屋からの協力が必須であったし，人工臓器の開発には医療機関との協力体制が不可欠であった。ポリイソプレンゴム（合成ゴム）の事業化では，イソプレンモノマーの合成技術を自社開発しているが（これはファインケミカルへも展開した），ポリイソプレンの重合技術は導入している。また，エチレンを原料とする酢酸ビニル製造技術を導入した。スーパー繊維であるベクトランは，米ヘキストセラニーズ社と共同開発した。また，米ジョンソン・アンド・ジョンソン社から乾式不織布の製造技術を導入し共同出資で「クラレチコピー」を設立した。

カネボウは，医薬事業で1984年以来オルガノン社と共同開発をすすめてきた。吸湿して発熱する合繊素材である「ブレスサーモ」は東洋紡とミズノが共同開発したものである。クラレもミズノと機能素材を共同開発している。東洋紡の産業用繊維PBO繊維「ザイロン」では，事業化は単独で行うことになっ

図表8-3　各社の住宅関連事業

旭化成：建材をヘーベル社から導入
東レ：大和ハウスと提携
帝人：建材で東洋プライウッドと提携，ブレックホームと「帝人ディアホーム」を設立
三菱レイヨン：プータロー社と提携
カネボウ：川崎製鉄，川鉄商事と共同で「鐘淵スチール」を設立，「カネボウハウジング」では竹中工務店が支援体制を敷く
ユニチカ：ミサワホームと提携
日清紡：カネボウから建材事業を買収
日東紡：ミサワホームと提携
ダイワボウ：ミサワホームと提携
シキボウ：ミサワホームと提携
オーミケンシ：カスタムハウジングと提携

たが，その取り組みはダウ・ケミカル社との共同開発からスタートさせたものである。高強度ポリエチレン繊維「ダイニーマ」もオランダDMS社と共同開発した。

② スカウト，中途採用

新事業に繊維部門の人材が投入されることは少なくない。しかし，成功している新事業の多くでは，スカウトなどによって外部の人材を導入して事業の中核においている。新事業の開発では，社外の経営資源に大きく依存している。

新事業の開発に必要な知識を外部の経験者から学ぶことができる。初めての取り組みで生じる不安を低減してくれる。また，事業の急拡大に対して不足する人材を量的に確保することができる。内部者を一から育て上げるのには長い時間が必要である。また，同質化しがちの社内の発想に対して，スカウトによる社外の人材の導入は，新しい発想をもち込んでくれることを期待できる。異種混合はイノベーションの必要条件である。

技術者の中途採用は，合繊業界では早くから積極的に行われていた。東レでは，1960年頃に30人近い中途採用を行っている。70年4月には，合繊メーカーは脱繊維化をすすめるために一斉に大量スカウト作戦を実施した。このとき帝人では100人，三菱レイヨンでは80人，旭化成では160人もの募集を行っている。

帝人は，1959年に採用者97人中32人を，60年は150人中60人もの過年度卒，業歴者を採用した。帝人は，ポリエステル繊維の事業化で大きな成功をおさめたが，当時急拡大するポリエステル事業で不足する人材を確保する必要が高まっていた。しかし，このような採用の重点はむしろ「社員の体質改善」に

あったという。西村鉄次郎常務は次のように述べている。
「当社がここ数年積極的に外部から優秀な人材を集めているのは，実は企業の構成員にいろいろ変化があった方がよいとの考え方にもとづいている」(『エコノミスト』別冊1961年10月10日号)

帝人は，1968年には，10年先，20年先の新規事業を専門に考え，開発するという任務をもつ未来事業部門を設置した。社内のあらゆる部門から人材を集めるとともに，繊維的な発想を避けるため，部門長にはその4年前にスカウトした人を任命した。

また帝人は，積極的な多角化事業のなかで医薬事業を成功させることができたが，スタート当初に，この医薬事業のトップに，まず日研化学から一兆田健一専務を，続いて日本曹達で生物科学研究所を設立し研究所長であった野口照久氏をスカウトした。1995年には，80年以来の販売提携の解消に当たって藤沢薬品工業から営業部員約90人が帝人に移籍している。

東レは，1959年に創立35周年記念として基礎研究所の建設を決定した。そして大学などから新進気鋭の研究者を多数スカウトした。「助教授クラスの研究者約10名をスカウトし，50人の人員でスタートした」(松尾，1983)。東レの医薬事業のスタートであるインターフェロンの開発では，中心となる人物をスカウトした。03年に建設を予定しているナノテクノロジーの研究所の新設に当たっても，小林弘明常務研究本部長は「外部から20人程度人材をスカウトしたいとも考えている」(『日経産業新聞』2001年9月7日) と述べている。

東洋紡の医薬事業では，中堅の研究者をスカウトしている。旭化成のエレクトロニクス事業では，エレクトロニクス技術者の中途採用を行っている。旭化成の住宅事業では，「繊維や石油化学からの移籍組ではなく，あえて中途入社組に頼った」(山口信夫会長『日本経済新聞』1998年11月2日)。カネボウも医薬事業では既存企業の合併を進めるだけではなく，1974年には田辺製薬の研究所長と研究者20名をスカウトして研究開発体制を確立させた (和田，1985)。また80年代からは半導体関連技術者をスカウトしている。

戦後一貫して内部の人材で多角化をすすめてきた日清紡も，ＡＢＳ (アンチ・スキッド・ブレーキ) 事業で，初めて中途採用を行っている。ドラムブレーキやディスクブレーキとは異なり，ＡＢＳではコンピューターの知識が欠かせない。このため「生え抜き主義にこだわっていたのでは，商品化に後れを

③ 評価，支持

新事業の事前評価を正しく行うことは，極めて難しいが，多くの企業が，他社のアクションを新事業の可能性を評価する重要な情報源として利用している。これが「群れ症候群」を引き起こすことにもなり，期待通りの成果を上げることを困難にさせている。

成功している企業は，新事業の可能性の評価をどのように行っているのだろうか。成功している事業の多くで，その進出の決定に大きな影響を与えたのも，外部の評価であった。自社の内部では，企業の経営資源の配分者たちは，新事業のアイデアやプロジェクトを正しく評価することができないことも少なくなかった。外部者はより広い観点からより客観的に評価することができる。また社内の評価だけでは最後の踏ん切りができなかった。研究や事業の継続の推進力となったのも外部の評価であったことも少なくなかった。

■事例：開発の契機と技術の評価

戦後の日本企業の成長は，海外からの技術導入をテコに成し遂げられた部分が小さくなかった。日本の繊維企業の多くも合繊の技術を海外から導入した。日本の技術貿易の収支が黒字に転じたのは，ようやく1990年代にはいってからである。

繊維産業においても戦後しばらくの間は，欧米企業は日本企業に技術を簡単に売ってくれていた。しかし，競争力が高まるにつれ日本企業は，欧米企業からは警戒されるようになり，次第に欧米企業の技術を手に入れることはむずかしくなってきた。欧米企業の技術を得るためには，日本企業も欧米企業に技術を提供する必要が高まってきていた。

このような状況のなか，東レはデュポンのある技術を獲得するために，自社が開発した多くの技術，サンプルをもってデュポンを訪ねた。このときデュポンの技術者たちは，東レが持参した80ものサンプルの中から2つをとくに高く評価した。それは人工皮革と炭素繊維であった。東レのトップは，このデュポンの担当者がこれらの技術を高く評価する姿を目の当たりにして，人工皮革と炭素繊維の事業開発に対して直ちにゴーサインを出した。

それまでの両技術に対する社内における評価は極めて厳しいものであった。

衣料用人工皮革の基礎技術となる極細繊維は,担当副社長からは失敗の烙印を押されていた。炭素繊維も森田が社内の会議で炭素繊維の事業化を主張した当初は,需要が乏しいことを理由に消極的意見が大半を占めていた(高松,2002)。

また,東レは当初炭素繊維原糸を炭素繊維メーカーに研究用として提供する立場にあった。あるとき新規化合物を共重合させたPAN繊維を炭素繊維メーカーにもち込んだが,そこでこの繊維へのユーザーからの高い評価を得た。これが開発担当者が自社での事業化を目指す決定につながった(高松,2002)。

東洋紡の感光性樹脂版事業は,後発での参入であった。このため社内では事業化に反対する人が多かった。しかしユーザーの言葉が事業化を促した。宇野尚雄取締役は,次のように述べている。

「ユーザーである大手の印刷会社の人から今の樹脂版はまだ完全な製品ではない,まだまだこれからのもので先発も後発もないですよと激励され,トップもあの人が言うならということで決断していただき社内コンセンサスができました」(宇野,1987)

東邦レーヨンにとって,石油危機による苦境打開の活路をもたらすことになる炭素繊維事業への進出の契機となったのは,炭素繊維の原料となるプリカーサーの提供を要請する米国企業からの一通の手紙であった(『東邦レーヨン50年史』2002)。

三菱レイヨンのDNAチップの開発も外部からニーズを投げかけられて始めたケースである。三菱レイヨンのDNAチップの開発は,ジェノックス創薬研究所の研究員が三菱レイヨンの友人に,自分の研究に欠かせない器具であったDNAチップの入手に苦労していることを話したところから始まった。当時DNAチップは,非常に高価で手に入れることも難しく,チップの開発を掛け合った企業の反応も冷たいものであった。しかし繊維業界では古典的技術として普及していた中空糸を使えば安価にできるとの友人からのヒントを得て研究員が中空糸を利用した手法を考案した(『日本経済新聞』2001年1月7日)。

■事例:研究開発・事業の継続

クラレのビニロンは純国産の合繊であったため,技術的にも用途の面でも未知数の部分が大きく,その事業化のプロセスは試行錯誤の連続であった。この大きな赤字を出し続ける事業を軌道に乗せるためにはレーヨンの利益をつぎ込

まざるを得なかった。また天然繊維で事足りるため民間企業はなかなか利用してくれなかったなかで1954年，政府が外貨節約のため「政府が購入する繊維製品は国産品か国産繊維との混紡に限る」と閣議で申し合わせた。中村尚夫社長はこの政府の決定について「最も苦しい時に政府が支援してくれたため，事業として継続することもできたのだ」（中村，1994）と述べている。

東レのインターフェロンは，1970年頃に研究をスタートさせ，85年に製造承認を受けた。その間何度か社内では「いつまでやっているんだ」と研究の継続に対して批判的な意見が強まった。とくに石油危機後の減量経営下では，プロジェクトは厳しい状況に直面した。しかしこのとき，外部の評価がこのプロジェクトを守ることになった。社史には次のように記されている。

「1975年前後は，東レの業績が極度に悪化した時期であり，研究開発分野といえども減量経営努力の対象外というわけにはいかなかった。このような状況下では，学界の権威者を集めた厚生省の研究班が東レの開発方針を評価し，ヒトβ型インターフェロンの供給候補者として東レを想定しているという事実が，構造不況の荒波からこのプロジェクトを守る防波堤の役割を果たしたのである」（『東レ70年史』1997）

研究開発のプロセスではテーマ中止の危機に直面することは少なくない。研究のテーマ名を変えることで，あるいは国からの補助金など外部からの資金を獲得することで研究開発を継続できることもある。

■事例：外部からのアドバイスと事業戦略の転換

旭化成は，住宅事業をスタートさせるにあたって，販売施工代理店方式を採用した。販売エリアも東京，大阪，そして宮崎へと広げていった。住宅事業では後発企業であったこと，住宅ブームで急速に事業を拡大させようとしたこと，などがこのような間接的方式・全国的展開の戦略を採用した理由であった。しかし代理店は，施工能力を無視した受注合戦に没頭した。建築不能なものまで受注してきた。1972年にはとうとう「ニッチもサッチも」いかなくなった（梅沢，1989）。このとき，当時の担当副社長であった都築馨太は，次のような決断を行った。

① 販売は直販方式とし，建設は旭化成の責任施工で行う
② 営業戦線を整理し，エリアを首都圏の範囲に限定する

この事業戦略の大きな転換によって，旭化成は住宅事業を軌道に乗せること

ができた。「この大胆な決断が事業を沈没から救うと同時に，都市型住宅路線の基礎となった」(『週刊東洋経済』昭和62年4月18日号)のである。

この決断には，山本一元住宅事業部長（当時）が「田鍋さんは，住宅でいちばん厳しい営業と工事の仕事を自社でやらなければと教えてくれた」(『週刊東洋経済』1987年4月18日号）と述べているように，旭化成と同じ日窒グループである積水ハウスの田鍋健社長（当時）の助言を得ることができたことが大きく影響している。

積水ハウスは，住宅事業では旭化成の先輩格にあたる。積水化学がハウス事業を本格的に事業化するために，積水ハウスを設立したのは1960年である。積水ハウスではすでに旭化成と同じような経験をしていた（田鍋, 1992)。積水ハウスは，設立以来赤字が続き，会社は存亡の危機に陥っていた。63年，田鍋氏は積水化学の役員から積水ハウスの社長に就任した。そしてプレハブメーカーでは最初に代理方式から直販方式へ転換させ，また意識改革などを実行することによって積水化学工業のハウス事業を立て直すことに成功した。これが積水ハウスのその後の発展の基礎となり，70年には東京と大阪の証券取引所の二部への上場を果たしている。

第2節　成功と失敗からの学習

> 18　脱成熟化のプロセスは，組織の学習のプロセスである。組織は成功や失敗から学習する。しかし組織は，そのプロセスで過度に学習する傾向がある。

脱成熟化のプロセスでは，さまざまな部署で多様な学習が行われる。組織は新しい事業について学習する。自社の置かれた状況について学習する。自組織やメンバーの能力について学習する。また組織は，自らの経験や競争企業の経験から学習する。そして組織は失敗や成功から学習する。組織のそのような学習のプロセスは，障害物に突き当たるたびに，それを処理しながらすすむ蟻(Simon, 1977) が描くような不規則で角張った諸部分からなる一連の図形として理解できるかもしれない。組織のもつ事前情報は不完全なもので，アクションによって獲得する新しい情報に基づきアクションを修正していく。脱成熟化の成功には，事前に行われるようなＳＷＯＴ分析では全く不十分なもので

あり，本当に価値あるSWOTに関する知識は，試行錯誤のなかから獲得していく。また，それらの学習は，過剰なまでに行われることもある。

　繊維企業は，脱成熟化のプロセスで，試行錯誤を通じて，新事業の成功の鍵，多角化の方向，新事業の推進体制など，さまざまなことを学習する。成功事業のほとんどが事業戦略の転換を経験している。予期せぬ問題に直面して，試行錯誤をするなかで解決策を見出していく。これらは発見のプロセスである。

　取り組んでいるさまざまなプロジェクトのなかで，収益を上げ，累積損失を解消するものが現われてくる。失敗を伴うような試行錯誤的な学習を通じて，経営資源を集中的に投入することのできる分野を見出している。

(1) **新事業の成功の鍵（事業戦略の転換）**

　試行錯誤のなかから成功の鍵を見出していったケースとして，ここでは再び旭化成の住宅事業を取り上げよう。

　旭化成は住宅事業をスタートさせるに当たり，軽量気泡建材「ヘーベル」を最大限利用した住宅を設計した。また，全国展開・間接施工・間接販売戦略をすすめた。しかしこのような戦略は失敗した。軽く燃えにくいというヘーベルの特性を活かすことに力を入れ，活動範囲を都市部へ限定し，直接施工・直接販売へと事業戦略を転換した。また，新人を大量に投入した。これらが住宅事業の成功の基盤となったことはすでに見てきた。

　その後の住宅事業の成長を促進したのは，ソフトの開発であった。住宅事業は，ヘーベルという特徴あるハードからスタートしたが，営業の経験を積んでいくうちに「住ソフトの充実」が大事であることがわかってきた。ハードの面は，ライバルにオープンにされている。ソフトの違いこそが住宅事業の成長の鍵であるとの自信をもつまでになっている。

　当初，旭化成は不動産開発のノウハウをもっていなかったために建て替え需要に照準を合わせた。このなかで注目し，手がけることになったのが二世帯住宅であった。発売当初，この二世帯住宅に対する反響は非常に大きかった。ところが，成約にはなかなか結び付かなかった。契約ができても解約率が異常に高かったのである。「なぜキャンセル率が高いのか」という疑問に取り組むうちに，家族の暮らし方と設計がマッチしていないことが明らかとなってきた。

社内に研究会を組織して顧客からの聞き取り調査を実施した。そこから明らかになったことは，娘夫婦同居と息子夫婦同居では配慮すべき点が大きく異なることであった。こうした経験をもとに，同居タイプのそれぞれに対応する住宅を提供するとともに，以後住ソフトの充実を深めるために「共働き住宅研究所」など多くの研究所を設置していった。

　アクリル繊維，クラレのビニロン，カネボウの化粧品，東レの人工皮革など，多くの成功事業が事業戦略の転換を伴っていたことはすでに指摘してきた。また，新事業の開発をすすめる過程で，その事業の成功に欠かせない人材や技術が発見されたり育成されていく。東レのエクセーヌ，炭素繊維，ユニチカのキレート樹脂，カネボウの化粧品などはその例である。企業はまたその過程で，自社の能力の弱点を見出す。新事業の失敗から外部の視点・発想の必要性を見出す。

(2) 新事業の推進体制

　脱成熟化に成功している企業は，新事業の推進体制においても，経験を積みながら改善させてきている。東レは，1960年代から2000年頃までの間に，新事業開発体制をつぎのように進化させてきた（山路，1999）。

① インフォーマルなチーム力に依存していた時期
② 新事業推進部門という専門部門で本格的に取り組み始めた時期
③ 新事業開発のスピードアップを図るために技術センターを中心とした仕組みを整備していった時期

　東レでは，当初インフォーマルなすすめ方や既存組織内での対応で取り組んだが，新事業開発はうまくいかず専門部署を設置した。これは新事業開発にはずみをつけそれを促進させたが，本業の成熟化がすすむなかで期待通りの成果をなかなか上げることができないことが問題として意識されるようになる。開発のスピードアップが課題とされ，研究と開発を分離させた。その後さらに，多様なシーズに限られた経営資源をいかに配分するかが問題となる。さらに質を高め，スピードアップを図ろうと，新しい評価の仕組みである「ステージゲート・ミーティング」を導入し，技術センター事業化検討推進チームを創設した。

　東レは，合繊が成長期にあり，まだまだ技術輸入が盛んな時期に，基礎研究

所を設立した。基礎研究所も不況を経験して方針が大幅に変わった。あくまでも企業の研究所であることが認識されるようになった。当初は、独創的な研究成果、基礎研究それ自体が評価されていたが、シーズを製品開発に結びつける研究や会社の業績への貢献が求められるようになった。

(3) 多角化パターン

脱成熟化の紆余曲折のプロセスは、自社の強みと弱みの発見のプロセスでもあった。繊維企業の多くは、脱成熟化のプロセスで技術関連多角化を展開して、成果を上げている。合繊への取り組みのなかで蓄積していった高分子化学・合成化学などの技術をベースにして、フィルム、樹脂、合成ゴム、ファインケミカル、膜、炭素繊維などを事業化していった。それが今日までの企業成長につながってきている。しかし、このような多角化のすすめ方が、最初に多角化に取り組み始めた頃から、多くの繊維企業に採り入れられてきたわけではなかった。失敗と成功の経験を積み上げることで見出してきたパターンであった。

1970年頃の各社が本格的に多角化に取り組み始めた時期は、日本の経済は高度成長を続けていた時期であった。その頃は、ちょうど住宅・不動産やレジャーが成長産業として注目されていた。繊維企業は大企業であり、資本力が高かった。遊休地も少なくなかった。多くの繊維企業は、繊維事業とはあまり関連性のない、しかし取り組みやすい、そして早い成果が期待できるこれら住宅、不動産、レジャーの分野に進出していった。しかし、それらの成果はほとんどが期待水準に届かないものであった。経済成長が続くなか、また繊維事業の成長性にかげりが見えていた頃、多角化をすすめるに当たり、多くの企業が自社の能力を過大に評価しているか、成長市場に目を奪われていたのかもしれない。

帝人は、大屋社長時代にポリエステル繊維で大成功をおさめたあと、未来事業として攻撃的な多角化を展開してきた。そのような取り組みのなかには自動車販売、石油開発、牧場経営など、繊維事業とはかなり距離のある事業も多く含まれていた。しかし、そのほとんどの事業からの撤退を余儀なくされた。このような経験から、岡本佐四郎社長は「結局、技術の裏付けのない多角化はだめ」と痛感している（『日本経済新聞』昭和58年7月29日）。その後の帝人で

は，技術関連を軸にした多角化がすすめられていった。

　クラレも，1991年以降，いくつかの技術基盤をベースにユニークな化学企業体を追求しているが，60年代から石油危機までは，多角化の先兵としてクラレ不動産を設立するなど，非関連分野への多角化も行ってきた。やはりこれらの事業は，あまりうまくいったとはいえなかった。中村尚夫社長は，「オイルショック以前には，事業多角化のかけ声で不動産やレジャーなどに手を出したが，結局高い授業料を払った。やっぱり，自分のベースから離れたものはダメだ。だから医薬品の開発も始めているが，あくまでポリマー・ドラッグというアプローチをとっている」(『エコノミスト』1989年6月27日）と述べている。

　東洋紡も1970年代には，不動産，レジャー（ボウリングやヨットハーバー）などの分野にも進出した。80年代には医薬やエレクトロニクス分野にも進出した。しかし後に東洋紡のある幹部は多角化について「固有技術をいかした事業はそこそこ当たっている。しかし落下傘作戦で出たところがどうもうまくいっていない」（『日本経済新聞』1991年11月24日）と評価している。ダイワボウも，レジャー産業に注目，観光ホテルチェーンの構築をすすめた。そして石油危機以降，それらの事業の拡大を断念せざるを得なくなった。その後，不織布など技術を活かした多角化が重視されるようになった。

　逆に，主として「だぼハゼ」，芋づる的な多角化を展開してきた旭化成は，石油危機による合繊事業，石油化学事業の不振と住宅事業の成功から，石油に依存した関連多角化の限界と「飛び上がるような多角化の重要性」を学んだ。また住宅やサランラップなど「生活関連事業がないと経営基盤が安定しない」ことも学習している（山元一元社長『日刊工業新聞』1997年7月15日）。さらに1990年代にはいると，経済の低成長化，競争のグローバル化，多角化による大規模化と多様化のマネジメントの必要性などに対応して，「企業は健全な赤字をいつも持たなくてはいけない」とする宮崎社長時代の方針を否定して，「資本効率」を重視した経営に転換した。

　1999年に就任した東洋紡の津村準二社長は，「従来は繊維事業ひとつだけの"ご神木"経営だった。その反省から，風が吹いても倒れない雑木林の経営を目指している」と述べている（『日経産業新聞』2002年8月23日）。

　カネボウの社史には，「戦後三十年間の反省すべき点は，残念ながら戦前からの蓄積がほとんどゼロになってしまったために，その戦略路線の推進に当

たっては巨額の借入金に依存せざるを得なかったことであり，さらにもう一つ，日本経済の高度成長にテンポを合わせるためにタイミングを急ぎ過ぎたことであった」と記されている（『鐘紡百年史』1988）。

日清紡では，1980年代までは堅実な多角化を進めてきたが，「償却範囲の設備投資はしょせん守りの投資にすぎない。……拡大すべき時期には借金しても思いきって設備，人，開発にカネを出すべきだ」（中瀬社長『週刊東洋経済』昭和59年3月24日）として，積極的に多角化をすすめるようになった。

シキボウでは，多様な多角化の取り組みが期待通りの成果を上げてこなかったことに対して「サービス分野などの新規事業を進めるには社内の人間だけではダメ。外の血が必要」「社内の人間だけではメーカーの発想からなかなか抜け出せないからだ」（坂本専務『日経ビジネス』1991年6月17日号）と学習している。

東レでは，細さを追求したエクセーヌと強さを追求した炭素繊維の成功から，極限技術の追求を研究方針のひとつとして重視するようになった。
「技術を極限まで追求していく，すると1つの極限技術がまた次の新しい技術の世界を見せてくれる。そういう挑み方がウチの研究者には合っているんです」（小野輝道常務（当時），内橋，1989）。

東レは，多角化では当初，自主・独自・先行戦略を追求してきた。しかし，新事業はなかなか育たなかった。このため，企業の成長のためにはハイテクだけでは不十分であるとしてローテクも重視する方針に転換した。

(4) 2つの過剰学習

脱成熟化は組織学習のプロセスである。しかし，組織には過剰に学習する傾向がある。トップに都合のよい組織ができあがっていく。主力製品への依存度が高まり続ける。研究開発の領域が360度に広がっていく。

脱成熟化の進展に極めて大きな影響を及ぼすような組織の過剰学習には2つのタイプがある。

① 初期の失敗からの過剰学習

初期の多角化などのプロジェクトの失敗によって，過剰学習を行った企業もある。そのような企業は，失敗によって多角化が自社にとってはふさわしい戦略ではないということを学習し，既存の成熟を迎えつつあった事業に経営資源

を集中させていった。

　そのような企業の経営業績は，短期的には向上したが，長期的には不安定化していった。後にそのような企業は再び多角化の決定を行うこととなったが，競争企業には大きく遅れをとることになった。そして「必要性と能力のパラドクス」に陥ってしまった。多角化の必要性は極めて高い状況になっているものの，それを実行に移すための能力は大きく低下してしまっている。

　繊維大手16社のほとんどの企業が，1950年代に合繊の事業化に取り組んだ。60年頃には多角化にも取り組んだ。しかし合成繊維の事業化に失敗した企業，多角化が期待はずれに終わった企業のなかには，その後70年頃まで，繊維事業に専念することになった企業も少なくない。

■事例：シキボウ，フジボウ，オーミケンシの戦略の類似性

　シキボウ，フジボウ，オーミケンシの3社も，他の多くの企業と同様に，合繊への進出や多角化など，さまざまな脱成熟化に取り組んだ。時期的にも他の企業と比べて大きく遅れたわけではなかった。多角化はほぼ同時期に取り組んでいる。しかし，他の多くの企業と同様にというよりも，それ以上にそれらの取り組みから成果を上げることはむずかしかった。

　これらの3社は，この初期の失敗から，脱成熟化への取り組みが期待していたものではない，脱成熟化に取り組むよりも本業に専念した方が企業の成長にとって効果的であると学習した。繊維事業はまだまだ成熟しつつある段階で，開拓，再活性化の余地は大きいと認識した。以後，経営資源の主力は，それまでの成功パターンを強化することに注ぐことになったといえよう。

　これらの企業は，初期の失敗から，本業に回帰した。これによって多角化への取り組みには大きく遅れることになった。それは「能力と必要性のジレンマ」につながっていく。初期の失敗から本業への回帰に向かったこれらの企業は，「初期の失敗からの過剰学習」を行ったと理解することができるだろう。

　シキボウは，1951年に既存企業に資本参加して合繊ビニロンに取り組むが失敗した。その後「綿紡の生きる道は，繊維以外の新規事業に飛び出すか，さもなければ，海外に足場を求めていくしか方法はない」（塩路常務『週刊ダイヤモンド』1961年11月13日号）として1960年頃から多角化（コーンスターチ，カーペットなど）をすすめた。しかしいずれも長続きしなかった。そして紡績事業に専念していった。

第8章 プロセス全体の特徴

　幹部も社員も新規事業への取り組みに対しては「そんなことまでしなくても繊維でメシが食えるではないか」といった反応であった（『日経ビジネス』1991年6月17日号）。

　フジボウは，綿紡の朝鮮特需の反動不況に対してスフの増強をすすめ，1950年からは合繊にも取り組んだ。しかし，アクリル，ポリプロピレンの事業化に失敗した。将来大きな発展をはかるためには，新しい部門を開拓する必要があるとして，60年頃から多角化（不織布，樹脂加工など）にも取り組んだが，期待を満たす成果を上げることはできなかった。60年代の後半には「紡織専業に徹する」方針を打ち出した。生田専務は「あくまで素材提供者の地位を守っていく」と述べている（『週刊東洋経済』昭和44年1月18日号）。

　オーミケンシは，1950年代にスフに進出したが，合繊への進出計画は未実現のまま終わってしまった。60年頃からは繊維以外の分野に積極的に進出して，多角化（インスタント食品，不動産など）を行った。しかし60年代中頃になると，繊維事業に回帰する。夏川社長は「繊維以外に手を広げても，本業を補うものは期待できない。やはり繊維一本に徹すべきだと思うし，繊維産業は決して斜陽化したのではなく，まだまだ改善の仕方によって，伸びていく余力を持っている。そのため，当社としては，商品のいっそうの高級化を図り，加工度を高めていく方針である」（『週刊東洋経済』昭和40年11月25日号）と述べている。

　3社に共通する点は，3大合繊の事業化に失敗したこと，加工技術と不動産を活用する多角化を指向したこと，本体ではなく子会社による多角化を志向したこと，その結果，多くの多角化事業は期待はずれであったこと，その後本業への回帰，すなわち「紡織に徹する」との選択を行ったこと，その後も長く，高い糸売りの比重を維持するといった従来のやり方を踏襲してきたこと，そしてこの間に企業の体力の弱体化がもたらされたことであるといえよう。

　紡績企業の初期の多角化，その後多角化努力は中断，あるいは揺れ動くことが少なくなかった。その結果，企業の次の成長を託せるような収益の柱を構築することに遅れてしまった。

　これらは，自社および他社における初期の失敗からの過剰学習であるといえよう。このような初期の失敗からの過剰学習は，企業のその後の成長プロセスを大きく規定することになった。これらの企業は後に「能力と必要性のジレン

第Ⅱ部　脱成熟化プロセスの特徴

マ」に悩むことになった。

　初期の失敗から，これら企業とは異なる学習をした企業もある。旭化成の宮崎輝社長は，サランの失敗に続く，アクリルの不振による経営危機を経験して，3種の新規事業を企画・推進した。カネボウの武藤絲治社長は，合繊進出，スフの大増設をすすめた。しかし経営危機に陥った。このとき，紡績分野にとどまる限り，大きな発展は望めないとして，「グレーター・カネボウ」建設計画を打ち出し強力に推進した。これらの点については，次の章のインプリケーションで検討したい。

② 　大きな成功からの過剰学習

　最初の多角化プロジェクトが大きな成功を収めたために，企業は過剰に学習することがある。この典型的なケースは，帝人の事例である。

■事例：帝人のケース

　帝人の大屋晋三社長は，政界からの復帰後，多くの役員が強く反対するなかで合成繊維事業への進出を決め，東レと共同でポリエステルの特許を購入した。1957年に生産を開始したこの事業は，短期間に非常に大きな成功をおさめた。この成功の後，帝人は「現在の社会の変動はめまぐるしく，競争は激化している。こうした変化と競争の激しい時代に生き抜き，発展していくためには，常に革新，イノベーションが必要である。現状に甘んじ，停滞していることは後退を意味し，没落の道につながる」（阿部実常務『週刊ダイヤモンド』1968年6月24日号）と68年に未来事業部をつくり，化成品，石油開発，アグリ，化粧品，医薬品，自動車販売など約50もの新事業に取り組み，多角化を強力に推しすすめていった。

　大屋社長は1969年には「帝人は過去10年間で10倍に伸びた。今後10年間もやはり10倍増を目指す。10年後の売上高は年商2兆円だ」（『日本経済新聞』昭和45年1月1日）と大阪本社の全社員に向かって話している。また，大屋社長は「いまは繊維産業にとって大転換期。十年はもがく時期が続く。何が出たら本物の脱繊維になるかを捜している」（『日本経済新聞』1972年7月31日）と語っている。極めてリスクの大きい石油開発事業に注目した理由に関して「帝人には，石油開発にとって有利な国際性，資本力，それにプラス政治力がある」と述べている（『週刊東洋経済』昭和48年7月7日号）。

　帝人には「われわれは何でもできる症候群」が現われてきた。これは脱成熟

化の初期の大きな成功によって過剰学習が行われた結果である。かつて業界のリーダーであったことも影響しているのかもしれない。

　帝人の役員の多くは，そのような事業が非常にリスキーであると考えたが，だれも公然とは反対することができなかった。その典型的なケースは「大屋プロジェクト」と呼ばれる石油事業である。イラン，ナイジェリア，マレーシアなどでの石油の試掘を進めた。このような石油事業は，取締役会でほとんど話し合われることはなかった。すべて大屋社長の一存で始められた(『朝日新聞』1981年2月2日)。

　未来事業部長をつとめ，元副社長であった阿部実は，当時を振り返って「相談を受けたことはないし，役員会で討議された記憶もない」と言いきっている(『朝日新聞』1981年2月2日)。それは最初のベンチャーであるポリエステル繊維の事業化に大きな成功を収めた後，大屋社長にパワーが集中してしまったからである。

　帝人は当時，未来事業でどのようなシーズを取り上げ，どのようにストップするのかを考慮に入れた合理的な新事業開発システムをつくり上げていた。未来事業本部の前川滋郎取締役はこのシステムについて「組織を先につくりますとね，引っ込みがつかなくなって，億単位の金(かね)を使うケースがよくあるんです。この競争の激しい時代に，人も金もムダになんか使っていられません。そのためにシステムをきちんと作ったんです。それに，このシステムですとフシフシでマネージメントがチェックできるんです」と述べている(『週刊ダイヤモンド』1973年11月24日号)。

　未来事業では，このようなきちんと検討する体制をとっていたが，社長が「よし，やれ」といったプロジェクトはこれを素通りしてしまった(『日経ビジネス』1990年10月20日号)。

　結局，このような攻撃的な多角化は期待通りの成果を上げることができず，合繊，樹脂関連製品，医薬品以外のほとんどの事業から撤退することになった。

　このケースは，この種の過剰学習は企業内のパワー構造と関係していることを示している。トップ・マネジメント・チームにおける過度に集権化したパワー構造は，反対を抑圧する。企業の脱成熟化を可能にする集権化したパワー構造が，過剰学習の源泉となっているのである。

カネボウのケースでも、脱成熟化のプロセスで、特定のトップにパワーが集中した。グレーター・カネボウとそれに続くペンタゴンの構想と実行で中心的な役割を担ってきた伊藤淳二社長にパワーは集中した。伊藤は、労働組合の支持も得て、ペンタゴン経営を進め、3大合繊すべてに進出して、カネボウの規模を大きく飛躍させ、そして化粧品事業を成功させた。

伊藤社長は、石油危機直後には、(昭和)「32年の不況で市況に弱い繊維依存の体質からの脱皮を意識し、多角化を進めてきた。その基本路線が正しかったことが実証された」(『週刊ダイヤモンド』1974年12月14日)と述べているが、その後は化粧品事業以外の事業を収益化させることができない状態が続いた。このため企業の業績は低迷した。しかし、「伊藤体制下で引き上げられた役員陣は『ペンタゴン経営は失敗』とは口にできない」(『日経ビジネス』1995年7月31日)といわれ、基本的な方針を転換させることができず「資産を食い潰すしかない危機的な状況」に陥ってしまった。

戦略が明確になってくると、組織の学習が促進される。しかし一方で、戦略の再構築が行われるようになると組織内では、パワー構造に変化が生じてくる。脱成熟化の成功は、それを指導したトップにパワーを集中させることになる。事業が成功すると、推進派と資源配分者である支持者は、発言力を獲得する。逆に反対者は、パワーを弱める。反対者が意見を表明することは困難になってくる。成功をおさめた資源配分者に対する、新たな反対者の出現が抑制される。反対者は排除されていく。その結果、トップ集団のなかで同質化が進む。これがときには、過剰学習をもたらす。このときトップが意識的にパワーの分散をはからなければ、トップへの依存が大きくなる。

第3節　成功例とその反動

> 19　脱成熟化のプロセスでは、「成功例」が革新を促進させる重要な役割を果たしている。しかし、成功例はそれだけで自然に革新を促進させるわけではない。成功例を生み出すことができても、安定を求めようとする組織からの反動が起こることも少なくない。

脱成熟化は，再活性化に限界があるとするならば，基本的には多角化，次の成長基盤となる新しい事業の開発を目指した取り組みである。新事業の成功例の登場によって，長い脱成熟化プロセスは，ひとつの大きな転換点，変節点を迎える。成功例の登場の前後で，脱成熟化のプロセスは大きく変化する。

新事業開発での成功例は，脱成熟化のプロセスにおいて，極めて重要なさまざまな役割を演じる。成功例は，企業を新たな成長軌道に乗せるためのカギ，テコの役割を果たすことができる。試行錯誤的なアクションのなかから生み出された成功例をみることによって人々は，新しい事業発想の輪郭とその有効性を知ることができる（加護野，1989a）からである。

脱成熟化を大きく進展させるためには，新事業開発における成功例を，戦略の転換や脱成熟化の加速につなげていく必要がある。しかし，成功例を生み出しただけでは，脱成熟化の進展に大きな影響を及ぼさないことも少なくない。まず全社戦略に反映される必要があるからである。単一の成功例では組織の人々の認識へのインパクトは小さいかもしれない。

(1) 成功例の業績への効果
① 業績の底上げ，カバー，直接の効果，目に見える効果

東レのナイロン事業，旭化成の住宅事業，帝人の医薬事業，カネボウの化粧品事業，日清紡のブレーキ事業などは，規模は大きく育ち，大きな利益を継続的に生み出してきており，収益の柱となっている。

成功例が経営成果へ及ぼす影響の大きさは，今日の繊維企業の多くで，収益の中心を非繊維事業が担っていることを見ると明白であるが，長く続いた高度成長期の末期に生じた1970年代の二度の石油危機は，企業間の業績・体力の格差を拡大させた。このとき，短期間で業績を回復させた企業もあれば，20年もの間無配を続けざるを得なくなった企業もあった。このようなリストラに長期を要した企業にとって，新事業に積極的に取り組むことはむずかしかった。

業績回復の早かった企業の多くは，繊維事業で高い競争力を有していた。これらの企業の繊維事業も利益を出すことができない状況に陥ったが，石油危機の影響は他社と比べると小さかった。それだけではなく，それらの企業には，その繊維事業の業績の悪化を非繊維事業・新規事業が支えるというパターンが見られた。回復に長期を要した企業は，非繊維比率も低く，このようなパター

ンを生み出すことはできなかった。

　旭化成は，石油危機後の不況下でも，全体の経常赤字は1975年度の一度だけであった。しかし，「繊維部門は一貫して赤字だった。利益は完全に非繊維部門に依存している」（高田哲夫専務）状態であった。1974年度から78年度までの5年間，繊維部門の利益貢献はなかったと推定されている（野村総合研究所，1981）。この間，利益を生み出し業績を支えたのは，非繊維部門であり，なかでも住宅事業の業績は，内需型で安定していた。その後も多角化部門の利益の重要度は大きくなっていった。

　東レもナイロンで大幅な赤字を出した石油危機後の合繊不況下では，利益は人工皮革エクセーヌ，炭素繊維，ポリエステルフィルムが生み出す構造にあった。とくに石油危機直前に発売された衣料用人工皮革は，以後20年間に2000億円もの利益を生み出したと言われ業績を下支えした。

　帝人では，化成品，医薬事業の成長が，カネボウでは，化粧品事業が繊維事業を含め他事業の赤字をカバーした。日清紡では，黒字の非繊維事業が繊維部門の赤字を若干埋めた。クラボウでは，公害防止機器，ジーンズなどの独自商品が支えた。オーミケンシでは，高級婦人服の子会社「ミカレディ」が1970年前後に急成長した。75年7月期には65割配当を実施，6億5000万円もの配当収入をもたらした（山一証券，1976）。この配当が繊維事業の赤字をカバーした。

　1990年代にはいると，各社とも繊維部門の不振を非繊維部門がカバーするという傾向はさらに強まった。

　② モデル，展開パターン，テコ，波及効果

　学習の項ですでに見たように，企業は成功と失敗から学習する。成功プロジェクトは，単一では企業全体を成長軌道に乗せることはむずかしいが，技術面ではその後の多角化のテコの役割を果たしたり波及効果をもつことも少なくなく，その後の脱成熟化のすすめ方や成功の鍵のモデルにもなっている。

　成功例を通して，自社の強みと弱み，ポテンシャルの発見，再発見，こういうやり方がうちに合っているといった方法を見出し，また人材の発見と育成も行われている。後に担当者が社長に就任したケースも少なくない。多くの繊維企業は，成功と失敗の経験から，多角化パターンでは技術関連多角化を志向するようになった。

　東レの伊藤社長は，衣料用人工皮革エクセーヌの成功について「われわれは

この経験から,社内のスペシャリスト間のコミュニケーションの良さとトップ・マネージメントの忍耐強さが,ユニークな新製品開発にとって大変重要であることを学んだ」,炭素繊維の成功について「われわれはこの経験から,トップ・マネージメントの忍耐と固い信念が開発プロジェクトを成功に導く大変重要な鍵であることを学んだ」と述べている(『ＷＩＬＬ』1982年11月号)。

旭化成では,1960年代の3種の新規事業の成功が,1984年に策定作業をスタートさせた「2001年プロジェクト」のモデルとなっている。

カネボウの化粧品事業の成功は,それまでのカネボウに支配的であった川上的志向から脱却するきっかけとなった。消費者志向の重要性と全社的マーケティング思考を醸成することができた。そしてこの考え方は,他の事業にも導入されていった(『鐘紡百年史』1988)。

三菱レイヨンでは,初めての最終製品として事業化した家庭用浄水器の成功が,それまでの素材重視の考え方から,技術を末端のユーザーに近いところで活かすことを重視する考え,「2.5次産業」への意識革命に大きく影響を及ぼした。

③ 心理的エネルギー

ダイワボウは石油危機以降,業績がすぐれず長期の無配を余儀なくされた。この間はリストラの連続であった。しかしそのような状況でも1990年頃から高い機能性を有する繊維や機能性素材の開発を成功させ,マイクロファイバー不織布,消臭繊維などを商品化した。これらの機能性素材は,再建のテコとなっただけではなく,再建のための心理的エネルギーの供給源ともなった。会社案内にはつぎのように記されている。

「気づかせたものは,機能性素材の鮮やかな成功でした。正直なところ,それまで私たちは,現状に甘え,リスクを恐れ,たくさんの開発の芽をつんできていました。しかし,そんな中から雑草のようにたくましく伸び,大輪の花を咲かせた機能性素材——。目覚めの衝撃は強烈でした。忘れていたBeatが甦り,「開発立社」こそが歩むべき道であることを悟ったのです」(『BEAT CONSCIOUS』)

世界最大の化学企業であったデュポン社は,日本の繊維企業や化学企業にとって学ぶべき対象であった。クラレは,1960年代から70年代に,人工皮革とエバールでこのデュポンと二度も競争することになった。このデュポンとの競

争で二度ともクラレは勝利を収めた。これは自社技術への自信につながった。坂本敬雄常務は，つぎのように述べている。

「人工皮革でもエバールでも，世界最大の化学会社と戦って勝った。もちろん企業規模では足元にも及びませんでしたが，この2つの分野でデュポンに勝ったことは，当社にとって，大きな自信となりました」(『WEDGE』1998年2月号)

海外の有力企業との提携（技術輸出も）が技術者たちの自信を深めることもある。

さまざまなプロジェクトのなかで，収益を上げ，累積赤字を解消するものが現われてくる。そのような具体的な成功モデルを通じて，新たな事業発想を，組織は学習し始める。過去の成功や失敗に対して意味が与えられ，企業の将来の成長の方向がはっきりとし始める。それが新たなドメインとして言葉によって表現され始め，企業の成長の「ドライビング・フォース」となる経営資源がなにかが識別されるようになってくる。

しかし，成功例の以上のような役割は，脱成熟化のプロセスが完成に向かって，勢いがついた段階で，事後的に明らかになることが少なくない。

(2) 成功例と戦略の再構築

成功例は，直接的効果だけではなく，モデルとして，自社の強み，成長に対する期待，効果が期待できる。しかし，企業全体のパラダイムの転換に関わるような企業革新に直接結び付くとは限らない。むしろ成功例をテコとしたさまざまな働きかけが必要であることが少なくない。これらを革新のテコとして活用できるかどうかが脱成熟化の加速化の鍵となる。

成功例は，共約不可能性をその特徴としてもつパラダイムの転換が必要とされるような企業革新において，大きな役割を果たす（加護野，1988a)。脱成熟化のむずかしさの基本的な要因は，変わることの意味，どのような方向へ変わるのかといったパラダイムに共約不可能性があるためで，パラダイムの変革には，見本例が大きな役割を演じることが期待される。このような企業革新は，成功例をテコとして一点突破全面展開的にすすめられる。

戦略の再構築によって脱成熟化の変革に勢いが生まれてくる。しかし成功例

の誕生がそのまま戦略の再構築がすすむとは限らない。成功例が生まれても変化の勢いを維持・促進することは容易なことではない。成功例と戦略の再構築との間には，さまざまな要因によってみぞが生まれることが少なくない。成功例の出現が脱成熟化のプロセスを促進するとは限らない。

戦略的学習のプロセスの特徴のひとつは，失敗が多いことである。このような失敗は，脱成熟化の完成に必要とされる戦略の転換を遅らせる。しかし，撤退のような失敗の場合とは対照的に成功例を生み出すことができたとしても，戦略の再構築には遅れてしまうことも少なくない。いかに失敗へ対応するかによってその後の企業の成長に大きな違いが生まれてくるように，成功への対応の違いもその後の企業の成長を大きく規定している。第2節で見たように組織の学習は，過剰学習につながることもある。「自らの成功から学習する能力」を欠如させている組織は少なくない（Senge, 1999）。

単一の成功例ではインパクトが小さいこともその理由のひとつである。子会社での事業化，技術レベルの高くない加工事業，「コストパフォーマンスが悪い」ことなども理由といえよう。しかし，それ以外にも多くの理由から戦略の再構築にダイレクトには結びつかない現象を見出すことができる。ほとんどの企業で，成功例が生まれてから，戦略の転換，戦略の再構築がすすみ，脱成熟化の勢いが増すまでには，戦略的学習を通じて成功例を生み出すのと同じくらいの，試行錯誤を伴うような長い学習期間が必要であった。

新事業開発の成功は新たな問題を生み出す。パワー構造を強化する。組織の慣性力が強くなる。既存事業との関係で難しい問題が生まれる。脱成熟化は，組織のストレスを高める。このため組織では，安定を回復させようとする力が強くなる。成功例の出現というワンステップ，区切りを契機として，もとの平和な状態を求めるようになる。しかし，この段階ではまだまだ脱成熟化のプロセスは完成していない。

この反動を抑えて，新しいアクションを継続させ，成果を生み出すためには，トップの組織への働きかけ，組織の仕組み（新事業推進部門）の構築，新しい戦略構想の創造などが必要となる。成功例を革新の促進に結びつけるためには大きなエネルギーが必要となる。

東レのナイロン，帝人のポリエステルのケースは，単一の事業・成功例が企業を一気に大きく成長させた例外的なケースである。こうして合繊時代に大き

第Ⅱ部　脱成熟化プロセスの特徴

図表 8-4　トップシェア製品・事業

トップシェア・競争優位性を有する（一定の期間，有していた）製品・事業を中心に

- 旭化成（『日刊工業新聞』2000年2月16日）

主要製品			マーケットポジション	
ケミカル		AN系	世界No.2	
		アジピン酸	アジアNo.1	
		ザイロン	世界No.2	
		アビセル	日本No.1	
		感光材	世界No.2	
		サランラップ	日本No.1	
繊維		ロイカ	日本No.2	
		ベンベルグ	世界No.1	
		スパンボンド	日本No.2	
		ラムース	世界No.3	
多角化		DFR	日本No.1	
		パイメル	世界No.1	
		ハイポア	世界No.1	
		ガラスクロス	世界No.1	シュエーベルグループ
		ホール素子	世界No.1	
		セパセル	世界No.2	
		人工腎臓	日本No.1	
		ML（交換膜）	世界No.1	
住建		ヘーベルハウス	日本No.1	コンクリート住宅
		ヘーベル板	日本No.1	

- 東レ（2004年5月11日，『2004年3月期決算概要並びに中期経営課題 "プロジェクト NT-Ⅱ" について　東レ株式会社代表取締役社長　榊原定征』）

			2004年3月期推定世界シェア
ナンバーワン事業	31事業		
	繊維ポリエステル綿混織物		30%
	裏地用タフタ		21%
	スエード調人工皮革		32%
	漁網用ナイロン長繊維		21%
	フッ素繊維		39%
	縫糸用ポリエステル短繊維		28%
	ポリエステル・レーヨン混織物		12%
プラスチック	PETフィルム		19%
	コンデンサ用OPPフィルム		14%
	パラ系アラミドフィルム		90%
	PPSフィルム		100%
	プロテクト用PE系フィルム		43%
ケミカル	DMSO		44%
複材	炭素繊維複合材料		37%
医薬・医療	敗血症治療用血液浄化器		100%
電情材	フィルムキャリアテープ		81%
	感光性樹脂凸版		37%
液晶材	LCDスピンレスコーター（G5サイズ～）		75%
TEK	液晶パネルチップ実装装置		40%
	液晶パネル二次元コードマーキング装置		70%

第8章 プロセス全体の特徴

その他11事業
売上高約2800億円,連結売上高の約4分の1,売上高営業利益率13%,連結営業利益の約3分の2

・帝人

ポリエステル短繊維	国内生産能力トップ（98年）
ポリエステル長繊維短繊維	デュポンと事業統合で世界トップクラスの規模に（99年）国内生産量1位（99年）
ポリ塩化ビニール繊維	世界で帝人とローヌプーランの2社が製造（91年現在）
ナイロン長繊維（帝人・デュポン）	国内生産量4位（99年）
ポリエステル・フィルム	デュポンとの提携で世界トップクラスの規模に（99年）
PENフィルム	92年現在世界で唯一のメーカー
ポリカーボネート樹脂	国内トップ（92年）CD向け販売では世界シェア約40%
PBT樹脂	合弁が国内最大手（01年）合弁が世界2位（03年）
アラミド繊維	世界シェアを二分
モノフィラメント	世界シェア約25%（00年）
在宅医療・在宅酸素治療装置	国内シェア75%（99年現在）
炭素繊維（東邦テナックス）	世界シェア（生産量ベース）2位 26%（05年）
人工皮革	生産実績で2位（91年）

・クラレ（『ファクトブック2005』）

製品名	順位	シェア
ビニロン	国内1位	
化成品・樹脂セグメント		
ポバール	世界1位	35%
光学用ポバールフィルム	世界1位	90%
＜エバール＞	世界1位	70%
＜セプトン＞（熱可塑性エラストマー）	世界2位	25%
人工大理石（アクリル系）	国内2位	25%
繊維セグメント		
人工皮革	世界1位	25%
面ファスナー	国内1位	65%
機能材・メディカル他セグメント		
オプトスクリーン	世界1位	40%
歯科材料	国内1位	40%

・三菱レイヨン

アセテート繊維製品（国内生産）	シェア2位44.1%（02年）
ジ・アセテート短繊維	シガレットフィルター用,国内シェア50%
アクリル繊維	国内1位
アクリル長繊維	世界で唯一のメーカー
ポリプロピレン長繊維	国内最大手（00年現在）
MMA生産能力	日本最大,世界第2位（00年現在）
モノマーからポリマーまでの展開の広さは世界一	
ABS樹脂	国内6位（生産能力・98年現在）「赤字を出したことがない」（1998年現在）
浄水器	最大手（93年現在）

第Ⅱ部　脱成熟化プロセスの特徴

膜	ＭＦ精密濾過膜に強く，膜分離活性汚泥法向けで世界第2位（08年現在）
プラスチック光ファイバー	世界で7割の販売シェア（99年現在）
炭素繊維	世界シェア（生産量ベース）3位　22%（05年）
プリズムシート	国内で約40%のシェア（96年現在）
マイクロレンズ	世界市場を2分（00年現在）
キレート剤	国内最大手（99年現在）
DMF（ジメチル・ホルム・アミド）	国内最大手（92年現在）

・東邦レーヨン（東邦テナックス）

アクリル短繊維	国内シェア4位（88年）
スフ（レーヨン短繊維）	90年代まで国内最大手
炭素繊維	世界シェア（生産量ベース）2位　26%（05年）
耐炎繊維	国内では東邦テナックスだけが手がけ，世界でも英米2社が製造している程度（05年現在）

・鐘紡

純綿細番手綿糸（生産）	国内シェア2位11.2%（02年度）
サポート・パンストゾッキ用スパンデックス糸	生産で4位（95年）
ナイロン長繊維	国内生産量5位（98年）
ポリエステル長繊維	国内生産量5位（99年）
アクリル短繊維（生産能力）	7位（98年）
生糸	販売で2位（92年）
ファッション	クリスチャン・ディオールは国内最大のブランドに成長
化粧品	国内2位；国内出荷額3位（99年）
シャンプー・リンス	国内出荷額4位（99年）
香水	国内出荷額4位（97年）
育毛剤	販売額5位（98年）
洗顔料	卸売り3位（02年度）
ボディソープ	卸売り3位（02年度）
医薬・漢方	一般向け漢方薬市場でトップの30%を超えるシェア（97年現在）
椎茸のほだ木	生椎茸の年間生産量の20%を占めるトップメーカー（94年度）
アイスクリームチェーン店	「レインボーハット」127店・国内2位（95年現在）

・東洋紡（各種資料および東洋紡資料）

純綿細番手綿糸（生産）	国内シェア3位9.1%（02年度）
綿糸	国内シェア5位（89年）
アクリル短繊維	生産設備で国内3位（01年），国内2位（07年）
ポリエステル繊維	生産量シェア3位（98年），生産設備で国内3位（07年）
ポリエステル長繊維	国内生産量3位（99年）
ナイロン長繊維	国内生産量5位（99年）
エアバッグ用ナイロン織物（ナイロン66）	国内1位（07年）
サポート・パンストゾッキ用スパンデックス糸	生産で5位（95年）
スーパー繊維PBO「ザイロン」	世界で唯一のメーカー
海水淡水化逆浸透膜	国内トップ3の1社；中東湾岸諸国でトップシェア（08年

第8章 プロセス全体の特徴

	現在)
	世界大手のひとつ（09年現在）
ポリプロピレン・フィルム	国内最大手メーカーのひとつ（93年現在），国内2位（07年）
ポリエステル・フィルム（包装用）	国内1位（07年）
タイヤコード用ポリエステル繊維	国内の約40％，世界の約10％（2006年現在）
	国内1位（07年），世界5位（06年）
医療用診断薬原料になる酵素の生産量	世界2位（07年）
人工腎臓用中空糸	世界シェア25％（98年現在）
	国内2位（07年），世界2位（07年）
ポリエステル・エラストマー	国内90％近いシェア（82年現在），国内1位（07年）
繊維状活性炭	国内1位（07年）
不織布	「呉羽テック」が業界3位（91年現在）
	ポリエステルスパンボンド，国内2位（07年）

・ユニチカ（各種資料および2013年3月期第2四半期決算説明会資料）

綿不織布（国内販売）	シェア1位48％（02年）
ポリエステル長繊維	国内生産量4位（99年）
ポリエステル短繊維（バインダー）	国内シェア60％（2012年現在・ユニチカ推定）
ナイロン長繊維	国内生産量3位（99年）
ナイロンフィルム	世界シェア55％程度（食品包装用，2004年現在，ライセンス生産分を含め，生産量）
ポリアリレート樹脂	独自
ポリエステルスパンボンド不織布	最大手（国内40％・2012年現在・ユニチカ推定）
綿100％スパンレース不織布	最大手（国内60％・2012年現在・ユニチカ推定）
ガラスクロス（産業用）	シェア30％・2位（2012年現在・ユニチカ推定）
ガラスビーズ	国内シェア35％・2位（2012年現在・ユニチカ推定）

・日清紡

純綿細番手綿糸（生産）	国内シェア1位47.1％（02年度）
綿糸生産量	国内1位，シェア13.2％（93年度）
綿不織布（国内販売）	シェア2位38％（02年）
液体アンモニア加工機	保有台数世界一位・6台（2007年現在）
国内シェア（2005年）	
ドレスシャツ地	国内シェア約40％
デニム	国内シェア30％以上
寝装品（羽毛布団地）	国内シェア約20％
スパンデックス（サポートパンストゾッキ用）	国内シェア60％以上
国内自動車メーカー向け摩擦材OEシェア（2005年）	
ディスクパッド	約20％
乗用車用ブレーキライニング	約60％
商用車用ブレーキライニング	約35％
ブレーキ摩擦材，世界シェア2割	
国内自動車メーカー向けブレーキ製品OEシェア（2005年）	
乗用車用ドラムブレーキ	約20％
商用車用ドラムブレーキ	約20％
商用車用ディスクブレーキ	約70％

・クラボウ

綿糸	生産量で国内4位，シェア7.8％（93年度）

第Ⅱ部　脱成熟化プロセスの特徴

ニット用コーマー糸	生産で4位（95年）
ドレスシャツ地	生産で5位（95年）
形態安定ドレスシャツ地	生産で5位（95年）
紳士ビジネス綿靴下用シルケット綿糸	国内生産2位・30%（02年度）
TCユニフォーム・ワーキング	生産で国内2位，20%のシェア（95年）
デニム	30%のシェアを獲得，日清紡と並ぶトップメーカー（97年現在）

・日東紡

ガラス繊維	国内最大手（02年）
「日東グラスファイバー工業」	太さ7ミクロン以下の極細タイプでは世界市場の30%前後を占めるトップメーカー（00年）
「パラマウント硝子工業」	グラスウール業界3位（97年現在）
不燃吸音天井材	国内シェア50%（91年現在）
オフィス用床材	国内最大手（91年現在）
芯地	国内トップ（02年）
ロック・ウール	出荷量シェアで2位（97年）

・ダイワボウ

綿糸	国内シェア5位（90年）
スフ	生産能力で4位（95年）
ポリプロピレンをベースにしたオレフィン系複合原綿で国内2位（00年）	
スパンレース不織布	国内最大手（00年）
不織布素材のレーヨン	ポリプロピレンで国内トップシェア（89年現在）
帆布	国内トップメーカー
綿帆布	生産で国内2位（95年）
製紙用ドライヤーカンバス	シェア40%（89年）
ゴム	日本の競輪用自転車タイヤのほぼ100%を生産（92年）
「ダイワボウ情報システム」	独立系のパソコンディーラーとしては国内最大手（91年時点）

・フジボウ

純綿細番手綿糸（生産）	国内シェア5位8.2%（02年度）
ドレスシャツ地	生産で国内4位（95年）
形態安定ドレスシャツ地	生産で国内3位（95年）
紳士ビジネス綿靴下用シルケット綿糸	生産で国内3位（95年）
シルケット加工	1970年代から「レンシル」の代名詞的存在
BVD	1976年のブランド使用権取得時，男性用肌着でグンゼ，福助に次ぐシェア
	GMSにおける2大ブランドのひとつ（2011年）
研磨材	大型の液晶ガラス用でトップクラス（2011年）

・シキボウ

純綿細番手綿糸（生産）	国内シェア4位8.8%（02年度）
ドレスシャツ地	生産で国内シェア9%3位（95年）
	1950年代からトップ3の一角を占めてきた
形態安定ドレスシャツ地	生産で4位（95年）
製紙用ドライヤーカンバス	長期にわたり高いシェアを維持
湿式フィルタークロス	国内トップシェア（2011年現在）

第8章　プロセス全体の特徴

・オーミケンシ
綿糸　　　　　生産量で国内5位，シェア5.8%（93年度）
スフ　　　　　国内2社体制（2001年）
「ミカレディ」　1964年当時，「名実ともに業界のトップにランクされ」（有価証券報告書）
　　　　　　　アパレル売上高ランキング75位（92年日本繊維新聞社調査）

く成長した繊維企業も，多角化時代においては，新事業の成功例のほとんどは，本業に比べると規模は小さい。

　繊維企業の繊維事業へのこだわりは極めて大きい。繊維企業にとって，繊維事業は創業事業である。繊維企業は，繊維事業で成功してリーディング産業となったのであり，また繊維事業で培った技術がその後の多角化の基礎となっている。

　紡績企業の多角化への取り組みは，合繊企業に比べても決して遅くはなかった。カネボウは，紡績企業のなかでは，早くから継続的に多角化をすすめてきた数少ない企業である。カネボウでは，1970年頃には多角化事業の化粧品事業が収益の柱となった。しかし，その後も長期にわたって繊維事業中心の組織文化が支配的であり続けた。

　東レは，旭化成と比較すると多角化のスピードは緩慢であったが，早くから多角化に取り組み，継続的に多角化事業の売上高に占める割合を高めてきた。東洋紡も，多角化への取り組みには遅れたが，継続して多角化をすすめ，売上高に占める多角化事業の比率を高めてきた。しかし，そのような非繊維事業の比重の高まりが，自然の流れとして戦略の再構築にすすんだわけではなかった。繊維事業の規模が大きく，売上高に占める比率も高い両社にとって，非繊維比率が高まるなかで繊維事業を戦略にどのように位置づけるかはむずかしい問題であった。

　東洋紡や東レでは，繊維事業と全体の戦略との関係で，流動化現象が見られた。新合繊や形態安定素材の開発による繊維事業の再活性化に成功した。新合繊のように繊維事業の再活性化の成功が好景気と重なった場合は，その効果は大きい。東洋紡では形態安定素材のヒットで，閉鎖予定の工場を存続させることができた。両社は，改めて繊維は中心事業であり，今後も成長は可能との認識を強めた。しかし景気の後退やブームの沈静化によって，再び収益は非繊維事業が支えるかたちになった。再び戦略は，非繊維事業に大きく比重を移していった。こうした戦略の揺れ動きを通して戦略の再構築がすすむことになった。

第Ⅱ部　脱成熟化プロセスの特徴

クラレでは，ビジョンやコンセプトが，成長の加速に大きな役割を演じるようになっている。しかしこれらコンセプトの創造には長い時間と創造力を必要とした。

旭化成では，合成繊維への多角化と並行して非繊維事業への多角化もすすめようとした。アクリル繊維の事業化が軌道に乗った頃に計画されたこれらの多角化事業に対して，社内では強い抵抗があった。アクリル繊維の事業化は，各社とも大きな犠牲を伴うものであった。

① パワー構造，組織文化と事業構造の不一致

まずカネボウのケースを取り上げる。これは化粧品事業という大きな成功例が既存のパワー構造や組織文化を維持させることになったケースである。

■事例：カネボウのケース

カネボウの本格的な多角化への取り組みは，時期的に早く，また大規模なものであった。レーヨンの大増設で苦況に陥ったカネボウは，武藤絲治社長が打ち出したグレーター・カネボウ構想と，それに続いて伊藤淳二社長が掲げ推進したペンタゴン戦略によって，ナイロン，化粧品，食品，医薬品，住宅へと進出していった。

しかし，カネボウでは，このような多角化の結果，成功事業と失敗事業を同時に抱えこむことになった。祖業の繊維事業と同じ合繊事業では，事業化以来今日に至るまでほとんどの期間で利益を計上できなかったようである。とくに石油危機以降は，大きな赤字を長期にわたって出し続けた。それに対して，繊維事業とは距離のある化粧品事業では，国内２位の地位を築くまでに大きく成功した。

カネボウの化粧品事業は，銀行からは撤退を求められるような1968年頃の苦難の時期を経て，70年頃から軌道に乗るようになった。これに対して，３大合繊のすべてに後発で進出した合繊事業は，石油危機以降，長期にわたって低迷を続けた。その他の多角化事業も不安定な状況が続いた。その頃から化粧品事業が繊維事業をはじめその他の事業の赤字をカバーするという収益構造が定着していった。カネボウは化粧品事業の成功を，企業の飛躍のためのテコとして活用することはできなかった。

カネボウの本格的な多角化の契機となったグレーター・カネボウ計画は，「天然繊維から合繊へ，労働集約産業から資本集約産業へ」をスローガンにし

ており，ナイロンの事業化のリスクをカバーすることが狙いであった。伊藤社長は「どうしても紡績資本から合繊資本に転換したかった」「鐘紡の多角化は『なんでもかんでもやる』という印象を与えたけれども，なんのことはない合繊化のためのカムフラージュだったことがわかってもらえるはずです。正確なことばの意味で多角化といえるかどうかわかりませんが，非繊維で合繊転換をささえる作戦は少なくとも鐘紡では成功したと確信しています」と述べている。グレーター・カネボウ計画，そしてペンタゴン計画の中核には合繊事業があったといえよう。こうして経営資源の多くが合繊事業に投入された。伊藤社長は，「合繊に注ぎ込んだ人，モノ，カネに比べたら非繊維拡大に注がれた努力はまだ足りない」とも述べている（『週刊東洋経済』昭和52年11月5日号）。

　繊維企業の多くは繊維重視の組織文化をもっているが，戦前，戦後多角化を積極的にすすめてきたカネボウも例外ではなかった。収益構造が完全に繊維から化粧品に移ってからも繊維重視の文化は依然強いままであった。1981年にはカネボウ化粧品を本体に合併したが，帆足隆社長は「当時（カネボウ化粧品を合併した1981年・著者注），収益の柱は化粧品にシフトしているのにもかかわらず，主流は相変わらず繊維であるという空気が，社内には色濃く漂っていました」（帆足，1999）と述べている。

　繊維部門の利害を維持・防衛しようとする意識，また強い「労使は運命共同体」との考えも抜本的な対策を遅らせた。その後も繊維事業に対する思い入れは弱まらなかった。石油危機以降の長い無配の苦しい時期を経て，1980年代後半以降，繊維部門は拡大した。80年代の天然繊維ブーム，80年代後半からの新合繊ブーム，そして90年代の形態安定素材ブームと，繊維事業の再活性化の成功が続いた。89年度下期には，合繊事業が15年ぶりに黒字化している。このような状況のなかで「バブルが崩壊した92年3月末時点になっても，本体の繊維素材部門に3600人がおり，85年度の1.5倍に膨れ上がった」（『朝日新聞』1997年4月18日）のである。

　しかし1990年代にはいり，再び無配に転落した。その主たる原因のひとつは繊維事業の不振であった。カネボウの収益構造は，石油危機の頃から依然として化粧品事業依存の経営が長年続けられてきていた。その頃から収益構造は，繊維中心から化粧品中心に完全に変化していた。繊維事業は石油危機以降，大きな赤字を出し続けており，それを化粧品事業の利益で埋めてきた。

しかしこのような収益構造の変化にもかかわらず，カネボウ化粧品本部長の帆足隆取締役が常務に昇格したのは，1994年6月であった。帆足は，カネボウ化粧品大阪販売に入社して，化粧品畑を歩んできたが，「化粧品の"たたきあげ"」で常務にまでなったのは，帆足が初めてであった。このとき化粧品本部副本部長として保井雄司も取締役に就任した。

「化粧品事業への期待が，ようやく経営陣の顔ぶれに反映されてきた格好だ」と報じられている（『日経産業新聞』1994年12月16日）。

その後，繊維事業を分社化し，帆足常務が1998年4月に社長に就任したが，このとき連結債務超過は233億円もあり，カネボウは危機的状況にあった。新社長の就任でようやく繊維事業の再建と多角化事業にはずみのつくことが期待された。この人事には業績の不振を背景として，主力銀行の意向が強く働いたともいわれる。カネボウではそれまで，慶應義塾大学出身者，繊維・管理部門出身者が社長の条件となってきた。帆足はそのどれをも満たしていなかった。

② 戦略の流動化

繊維企業にとって，脱成熟化の過程で，事業ポートフォリオにおける繊維事業の位置づけは，議論の分かれる極めてむずかしい問題である。とくに売上高に占める繊維の割合が半分になる頃，繊維事業の利益の額や利益率が低下してきた頃，あるいはそれらが不安定になってきた頃，繊維事業をコア事業として多くの経営資源を投入し続けるのか，縮小・分離させるのかといった議論が起

図表8-5　各社の特徴あるトップ交代

旭化成：1985年，在任24年の社長交代，92年，住宅部門出身会長就任
東レ：1981年，新事業開発部門出身社長就任
帝人：1980年，在任26年の社長交代，08年医薬部門出身社長就任
クラレ：1982年，日本興業銀行出身の社長就任
三菱レイヨン：1973年，三菱銀行出身の社長就任
東邦レーヨン：1966年，日清紡出身の社長就任
カネボウ：1998年，非繊維部門出身社長
東洋紡：1978年，呉羽紡出身の社長誕生
ユニチカ：2000年，研究者出身社長就任
日清紡：1994年，非繊維部門（ブレーキ）出身社長就任
クラボウ：1987年，初めての技術系社長就任
日東紡：1982年，非繊維部門出身社長就任
ダイワボウ：1992年，54歳の社長就任
フジボウ：1970年，三菱銀行出身の社長就任
シキボウ：1986年，初代社長を父とする社長就任
オーミケンシ：1998年，元大蔵官僚の社長就任

第8章　プロセス全体の特徴

こりがちとなる。

　繊維企業でも，とくに業界のトップ企業は，繊維に対するコミットメントが強い。このような企業では，脱成熟化の過程で戦略の揺れが見られる。それに対して，化繊企業のうち合繊で成功できなかった企業は，早い段階から繊維以外の分野に成長の可能性を強く認識するようになっていた。繊維事業から多角化事業への比重の移行は比較的スムーズであったように見える。

　戦略の不安定化は，多角化に遅れた企業に見られる。しかし，戦略の不安定化・流動化は，多角化が進展した企業にも見られる。脱成熟化のプロセスでは，景気の変動，新規事業の成功や失敗あるいは繊維事業の再活性化の成功や失敗などによって，繊維事業を戦略にどのように位置づけるか，に関して揺れ動く。

■事例：東洋紡のケース

　東洋紡は戦後もしばらくの期間，繊維業界で規模においてトップ企業であった。しかし合繊の事業化には消極的であった。このため東洋紡は，戦後の繊維産業を大きく変化させることになった合繊事業への取り組みに遅れてしまった。

　先発で急成長を遂げた東レに遅れてアクリル，ポリエステル，ナイロン，ポリプロピレンなどにつぎつぎと進出していったが，1970年頃までは，この遅れを取り戻すことに専念せざるを得なかった。すでに他社の多くが取り組み始めた多角化には消極的であった。

　またナイロンへの進出となった呉羽紡との合併後しばらくは，組織内部に関心の比重を置かざるを得なかった。また海外市場からの輸入制限などつぎつぎと生じる繊維事業の大きい問題にも対応しなければならなかった。このため，1970年頃まで非繊維事業に対する関心は薄く，繊維事業に注力してきた。

　しかし，繊維産業の成熟化は進行していった。合繊の強化をすすめたが，繊維事業の低収益性から脱することはできなかった。1970年頃からようやくそれまでの繊維中心の戦略を大きく転換させ，本格的に多角化に取り組むようになった。

　東洋紡が多角化に本格的に取り組むようになってまもなく生じた，そして繊維業界に大打撃を与えた1973年の石油危機後，無配を余儀なくされたが，当時の非繊維比率はわずか3％にしかすぎなかった。

第II部　脱成熟化プロセスの特徴

　石油危機の打撃からの回復に取り組むとともに，トップは，多角化に「10年遅れた」として「脱繊維」を推進していった。すでに部門レベルでは取り組んできていた，しかしまだ全体の3％を占めるにすぎないフィルムと生化学事業を中心としつつそれら以外の分野へも進出していった。とくに1978年に就任した宇野社長は多角化を加速化させた。新たに医薬，エレクトロニクス分野への展開もすすめた。非繊維比率は90年3月期には22.6％を占めるまで高まった。

　一方，1980年代後半から90年代にかけて繊維事業での再活性化に成果が見られるようになった。天然繊維ブームに続いて新合繊，形態安定の開発の成功が続いた。これらによって繊維事業は再び成長力を取り戻せるかに見えた。繊維事業を基幹事業と位置づけ拡大を目指した。

　しかし繊維産業全体を国際的に見た場合，国際競争力は低下し続けていた。繊維事業全体が強化されたわけではなかった。1990年代にはいってからの長期的な不況，繊維事業の長期にわたる不振，利益を上げることがむずかしくなってきた。繊維事業では90年代ほとんど利益を上げることができず，繊維事業においてはリストラの連続であった。

　他方，多角化事業は，紆余曲折を経験しながらも，また急激な成長を達成することはできなかったが，着実に売上高，利益を伸ばしていた。

　1990年代，縮小する繊維事業と存在感を増していく非繊維事業を背景に，90年代が終わる頃には東洋紡は再び多角化に比重を移すことになった。その非繊維事業の売上高の増加は，多くの事業の集合体によるものである。将来の自社の姿を雑木林経営へ転換させた。非繊維比率は，22.6％から42.7％へと変化している。

　この間の東洋紡の戦略をながめてみると以下のような戦略の揺れを見ることができる。

　1980年に策定した85年ビジョンでは，繊維事業の拡大を見込んでいた。

　1984年に発表した1990年ビジョンは，主力の繊維事業は横ばいを想定しており，売上げより収益を一層重視，質の向上を追求する内容であった。一方で非繊維事業の拡大を重視した。その売上高比率を16％から35％にまで高める。

　バブル末期の1991年に策定した2000年ビジョンでは，繊維を「基幹事業」として位置づけ再び規模を追求しようとした。「脱繊維」という過去のこだわりは捨てて，改めて基幹事業である繊維を主軸に「成長」を追求しようとした。

第8章　プロセス全体の特徴

非繊維比率では90年度の24％を10年後に35％に引き上げることを目標とした。

その後バブルも崩壊し，内需の不振と海外製品の流入で繊維部門のリストラの実施を余儀なくされた。1990年代を通して，繊維事業（本体）は赤字を出し続けた。

1998年4月にスタートさせた3カ年計画は，「規模の追求を反省」（柴田社長『日本経済新聞』1998年3月2日）したものとなった。バブル期に掲げた「連結売上高1兆円」の目標を撤回した。また繊維が「基幹事業」であるという文字を消した。東洋紡は繊維というご神木ではなく，雑木林経営を目指すことになった。

■事例：東レのケース

東レは，合繊時代における最大の成功企業であった。ナイロンをいち早く事業化して急成長した。続いて事業化したポリエステルでも大成功をおさめ，これによって合繊産業で強固な地盤を築いた。一方で，東レは早くから脱繊維への取り組みをスタートさせている。1960年代には基礎研究所を新設した。各部署でも，新しい事業への取り組みが行われた。1970年代には新事業推進部を新設して本格的な多角化に取り組んだ。

1960年代後半から70年代にかけて，繊維事業では成熟化が進行した。73年の石油危機は繊維事業に大打撃を与えた。このとき東レは，本体だけではなく，産元商社と海外拠点も不振で，これらの立て直しの可否が，東レの存亡を左右しかねない状態であった。海外拠点については「総撤退」の決定を行っている。

繊維事業の立て直しに取り組んでいる一方で，新事業への取り組みからはいくつかの成功例が生まれてきた。その代表例は衣料用人工皮革と炭素繊維である。石油危機を衣料用人工皮革や非繊維事業の成功で乗り切ることができた。新事業のシーズも育ってきていた。多角化事業への期待は大きくなる。藤吉社長は「東レ自身の1980年戦略は多角化だ」（『週刊ダイヤモンド』1979年1月1日）と述べている。この方針の下，東レは非繊維事業へ積極的な設備投資を行った。

衣料用人工皮革や炭素繊維をモデルとして，新事業の開発と投資を積極的にすすめていった。本体における非繊維比率は，1960年頃からほぼ一貫して上昇を続けてきている。80年代には30％を超え，40％も超えた。90年代半ばには

50%を超えた。

　しかし，繊維事業の成熟化が進展していくスピードが増していくのに対して，多角化の成果の享受は遅れがちであった。これまでのようなニッチの集合体を，時間をかけて育てていくという多角化のやり方だけでは，企業のとしての成長力を取り戻すことはむずかしいということがますます明確になってきた。東レは長期にわたりＧＮＰの成長率を上回ることができなかった。新事業の開発のスピードアップを図ることが重要な課題として認識されるようになってきた。研究と開発を分離するなど，聖域とされてきた開発体制の改革をすすめた。

　他方，石油危機と円高により社内に事業の将来に自信をもてない雰囲気があった（前田社長『日経産業新聞』1997年5月26日）合繊事業であったが，合理化の進展，新合繊などの差別化製品の開発に成功，そしてアジア地域の急成長と海外拠点の好調などで，競争力を回復させつつあった。このような状況を背景として，これまでの多角化重視の戦略ではかげの存在であった合繊部門を強化する戦略を鮮明にし始めた。

　前田勝之助社長（当時）は「世界的にみた場合，繊維は成長産業。脱繊維を口にするよりも，繊維の技術力を付け，品揃えを豊富にする方が経営の安定につながる」（『日本経済新聞』1991年4月28日）「画期的な技術がなくても応用技術の活用で新市場が開ける」（『日本経済新聞』1992年12月6日）と述べている。それまで海外向けは海外生産あるいは日本からの輸出，国内は国内生産でまかなうというのが基本方針であったが，内外を同等に扱い，コストと品目，調達能力で必要なものを相互に融通し合う「適品・適時・適地生産」を原則としたグローバル・オペレーション体制の構築をすすめた。1990年代前半には，繊維事業が利益の半分を占めるまでになり，繊維事業は回復・復活した。

　しかしこの頃，世界の繊維業界では，大きな変化が起こりつつあった。1980年代には韓国や台湾の成長が顕著となってきた。90年代にはいると，国内ではバブルが崩壊した。海外では韓国，台湾に続いて中国が台頭してきた。90年代の後半になると，中国は繊維の生産能力を大幅に高めた。これら諸国で生産された製品のコスト競争力は高く，国内の輸入浸透率も7割を超えた。このような状況のなかでも東レは，繊維事業では海外拠点との一体的オペレーションを追求することで，国内規模は維持して，国内でのフル生産・フル販売を維持し

ようとした。

　東レの業績は，1990年代の終わり頃から下降傾向を見せていた。営業利益率は96年の約7％をピークに2001年度には2％にまで低下した。01年3月期，東レは創業以来初めて本体の赤字決算に陥った。主力の繊維やフィルムの不振が原因であった。東レはこのような状況を「創業以来の危機」と認識した。02年4月には，プロジェクト New TORAY21を発表し，これを実施した。このときに経営思想の抜本的転換を図った。この抜本的改革の一環として，社長の交代も行った。

　繊維事業では，実需対応の生産体制への転換をすすめた。これは国内でのフル生産・フル販売政策の転換であった。一部工場の統廃合も検討することになった。

　「コア事業」の考え方の転換も図った。従来は，繊維，プラスチック，ケミカル事業をコア事業ととらえ，グローバルな事業展開による事業拡大・収益拡大をはかる，という考え方を維持してきた。しかしこの考え方を転換させた。以後は繊維，プラスチック，ケミカル事業を，東レを支える基盤事業として，グローバルな事業展開による安定収益体質に転換する。あらたに情報通信，ライフサイエンス，環境・安全・アメニティを成長3領域として戦略的拡大をはかり，次期中核事業に育成することを明らかにした。東レはこのとき「繊維事業への過度のこだわりを捨てた」（『週刊ダイヤモンド』2002年6月1日）といえるかもしれない。

　③　成功例からのコンセプト創造

　日本電気のC＆Cのケースのように，コンセプトの完成までには試行錯誤のプロセスがある場合は少なくない（小林，1989）。新しい戦略・ドメインの構築は，高い創造性を必要とする活動である（伊丹・加護野，1989）。クラレの場合も例外ではなかった。

■事例：クラレの「ユニークな化学企業体」

　今日のクラレは，明確な戦略に基づいたアクションを追求しているように見える。クラレでは，ニッチだが，ユニークな製品群が今日の企業成長の推進力となっている。クラレがこのような戦略を明示的に追求するようになったのは，1990年代にはいってからであり，比較的最近のことである。

　クラレの戦後の成長過程を振り返ってみると，繊維産業に新しく登場した合

繊の事業化にいち早く取り組んだ。ビニロン繊維の事業化である。原料であるポバールも同時に開発している。これらは世界に先駆けて事業化，あるいは開発した製品である。しかし，ビニロンは衣料用には向かず，当初期待していたような，ナイロンやポリエステルのような大型繊維にはなれなかった。ビニロンは，主要な用途先としては非衣料分野に限定され，ニッチ的な存在となってしまった。

衣料用としてポリエステル繊維に期待をかけたが，後発での事業化であったため，ナイロンやポリエステルで大成功した先発の東レや帝人との業績面での格差は，小さくなかった。1960年頃から，大原社長は，研究開発に積極的に取り組んだ。ビニロンの事業化を契機に確立すべき新しい将来の部門として石油化学工業をあげた。早くから繊維に依存した企業成長の将来性に不安を感じていた。また同時に，ビニロン繊維の原料であるポバールやビニロンの事業化で獲得した高分子化学，合成化学の技術に発展の可能性を見出していた。これらの技術をテコに非繊維分野での事業開発に取り組んできた。

その成果が1960年代のクラリーノや70年代のエバールなどであった。その後も歯科材料，ＮＩＣ（ニューイソプレンケミカルズ）などニッチだが，ユニークな製品をつぎつぎと生み出してきた。1940年代にスタートしたビニロンやポバールもアスベスト代替やフィルムとしての需要が増大，結果的にはユニークでニッチな事業として成長している。これら高い独自性を有する製品群が，クラレの成長の原動力となっていった。

しかし，クラレの事業構成を見ると，1970年代までは，レーヨンや合繊など，汎用品が売上高の大半を占めていた。まだ全体の占めるユニークな製品割合は大きくなかった。石油危機までは日本経済は高成長を維持しており，クラレでも規模の拡大に比重が置かれていた。

ユニークな製品の開発と並行してクラレも他社と同様，1960年代には後発でポリエステル繊維に進出した。このとき，ポリエステル繊維の導入技術に関して特許係争を経験している。それは「同時に経営陣にとっても，改めて独自技術の重要性に対する認識が深まるというメリットをもたらした」（坂本常務『WEDGE』Jan., 1998）。

また，1970年代には「脱合繊」の一環として不動産事業などにも力を入れた。さらに，モータリゼーションの到来に対応して，天然ゴムの代替として期

待できる合成ゴムに進出した。当時の資本金に相当する100億円を投じて工場を建設した合成ゴム事業は、クラレの大きな柱になると期待された。

しかし二度の石油危機によって原料価格が急騰、経営の根幹を揺るがし、ポリイソプレンゴムは失敗した。不動産事業なども大きな打撃を被った。主力のポリエステル、レーヨン汎用品も、合成ゴムと同様に、石油危機で大打撃を受け、クラレは業績が大幅に悪化して無配に転落した。このとき、銀行から社長を迎えている。

1980年代から90年代にかけて、アクリル樹脂事業を加え、それをベースにした光ディスク事業に参入した。さらに90年代には弾性繊維を開発して、後発で水着にも進出した。これらの事業のほとんどはあまりうまくいかなかった。

このような成長プロセスでクラレは、独自性の重要性と汎用品の脆弱さを学んでいったのであり、とくに1980年代までのクラレは、意図してというより「結果的」にニッチ戦略を採ってきた側面が強かったように見える。

1980年代から実質的な経営を担ってきた中村社長は、87年の中期経営計画に「総合化を追うよりユニークでオリジナリティーのある会社になる」という考えを盛り込んだ。しかし、企業のあるべき姿として「ユニークな化学企業体」として規定されたのは、第3次中期経営計画の初年度である91年であった。当時の中村社長は「独自性なしに、欧米の巨大化学メーカーに対抗していくことはできない」とその背景を説明している（『日経産業新聞』1991年10月31日）。93年に就任した松尾博人社長は「小さな池の大きな鯉になる」とユニークな製品に経営資源を集中させ、この路線を踏襲・追求した。

このようなあるべき姿の明確化と並行して、クラレではそれまですすめてきた医薬品の開発を中止して医薬中間体に事業範囲を絞ることにしたり、レーザーディスク、ミニディスク、水着などからの撤退をすすめている。これらの事業は、クラレが得意とするものではなく、自己主張できないとの判断がその背景にある。

④　反動・回帰

組織は慣性力をもつ。成長プロセスのどの段階においても、慣性力が働く可能性がある。新事業を軌道に乗せることができた場合でも、新事業に対して反動が生じることがある。組織は、常に安定を求める存在でもあるからである。新事業に取り組み成果を上げたことで得られた満足と成果を上げるために大き

なエネルギーを投入してきたことからくる疲労を組織は感じる。組織の疲弊，組織の疲労感は，さらなるエネルギーの投入に対して組織を消極的にさせる。達成感，満足感は，ポジティブなエネルギーを引き出すこともあるが，さらなる挑戦に対しては十分な関心をもつことのできない状態をもたらすこともある。

集団や組織が継続的に高いエネルギーを出し続けることは容易なことではない。集団の衰弱現象が見られることがある。集団は時とともに凝集性を高めていくが，誕生時に高かったエネルギーを低下させていく。Greiner（1975）の成長モデルでは，いっそうの自主的な協働の導入が，「心理的な飽和感」をもたらし新しい問題を生み出す。精神的肉体的に激しい消耗を体験しつつ活動は，定期的な休息，反省，再生の機会を必要とするようになる。また投入したエネルギーに見合うメリットが得られない場合，さらなる改革のエネルギーを組織から引き出すことは難しい（Baden-Fuller & Stopford, 1994）。

■事例：旭化成のケース

旭化成は，1960年代初頭という早い時期から脱繊維を目指した多角化に積極的に取り組んできた。しかし，合繊時代については，旭化成を成功企業と評価することはむずかしい。合繊時代の幕開けに当たって最初に事業化した合成繊維は，レーヨンの原料であるソーダ工場から出る副産塩素の高度利用できるサラン繊維（塩化ビニリデン）であった。ところがこの繊維は，染色性や風合いの問題を克服できず，衣料用としては適さず期待通りの成果を上げることはできなかった。

サラン繊維の次に取り組んだのは，アクリル繊維であった。このアクリル繊維の場合も，適した用途をなかなか見出せなかったことや各社が一斉に進出したことなどで事業を軌道に乗せることができるまでは苦難の連続であった。このためアクリル繊維の事業化では，旭化成は大きい赤字の累積を抱え込み，従業員にも大きな負担を強いることとなった。当時の47億6000万円の資本金に対して，不良在庫が65億円にも達してしまった（宮崎, 1992）。本格生産を開始した1959年から62年の間に46億円もの赤字を余儀なくされた（田中, 1967）。減配も行った。このアクリル繊維の不振によって旭化成は，資金難に陥り，62年3月には賃金の遅欠配さえ心配されるような状況に陥った（『旭化成八十年史』2002）。従業員にはボーナスの一部として自社製品が支給された。一時帰

休も実施された。そしてトップの交代も行われた。

　新しく社長に就任することになった宮崎輝専務は，アクリル事業には将来性はあるがそれまでのすすめ方が間違っていたと判断して，事業化の継続を決定した。事業基盤を強化するために原料の自給化もすすめた。アクリル事業は，1963年頃からのニットブームによって，ようやく63年3月期に初めて利益を生み出すことができるようになった。

　しかし，アクリル繊維はナイロンやポリエステルほどの爆発的な成長を企業にもたらしてくれなかった。このため旭化成は，合繊時代には東レや帝人と比べ成長の面で出遅れてしまった。ナイロンやポリエステルを先発で事業化した東レとの格差は拡大した。

　宮崎社長は，このとき合繊の事業化の遅れとその結果のライバルとの格差を強く意識していた。そして合繊もいずれ成熟化を迎えるだろう，これだけでは企業の長期的な成長には不十分だとして，ナイロン繊維・合成ゴム・建材の3種の新規事業を企画して推進しようとした。しかしこのような状況の受け止め方は，トップと他の役員や組織とでは対照的であった。3種の新規事業を企画した当時の社内の状況は，資金不足の危機などの大きな犠牲を伴いながらも，ようやくアクリル繊維が軌道に乗り始めた頃であった。このため社内ではこのような3種の新規事業の提案に対しては，「急ピッチ」な拡大に対する不安が示された。これは「目的は達成した」「もういいじゃないか」といった，この辺で安心したい，安定した状態に戻りたい，といった組織の意思を強く反映したものであった。このため新たな事業への進出に対しては強い反対・反発が生じた。

　宮崎社長はそのときのことを次のように述べている。
　「私は，多角化という発想のないころから始めたわけです。綿の歴史は，まず再生繊維に代わり，次に合繊になる。これもいずれだめになる。なにかしなけりゃと考えたのが34年です。それで，3新規事業を決めた。やっとのことでカシミロンが軌道に乗った。新規事業なんて危険なことは絶対にやめろ，これが社内の空気でした。組合の委員長が協議会の場で詰め寄る。……」（『週刊ダイヤモンド』1987年6月27日号）
　また，宮崎会長は次のようにも述べている。
　「成熟した繊維事業の活性化，あるいは住宅，エレクトロニクス，バイオテ

クノロジーなどの新規事業開拓をめぐって,これまで私と後輩役員との間に対立があったとすれば,『これで十分いけるじゃないか』という彼らの姿勢と,『こうすればなお良くなる』という,私の哲学とのぶつかり合いだったように思う」(日経ビジネス編,1988)

このような現象を考えると,脱成熟化では,いかに成功例を企業革新の進展に結びつけていくかが重要となる。そのためには,多角化の繰り返しと成功例の蓄積・累積によって新事業をたたみかけ,変化の敷居値を超えるようにすること,トップの関心を維持させること(例えば,トップに非繊維出身者を選ぶ),専門部署の設置など不可逆化への仕組みづくりなどが重要となる。

第4節　脱成熟化の長期的取り組み

> 20　脱成熟化,企業革新で成果を上げるためには長期を要する。多様な成長パターンが存在するが,脱成熟化は,一旦成熟を迎えた企業にとって,終わりのないプロセスである。

(1)　脱成熟化のプロセス

　主力事業が成熟を迎える前に,次の成長基盤の構築に取りかかる。同時に成熟化のすすみつつある事業を新たな発想で再活性化させていく。この繰り返しが脱成熟化のプロセスであるといえよう。ある事業にとどまり続けること,多角化や本業の再活性化努力の中断は,企業が成長軌道から外れることを意味する。このようなパターンで持続的な企業成長を確保してきた旭化成においても,第二,第三の事業が成熟化を迎え,次の成長基盤の育成が喫緊の課題となっている。

　企業の脱成熟化のプロセスが,いつ始まり,いつ終了するのか,その境界を明確に識別することは容易ではない。企業を新たな成長軌道に乗せるための行動である脱成熟化の完成は,それが存在するとしても,それは脱成熟化の始まりでもある。新たな成長軌道を支えるような新事業が成長しても成熟事業が企業全体の成長を押し下げる。

成熟化の認識は，徐々にすすむことも少なくなく，その認識は遅れがちである。認識され本格的に脱成熟化に取り組んでも，その成果が現われるまでには，極めて長い時間を必要とする。また，本業の再活性化は必要であるが，その効果には限界がある。時間をかけてようやく成果が見られるようになった脱成熟化で最初に取り組んだ新しい事業も，そのライフサイクルを進展させ新たな成熟化が始まる。

企業が長期的な成長を追求する限り，脱成熟化は，一旦始まると終わりのないプロセスとなる。このため，成熟の認識の遅れた企業に限らず，いち早く成長期の段階で取り組んだ企業も，成長を長期にわたって継続させることのできた企業は，極めて少ない。

繊維企業にとって，基本的な事業構造の転換に要する時間は，主力事業がピークに達するまでの時間と近かった。

これは多くの企業で脱成熟化の取り組みは遅れがちであったこと，本格的に多角化に取り組み始めることができても多角化の成果を生み出すのに長期を要していることを意味する。そして成熟事業の成熟は，さらに進展する。最初の多角化事業もいずれ成熟を迎える。一旦成熟化を迎えた企業にとって，脱成熟化の取り組みは終わりのないプロセスといえよう。

(2) **脱成熟化の完成について**

脱成熟化は，企業が新たな成長軌道に乗ったときに完了する。しかし，脱成熟化の完成，進展度を測定する明確な基準を設定することは容易ではない。ここではひとつの基準として，売上高に占める非繊維の比率が50％，あるいはそれ以上を占めるようになるまでに要した時間を取り上げてみよう。

研究対象とした16社のうち，1996年3月期までに非繊維比率が50％を超えた企業は6社に，2001年3月期までには，非繊維比率が繊維事業とほぼ同じ，あるいは全売上高の50％を超えた企業は10社に達した。それらの企業が，繊維事業の脱成熟化に本格的に取り組み始めてから非繊維比率が50％を超すようになるまでには，30年前後という極めて長い時間を要している（図表8-6）。企業内部の人たちにとっては，脱成熟化の努力はいつまでも続くように思われるかもしれない。

(3) 成熟化の進行

　新事業が企業を支えるまでに成長するまでの長い期間に，既存事業の成熟化も進行する。ほとんどの企業がその間に繊維事業の売上高の大幅な減少を記録している。多くの企業が1990年代にはいって非繊維比率が50％に達しているが，85年以降の繊維事業の売上高の減少度合いは急激である。30年前後での50％の達成は，非繊維事業の拡大と繊維事業の縮小に基づいている。

　多くの企業は，脱成熟化に遅れがちである。繊維事業と非繊維事業の比重が交替する典型的なプロセスは，繊維事業の鈍化しつつある成長の勢いを非繊維事業の成長の勢いが追い越し企業が再び成長軌道に乗るというよりは，繊維事業の売上高がピークを越えて減少するラインと非繊維事業の売上高のラインが交差するパターンである。非繊維事業の成長がそのまま企業全体の成長につながるのではなく，繊維事業の落ち込みをある程度カバーするという関係である。繊維事業は成熟期から衰退期に至ってしまう。繊維企業にとって，非繊維事業の成長がそのまま企業全体の成長に反映するようなかたちでの多角化を展開させることは容易ではないようである。

　「群れ現象」や外国企業の新規参入は成熟化を早める。また，かつてのリーディング産業に属していた繊維企業にとって，本業である繊維事業の規模は大きい。規模の大きい繊維事業に代わる単一の事業を見つけだし開発することは容易ではない。これが可能でない場合，多くの中・小規模の事業で次世代の成長を支える必要がある。それらの市場の奥行きは深くないため成熟化が早い。これら「規模の呪縛」「スピードの呪縛」に抗しながら多角化はすすめなければならない。

(4) 新事業の成熟化

　競争力の高い新事業の立ち上げには，非常に長い期間を必要とする。新規事業を軌道に乗せるためには，多くの場合10年単位の時間が必要であった。これは今日でも当てはまるようである。他社より多くの実験を行うこと，その結果多くの失敗を経験することが高い競争力と関係している。

　しかし，繊維企業の成長を牽引してきた多角化事業の多くが成熟を迎えている。旭化成の成長を牽引してきた石油化学事業は1980年代の後半には，住宅事業も90年代にはいって成熟化してきている。東レや帝人のポリエステルフィル

ムも磁気テープ用として成長してきたが，ＣＤやＤＶＤの登場によって新たな用途の開拓・技術開発が必要となった。カネボウの化粧品事業も，急成長の時期はすでに過ぎてしまった。化粧品産業は，80年代の後半から低成長時代に入ったといわれる。各社の医薬事業も，薬価基準の引き下げや国際競争の激化などへの対応が重要な課題となってきている。繊維各社にとって，これら繊維企業の脱成熟化を促進させてきた企業にとって，成長の源となる主力事業の再活性化と次の柱となる事業の創造が再び重要な課題となっている。

　脱成熟化の方法には，多様な成長パターンが見られる。大規模ではない新事業をつぎつぎと立ち上げることによって可能となる場合も少なくない。

　事業の成熟化までの時間は，ますます短縮化する傾向が強くなってきている。繊維産業における成熟化までの期間は，天然繊維は約80年であったのが，化学繊維は約40年，そして合成繊維は約20年へと半減してきている（東洋紡，1987）。多角化事業のライフサイクルの短縮化もすすんでいる。

　実際，企業が脱成熟化の取り組みによって，企業を新たな成長軌道に乗せることができるまでには，多くの場合，極めて長い期間を要している。また新たな成長を維持することは容易なことではなく，その期間は予想以上に短い。内外の環境から生まれてくる新たな問題にそれまでの成長路線・基盤が揺るがされるからである。

　合繊時代，東レと帝人は比較的短期間にレーヨン企業から合繊企業への転換を果たし，新たな成長軌道に乗せることに成功した。多角化時代では，旭化成が1980年代の初めに多角化の成果を享受できるようになった。しかしその期間は長くはなかった。東レは，1960年代から長い期間ＧＮＰの成長率を超えるだけの成長を確保することができなかった。クラレが財務体質を強化して多角化を成長につなげることができるようになったのは，80年代の後半になってからであった。

■事例：旭化成の1990年代半ば頃までの成長パターン

　もっとも脱成熟化に成功している旭化成は，レーヨン，合繊，石油化学，住宅，エレクトロニクス・医薬とつぎつぎに新事業を生み出すことで継続的な成長を達成してきた。

　1950年代にはレーヨンが成熟化した。60年代には合繊を含む多角化を積極的

にすすめた。戦後新たに取り組んだ合繊事業は，オイルショック以降，成熟化が深刻な問題になった。石油化学もオイルショックの影響を強く受けたが，とくに90年代にはいると成熟化が深刻になってくる。90年代中頃になると業界再編が避けられなくなった。一方で住宅事業が大きく成長して，70年代，80年代における旭化成の成長を牽引した。しかしその住宅事業も90年代にはいると成熟化し始める。次の成長の柱として80年代に本格的に参入したエレクトロニクス事業と医薬事業の育成を急いだ。これらの事業は，90年代中頃には「今日の事業」となったと評価された。今日では，さらに次の柱となる事業の探索と開発に乗り出している。その他の成功企業も同様である。既存事業の再活性化をすすめると同時に，新しい事業につぎつぎと取り組んできた。

高業績企業は，研究開発体制を構築しつつ，間断なく新規事業に取り組んできた。しかしそれらの企業は，既存技術や既存分野の周辺の開拓を中心とした新規事業だけをすすめてきたわけではなかった。そのような多角化は，企業の長期的成長を維持・促進するためには不十分であると認識されたからである。

旭化成は，1960年頃「合繊もいずれだめになる」と本格的な多角化を始めた。80年代半ばには「既存事業のままでは20年後にはＧＮＰの伸びをフォローすることができない」（中村久雄取締役『月刊リクルート』85年9月）と21世紀に向けて取り組むべき新規事業分野の模索を始めた。そして2005年頃には，右肩上がりの成長を望める大きな多角化をすすめようとしている。

企業が繁栄を極め優良企業グループ入りできる期間は，平均して30年足らずであるとする「企業の寿命30年説」（日経ビジネス編，1984）がある。一方，繊維企業の主力事業がピークに達するまでの期間も約30年であった。そして一定の脱成熟化に要する（非繊維比率50％超）期間が20-30年であった。30年という間には，企業を構成するメンバーの世代も大きく変わる。脱成熟化という企業革新の努力を，変革の一定の成果・完成につなげていくためは，このようなメンバーの世代交代による断絶を避けると同時に，新しい世代の新しい発想の導入による意識転換などが求められる。このため，脱成熟化には時間の力も必要とされるのかもしれない。

第8章　プロセス全体の特徴

図表8−6　各社の非繊維比率が50％を超えた時期

上段：非繊維比率が50％を超えた時期とそれに要した期間
下段：繊維事業のピーク

旭化成	1978年3月期：1960年に「非繊維化」方針を打ち出してから約18年
	1976年3月期，アクリル生産開始から約17年，非繊維比率41.2％，50％超まで2年（アクリル事業17年）
東レ	1996年3月期：1971年に新事業推進部を設置してから約25年
	1984年3月期，ナイロン生産開始から約33年，非繊維比率32.2％，50％超まで12年（ナイロン糸・綿，34年でピーク，ポリエステル糸・綿，23年でピーク）
帝人	1999年3月期：1968年に未来事業部を設置してから約31年
	1982年3月期，ポリエステル生産開始から約24年，非繊維比率27.8％，50％超まで17年（ポリエステル23年でピーク）
クラレ	1991年3月期：1964年に人工皮革「クラリーノ」の生産を開始してから約27年
	1984年3月期，ビニロン生産開始から約34年，非繊維比率27.4％，50％超まで7年（ビニロン約20年，ポリエステル約20年）
三菱レイヨン	1984年3月期，1994年3月期：1965年11月に日東化学工業に資本参加してから約20年，1961年2月に樹脂本部を設置してから約20年
	1992年，アクリル生産開始から約33年，非繊維比率，50％超まで2年（繊維事業のピーク1976年，アクリル事業化から約17年）
東邦レーヨン	2000年3月期：1975年に炭素繊維生産開始から約25年
	1985年3月期，アクリル生産開始から約22年，非繊維比率11.3％，50％超まで15年
カネボウ	1992年3月期：1961年に「グレーター・カネボウ」構想を打ち出してから約31年
	1977年4月期，ナイロン生産開始から約14年，非繊維比率50％超まで15年。
東洋紡	2001年3月期：1970年に研究開発部を設置してから約30年
	1983年3月期，アクリル生産開始から約25年，非繊維比率11.6％，50％超まで18年（設備制限撤廃から約35年）
ユニチカ	1999年3月期，非繊維比率49.8％：1969年に日紡と日レが合併しユニチカが誕生してから約30年
	1984年3月期，非繊維比率，50％超まで15年
日清紡	2000年3月期：1960年に第一次五カ年計画で非繊維部門の大幅拡大方針を打ち出してから約40年
	1986年4月期，非繊維比率24.2％，50％超まで14年 （設備制限撤廃から約35年）
日東紡	1989年3月期：1959年11月に5カ年計画を策定して多角化経営に乗り出してから約30年
	1985年3月期，非繊維比率50％超まで4年

第Ⅱ部　脱成熟化プロセスの特徴

その他の企業（繊維事業のピーク）
クラボウ・ダイワボウ・オーミケンシ：1985年，設備制限撤廃から約35年，フジボウ：1984年，シキボウ：1992年
多角化事業（2000年頃まで）
旭化成の化成品事業，1000億円超からピークまで16年 　旭化成の建材・住宅事業，ピークまで約32年 　東レのプラスチック（樹脂事業とフィルム事業の合計），ピークまで約30年，成熟化まで約25年 　帝人の化成品事業，ピークまで約20年 　三菱レイヨンのMMA樹脂，（1951年から）ピークまで約39年

第Ⅲ部　理論的含意と実践的含意

　第Ⅱ部では日本の繊維産業の脱成熟化のプロセスを分析してきた。この分析から，いくつかの理論的含意を引き出すことができる。ここでは5つの理論的含意を検討しよう。ひとつめは，成熟産業の企業革新を説明することのできるような，新しい企業革新モデルを構築するための含意である。批判者や反対者の積極的な役割についての含意である。2番目は，シナジーの意味に関するものである。3つ目は，組織の慣性力，抵抗，失敗，コミットメントなど，企業革新を遅らせる要因の再考について，4つ目は，事業・戦略の継続力とダイレクト・コミュニケーションに関わる含意について，そして5番目は，再び新しい企業革新モデルを構築するための含意である。いずれの含意も，変革の質を高め，変革を加速させる要因と深く関わっている。

　われわれが繊維企業の脱成熟化のプロセスの研究を行うことによって解答を見出そうとしてきた問題は，成熟している，あるいは成熟しつつある産業に属している企業が，脱成熟化のためにとるべきアクション，そのとき直面する困難，そしてその困難の克服方法に関するものである。この研究で提示した仮説から，このような問題に関していくつかの実践的な含意を引き出すことができる。

第9章　理論的含意

第1節　批判者・反対者

(1) 批判者・反対者の役割

　繊維産業の脱成熟化の歴史を見ると，トップとミドルだけではなく，反対者・批判者というもう一種類のプレーヤーの演じる役割が重要であることがわかる。繊維産業で成功している企業の脱成熟化のプロセスでは，反対者・批判者の存在が多く見られる。批判者・反対者の存在にも，脱成熟化に対して積極的な意味がある。

　組織革新を研究している多くの研究者も，反対者（抵抗者）の存在を捉えてきた。そこでは反対者は，革新の障害物として否定的なプレーヤーとして理解されていることが少なくない。トップの強力なリーダーシップが革新に必要とされる根拠ともなっている（吉原，1986）。また，迅速な変革が必要とされる理由ともなっている（Nadler et al., 1995）。しかし，繊維企業の企業革新のプロセスでは，反対者，あるいは少なくとも彼らの一部は積極的な役割を演じていた。トップ・レベルにおける批判者・反対者の存在の積極的な役割として，次のような要因を指摘することができる。

① 創造性を高める環境

　トップ・マネジメントのチームでの，お互いに堂々と反対意見を表明できる企業風土やパワー構造は，多角化のための新事業の創造に大きな役割を果たす。

　このような文化や構造は，問題直視の文化が存在することを意味している。異質性の許容や問題直視は，創造性を生み出す条件である（例えば Lawrence & Lorsch, 1967）。

　反対意見がでることは，真剣に考えている勉強している人が存在していることと，意見を表明できる組織文化が存在していることの証左でもある。

② 学習の促進

　反対者によるオープンな批判は，組織の弁証法的な学習，学習プロセスを促進させる。説得のプロセスも組織の学習プロセスである。反対者の存在によって，推進者が事前に捉えることのできない潜在的な問題を見出し，多様な視点を検討することができる。反対は，組織の弁証法的な学習を促進し，事業アイデアをさらに進化させることができるのである。

③ トップとミドルとの連携強化と心理的エネルギーの昂揚

　新事業開発のプロセスでは，トップとミドルの連携は成功の鍵であった。反対者の存在は，トップと事業を推進しているミドルの新事業への関わりを強化し，トップとミドル間の連携を強める。ミドルマネジャーの強いコミットメントは，長期にわたる困難な新事業開発プロセスでの試行錯誤の学習と問題解決のための心理的エネルギーの源泉となる。また，失敗したり壁にぶつかったりしたとき，反対のなかで推進してきた人たちからは，強力なエネルギーが引き出される。反対のない事業の場合には，壁に直面して簡単にプロジェクトからつぎつぎと人が去っていく。また，反対者の存在は，事業推進者に自分の意思や考えを改めて確認させる機会をも提供する。

■事例：各社の場合

　旭化成の3種の新規事業，水島石油化学コンビナートの建設の決定が，強い反対のなかで行われた。帝人がポリエステル繊維に進出を決定するときも強い反対があった。その決定が行われるまでに，推進者と反対者との間では，組織のさまざまなレベルで議論が行われている。

　このような侃々諤々の議論やかっかっと頭にくるような議論や反対は，弁証法的な学習を促進するだけではない。「そんなに反対なら，ひとつオレがやってやる」という気概を担当者から引き出している。

　旭化成のイオン交換膜の研究は，1949年に着手したが，製塩事業として実用化できたのは61年であった。研究開発費は雪だるま式に増え，10年間で10億円を超えてしまった。当然，金食い虫といわれ社内で強い批判が起きた。しかしイオン交換膜技術は，世古真臣をはじめとした研究者たちのひたむきな努力と，やりとおすべきだとみた宮崎社長の陰からの応援によって実を結んだ（宮崎，1983；荒川，1990）。

　東レの伊藤社長は，1970年に取締役に就任，新規事業開発を担当することに

なった。新規事業は現在では同社の収益源のひとつを占めるまでに大きく育っているが，ここに至るまでは苦難の連続であった。毎年10億円，20億円と投資するが，利益はいっこうにでないという期間が何年も続いた。なぜあのような事業に投資を続けるのか，と批判する役員が何人もいた。そういう状況のときに，同社の歴代の社長は，そういう批判にはいっさい耳を貸さず，「伊藤君，よろしく頼むよ」といい，そしてヒトとカネは出し続けた。この社長の期待と激励にこたえて，伊藤は情熱をもって新規事業に取り組み続けた（吉原，1986）。

　旭化成の宮崎社長は，批判や反対のある仕事を追求することを企業の哲学としていた。宮崎社長は，新事業に関して，次のように語っている。

　「むろん運も半分ありますが，事業というものは反対がつきものだし，逆に，皆が賛成した仕事はかえって失敗することが多い。批判のない仕事をするな，反対のない仕事をするな，これが企業の哲学です。批判が強いほど仕事というものはうまくいく。その理由は，一つは批判に耳を傾ければ『なるほどそういう心配があるな，気を付けよう』と，いろいろ細かい詰めができること，もう一つは，『そんなに反対なら，一つオレがやってみせる』という気概も出てくることです」（『週刊東洋経済』1980年9月13日号）

　「新規事業をやる場合は必ずやりたい人とやりたくない人の二つにわかれる。やりたい人は，反対意見があるとそれを説得しようとして，いろいろな勉強をし，調査をして，その反対意見の理論的根拠をつぶすように努力する。また反対している人たちも，賛成者の意見に勝つために，あらゆる勉強をするものだ。この傾向は，反対の意見が強くなればなるほど，強くなる。いわば，全知全能を発揮して，ギリギリの戦いをするのである。そうすると，あらゆる可能性について勉強したことになる。そのうえで，新規事業に進出するとたいてい成功する。いってみれば，最悪の状態を何度も考え，その対応策を考えたうえの　進出であるからだ。ところが，反対者が一人もいないで，みんな賛成ということになると，ろくに調査も勉強もしないので，都合のいい意見ばかりが幅をきかせるようになる。そのためにひとつ歯車が狂ってくると，ガラガラと音をたててその新規事業は失敗してしまう」（宮崎，1992）

④ 過剰学習に対する対抗力

組織には過剰に学習しようとする傾向がある。過剰学習は，脱成熟化に対してマイナスに働くことが少なくない。批判者や反対者がおれば，戦略や組織の過度の揺れ動きを牽制することができるかもしれない。過剰学習をもたらす要因のひとつである同質的な集団へのパワーの集中は，概してマイナスの影響を組織に及ぼす。反対者・批判者の存在は，過度の同質化を抑制する（加護野, 1991a）。それは集団思考[1]を防止することになる。

帝人では，大屋社長のリーダーシップによって化繊企業から合繊企業への脱皮を成功させた。その結果，大屋社長にパワーが集中した。大屋社長はポリエステル繊維の次の柱の構築を急いだ。積極的に取り組んだ新事業プロジェクトである未来事業には「経営陣の本格的な議論と検討がなされないまま独り歩きする新規事業群」（'80現代企業研究グループ『季刊　中央公論　経営問題夏季号』1980年）があった。

⑤ 脱成熟化のアクションの促進

反対者の存在は，アクションをとるかどうかの決定時期を設定するようにトップ・マネジメントに対して促す役割を果たす。March & Simon（1958）は，常軌的な意思決定は革新的な意思決定を排除することを指摘している。「計画のグレシャムの法則」と呼ばれている現象である。成熟化が認識されても，既存部門の日常的な意思決定が優先され，脱成熟化へのアクションは後回しにされる傾向がある。しかし，公然とした反対・批判の存在は，このような計画のグレシャムの法則を回避する手段となる。

極めてリスクが高いと思われるプロジェクトの場合，進出するかどうかについて結論をだすことは多くの企業にとってむずかしい。役員会では賛成の意見も反対の意見もでず，結局先送りされてしまうことは少なくない。このような場合，反対者の存在が，結論を早める。

⑥ 企業化のタイミングの指標

同じ産業に属している企業のもっている経営資源や視点には，類似的な側面が少なくない。脱成熟化では，新規事業を他社に先駆けて実行したり，他社とは異なった分野へ進出することが成功の鍵となる。しかし自社のなかで多数の同意が得られる頃には，同業の他社でも同様な状況にある可能性は高い。むしろ，反対が支配的な段階で新規分野に参入することで，あるいは反対が支配的

な分野へ進出を行うことで，同業他社に先行し，先行者利益を上げることができる。

クラレがビニロンの事業化を決定するとき，ほとんどの役員が反対した。大原総一郎社長は，技術担当役員ひとりだけが事業化に賛成するなかで，事業化を決定した。

クラレの大原総一郎社長は，先代の大原孫三郎から新しい仕事を始めるタイミングについて次のような話をしていた。

「10人の人間がいて，その中の5人が賛成するようなことをいったらたいていのことは手おくれだと，7，8人もいいというようなことをいったらもうやらないほうがいいのだと，せいぜい10人のうち，2，3人ぐらいがいいということをいった時に仕事はやるべきものだと，1人もいいといわない時にやるとそれも危ないと，2，3人ぐらいはいいというのを待てばよかったのに，その前にやったから自分も失敗したということをいっておった」（大原総一郎，クラレ，1980）

口癖のように教えられてきたというこのような言葉が，クラレにとって大事業であったビニロン合成繊維の企業化の決定に影響を与えたという（『週刊ダイヤモンド』1964年10月10日号）。

⑦ **新事業開発担当の適任者としての反対者**

新事業開発をだれに任せるかは，事業の成否の鍵を握る重要な要因のひとつである。旭化成の宮崎社長は，反対者を新事業開発の担当者にしている。3種の新規事業のナイロン事業では，常務会の場で最後まで反対していた村本誠を，同じく合成ゴム事業では，事業化に反対の立場をとっていた小林祐二を事業の担当者に抜擢，任命している。

住宅事業でも同様で，反対者を担当者に任命している。1997年に社長に就任した山本一元は，74年にスタートしたばかりの住宅事業部に配属された。彼は，住宅事業部建築課長になるまで「大工のまねはしなくていい」と同事業に批判的だった（『日本経済新聞』1997年5月16日）。このことについて山本は「私はもともと住宅事業には批判的だったのです。その私をよりによって，そこにいかすんですから」（『財界』1997年9月23日）と述べている。山本はその後20年間住宅事業に関わり，主力事業に育て上げた。

このように反対者を担当者にする理由について宮崎社長は，次のように述べ

ている。

「新規事業は起案者にはやらせない。むしろ反対している者に担当させる。反対論はスジが通っているので，問題点や弱点も分かる。そこをクリヤーすれば成功するからだ」（加納，1987）

⑧　革新のエネルギーの蓄積

条件が整えば，批判・反対のエネルギーは蓄積することが可能である。その抑えつけられていたエネルギーが解放されるとき，それは強力な革新の推進力となる可能性もある。日清紡では，長期間累積されてきた現状の戦略に対する批判のエネルギーが，脱成熟化を促進しているようにみえる。

■事例：日清紡の企業「革命」

　ⓐ　企業革新のプロセス

日清紡で1980年前後からすすめられた一連の企業革新は，戦略，組織構造，組織文化，リーダーシップスタイル，組織プロセスにわたる広範で深いものであった。

この一連の企業革新で象徴的な出来事は，自動車用ブレーキパッドを本格的に生産するため，館林化成工場を1981年に完成させたこととその増設である。日清紡にとって，工場用地を取得しての新工場の建設は，約15年ぶりのことであった。しかし，それからわずか20カ月後に生産設備の倍増設を決めた。50年に入社した木村研常務は，それまで「石橋をたたいても渡らない」といわれてきた「日清紡に革命的なことが始まった」としみじみ感じたという（『日本経済新聞』1983年12月26日）。

日清紡では，1980年度までは設備投資は主として減価償却範囲内で行われてきた（80年度は40億円）。しかし，81年度には80億円，85年には150億円へと大きく膨らんだ。84年には，無借金経営にピリオドを打った。

1984年8月には，ＡＢＳで技術を導入したが，この事業には89年頃までに延べ150億円を投入している。

「日清紡が80年の歴史の中で本業（繊維関連）以外に，これだけの思い切った投資をしたのは，まったく例がない」（綱淵，1989）

「少数精鋭」を重視し簡素であった組織も，1984年5月，戦後最大の組織改定を行った。それまでの2本部，8部，26課，3出張所，2室は，7本部，24部，65課，2室へと大幅に拡充された。88年8月には，それ以上の組織改正を

図表9-1　日清紡の企業革新

1978年4月期～設備投資が償却を上回る
79年：中瀬社長就任
81年：館林化成工場新設（ディスクパッド）
82年：ディスクブレーキ技術導入
84年：ＡＢＳの技術導入
84年，88年：大幅な組織改革
86年：田辺社長就任，中途採用開始
87年：創業80周年，87年4月，ＣＩスタート
88年：研究所の一元化
90年：ブレーキ部門出身の社長就任

実施して，2本部，1支社，49部となった。86年には中途採用を開始した。また，「機械を回す能力には優れているがクリエイティビティが少ない」（綱淵，1989）と研究開発の強化を掲げ，その推進が強力に図られるようになった。それまで各工場の管理下にあった研究所群を，88年には研究開発本部を設立して一元化して独立させ，研究機能を強化した。90年代に入ってから有望な事業が生まれつつある。

ⓑ　桜田時代の日清紡：「桜田イズム」

このような一連の改革は，社外からは「桜田イズムの否定」と受け止められた。それまでの日清紡では，桜田の考えを強く反映した経営が行われてきた。

桜田武は，1945年から64年まで社長を，70年までは会長を務め，その後相談役に就任したが，ポスト桜田時代も含め，85年に顧問で死去するまで影響力をもっていたといわれる。

露口達会長が「紡績というのは市況産業で波乱が多い。多額の借金をして設備投資するには危険が大きすぎる。できる範囲でやるというのがウチの伝統的なやり方だ」（『日本経済新聞』昭和50年10月22日）と述べているように，事業のすすめ方は極めて堅実であった。

多角化に対する考え方も同様であった。「一部の力を注いで新しい仕事の部門を開拓成長させたいと思う」「われわれ世間でかっさいを受ける所の『経営の多角化』ということについて，その長所よりはむしろ短所の方をこそ戒心すべきである」というのが桜田会長の所論であった（『日清紡績六十年史』1969）。

桜田時代の日清紡では，「最大たるより最良たれ」をモットーとして，減価償却内での投資を行ってきた。自己資本比率の高さや長短借入金の少なさに見

られるように財務体質は極めて強固であった。また,「社内で育成した人材によって主として行うものとの考え方をとってきている」との考えで,「純血主義」などの方針が守られてきた。日清紡は「ケチンボー」と呼ばれることもあった。

このような桜田社長の下で日清紡では,「自主独立」「本業重視」「堅実経営」「上意下達」が当たり前とされる社風が培われてきた。

ⓒ 積極経営

1979年に社長に就任した中瀬秀夫は「今後も収益を伸ばしていくためには繊維だけに頼れない。そして非繊維の収益力をつけようと思ったら,積極投資で収益が一時的に足踏みしても致し方ない」(『日本経済新聞』1985年9月19日)と積極経営をすすめた。中瀬社長を引き継いだ田辺社長も「中瀬さんの敷いた積極・多角化路線で社員にやる気がでてきた。社内活性化にさらに力を入れたい」と中瀬路線の継承を第一に打ち出した(『日本経済新聞』1986年9月30日)。

桜田イズムの影響から「下から活発な意見があがってこないきらいがある」ことに経営陣は,切迫した危機感を持ち,「組織も風土も変えなければいけない」としてリストラと並行して風土の改革もすすめられた。

田辺社長は,常務会を廃止して経営会議を設置するとともに,それまでのトップ・ダウン型の延長では将来展望は厳しいと考え,機会ある毎に経営幹部を前にボトム・アップ型の組織を作れと繰り返した(『日本経済新聞』1989年9月18日)。「まず上意下達が当たり前という社風を変える必要があった」(『日経産業新聞』1994年5月25日)のである。

2000年に就任した指田社長は「失敗が許される風土に組織が変わってきたのは田辺相談役,望月会長の時代からである」(『財界』2000年11月7日号)と述べている。

日清紡がこのような企業革新を進めることになった要因として,次のような諸要因が指摘されている(『日本経済新聞』1985年3月11日)。

① 輸入攻勢など繊維の経営環境がきびしくなったこと。輸入浸透率が1985年には約48%(綿)に急増し,繊維の置かれた環境がきびしくなってきた。

② 非繊維のなかには経営努力次第で成長が期待できる分野があると判断したこと。多角化の継続的取り組みの成果:1985年4月期,非繊維比率は,

売上高で約24％，経常利益の約30％を占めるまで成長してきた。
③　経営陣が戦後入社者ばかりになり，営業出身で前向きの中瀬社長を軸に成長戦略をとりやすくなったこと。戦後から強い影響を社内に及ぼしてきた桜田顧問が1985年に死去した。

しかしこれらの要因の他にも，もうひとつ見落とすことのできない要因がある。それは批判・反対が生み出すエネルギーである。
　ⓓ　批判・反対のエネルギー
1980年代からの企業革新は，それまで社内にくすぶっていた不満が一気に爆発したように見える。長期間沈殿していた批判的なエネルギーが解放され，エネルギーのためが推進力となっているように見える。

日清紡は合繊時代，他の多くの繊維企業と同じように，合繊への進出を真剣に考えていた。社内では若手を中心に合繊の進出が支持された。そして合繊へのワンステップとしてまず戦前に経験のあるスフ事業に進出した。しかしその後トップは「合繊に出るべし，の内圧，外圧が胃の底にこたえた。だが経営者として，馬の背を行く危険，わかりきっているような無理はすべきではない」（露口の言葉，綱淵，1989）として結局「合成繊維へ進出せず」との決定を行った。日清紡は，スフについてもそれ以上の拡大はせず，既存の繊維部門の強化に注力していった。

このような決定に対して，「『合繊に出て，いま一段の飛躍を期すべし。そのために株があるのでは……』という声は社内に多かった」。日清紡は，朝鮮戦争の特需で得た膨大な利益を株に投資してきていた。

その後も「あのとき合繊に進出しておれば」との思いが社内にはくすぶり続けていた。1990年代になっても「『あの時何で合繊をやっていなかったのか』と悔やむ声はいまだに消えていない」（『日経産業新聞』1994年5月25日）という。「田辺社長も，合繊に進出せずに不満を持っている一人だった」（綱淵，1989）。

田辺社長は「合繊進出の可否は，まだ何ともいえないが，石油危機で東レ，帝人の先発以外の後発はひどい状態だった。ただ先を考えれば，合繊を手がけていることは，ケミトロニクスやバイオテクノロジーのタネを育てる土壌をつくるのに役立つ。技術フィールドが広がり，蓄積も可能。20，30年という長い

第Ⅲ部　理論的含意と実践的含意

視点からすれば合繊不進出の評価はまだ下せない」（綱淵，1989）と述べている。

　多角化についても「できる範囲でやる」「二正面作戦は避ける」方針のもと「半島戦略」が採られ，大規模な投資は控えられた。多角化部門ではブレーキ事業が大きく育ってきたが，このブレーキ事業でも，堅実な戦略がとられてきた。ディスクブレーキへの進出についても，そのタイミングがちょうどドラムブレーキで他社と提携したところであったこともあり，「二兎を追っても失敗の確率が高い」として，ディスクブレーキの進出はペンディングになった（綱淵，1989）。のちに進出したが「ディスクブレーキはいったん事業進出を見送ったため，実際の商戦で出遅れのばん回に苦労した」（『日本経済新聞』1989年9月18日）という。「ブレーキに進出したころ，もっと本格投資をしていたなら，ブレーキ部門はいまごろ隆々としていたものを……」と日清紡のブレーキ部門にいる若手管理職は口惜しがる。田辺社長も「ディスクブレーキ進出は20年遅れた」と述べている（綱淵，1989）。

　20年から30年もの間に社内に醸成されてきた，それまでの紡績事業にはふさわしいものであった上意下達の組織文化や減価償却内の設備投資などの堅実経営に対する次のような批判や不満が，1980年頃から革新のエネルギーとして噴出してきたように見える。

　　・飛躍のチャンスを見逃す悔しさ
　　・能力を発揮できないもどかしさ
　　・将来への危機感

　このような不満のエネルギーが，企業革新の促進要因のひとつとして大きな役割を演じていたことは否定できないだろう。

⑨　自社のポテンシャルの評価基準

　さまざまな試練を乗り越え長期にわたって成長を続けてきた真に卓越した企業であるビジョナリー・カンパニーの多くは，非常に高い目標を掲げ，その実現に向けて努力してきたが，そのような社運を賭けた大胆な目標は，「理性的に考える人たちからは，『常軌を逸している』という意見が出てくるだろうが，前向きに考える人からは『それでもできると思う』という意見も出てくるような灰色の領域に入る」性質を有している（Collins & Porras, 1994）。このため，強い批判や反対が生じやすい。多数の人たちがリーズナブルと考える場

合，既存の経営資源の活用で成功は充分に可能であると判断されている。しかしそれは自社のポテンシャルの発見や新しい経営資源の獲得にはつながりにくい。強い批判や反対の存在と少数派の推進者の存在は，プロジェクトの成功に必要な経営資源が，自社の既存の能力の限界の周辺にあることを示すサインかもしれない。

(2) 企業革新モデル

組織が自らの変革をも含むようなイノベーションを遂行していく方法は多様である。これまで，さまざまな企業革新のモデルが提示されている。これらは大きく次の3つに分類することができる。

① トップの重要性に注目した戦略的企業革新モデル
② ミドルの創造性や秩序の創造能力を強調する進化論的モデル
③ 企業革新のプロセスを，トップとミドルの動的相互作用と捉える相互作用モデル

これらの企業革新モデルは，資源配分者であるトップと，事業の推進者であるミドルという2種類のプレーヤーのいずれか，あるいはその両者のイノベーションにおける役割に注目したものである。

しかし，ここで検討したような反対者の積極的な役割を考えると，脱成熟化は，トップとミドルだけではなく，トップとミドルと反対者という3種類のプ

図表9-2　3つの企業革新モデル

戦略的企業革新モデル
・企業革新はトップによる変化の創発から生じる
・積極的に介入し，変革をトップダウンで進める
・ビジョンと戦略が組織革新のテコである
進化論的モデル
・企業革新は，組織の一部で起こった変化が，組織的な相互作用を通じて，一層の変化を引き起こすという形で生じる
・ミドルレベルから生じる革新的な動きを利用すること，変化を促進するような周辺条件を整備すること
相互作用モデル
・企業革新はミクロとマクロの相互作用，トップによる変化の誘発とミドルによる能動的な変化の組み合わせという形で生じる
・企業の変化の土壌をつくること，変化を正当化し支援すること
・戦略やビジョンは，革新の手段であるよりは結果である

出所：竹内ほか，1986；加護野，1988；より作成

レーヤーの直接的で複雑な相互作用の結果,達成されるということができよう。

繊維企業は,かつてのリーディング・カンパニーであり成功した企業である。また,大規模化した企業であり,歴史のある企業である。このような企業では,和や手続き,先例が重視される傾向,組織の内向き・上向き・後ろ向きの傾向が強い。このような企業にとって,批判者や反対者の存在は,もしも存在が可能であるならば,極めて重要である。

理解や合意,協力を得るために,経営資源を動員するために,あるいは正当性を獲得するために説得や議論が行われる。しかし,論理的な説得を通じて新しい考え方を人々に受け入れさせることはむずかしい。企業の,あるいは繊維事業の将来性に対する認識・考え方のようなパラダイムには,「共約不可能性」がみられる(加護野,1988 a,b)。「あるパラダイムが通用しなくなったということを,データや論理で説得することは難しい」のである。

このような状況で得られるコンセンサスや正当性は,社長が「責任は私がとる」と説得をすすめ,それに対して他の役員たちが「社長がそこまで言うのなら」といったかたちで得られることが少なくない。期待はずれの兆候が見られるようになれば,批判や反対が再び強くなる。

説得や議論のプロセスは,学習のプロセスでもある。しかし,正当性や合意を得るための説得や議論に時間とエネルギーを費やすことで,事業化のタイミングを逸したり,事業化そのものが中途半端なものになってしまう可能性もある。事業化のタイミングが事業の成功の鍵である場合,合意を得るために長時間を費やすことになれば,成功はおぼつかない。合意ができる段階では,他社

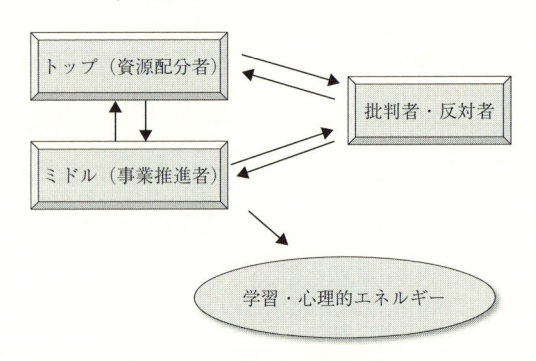

図表9-3 組織の相互作用プロセス

における状況も合意ができる段階にあり，一斉に参入して過当競争が生じる可能性も高くなる。また，合意を得ようとするプロセスで，アイデア自体が平凡なものになってしまう危険性もある。

　反対のない状況，何の反論もない満場一致の危険性について，カネボウの伊藤社長は，後発でのアクリル繊維の事業化の経験をふまえて次のように述べている。

　「社長とはそういうもの，すべての責任を背負うべき存在で，だからこそ，たとえ大合唱されても立ち止まって冷静に考え，全員が賛成してもあえて止める勇気と決断が必要だと，つくづく反省しているのですよ」（『WILL』1988年9月）

第2節　シナジーの意味

(1)　事前シナジーと事後シナジー

　われわれの発見事実は，シナジーの意味を再検討する必要があることを示唆している。繊維企業の脱成熟化において成功した多角化事業の多くは，シナジーを利用した事業である。PetersとWaterman（1982）の「基軸を離れない事業展開をしている企業の方が業績がよい」という命題は，繊維企業にもあてはまる。しかしこのことは，多角化の結果から見る限りにおいて当てはまることである。この命題は，将来の意思決定を行うための実践的な原理としては，誤りであり，ある場合は有害でさえある。

　われわれの研究の含意を理解するためには，2種類のシナジーを区別する必要がある。ひとつは事前シナジーであり，もうひとつは事後シナジーである。事前シナジーとは，多角化の決定を行う前にマネジャーが明確にすることができるシナジーである。事後シナジーは，多角化を行った後で初めてマネジャーが明確に認識することのできるシナジーである。新事業の立ち上げの担当者の利用できる情報や創造性，限界を考えると，この2つのシナジーは一致しない（図表9-4）。

　事前シナジーの判断：事業の成功の鍵となるシナジーの存在の事前判断（主観的）で，これには初期の取り組みで期待通りの成果が出てこないためシナジーがないと判断する場合も含まれる

	事後シナジー	
	有り	無し
事前シナジー 有り	ケース1	ケース3
事前シナジー 無し	ケース2	ケース4

図表9-4　事前シナジーと事後シナジー組織の相互作用プロセス

　事後シナジーの判断：開発プロセスで発見・開発された事業の成功の鍵となったシナジーについての判断で，これには失敗を経て，戦略を転換させながらも取り組みを継続させ，その過程で発見・創造したシナジーも含まれる

ケース1：事前シナジー有り・事後シナジー有り　「小さな成功」
　事前シナジーがあるとされ，事後シナジーもあった場合，「小さな成功」が起こりやすい。多くの企業が参入するために「群れ現象」が引き起こされ，各社とも期待通りの成果をあげることがむずかしい。そのため成功しても小さな成功にとどまる。

ケース2：事前シナジー無し・事後シナジー有り　「大きな成功」
　事前シナジーがないと思われていた事業で，事後シナジーがあった場合，大きな成功を期待できる。多くの企業は参入しようとはしないからである。
　成功した事業の多くは，強い反対のなかで事業化の決定を行っている。また成功した事業の多くは，事業戦略の転換を行っている。そして事前にはわからなかったシナジーを発見し活用することに成功している。
　多くの企業が合成繊維の研究に取り組んだが，初期の実験的な取り組みでは期待通りの成果を上げることができなかった。事前シナジーはあまりないと判断した企業は，取り組みをストップさせたが，クラレと東レは取り組みのなかで事後シナジーを創造していった。
　旭化成の建材や住宅事業は，繊維や化学の分野と距離のある事業であったが，建材と都市部・高級住宅との関係に事後シナジーを発見した。

ケース3：事前シナジー有り・事後シナジー無し　「失敗」
　事前シナジーがあると思われたが，事後シナジーがなかった場合，あるいは事前に明確なシナジーだけでは不十分な場合や事前シナジーが成功の鍵とは成

らなかった場合で，事後シナジーでその不足をカバーできなかった場合，多くの企業が参入するが，各社ともこれらのプロジェクトは失敗となる。

旭化成のサラン繊維は，副産物の有効活用ができるとして事業化したが，衣料用途には向かなかった。ポリプロピレン繊維も，染色の問題を解決することはできず，衣料には向かなかった。

ケース4：事前シナジー無し・事後シナジー無し 「失敗」

事前シナジーがない，あるいは小さいと思われ，事後シナジーもない，あるいは小さい場合は，失敗となる可能性が高い。しかし事前シナジーがない，あるいは小さいと判断されるため，ほとんどの企業は参入しようとしない。

東洋紡の医薬事業では，宇野收社長は「成功するかどうかは，わからない。しかし，むだにはなるまい」「次かその次の社長のために，種をまいておきたい」と強引に反対を押し切って進出を決めた（『読売新聞』1982年3月11日）。当初，既存の生化学事業が医薬事業に貢献するだろう，とも考えていた。しかし期待したほどの貢献は得られなかった。

大きな成功を経験して自社の能力を過信している場合，この失敗は大きな失敗となる。帝人の石油開発事業は，社長の独断ですすめられた。自社の政治力と国際性を高く評価していた。しかしこれらは，リスクの高い事業では成功の鍵となる重要な経営資源ではなかった。

もし多くの企業が，事前シナジーの利用を追求するならば，それらの企業は同じ製品や事業分野に群れて参入することになる。そして「群れ症候群」を起こすことになる。もっとも成功する確率の高い多角化プロジェクトは，事前シナジーは存在しないが事後シナジーが新事業の開発プロセスで発見されたり，つくり出されたりしていくようなプロジェクトである。このようなプロジェクトには既存事業との事前シナジーが存在しないため，多くの人たちがこのようなプロジェクトに反対するのである。成功した事業は，通常既存事業との事前シナジーが存在しなかった事業であるため，多くの人たちがその事業に対して反対したのである。

成功している新事業の多くは，事業を軌道に乗せるためには，事業戦略の転換を必要とした。成功している新事業開発のプロセスは，シナジーを創り出していくプロセスであって，誰もが知っているような既存のシナジーを利用して

いくプロセスではないのである。そしてこのようなシナジーを創り出していくプロセスで，テコの役割を果たすのがミドルマネジャーであり，彼らの心理的なコミットメントである。事後シナジーは，人を通じて創り出されるのである。

繊維企業の脱成熟化のプロセスでは，多くの失敗が生じた。これらの失敗の意味をもう少し考えてみよう。

事後シナジーの有無は，絶対的なものではなく，開発過程で成功の鍵となるシナジーを発見・創造できたかどうかに関係する。多くの成功事業が，何度かの失敗を経験し，事業戦略を転換させてプロジェクトを継続させることによって成功している。そのため，ケース1とケース3との境界，ケース2とケース4との境界はあいまいである。

事前シナジーがあると判断して進出して，初期の失敗で断念した場合がケース3であるが，そこで事業戦略を転換して継続させて事後シナジーを創造した場合はケース1である。それでも事後シナジーを見出せなかった場合はケース3で失敗である。また，事前シナジーがないと判断して進出しない場合，進出しても初期の失敗でプロジェクトを断念した場合，プロジェクトは失敗であり，ケース4に該当する。この場合，ケース3と同様，経営的な「目に見えない失敗」をしている可能性がある。事前シナジーはあまりないと判断したが進出し，初期の失敗に直面しても事業戦略を転換させ，プロジェクトを継続させ，事後的なシナジーを創造できた場合がケース2である。それでも事後シナジーを創造できなかった場合は，ケース4であり失敗である。しかしこの場合，ケース3と同様，価値ある学習が行われ，新たな経営資源が蓄積されている可能性が高い。

(2) シナジーの発見と創造

共通の経営資源を有する業界内競合企業，共通の強みの認識，「群れ現象」は効果を弱めることが少なくない。

多くの成功事業の成功の鍵は，事前シナジーではなく，事後シナジーにあった。新事業の取り組みにおける失敗の多さは，事前に明らかであった，想定していた強みが成功の鍵とはならなかった，あるいはそれだけが成功の鍵ではなかった，ことを示している。他方，多くの成功事業は，事業開発のプロセスで

事業戦略を転換していた。開発プロセスで資源の発見・再発見，あるいは鍵となる資源の蓄積・獲得，そしてそれらが既存資源との間でシナジーを生み出す。それらが成功の鍵となっていた。

　組織は，レパートリーをもち，そこから適当なプログラムを引き出せる限り，短期的に適応することができる。いかに豊富なレパートリーを保有していても，どこに何が，だれが何を，に関する情報には，事前にはわからないものが少なくない。同様に，どの経営資源とどの経営資源がうまく組み合わされるのかなどについての情報は，事前には正確に把握することは困難である。実行の過程で，自社の能力や能力を有する人材の発見，その人材と技術が加わることで学習が促進され，新しい資源の蓄積が行われることが少なくない。このような典型的なケースとして，東レの人工皮革の開発を取り上げよう。

■事例：東レの人工皮革「エクセーヌ」のケース
（内橋1982，ハートレイ1981，日本繊維新聞社1991など）
　1963年10月，デュポン社が人工皮革「コルファム」を発表した。これは靴用の皮革を対象としたものであった。それまでの「合成皮革」は，コーティング技術を利用したビニール被覆繊維であったが，デュポンのこの「人工皮革」はそれとは全く異なる皮革であった。デュポンが新素材の研究開発に取り組んでいる，との情報は，世界の多くの企業に大きな影響を及ぼした。ナイロンなどの開発で合繊時代を創出した，そして世界的な化学企業であるデュポンの影響力は極めて大きかった。これを契機に内外の多くの企業が人工皮革の開発に取り組んだ。日本でも多くの化学，合繊企業が新しい人工皮革の開発を行った。デュポンが開発した新しい人工皮革は，織物を土台として表面を多孔質で被覆した二層からなる素材であった。このような新しい人工皮革の開発では，繊維や化学の技術のシナジーを期待することもできた。

　東レもそれまで取り組んできたコーティング技術の製品のワンランク上の表革タイプの製品をねらって，天然皮革の構造に似た通気性のある新素材の開発を推し進めた（『東レ70年史』1997）。1963年9月，東洋クロスと共同研究契約を締結した。65年9月には，人工皮革「ハイテラック」の販売を開始した。66年5月には「ハイテラック」社を設立し，67年3月には，月産3万メートルの生産設備を完成させた。しかし売れ行きは好転しなかった。技術力，特許，販

路開拓などの壁を超えられなかったのである。68年11月,東レはついに撤退を決定した。しかし68年12月に「もういっぺん根本的に見直そうじゃないか」として,2年間の執行猶予期間の期限付きの「第二事業部」を設立した。

これより少し前,ハイテラックの売れ行きが伸びないなかで,繊維研究所産業資材研究室では,彦田豊彦をリーダーとした人工皮革研究グループが,人工皮革の改良研究をすすめていた。ハイテラックの改良研究と,それとは全く次元を異にした人工皮革の研究などの間で今後の開発方向を模索していた。

一方,合繊業界は1965年に初めての不況を経験した。この不況による影響はそれまで積極的に合繊の拡張をすすめてきた東レにとって極めて厳しいものであった。この不況を打開・克服しようと東レではさまざまな対策が採られた。基礎研究所も影響を免れなかった。このとき「中央研究所に繊維としての新基盤研究が求められ」た(岡本,2003)。中央研究所の岡本三宜研究員は,それまで複合紡糸技術の高度化をすすめてきていたが,65年10月頃から正式に取り組んだ超極細繊維の研究開発は,67年頃には技術を完成し,続いて後に事業化される衣料用人工皮革エクセーヌの基本技術にたどり着いていた。しかし当時この技術の活用方法を簡単には見出せなかった。岡本研究員は「この新繊維に一番ふさわしい使い道,何かないでしょうか,ねえ」と各研究所をかけずり回っていた。

1967年,岡本研究員は,このような求評活動のなかで,繊維研究所で人工皮革の研究に当たっていた彦田と出会うことになった。彦田は,岡本の開発した超極細繊維に対して興味をもった。彦田は「まず,糸の細さに興味を持ちました。コンマ1デニールを切る糸は当時ありませんでしたからね。非常に細かいタッチでその点に魅力を感じました」(日本繊維新聞社編,1990)と述べている。彼はこの技術を,すぐに研究テーマのひとつに取り入れ,67年9月からこの「SAM」と呼ばれた技術をもとに生まれた,超極細繊維を基布とした人工皮革の研究に着手した。そして,7カ月かけて実験結果を手に入れ研究報告書をまとめている。

しかし岡本のこの超極細繊維は,1968年5月の,年1回開催される「研究発表会」では,もっとも悪い研究のテーマだとの烙印を押されている。技術屋トップの副社長からは「コレの製品化はコストが高くつき過ぎる。これからは研究者自身,もっとコストマインドを持たなければいかん!」と評価された。

第9章　理論的含意

　これによって岡本の技術は，「死の淵」に立たされてしまった。それまで協力してくれていた仲間たちの多くが岡本から遠のいていった。
　一方，この年の12月には，第二事業部がスタートして，岡本も加わることになった。翌1969年初夏には，「生み出すべき製品の基本技術は，これでいきたい」という決断が下される。岡本の技術が選ばれたのである。そして試作品ができあがる。
　1969年9月，デュポン社にある技術の導入を交渉するために副社長が携えていったこの試作品をデュポン社の技術者は非常に高く評価した。これを受けて直ちに，副社長は「あと半年以内で工業化技術を完成して出せ」との指令を発した。70年11月には，人工皮革の本格企業化が発表された。
　1971年4月には，デュポンが「コルファム」からの撤退を発表した。東レは，この年の9月に，衣料用人工皮革「エクセーヌ」の国内販売を開始した。このエクセーヌは，東レに膨大な利益をもたらした。石油危機による繊維事業の業績悪化にあった企業の業績を支えることになった。
　この人工皮革の技術は，別々の研究所で研究されて生まれた超極細繊維の技術と靴用人工皮革の技術との，異種混合の技術であった。超極細繊維と靴用人工皮革の技術が，靴用人工皮革事業の失敗を契機にした見直し過程で融合して，衣料用人工皮革の成功へと結びついていった。
　「エクセーヌにとっての精子と卵子は，全く別々のところで，それぞれ無関係に生まれ，そして偶然のチャンスを得てタイミングよくドッキングされたものだ」（内橋，1982）
　東レの衣料用人工皮革の開発のケースでは，靴用人工皮革の失敗により2年間の再検討期間のなかで，開発のプロセスで，すでに社内の他部署で生み出されていた技術がそれを生み出した人材の働きかけによって，事前には知られていなかった，あるいは関連のないと思われていたものが，人工皮革の技術と結合して新しい人工皮革が生まれた。靴用から衣料用への開発方針の転換もこの結合から行われるようになった。東レの衣料用人工皮革の開発プロセスでは，成功の鍵となる経営資源は，事前シナジーにあったのではなく，事業化のプロセスで発見され，また失敗を通じて何がシナジーに必要かが明らかとなり，蓄積され，それがシナジーを生み出したといえよう。
　旭化成の住宅事業でも，失敗を通して，成功の鍵となるシナジーを見出し

た。ヘーベル建材の最大利用住宅から軽い，燃えにくいという特性を最大に活かすことのできる都市型住宅へ転換して，住宅事業は最大の部門に成長した。旭化成のホール素子の場合も，エアバッグ用のセンサーとして開発が始まったが，エアバッグの失敗から用途を転換させ，エレクトロニクス事業の柱として成長する。

多くの成功した事業，事業づくりの過程で事業戦略の転換，事業を初めて試行錯誤のなかから，シナジーの発見，活用が行われている。自社の経営資源の正しい評価は，試行錯誤を通して明らかとなる。

(3) 「基軸を離れる」論理

「基軸を離れない」多角化を指向する企業は多い。シナジー効果を期待できるからである。しかし基軸から離れるような行動を選択する企業も少なくない。そのような選択をする論理として，次のような要因が指摘されている。しかしさらに事後シナジーの論理を加えることができる。

① 成長分野

繊維企業の多くが，最初の多角化の取り組みでは，シナジーを軽視した場合も少なくなかった。高度経済成長期であったこともあり，成長分野を重視した多角化が進められた。目の前のビジネスチャンスが進出すべき分野として高く評価された。ボウリング，半導体，ファイナンスなどの「ブーム」時には，他業種からの進出も含め多くの企業が参入した。目の前にある成長分野は，見過ごせない。

② 他社の動き，社会的学習

情報が不確かな状況では，他社の動きは貴重な情報源であるし，追随行動を起こさなければ競争構造が変わってしまうリスクがある。

③ 組織能力の過信

とくに大きな成功を収めた企業は，自社の能力の過大評価しがちである。「わが社は何でもできる症候群」が生じ，ポテンシャルを過大評価しがちである。これが積極的な多角化を促進することがある。

ポリエステル繊維で大きな成功を収めた帝人は，極めてリスクが高いと考えられていた石油開発事業に進出した。その背景には，「帝人には，石油開発にとって有利な国際性，資本力，政治力がある」との判断があった。

第9章　理論的含意

④　(事前) シナジーの落とし穴

シナジー効果の過度の追求は，さまざまな弊害をもたらす可能性がある。群れ現象，進出分野の限定，発想のもち込み，大きな変化に対する脆弱性，創造性の制約などである（山路，2003）。

旭化成の宮崎社長は，このような落とし穴を強く意識していたが，住宅事業の成功について次のように語っている（『週刊東洋経済』昭和62年6月20日）。

「レーヨン，火薬，肥料の技術を持っていたので応用していったのです。ただ一つ，建材に出たのだけは，技術を持っていたわけではない。子会社でマグネシアクリンカーを作っていたので無関係ではなかったが，遠かった。その一番遠かった事業が，いま一番よくなった。そこが難しいところで，自分の周辺をやるのは自信と安心感があるのでやさしい。しかし，事業環境が似ているだけに新旧事業が共倒れになる可能性があります。やはり飛び上がるような，関係のない分野に出ざるを得ません」。また松下グループと比較しながら「技術の応用の範囲にとどまっていたから，旭化成はもっと大きくなることができなかったのである。私は社長に就任してから今日まで，いろんな事業を手がけてきたが，結局は先輩の残してくれた遺産の周囲をうろついていたに過ぎなかったような気がする」（宮崎，1983）と記している。

⑤　経営資源の蓄積

シナジーの追求は既存経営資源の活用に傾きがちである。基軸を離れないような多角化の収益性は高い。しかし，既存の経営資源の活用だけでは長期的な成長を確保することは難しい。長期的に成長を維持してきた企業の多くは，成長プロセスのある段階で飛躍している（Collins & Porras, 1994；伊丹，1984）。飛躍の土台となる新たな経営資源を蓄積するためには，ＢＨＡＧ（社運を賭けた大胆な目標）を掲げ，深い学習を行い，自信を獲得していく必要がある。

クラレはビニロンの事業化を大きな犠牲を払って成功させた。これによってその後の多角化の基盤となる高分子化学の技術を獲得した。またこの臥薪嘗胆の時期を通じて精神的遺産を獲得した。大原社長は「この苦労は一つの精神的遺産としての倉レの"人間関係"の土台になっている。これはわが社の無形の蓄積だとひそかに思っている」と述べている（『エコノミスト』昭和37年1月16日号）。これがその後の，チャレンジにトライし，逆境に耐えられる精神的

⑥　再建の依頼

業績の悪化した企業の再建を依頼されて，大きいシナジー効果を期待できない事業に関わるケースも少なくない。日清紡は1955年に日本無線の再建を依頼され，再建に取り組み，再建に成功した。その後，新日本無線を設立して，日本無線につながる分野の強化を図った。今日では，これらの企業が，多角化の基盤のひとつとなっている。

⑦　事後シナジー

上述の東レの事例のように，成功の鍵となるシナジーは，開発プロセスのなかで発見されることが少なくない。事前情報の不完全性や処理能力の制約を考えると当然かもしれない。脱成熟化における失敗の多さ，事業戦略の転換の多さが示しているように，事業開発のプロセスで発見されたシナジーが事業の成功の鍵となっている場合が少なくない。ある企業の技術屋トップは「技術は必ずついてくる」と述べている。

第3節　ダイナミック・ファクター

(1)　ダイナミック・ファクター（批判や失敗）

企業革新やイノベーションの最大の特徴のひとつは，その実行のプロセスで予想外の問題につぎつぎと直面することである。イノベーションのプロセスのもっとも顕著な特徴は，さまざまな介在要因の存在である。さまざまな遅れ要因，失敗はその代表的なものである。また批判者や反対者の存在もそのような要因に含まれる。戦略の実行の議論では，いかにこの抵抗を克服するのかが大きな問題のひとつである。一般にこのような要因は，企業革新に対して負の役割を演じると理解されてきた。それらは革新の障害として排除すべきものと捉えられることが少なくない。

Mintzberg等（1976）は，介入要因，スケジューリング・ディレイ要因，タイミング・ディレイ要因，スピードアップ要因，フィードバック・ディレイ要因，理解サイクル要因，失敗リサイクル要因を指摘して「これらダイナミック・ファクターは，おそらく戦略的な意思決定プロセスのもっとも独特で顕著な特徴であろう」と述べている。ここでは企業革新を促進する側面に注目し

図表9-5 脱成熟化プロセスに見られる遅れ要因（例）

認識の遅れ：ビジネスサイクル，目標水準の適応，スラック，組織文化（思い込み・思い入れ） 批判・反対：リスク，組織文化，議論や説得 段階的対応：問題の悪構造性，フィードバック・システム，ルールや手続き 断続的対応：ビジネスサイクル，業績の悪化，失敗，揺れ動き 反動：組織の慣性力 過剰学習：失敗や成功からの過剰学習 自前主義：組織文化

て，脱成熟化プロセスの促進要因をダイナミック・ファクターと理解しておこう。

このような要因は，脱成熟化のプロセスの進展を確かに遅らせてしまうことが少なくない。しかし，長期的に見た場合，必ずしも革新を遅らせる要因とは限らない。長期を要する企業革新においては，革新を加速するなど重要な役割を演じる可能性もある。本章の第1節で見たように，成功した企業では，批判者や反対者は極めて重要な役割を演じていた。これら否定的に捉えられがちな要因は，企業革新のプロセスで極めて重要な役割を演じる可能性が高い。

自前主義は，東レの事業開発や東邦レーヨンの炭素繊維の開発の場合のように，深い本物の学習を可能にする。自信も生まれる。蓄積した技術が次の飛躍につながることもある。クラレでは，ビニロン事業化の苦闘のおかげで，「忍耐」を文化の一部に組み込ませた。

批判や反対については，すでに検討した。学習を促進する。担当者の結びつきを強める。心理的エネルギーを引き出す。失敗は，深い学習を促進したり，挽回に向けて心理的エネルギーを引き出したり，次のステップの糧となっている。揺れ動きは，認識を明確にし，エネルギーを束ねる。これらは脱成熟化のプロセスの促進要因となっている。

脱成熟化に成功している企業に共通することは，このようなダイナミック・ファクターを効果的に活用し成長に結びつけてきたことである。

ここでは期待外れ，あるいは失敗を中心に，そのダイナミックな役割に注目する。成功企業の多くが，このようなファクターをダイナミックに活用し，企業の成長・飛躍へとつなげてきたからである。(2)では旭化成とクラレの成長プロセスを，失敗をテコにした典型的ケースとして取り上げる。続いて(3)では，合繊時代，多角化時代を通してもっとも成長してきた企業のケースを取り上げ

(2) 失敗(期待外れ)と成長

■事例:旭化成のケース:旭ダウ設立

　旭化成は,合繊時代の黎明期,塩化ビニリデン繊維(サラン)の研究を行い,パイロットプラントをつくった。しかし,製品化するにはまだ問題が残っていた。このためすでに製造していたダウ・ケミカル社から製造技術を導入することにした。1952年に両社の折半出資で「旭ダウ」を設立して,この繊維を事業化した。

　結局は,このサラン繊維は,衣料用繊維としては成功しなかった。しかし,のちにフィルム分野に進出して成功することになった。「サランラップ」などによってこの事業を軌道に乗せることができたのである。また,このような過程をきっかけに両社の関係は強まった。サランの不振による大きな損失を旭化成が引き受けたことで,ダウ社の旭化成に対する信頼を強め,一転して全面的に協力してくれるようになったのである(宮崎,1992)。そして旭ダウは,ダウ社からポリスチレン樹脂を導入することができた。それが旭ダウのその後の躍進をもたらした。宮崎社長は,「旭ダウ」設立の意義をつぎのように述べている。

　「旭ダウ設立の最も大きな意味は,旭化成グループとして石油化学分野への足場を築いたことであった」(宮崎,1992)

■事例:クラレのケース:失敗と継続

　クラレの成長を支えきたのは,ビニロン,クラリーノ,ビニロンフィルム,ポバール,イソプレンなどの各事業である。これらの事業がクラレを支えることができるようになるまでにはどの事業においても失敗を含む多くの紆余曲折があった。

　ビニロン関係では,東レのナイロンと同時期に事業化したビニロン繊維は,事業が軌道に乗るまでに10年近くを要しただけではなく,技術的壁をなかなか克服できなかった。繊維の最大市場である衣料分野の開拓に努めるものの,作業服や学生服から拡大することはできなかった。結局ビニロンは,衣料用途か

第9章 理論的含意

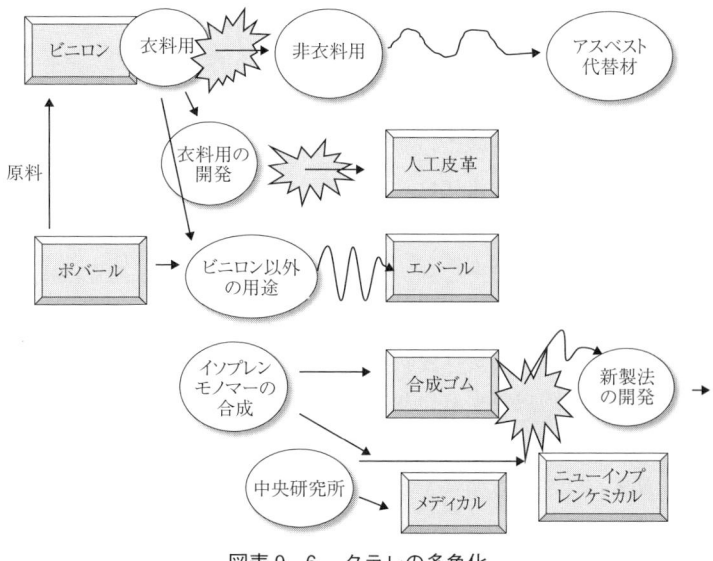

図表9-6 クラレの多角化

らは撤退することになった。その後ビニロン繊維は産業用途を中心に安定的な成長を維持するが1970年にはピークをむかえることになる。需要の回復を目指してビニロン繊維の用途開拓をすすめていく過程で，新たな用途を見出すことができた。75年頃からアスベスト代替材として再び成長力を取り戻し始めた。事業化から30年が経過していた。

1950年代の半ばまでは，ビニロンの事業化に専念したため，衣料用として期待されていたポリエステル繊維への進出には先発企業に比べて大幅に遅れてしまった。さらに導入した技術について特許の問題にも直面した。後発で規模では先発企業と対抗できないため，差別化に徹する戦略を採らざるを得なかった。

クラリーノ関係では，衣料用に適したビニロン長繊維を開発しようとする取り組みのなかから，靴用人工皮革クラリーノのアイデアが誕生した。この人工皮革も，軌道に乗るまでには，返品の問題やデュポンとの特許の問題などを経験している。

ポバール関係では，ビニロン繊維の原料として，コスト低減のためにガス化学から石油化学へと原料転換を重ねながら技術を蓄積していったが，衣料用分野でのビニロンの需要の伸びはあまり期待できないため，早くから繊維以外の

第Ⅲ部　理論的含意と実践的含意

活用を追求する必要が強まった。このような繊維以外の用途開拓の中でビニロンフィルムやガスバリア性に優れているエバールが開発された。ビニロンフィルムは1962年に開発されたが，衣料製品の包装用として生産量を伸ばしていった。しかし石油危機を契機にこの需要は低迷，大幅な減産を余儀なくされた。この危機を救ったのが，次世代フィルムとして65年に開発，70年頃から生産に力を入れ始めていた光学用フィルムであった（いよぎん地域経済研究センター，2007）。当初は用途が限られていたため大量の在庫を抱える状況であったが，新たな用途開発を目指し研究を続けた。73年に小型液晶電卓の液晶偏光膜用に採用され，以後生産量は伸びていく。2000年頃からはパソコンや携帯の急成長に伴い事業も急成長することになった。一方エバールは，研究の開始から約15年を要して72年に事業化されたが，このように事業化までに長期を要した一因は，ガスバリア性を発見するまではプラスチックとしての用途は不明であったからであった。またポバール自体は，のりなど繊維以外の需要も大きくなっていった。

　イソプレン事業については，1970年頃，モータリゼーションに対応するため，そして新しい収益の柱を構築するため，巨額の投資をしてポリイソプレンゴムを事業化した。しかしこのプロジェクトは，事業化直後に発生した石油危機によって原料価格が高騰して挫折してしまった。このゴムの事業化の数年前に中央研究所を新設したが，クラレがすでにイソプレンの基礎的な技術を有しておりイソプレンゴムの事業化をすすめていたことから，そこではニューイソプレンケミカル（ファインケミカル）を主要テーマのひとつに取り上げ，研究開発をすすめていた。その事業化の成功がこのときの苦境のイソプレン事業を支えるかたちとなった。ポリイソプレン事業の挫折の主たる原因は，イソプレンモノマーの製造方法にあった。コスト高で不安定な製法であった。偶然の発見もあり研究開発を断念せずすすめ製法における革新に成功し，コストの低減と安定性の確保に成功した。しかし当時会社全体の業績悪化などの社内事情でこのプロジェクトは中断された。その後87年になって復活させている。操業から15年目にして，イソプレン事業は独り立ちすることができた（クラレ，2006）。その後は収益で勢いを加えていき，この事業は第2の柱へと成長した。

(3) 失敗（期待外れ）と戦略の転換・飛躍

　ダイナミック・ファクターはまた，競争構造を大きく変革させる契機ともなってきた。遅れの要因は脱成熟化のプロセスの至る所で見られる。しかし変革を遅らせるそれらの要因が，産業をダイナミックに流動化させ，変革を促進させることも少なくない。業界ポジションの逆転や企業の飛躍の契機，遅れからの逆転のエネルギー源となっていることも少なくない。

　ここでは，脱成熟化のプロセスに典型的に見られる失敗について考察しよう。失敗によって企業は大きなダメージを受けることがある。

　カネボウと日東紡は，スフの大増設後の不況で苦況に陥った。両社ともこの苦境を契機として戦略を大きく転換させ，多角化を積極的に推進することになった。

　旭化成，クラレ，三菱レイヨンも合繊では期待外れグループに属した。いずれの企業も合繊の中心となったナイロンとポリエステルでは後発であった。これらの企業は，その後大きく飛躍している。

図表9-7　大手16社の売上高順位の推移（繊維産業の構造変化）

	1951	1955	1960	1965	1970	1975	1980	1985	1990	1995	1999年
東洋紡（紡）	1	1	2	5	4	5	5	4	4	5	4
カネボウ（紡）	2	2	3	2	6	2	4	5	3	3	6
ユニチカ（紡）	3	3	4	6	5	6	6	6	6	7	8
フジボウ（紡）	4	10	11	10	11	11	13	13	12	12	12
クラボウ（紡）	5	7	9	9	9	9	10	10	11	10	10
シキボウ（紡）	6	11	13	15	14	15	15	16	16	13	13
東レ（化）	7	4	1	1	1	3	2	2	2	2	2
旭化成（化）	8	5	5	4	2	1	1	1	1	1	1
ダイワボウ（紡）	9	6	8	13	13	12	12	12	14	14	14
日清紡（紡）	10	9	10	12	10	10	9	8	9	9	9
帝人（化）	11	8	6	3	3	4	3	5	4	4	3
日東紡（紡）	12	12	12	11	12	13	11	11	10	11	11
クラレ（化）	13	13	7	8	8	7	7	9	8	6	5
東邦レーヨン（化）	14	16	16	14	16	14	14	14	13	15	16
三菱レイヨン（化）	15	15	14	7	7	8	8	7	7	8	7
オーミケンシ（紡）	16	14	15	16	15	16	16	15	15	16	15

第Ⅲ部　理論的含意と実践的含意

　失敗は，短期的には企業革新の遅れ要因であるが，長期的には促進要因，ときには飛躍を起動する要因となることもある。

　戦後の繊維産業は，1955-70年頃の合繊時代，1970年頃以降の多角化時代に分けることができる。戦後の1955年から95年の40年を通して見た場合，もっとも売上高成長倍率の高かったのは，合繊時代の成功企業ではなかった。もっとも高成長を達成してきたのは，合繊時代の失敗（期待外れ）企業であった。

　ほとんど企業が，合繊時代に期待通りの成果を上げることはできなかった。そのとき各企業の対応は分かれたが，このような企業のなかから高成長企業と低成長企業が生まれた。

　ＨＰ（高業績企業）である旭化成，クラレ，三菱レイヨンの各社に共通することは，戦後の繊維産業の構造を大きく規定した合繊時代の先頭の波に乗り遅れたことである。しかし，そこでの遅れを取り戻そうとしてきたことである。合繊時代の先頭を走ることになったのは，3大合繊でもナイロンとポリエステルで成功を収めた東レと帝人であった。東レはナイロンとポリエステルの両繊維で，帝人はポリエステルで先行利得を獲得，企業を規模と利益で急成長させた。

　旭化成，クラレ，三菱レイヨンの3社は，ビニロンやアクリルでは先行したものの，ナイロンとポリエステルでは東レや帝人に大きく遅れてしまった。しかし，多角化を積極的にすすめることでその遅れを挽回しようとしてきた。

■事例：旭化成

　旭化成は，合成繊維への取り組みが遅かったわけではなかった。最初に取り組んだ合成繊維は，サラン繊維であった。1946年には研究を始め，1953年には工場を完成させている。サラン繊維を選んだ理由のひとつは，レーヨンの原料部門であるソーダ工場から出る副産物の塩素を利用することができることにあった。しかしこの繊維は，衣料用途には向いていなかった。次に取り組んだのは，アクリル繊維である。アクリルでは，技術の開発と用途の発見までに予想以上の時間を要した上，多くの企業が一斉に進出したことなどからナイロンやポリエステルほどの成長を期待することはむずかしかった。旭化成は，アクリル繊維の事業化当初の4年間で46億円もの損失を計上した。

図表9-8　各社の合繊

旭化成：アクリル（先発），ナイロン（後発），ポリエステル（後発）
クラレ：ビニロン（先発），ポリエステル（後発）
三菱レイヨン：アクリル（先発），ポリエステル（後発）
東レ：ナイロン（先発），ポリエステル（先発），アクリル（後発）
帝人：ポリエステル（先発），ナイロン（後発）

　このアクリル繊維の不振によって旭化成は，資金不足に陥るほどの危機に直面した。このような状況で宮崎輝専務が社長に就任した。就任の記者会見では「いつアクリルから撤退するのか」との質問が集中した。しかし宮崎社長は，アクリル事業の継続を決定，立て直しを図った。宮崎社長にとって，アクリル不況への対応は極めて挑戦的な取り組みであった。のちに宮崎会長は，次のように語っている。

　「これまで三回だけ，命がけで仕事をやったことがある。最初は48年の延岡の大労働争議，二番目はカシミロン（アクリル繊維）不況，三番目は日米繊維交渉だ。この三つだけは，すべてを忘れて死に物狂いで頑張った。……」（大野，2001）

　旭化成は，アクリルの品質の安定に努めるとともに，需要先を織物からニットへ転換させた。その後ニットブームもあり，ようやくアクリル事業が軌道に乗り始めた頃，宮崎社長は「アクリルだけでは企業の成長には不十分」「合繊もいずれだめになる」として，建材，ナイロン，合成ゴムの3種の新規事業を企画して，それらを推進していった。さらに当時の年間売上高に匹敵する投資を行いエチレンセンターの建設に取りかかった。

　宮崎会長は「綿の歴史は，まず再生繊維に代わり，次に合繊になる。これもいずれだめになる。なにかしなけりゃと考えたのが34年です。それで，3新規事業を決めた。……」と述べている（『週刊ダイヤモンド』1987年6月27日号）。

　また，当時のことについて宮崎は「私は社長に就任してからはじめの十年間は，事業の遅れを取り戻そうと必死になって走ってきた」（日本経済新聞社，1992）と述べている。

■事例：クラレ

　クラレは，合繊時代の幕開けに大きな役割を演じた。ビニロンを他社に先駆けて事業化した。このビニロン事業は，量産工場稼働後，軌道に乗るまでに6

年を要した。その後1970年頃までは成長を続けたものの,染色性などの問題を解決できず,衣料用には適さなかった。このため,非衣料用分野では安定した需要を確保したが,ナイロンやポリエステルのような爆発的な成長をすることはできなかった。また,ビニロンの事業化が困難を極めるなか,この事業化に集中したために,ポリエステルの事業化には,先行した東レや帝人に大きく遅れてしまった。

衣料分野を開拓できないビニロンと後発のポリエステルしかもたないクラレの業績は,東レとは対照的に伸び悩んだ。このため,合成繊維では東レ,帝人との間に大きい格差が生まれた。

しかし,このことが逆に非繊維事業による企業成長を大きく促進させることになった。ビニロンの事業化で蓄積した技術をベースに,早い段階から「繊維の次」を志向することができたからである。合繊原料のポバールは合繊以外の用途で需要が拡大した。1958年にはポバールの設備を増設,市販に乗りだした。クラリーノの事業化にも成功した。中央研究所では,高分子化学と合成化学の研究を中心に展開した。いち早く合繊の成熟化を認識,多角化事業に経営資源の集中投資していった。「繊維では生きていけない」「新しいものをやらなくてはじり貧だ」(安井)という意識が社内に醸成されていった。

大原総一郎社長は,1961年頃には「繊維を減らしていく」との方針をもっており(『エコノミスト』1962年1月16日号),研究開発に力を注いだ。63年にビニロンプラントを中国に輸出し,ビニロンについてひとつのピリオドを打った形となったが,当時,クラレの研究開発要員は1500人で,それは全従業員の15％を占めていた。研究開発費(人件費を除く)は,426億円の売上高の4.5％にも達していた。研究テーマは無数,パイロットプラントは10以上もあった(日本繊維新聞社編,1991)。

■事例:三菱レイヨン

三菱レイヨンも,アクリル繊維では先発企業としてスタートしたが,ナイロンやポリエステルでは先行して進出することはできなかった。合繊時代の中心となった合成繊維の事業化では遅れてしまった。

三菱レイヨンは,1955年頃から60年代にかけてアセテート,アクリル,ビニロン,ポリプロピレンの各繊維に進出した。さらにメタクリル樹脂設備の大増

設，樹脂塗料への進出など積極的に投資を行った。

　1967年に就任した清水喜三郎社長は，「いまの社内は少したるんでいる。私も年だし，金融的にみれば新規投資などひと休みしたいところだが，若い連中に骨身のしみるほどの苦労をさせるためにも，絶えず新しい建設目標をかかげ実行していかなければならない。またつねにそうしなければ会社の成長は長続きしない」（『日本経済新聞』昭和42年6月19日）と述べている。清水は1973年まで社長を務めている。

　三菱レイヨンが積極的な投資を展開してきた背景には，朝鮮戦争による「糸へんブーム」当時，東レは開発したナイロンを売るのに上から下まで死にものぐるいになっていたが，三菱レイヨンは一期に25億円もの利益をあげていたため「有頂天になって世間を甘く見ていたのが運のつきだった」との反省があった（『週刊東洋経済』昭和42年6月19日号）。

　朝鮮戦争によって生じた「糸へんブーム」の収益への影響は極めて大きく，1950年度下期の法人所得ベストテンを繊維企業が独占した（図表9-9）。このとき東レは，ナイロン事業の立ち上げに苦闘していた。このナイロン事業に既存事業（化繊）の利益を投入していた。このような朝鮮動乱時の対応の違いが東レとの格差を生むもとになった経験から「つねに新しい目標をかかげガムシャラに進んでこそ企業の成長が期待できる」という経営観をもつことになったという（『週刊東洋経済』昭和42年6月19日号）。

　旭化成，クラレ，三菱レイヨンの3社とも合繊時代では，東レ，帝人と比べると成功したとはいえなかった。そして3社とも，この初期の失敗から，東レや帝人との間にある遅れを取り戻し，企業成長を確保するためには，繊維事業だけでは不十分である，限界がある，それゆえ非繊維事業への積極的な取り組みが必要であることを学習した。繊維事業で成功できなかったことが，経営者の繊維事業への関わりを小さくさせている。これらが，いちはやく繊維事業のつぎに経営資源の比重を移すことになり，多角化時代での成功企業に3社が躍進できた要因のひとつになったといえよう。

　これら3社にとって，失敗や大きなショックは，2次学習の契機となったといえよう。失敗を経験して，そこで何をいかに学習するかが重要であることを示している。旭化成などは革新を加速させている。本業に回帰した企業は，そ

図表9-9　糸へんブーム　1950年度下期の法人所得
ベストテン（単位：万円）

1.	東洋紡	614,800	
2.	東洋レーヨン	415,900	
3.	鐘紡	406,400	
4.	帝人	371,400	
5.	富士紡	334,000	
6.	倉敷レイヨン	260,000	
7.	新光レイヨン	251,600	1952年三菱レイヨンに改称
8.	旭化成	225,000	
9.	呉羽紡	213,300	
10.	大和紡	200,000	

出所：『帝人のあゆみ　⑦　虚しき繁栄』p.80。

の10年後，あるいは20年後，企業の存続に対して非常に厳しい状況に置かれている。失敗や期待外れへの対応の違いが業界ポジションの変化のダイナミクスを生み出してきた。批判や反対だけではなく，失敗という遅れ要因にも脱成熟化の進展で積極的意味が存在する。

　長期的・総合的に企業成長，企業革新遅のプロセスをながめることで，遅れ要因が促進要因を生み出す現象を捉えることができる。ほとんどの成功事業は，事業化の初期に失敗，事業戦略の転換を図っている。成功企業では，初期の失敗がその後の非連続的な変革の引き金となっている。また企業革新をスタート，継続させるのに必要な心理的エネルギーの源泉となっている。これらが企業成長の飛躍をもたらした。

　一方，ダイワボウ，シキボウ，フジボウ，オーミケンシなど成功企業と評価することのむずかしい各社は，旭化成などとは異なる学習を行った。脱成熟化の初期の新しい取り組みの後，繊維事業に回帰した。取り組みの成果が期待していたほどではなかった，予想以上の経営資源が必要であることが明らかになった，あるいは，まだまだ繊維事業でやることがある，とくにこれまでのやり方はまだまだ有効である，と学習したのかもしれない。これらの企業はその後，繊維事業の成長の限界に直面し，そこからの脱却に苦悩している。

　これらの事例は，初期の失敗時の学習がその後の企業の成長にとって極めて重要であることを示している。企業成長のプロセスを長期的に眺めた場合，初期の失敗からどのような学習をするかが，その後の企業成長を大きく規定しているといえよう。

第9章　理論的含意

第4節　長期的・継続的取り組みとダイレクト・コミュニケーション

(1) 長期的・継続的取り組み

　新事業の開発では，何を行うかの決定は重要だが，しかし一旦スタートすると，継続と撤退の決定が必要となる。新しい取り組みで成功しているケースは，ほとんどが長期的・継続的取り組みの成果である。断続的な取り組みでは，大きな成果は期待できない。

　第3章で見てきたように，ほとんどの企業がほとんどの成長戦略に取り組んできた。それらの多くは同じ時期に集中していることが少なくなかった。しかし，事後的に見た場合，各社の成長戦略には違いが大きく，成長の度合いについても大きな格差が生まれた。

　ほとんどの企業の多角化への取り組みは早い。しかしそのような取り組みを中断させた企業も少なくない。多角化で成果を上げている企業は，新事業を軌道に乗せるまでに10年前後，あるいはそれ以上の長期間を要している。しかも事業戦略の転換を図りながら継続させてきた。大きな壁にぶつかり事業戦略を転換しながら新事業を継続させ，成功につなげていった。

　継続は，新事業開発においてだけではなく，繊維事業の再活性化においても極めて重要であった。業界の問題に対して表面的には類似の対応を採ってきたように見えても，成功企業には，取り組みの継続性，継続力が見られる。成功企業は，脱成熟化に長期的・継続的に取り組んできた。それゆえ戦略は比較的明確である。失敗企業は，断続的取り組みであったため，戦略もひんぱんに揺れ，戦略は成功企業ほど明確ではない。

　継続的に取り組み脱成熟化に成功している企業にとっても，プロジェクトを継続させることは極めて困難なことであった。すでに見てきたように新事業開発のほとんどの成功事業は，当初躓き，そのとき事業戦略を転換させることによって軌道に乗せることができた。ここでは成功企業の取り組みを，脱市況，合繊の事業化，国際化について見てみよう。

① 脱市況

　石油危機を契機に，クラボウ，日清紡とその他の紡績企業との業績の格差は拡大した。脱市況の度合いの違いが大きい要因であった。

　昭和30年代に，紡績企業は，糸売りが利益を生み出しにくくなってきたこと

第Ⅲ部　理論的含意と実践的含意

から，川中・川下を志向した。しかし各社ともうまくいかなかった。クラボウも，例外ではなく，失敗を経験している。しかし，脱市況への取り組みは継続している。

クラボウは1963年，二次製品部を新設するとともに，二次製品の拡販のために，地方百貨店の大和に資本参加して，自ら二次製品，最終製品の販売チームをつくった。翌64年にはクラボウショップを開設した。しかしこれらの取り組みは資金的な行き詰まりから失敗した。

クラボウは，他の多くの紡績機業とは異なり，昭和40年（1965）代の初めに「糸売り時代に終焉」と宣言，川中・川下志向を断念せず，テキスタイル化をすすめた。社史にはつぎのように記述されている。

「北条工場で生産を開始したポリエステルと，カシミロンと，綿の三者混は，開発商品としての期待に反し，全く販売約定が，つかなかったことである。いかに新しいもの，いいもの，安いものでも，買い手がなければ，結局は無価値である。取り扱い商品に，しっかりした販売先を確保する企業努力が，いかに必要かを，これにより，はっきりと知らされた」（『倉敷紡績百年史』1988）

こうしてクラボウでは，商品企画を，ユーザーとの「取り組み」に力点を置くことになった。田中社長は，つぎのように述べている。

「当社はカジュアル分野，ニットなどで加工・流通業者とグループ化しており，効果を上げている。正確には商品別の提携ともいうべきもので，ファッション路線で新しい需要を開拓してきた」（『週刊東洋経済』昭和51年4月17日号）

他社も川下を志向してきたが，それらの企業の戦略には揺れ動きが見られる。クラボウは一貫して脱市況方針を継続した。当時はまだ糸売りは利益を出していた。広地勉専務は，つぎのように述べている。

「口で言うほど簡単なものじゃないし，テキスタイル化がすぐ高収益に結び付くとは限らない」「顧客の欲しがるものをいち早く企画して，作って，供給することが基本。そのためにはおたがいの信頼関係が大事であり，それを築き上げるために長い時間がかかった」（『週刊東洋経済』1984年11月9日号）

日清紡は，クラボウとは異なる方法で脱市況を追求した。無駄の排除，生産

設備の合理化，財務体質の強化，少品種大量生産を追求してきた。見合工場で1965年に，いち早く米国でパーマネントプレスに関する情報を得て開発に取り組み，シャツ地で大きなシェアを獲得して以来，加工にも力を入れ，紡織加工一貫の方針を継続させ，日本最大のテキスタイル企業になった。

他の紡績企業も同じ頃，日清紡とクラボウと同じような戦略を採ったが，初期の失敗からの過剰学習により，取り組みを中断させている。これらの企業は，紡織に徹する方針に回帰し，景気の変動を前提にした事業計画を策定し，高い糸売り比率を長く維持し続けた。

② 海外事業

東レは1995年，急激な円高に対応して，業界で初めて海外の生産拠点から織物，製品の逆輸入を開始した。東レがこのような対応に踏み切ることができたのは，厳しい状況に直面しながらも，それまで海外展開を継続してすすめてきたからであり，国内基準まで品質を高める努力を続けてきたからであった。

繊維産業は戦後いち早く海外展開を進めた産業のひとつである。1960年代以降，海外に生産拠点を生み出していった。しかし石油危機以降，多くの企業が海外拠点から撤退していった。

合繊業界では1980年代前半までは，帝人がグローバル展開に先行していた。しかし帝人は「不採算会社は清算」という方針から大半の海外拠点を整理した。素材分野だけを残し川中からは撤退した。

当時，東レも海外拠点の業績は非常に厳しい状況に陥っていた。1973年の第1次石油危機以来，東南アジアの合弁企業は，苦しい状況が続いていた。82年当時，ＡＳＥＡＮの20カ所の工場のほとんどが赤字であった。東レの繊維の海外事業は重大な岐路に立たされていた。ついに経営会議では撤退を決定した。しかし，ある担当者が立て直しの可能性を訴え，その決定を覆した。人員削減などの徹底した合理化，東レの国内基準を目標とした品質の向上，内需依存型から輸出型への事業戦略の転換などをすすめた。為替環境の好転もあって，黒字化に成功した。東レの海外拠点は「世界最強の生産拠点」へと転換した。

このとき，海外事業を継続させた企業とそうではなかった企業の2社の海外展開は一気に差がついてしまった（『日刊工業新聞』1995年8月4日）。

帝人は，1990年代にはいって「グローバル・オペレーション」戦略をすすめるため再び海外展開を開始した。その他の多くの企業も90年代にはいって再び

第Ⅲ部　理論的含意と実践的含意

海外展開の強化をすすめている。
③　合繊の研究開発
多くの企業が戦前から合繊に取り組んだが，戦時中に中断させてしまった。戦後も本業の復興に専念した。さらに朝鮮戦争による糸へんブーム時には，多くの企業が合繊の研究の必要性を軽視するようになる。しかし東レは，合繊の開発を続けた。田代茂樹氏は当時のことについて次のように語っている。

「もちろん，あのときは，苦しかった。社運をかけた大きなヤマ場だったから……。だが，私が一番苦労をしたと思うのは，むしろ，戦中から終戦直後にかけての石山（現在の滋賀）工場長の時代だった。なにしろ，戦時中は，平和産業とバカにされ，技術者はドンドン去っていく。

明日のことが予想できず，戦争は激しくなるいっぽうだし，心細い限りだった。終戦になっても，すべてが，ガタガタでうまくゆかない。あのころはほんとうに苦しかったなア。しかし，そんなときでも，人類があるかぎり衣料は必要だと信じ，化繊－合繊の研究はやめなかった。

東洋レーヨンは，デュポンのナイロン技術を導入する前から，別にナイロンの技術をもっていた。それがデュポンの技術導入をするとき，先方から信用を得るのにある程度役だった。あのころの苦労はムダでなかった」（『週刊ダイヤモンド』1961年11月13日号）

(2)　事業の継続
繊維企業の脱成熟化のプロセスにおいて，多くの介在要因に直面するなかで，新しい事業を継続させ，促進させてきた要因として，つぎのようなものを指摘することができる。
①　担当者のコミットメント
研究者・技術者たちの技術や製品に対するこだわり，それを支援してくれる仲間の存在がさまざまな障害を乗り越える力となる。
②　トップとミドルの連携
批判や反対からの防波堤となるトップの存在，ミドルを支援，激励するトップの存在，それに応えようとするミドルの存在がプロジェクトの強力な推進力になる。トップには忍耐が必要であるが，それは複数のトップにわたって求められる。

③ 外部の評価，資金

東レのインターフェロンのケースのように，内部の評価はプロジェクトの継続に否定的であっても，社会的に高い評価を得ることで継続できる場合がある。内部の評価は，短期的になりがちで，利益面での評価に傾きがちである。

④ 仕組みと組織文化

東レでは，専門部署の設置によって，それまであまりうまくすすんできたとはいえなかった新事業開発が加速された。事業ごとに数人から10人の技術陣と営業陣からなる事業開発部隊を構成し，社内の研究，あるいはその他の関連部署とうまく連携しながら事業を推進していく。このような役割を担う情熱をもった事業推進グループの存在があることで，社内の関連部門からの経営資源が引き出しやすくなり，新事業の開発にはずみがつき始めた（伊藤，1984）。また東レでは，アングラ研究が奨励されている。

クラレでは，「大原イズム（ビニロンの事業開発で培ってきたねばり強さ）」が健在であるが，「新しいことに挑戦しよう，それを許そう」といった雰囲気があったという（安井専務・談）。日清紡には研究開発の姿勢として「結果がでなくても研究者がやりたいといえば続けさせてくれる」（柳内雄一美合工場研究所長）という息の長い社風がある（『日経産業新聞』1994年10月18日）。また，「研究開発段階ではとにかく何でもやってみろという自由な社風」（日清紡幹部『日経産業新聞』1995年10月24日），「独自性にこだわり地道な努力を尊ぶ方針」（『日経産業新聞』1994年5月26日）がある。

⑤ 経営資源の配分者であるトップの考えと決定

新規プロジェクトを継続させ成功に結びつけていくためには，さらにそれを企業の長期的成長に結びつけていくためには，安定や収益性を重視する時期（それは長期的成長の過程ではいくどか迎える）でも，システム化がすすんでも，突飛なアイデアも尊重され，例外を認めることができる，協力，支持しようとする雰囲気を維持できる懐の深さが組織には必要である。技術や商品に惚れ込んだ社員が生まれる土壌が重要な役割を演じている。

しかし最終的には，継続の決定において経営資源の配分者であるトップの考えと決定が重要であった。トップが否定的であれば，プロジェクトを継続させ事業化に結びつけることはむずかしい。東レの炭素繊維の場合，トップの事業の将来性に対する期待，願望，信念が大きな役割を演じていた。また，その

トップの考えや決定に大きな影響を与えていたのがダイレクト・コミュニケーションであった。

(3) トップの判断・決定・考え方

　先端技術や製品，顕在化していない市場を，新事業の意思決定を行う前に評価することはむずかしい。事前に明確にすることができるようなシナジーに基づいて評価したり，他社のアクションに追随したりすることは容易である。特定の成長分野に多くの企業が一斉に参入する「群れ現象」が見られるのはこのためである。しかしより重要な決定は，一旦スタートした後に行わなければならない，プロジェクトを継続するか解散するかの決定である。新事業開発は，当初赤字を長期間出すことが少なくない上，成功確率も低い。また，技術や事業が独創的であるほど，事前の評価だけではなく，途中の評価もむずかしい。

　プロジェクトを継続するか解散するかについて，脱成熟化に成功している企業の経営者は，なかなか軌道に乗らない，収益の上がらないプロジェクトをできるだけ長期にわたって継続させようとする決定を行っているように見える。

■事例：東レのケース

　新事業プロジェクトの評価は，多様な基準によって総合的な判断に基づいて行われる。しかし，東レのトップが，忍耐強く新事業プロジェクトを継続させていこうとする背景として，いくつかの要因を指摘することができる。

　第一に，トップが人づくりを強調していることである。「何をやるにしても，技術基盤のないところに本当のビジネスはない。技術基盤をつくるには，まず人的体制づくりをする」「ヒトがマスで養成されないと駄目なんです」というトップの思いは強い。

　伊藤社長（当時）は，「東レでも新事業推進部は，9年前に30人でスタートしたんです。それがいま，生産部隊を入れて800人。全部既存事業以外のものです。全員が熟練者とはいえませんが，半分以上は仕事をマスターした人間です。これはすべてヒトです。新しい仕事をやらなかったら，ヒトも得られなかった。いかにいい企画があってもヒトの育成には5年はかかるんです。そして，その育成したヒトが，本当のビジネスを開発していくのに，また5年かか

る。だからプロフィットを生むのに，10年。そういう考えで，やっている」と語っている（『マネジメント』1981年3月号）。

　第二に，極限技術，独創技術，基礎的先端技術の開発には，時間はかかるが直接の成果だけではなく波及効果も大きいことである。ユニークな技術ほど，その実現のプロセスでは，より多くの障害に直面し，より多くの問題を解決していかなければならない。そのためにかなりの時間を要する。しかし，成功すればその波及効果は大きい。このような認識は，新事業の成果によって強化されてきている。人工皮革や炭素繊維などは，その後の新事業開発のモデルとなっている。

　インターフェロンは，他社が撤退していくなかで，開発を継続させていった。ようやく発売までたどり着いても，発売当初は，各社がインターフェロンに取り組み始めた頃の期待とは異なり，小さな市場しかなく失敗と見られた。しかし伊藤社長（当時）は「私たちが狙っているのは，もっと純然たる，基礎となる技術なのですよ」（田原，1984）と述べている。

　実際にインターフェロンの製造工程からはいくつかの研究用試薬が副産物として生まれた。バイオ技術を活かしてネコのウイルス病のネコカリシウイルス感染症治療薬を開発した。また，そこから得られた研究者たちの自信は大きい。

　エクセーヌを生んだ超極細繊維の技術も，人工皮革だけではなく，新合繊等や，生体適合性を活かして人工血管などに，また，ワイピング性や濾過性を活かしてワイピングクロス，エアフィルターなどにその応用範囲は広がっている。

■**事例：旭化成のケース**

　旭化成では，新しい取り組みに不可避である厳しい状況での工夫とそこから生まれる心理的エネルギーを重視してきた。約30年もの間トップとして，旭化成の成長を牽引してきた宮崎輝社長は，次のように「健全な赤字」と「やり通す経済」の，成長にとっての重要性を強調している。

　「企業は実力の範囲内で，健全な赤字を持たなくてはならない」

　「……ひとつの事業が，永遠に続き，黒字を出し続けるということは，絶対にない。どんな企業にも，赤字部門が必要なんだよ。この赤字部門があるか

ら，みんな，なんとかして，黒字にしようと頑張るから活力が生まれるんだ。……」(以上，宮崎，1992) また，ここでいう健全については，
「……赤字部門というのは，あくまでも未成熟の事業で，将来に発展性が残っているものでないといけないんだよ。……」(大野，1992)
「捨てる経済とやり通す経済の二つがあることはよくわかっているが，私は原則としてやり通す経済のほうにウエイトをおいている。なかなか捨てない。捨てる時でも，その中からなにか役に立つものはないかとさがす。とにかく，なんとかしてものにしようという工夫と努力こそ，経営というものなんだな」(宮崎，1992)

■事例：クラレのケース

1972年から10年間，クラレで中央研究所のトップを担ってきた安井昭夫は，プロジェクトを継続するかどうかの決定を規定する要因として，テーマをやろうとしている人の「情熱が90％」と語っている。「オレは絶対にやる」という研究者に対しては「ノー」とはいわないという。研究段階に限らず，投資額が大きくなるパイロット段階への進行を決定する段階でも，「情熱を重視してきた」という。新しいことをやる場合，必ずさまざまな壁にぶち当たる。社内でいろいろと言われても，「オレはやる」というような，事業に惚れ込んでいる担当者でなければ，この壁を乗り越えることはむずかしいと考えるからである。

自らビニロンの立ち上げに携わったクラレの中村尚夫社長は「……10年かけてようやく軌道に乗せた。おかげで社内に開発に耐えるチャレンジ精神を養うことができました」と述べている (『日経産業新聞』1989年5月13日)。

(4) ダイレクト・コミュニケーション

成功している事業に共通な点として，もうひとつ見逃すことのできない点がある。それは，トップがダイレクト・コミュニケーションを重視していることである。ダイレクト・コミュニケーションは，事業を継続すべきかどうかなど重要な決定を行う場合に大きな役割を演じている。

重要な意思決定について最終的にトップが判断するとき，できるだけ正確な情報に基づいて決定が下されなければならない。ダイレクト・コミュニケー

ションは，重要な判断を行う場合のもっとも基本的な方法である。

■事例：クラレのケース：人工皮革クラリーノの取り扱い商社の決定
　人工皮革「クラリーノ」が量産化に入る前に，クラリーノを扱ってくれる商社を決める必要があった。最終的には丸紅に決定したが，このとき担当者の中条省吾は，商社の担当者がクラリーノのサンプルを目の前に出されて驚く顔を見て，どの商社を選択するかを決定した。中条氏丸紅の担当者である福島正宣に対して次のように告白した。
　「実を言うと，丸紅さんを含め三社の商社に反応を聞いて比較しました。その中であなたの反応，直感が一番素晴らしかった。だからあなたと組みたいと思った」(日本繊維新聞社, 1991)

■事例：東レのケース：デュポンの評価とトップの即座の事業化の決定
　衣料用人工皮革「エクセーヌ」と炭素繊維の事業化の決定に，デュポン社の評価が決定的な役割を果たしたことはすでに触れた。当時，人工皮革の基幹技術である極細繊維と炭素繊維に対するトップの評価はあまりポジティブなものではなかった。しかし，東レのトップが直接デュポン社の担当者（技術者）たちのこれら2つのサンプル（技術）に対する反応を目の当たりにしたことが事業化開始の決め手となった。デュポン社の担当者は，東レの100種類ほどの見本を見て，その中からとくにこの2つを高く評価した。サンプルを見た瞬間，彼らの目には驚きの色が浮かんだ。そしてデュポン社の担当者からサンプルを求められたが藤吉副社長は「いや，それもダメだ。触れるぐらいなら……」と答えた（日本繊維新聞社編, 1990)。そして藤吉副社長は直ちに日本に国際電話をかけ，「半年以内で商品化せよ」との指令を発した。

■事例：東レのケース：継続と断念の決定
　東レ，研究開発や新事業開発の継続と断念の決定を，計画や財務諸表のような合理的・分析的な手段によってではなく，担当者の目を見ることによって行っていることである。これは最終的な決定要因といえるかもしれない。もっとも困難な人の評価に対して，もっとも信頼できる，一般的に採られる方法でもある。

第Ⅲ部　理論的含意と実践的含意

　新事業開発を担当してきた伊藤社長（発言当時）は，「結局，当人たちの意欲，目……。当人たちが不安を感じ始めたら，なるべくは早くやめさせます」「東レのような大企業だからこそ，それが非常に大事なのです。目の色…。実は，可能性のあるなしは本人が誰よりも一番よく知っていて……，だから，その目をみればわかります。目ですよ。……」（田原，1984）と述べている。

　東レは，1960年代初め，デュポンやクラレの研究に刺激されて，靴用人工皮革の研究を開始した。しかし，先行するデュポンやクラレの基本的な特許を回避しようとすると，必然的にコストの高い，品質水準の低いものにならざるを得ず，このプロジェクトは完全に失敗（伊藤『ＷＩＬＬ』1982年11月号），撤退を余儀なくされた。靴用人工皮革「ハイテラック」の関係子会社を整理して，人も全部撤収した。

　しかし，衣料用人工皮革「エクセーヌ」は，この靴用人工皮革からの完全撤退の執行が猶予された2年という期間に開発を成功させたものである。その執行猶予は，現場がミドルを動かし，ミドルがトップを動かすことで得られたものである。

　人工皮革の研究をさらに「やりたい」と訴えてきた靴用人工皮革の研究陣たちの「目」が当時の伊藤研究技術管理部長を動かし，伊藤部長がトップに「もう一度やらせて欲しい」（『週刊東洋経済』1981年6月6日号）と研究開発の継続を求めることで，トップを動かし，そしてトップから「2年間与えるからやってみろ」（『週刊東洋経済』1981年6月6日号）という言葉を引きだした。

　伊藤会長は，当時のことを次のように語っている。

　「研究と生産の連中がね，ここまで頑張ってきたのにストップするのはおかしいと，それこそ体を張って言ってきましてね。私も技術者として何か出そうな予感がして。すぐに藤吉副社長に研究開発を継続するよう提案しました」（日本繊維新聞社，1990）

　多くの成功した事業では，このような担当者とミドルやトップとの直接的で，対面的な相互作用によって，担当者の熱意が直接ミドルやトップに伝わり，彼らを動かすことで，事業が継続されている。このような，トップとミドルの直接的・対面的な相互作用の重要性は見落とされるべきではないだろう。新しい取り組みの評価に，合理的で分析的な方法を重視するべきなのか，担当者の目を重視するべきなのかを深く検討する必要があるだろう。

ある企業のトップは「顔を見ながら指示しないと経営はうまくいかない」と語る[2]。このような対面的，ダイレクトなコミュニケーションは，複雑な理解，微妙な情報を伝えることや捉えることができる。伝達可能な情報量がリッチである対面的なコミュニケーションでは，理解をチェックし修正するためのフィードバックは即時的であり，同時に多数の手がかり（それは発語以外のボディ・ランゲージ，顔の表情，声のトーンなどを含む）を観察できる（Daft & Lengel, 1984）。

コミュニケーション媒体の性質は，コミュニケーションのプロセスに影響を及ぼすが，交渉では，一般的に対面的なコミュニケーションが文書よりも有効である。対面的なコミュニケーションは，もっとも豊富な内容（早いフィードバック，多チャネル，言語の多様性，個人的てがかりの程度）を有し，最も高い社会的プレゼンス（他者との直接的な個人的コンタクトのセンスを運ぶ程度）をもつ媒体に分類される。状況が不確実であるほど，内容の豊富な媒体が必要である（Pool, 2005）。

ダイレクト・コミュニケーションは，情報の質を維持し情報の循環を促進する。しかし企業の大規模化が進むと，企画書，報告書など文書化された書物の媒体が多用されるようになり，よりダイレクトな媒体であることば，よりダイレクトな媒体である目を通したコミュニケーションの比重は低下する。企業が大規模になるほど，組織構造，ルールや手続きの必要性は増大し，膨大な数の案件から選択する必要，限られた経営資源を配分する必要が強くなるとルールに依存する比重が高まり，ダイレクト・コミュニケーションはむずかしくなるからである。

企業は，成功・成長によってもたらされた増大した規模で，さらに成長を維持させるためには，安定的に数多くの新製品を開発していくことが必要となる。プロジェクトの数はますます増加する。システム化をすすめ，金銭によるインセンティブが強化され，多くの中規模事業の開発に適したシステムが構築される。大きくバランスを欠いた資源配分を行うことはむずかしくなる。そこでは平等主義が内在化され，イノベーションは小規模なものが多くなり，大規模な革新的な事業は生みだしにくくなる。また技術は複合化・複雑化・高度化していく。ますます合理的・効率的仕組みが重要となる。ルールやプログラムも複雑になり，それらに依存する比率が高くなる。ダイレクト・コミュニケー

ションの効果も上げづらくなる。

　しかし，企業の成長とともにダイレクト・コミュニケーションの重要度はかえって増加する。大企業において新しい事業の開始・継続・撤退の判断の質を高めようとするとき，いかにしてダイレクト・コミュニケーションを維持・創造・促進するかが重要課題となる。このような判断において，ダイレクト・コミュニケーションは，もっとも基本的でありながら，もっとも有効に活用することがむずかしい方法かもしれないものの，間接的なコミュニケーションと比較して，情報の正確さ，情報の流れの確保・促進，情報の速さ，活性化（刺激），感情の伝達，そして評価（目）などの面でより高い効果を期待できるからである。経営会議が下した海外事業からの撤退決定の撤回のような判断をダイレクト・コミュニケーションなしでは行うことはむずかしい。担当者はトップの了解が得られるまで説得を続けた（前田，2011）。

第5節　変革間のマネジメント

　日本の繊維企業がすすめてきた脱成熟化は，繊維事業の再活性化と多角化を並行してすすめる企業変革であった。繊維企業の多くは，再活性化，多角化それぞれの変革をどのようにすすめるべきかについてだけではなく，それらをすすめていくのに両部門の関係をどのようにマネジメントすべきかについても悩んできた。本節では，繊維企業が複数の変革のマネジメントをすすめていくなかで直面してきた問題を考察する。

　まず，再活性化と多角化を並行してすすめていく場合，繊維企業はどのような問題に直面してきたのかを，脱成熟化のプロセス・モデルを活用しながらみていく。つぎに，旭化成の脱成熟化のプロセスを取り上げる。旭化成は，多くの変革を連鎖させることで成長を確保してきた。旭化成の脱成熟化のプロセスを振り返ることで，そのプロセスでどのような問題に直面してきたのかを見ていく。このような考察から，脱成熟化の進展に対して変革間のマネジメントが果たす役割が大きいことが明らかになる。

(1)　企業革新の議論

　企業の変革は，企業の内外の変化に対応してすすめられるが，それは決して

新しい現象ではない。しかし，1980年代以降，企業革新に関してさまざまな議論が活発になされてきた。

　財務的側面に注目した，早急な業績の回復を強調するターナラウンド[3]の議論，持続的な成長のための組織構造の改革，事業構造の改革・再構築である，しかし人員の削減が強調されることもあるリストラクチャリングの議論，成熟事業の再活性化に関する産業ルネッサンス（Abernathy et al., 1983）やリジューバネーション（Baden-Fuller & Stopford, 1994）の議論，全社的な企業革新であるコーポレート・トランスフォーメーション（Kilmann & Covin, 1988）の議論，多角化や新事業開発の議論，技術に限定されないより一般的なさまざまな新結合としてのイノベーションの議論などがある。社内ベンチャー，M＆A，事業ポートフォリオの改革などの議論もある。個人レベル，集団レベル，組織レベル，さらに組織間レベルの議論がある。これらの議論の中心となるのは，さまざまな革新の促進要因と阻害要因を明らかにすることである[4]。

　企業の長期的な成長プロセスに見られる，いくつかの特徴やパターンも明らかにされてきた。ひとつは，ライフサイクルの存在である。産業にライフサイクルがあるように，多くの企業にもライフサイクルがみられる（Miller & Friesen, 1984）。一般に企業は，誕生して成長期を経過し，成熟期を迎える。それらの企業のなかで，ある企業は活力を取り戻し再び成長期へ戻り（リバイバル期），ある企業は衰退期を経て消滅へと向かうといったライフサイクルをたどる。

　2つ目は，成長プロセスでいくつかの飛躍が見られることである。企業は，成長過程のある段階でストレッチする。伊丹は「長期的に成長してきた企業は，そのほとんどが成長の踊り場でオーバー・エクステンションをしている」（1984）ことを指摘している。またCollins & Porrasは「ビジョナリー・カンパニーは進歩を促す強力な仕組みとして，ときとして大胆な目標を掲げ」それを追求してきた（1994）ことを明らかにしている。

　3つ目は，企業の成長過程において，進化的なプロセスと革新的なプロセスが交互に見られることである。Greiner（1975）は，組織が進化的プロセスと革命的プロセスの繰り返しながら成長していくモデルを，Pettigrew（1985）は，変革の必要性が徐々に広まり，革新が行われ，そしてその影響が徐々に収

まっていくモデルを，Tushman & Romanelli (1985) は，長い進化的期間と急激な企業革新が繰り返される punctuated equiliburium モデルを提示している。

繊維企業も産業のライフサイクルと同じようなライフサイクルをたどった企業もあるし，産業のライフサイクルを越えて成長を続けている企業もある。繊維企業の脱成熟化プロセスでも，現象的には継続的な成長の期間だけではなく，ときに大きな変革が起きている。社運を賭した高い目標の追求が大きな企業の成長につながっているケースも見られた。

脱成熟化のプロセスでは，一定の期間同じ戦略を追求し，変革を経てまた一定の期間前回とは大きく異なる戦略を追求するという戦略の揺れ動きが見られた。また多くの企業が，繊維事業と多角化事業について，バランスをとりながらすすめるのではなく，ある期間はどちらかに比重を置きつつ展開している。

(2) 変革間マネジメント

本書では，拡張した脱成熟化の概念をベースにして，日本の繊維企業の脱成熟化のプロセスを長期的・総合的に見てきた。従来の多くの変革の議論から見ると，このような企業革新プロセスは，次の2つの点で大きく異なる。

ひとつは，繊維企業が成熟事業の再活性化と多角化を並行してすすめてきたことである。このような変革には，特定の事業，産業の脱成熟化，成熟事業の再活性化の問題だけではなく，新事業の開発，そして成熟事業と新規事業との関係のマネジメントの問題が含まれる。既存部門の再活性化と多角化の議論が同時に必要である。

日本の繊維企業にとって脱成熟化は，本業の再活性化だけの問題でも，多角化だけの問題でもなかった。その両方の問題と両者の関連性の問題を含むものであった。このため，本業の再活性化や多角化や新事業開発を中心とした議論では，両者の関連性の考察には不十分である。相互依存関係のある両部門に，どのように限られた経営資源を配分するべきかといった重要な課題への対応が求められるからである。

もうひとつは，日本の繊維企業の脱成熟化が，多くの企業革新を連鎖させることによってすすめられてきたことである。これは単一の変革を前提とした既存の多くの議論を否定するものではない。脱成熟化をひとつの大きな変革とし

第9章　理論的含意

て捉えることも必要である。しかし，実際，単一の企業変革が期待通りの成果をもたらすことは少なかった。多くの変革に取り組むことで脱成熟化がすすめられてきた。脱成熟化のプロセスでは多くの多様な失敗の存在が見られる。十分な成果を上げられなかった改革，予想外の結果をもたらした改革，これらを前提に新たな変革に取り組むことで脱成熟化がすすむ。失敗を経験して挽回の改革を行う。全体を意識しながらそれを構成する個々の変革，変革間に注目することで，より現実的であり，操作性も高い含意を得られるかもしれない。

　企業革新，脱成熟化は，複数の革新を重ねながらムービング・ターゲットに向かっていくようなものと理解することができるかもしれない。革新の非完結性を前提とした企業変革の議論が必要である。実際，日本の繊維企業は，脱成熟化を多くの革新をつなげることで進展させてきた。

　事業にライフサイクルがある限り，長期的成長を確保していくために企業は，脱成熟化に取り組むことが不可避となる。この意味では，脱成熟化は企業にとって特別なものではなく日常的な活動といえるかもしれない。脱成熟化を進展させるためには，個々のプロジェクトや革新の継続・完成だけではなく，脱成熟化それ自体の継続が必要である。

　本節では，この2点について考察する。2点とも変革間のマネジメントに関わる。いずれも，脱成熟化を進展させるプロセスにおいて，複数の変革間のマネジメントが重要な役割を演じていることを示唆している。

① 繊維事業と多角化事業

　この研究が対象にしてきたのは，売上高の多くの部分を占める主力事業があり，それが成熟しつつある企業であった。それらの企業は，企業を再び成長軌道に乗せようと，本業の再活性化と新分野への多角化を同時並行的に取り組んできた。本書における脱成熟化とは，このような変革を意味する。

　これまでの脱成熟化の研究の多くは，成熟事業の変革・再活性化の議論が中心となっている。一方，新事業開発，多角化の多くの研究では特定の新事業開発の議論が中心となっている。変革の議論も特定の部門についてなされているものが少なくない。成熟部門と新事業部門との関係についての議論もあるが，それらは多角化の進出分野を選択するときのシナジー効果や，既存部門の新規部門への障害としての組織文化の議論などが多い。両者の関係の議論はまだまだ不足している。

第Ⅲ部　理論的含意と実践的含意

　日本の繊維企業の脱成熟化は，内部成長に基軸をおいており，本業の再活性化と多角化の両者をともに重視してきた。日本の繊維企業は，繊維事業の再活性化と多角化を並行的にすすめることによって脱成熟化を図ってきた。このため，日本の繊維企業の脱成熟化について，本業の再活性化から，あるいは新事業開発から理解しようとするだけでは不十分である。

　ＩＣＩについてのPettigrewの研究（1985）は，4つの事業部と本社の改革を対象としたものである。Baden-Fuller & Stopford のリジューバネーション（1990）の研究対象は，成熟事業の活性化を考察したものである。一方で，多角化や新事業開発の議論も少なくない。しかし，脱成熟化の理解には，既存部門と多角化部門のそれぞれに焦点を合わせた考察だけではなく，既存部門と新事業部門との関連に注目した分析が求められる。

　両部門に関連する議論には，ダイナミック・シナジー（伊丹，1984，吉原，1986）やアンビデクストラス組織（Tushman, Anderson & O'Reilly, 1997）などがある。しかしそれらは，組織能力や技術面での議論が中心である。これまでの議論の多くが，シナジー，正当性の獲得，慣性力など，変革や脱成熟化の初期に関わるもので（例えばKanter, 1989），非繊維事業が成長し，繊維事業との関係が拮抗し，そして逆転するようになる時期，あるいはそれ以降のプロセスについて，両部門の関係についての議論は多くない。

　企業革新の議論の多くでは，多角化の議論，既存部門は革新の推進者に対する抵抗者として捉えられがちである。また，繊維事業への「思い」は強く，長期にわたり脱成熟化に影響を及ぼしている。しかし，脱成熟化のプロセスで

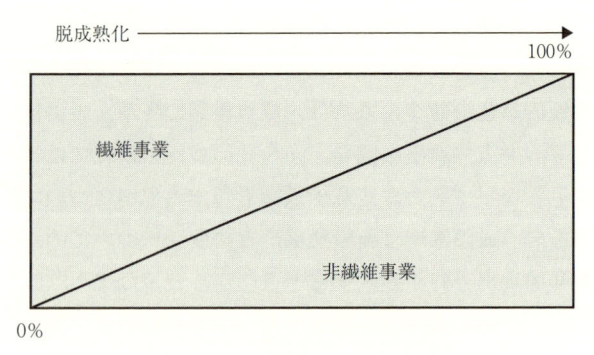

図表9-10　繊維事業と非繊維事業

第9章 理論的含意

図表9-11 再活性化と多角化との関係

- 各社は再活性化に限界のある繊維事業を維持してきた
- 再活性化の成功は，規模が大きく多様な部門から構成される繊維事業の一部
- 成熟化が進むと，再活性化の成功が及ぼす企業全体の成長への影響は低下
- 多角化が成果を上げる頃には繊維事業の成熟化は進展
- 非繊維比率が50％超は，繊維事業の成熟化の進展（売上高の低下）と多角化事業の成長による
- 成熟化初期，多角化の成功の企業全体へ及ぼす影響は小さい
- 再活性化の成功が新事業開発への関心を低下させる
- 多角化の成功が再活性化への関心を低下させる
- 再活性化の成功と多角化の成功が同時に起こることが少ない
- 再活性化と多角化との間で重点が揺れ動く

は，既存部門は抵抗者であるだけではなく，同時に再活性化をすすめる革新者でもある。

既存部門と新規部門とは多様な関係をもっている。多くの新事業の資金源をはじめ投入経営資源の元は繊維事業であった。成熟化の進展に伴い，限られた経営資源をどのように配分すべきかが問題となる。多角化は技術関連分野を中心としたものであった。しかし，資金や技術だけではなく，時間，人や文化などの面でも関連が強い。本業の再活性化が多角化のためのリードタイムを生み出した。既存部門は繊維事業に対する愛着が強い。思い込みや思い入れは強い。「われわれが育ててきた」という意識は根強く残る。しかし，成熟部門と位置づけられることでエネルギーが低下することも少なくない。「脱繊維」は繊維部門のメンバーの心理に影響を及ぼす。また，新事業部門に負けるな，とのライバル意識が生まれることもある。成熟を認めようとしない「頑迷な保守派」がもつ新規部門へのライバル意識の影響力も見られる（加護野，1989a）。既存部門の影響力は常に存在する。どちらかを重視すると他方が敏感に反応する。両部門それぞれが相手部門を見る目が異なる。既存部門は新規部門に対して「育ててやった」との意識は残り，新事業部門から見ると，既存部門の取り組みはぬるま湯的に見える。

繊維事業で成功した東レ，帝人では，とくに東レでは，高い競争力を有するが故に，経営者の繊維事業への関わりは大きい。繊維事業で競争力を有する企業とそうではない企業の多角化の取り組みが異なる。クラレや旭化成においては，早くから「脱繊維」に取り組んだ。

繊維事業は，成熟がすすむとともに規模が大きいために，成長率は新規事業

よりも低い。繊維事業の規模の大きい企業は,繊維事業の成熟がすすむなかで,繊維事業の停滞をカバーするだけの多角化,繊維事業は規模が大きいだけにかなり大規模な多角化に取り組まなければならなかった。それと同時に,繊維事業の再活性化にもかなりのエネルギーを投入しなければならなかった。繊維事業の規模の大きい東レ,東洋紡,日清紡も,繊維事業への関わりを強くせざるを得なかった。

また,両者のバランスをとることも容易ではなかった。限られた経営資源を繊維事業と多角化事業に配分する問題がある。この経営資源には経営者用益も含まれる。東洋紡では,繊維事業の基盤の構築に専念して多角化に遅れてしまった。東レや東洋紡では,戦略の再構築において,「戦略の揺れ動き」が見られた。再活性化の可能性と限界,多角化の可能性と限界のなかで,限られた経営資源の配分比率を決定する必要がある。

多角化事業の強化が繊維事業を弱めることもある。多角化事業の成功が繊維事業の依存心を強めることもある。また,多角化事業の失敗が繊維事業を含めた企業全体を存亡の危機に陥れることもある。帝人は,攻撃的な多角化の失敗によって,繊維事業の立て直しに専念しなければならなかった。逆に繊維事業の再活性化の成功が多角化の必要性を低下させる。

多くの企業の間には,繊維事業と多角化事業の関係の変化に,つぎのような共通のパターンが見られる。

ⓐ 多角化事業はまだ利益を生まない段階,先行投資の時期
ⓑ 多角化事業は,繊維事業と比べると非常に小さい規模,しかし利益率は高く安定性がある段階
ⓒ 多角化事業が利益額で繊維事業を超える段階
ⓓ 多角化事業が売上高で繊維事業を超える段階
ⓔ 繊維事業の業績の悪化(低収益性の進展)と格下げが行われる段階

多くの企業では,ⓐの段階では「多角化の必要性は低い」と認識され,ⓒⓓの段階に至っても繊維事業への思いは強い。ⓔの段階でも繊維事業は,企業の心理的なバック・ボーンとしてメンバーに影響を及ぼしている。この強い繊維事業へのこだわりが,脱成熟化を遅らせることもある。

このような繊維部門と新規部門との関連について,ここでは脱成熟化のプロセスに注目しながらより詳細に検討したい。とくに,脱成熟化の進展ととも

に，両者の相互依存関係はどのようにシフトしていくのかについて考察する。

脱成熟化のプロセスに見られる重要な側面に注目すると，多くの企業の脱成熟化のプロセスには，次のような5つの局面を識別することができる（加護野，1989；山路，1991）。

ⓐ 成熟の認識：主力部門が成熟した，あるいは成熟が間近に迫っているということが，組織のどこかで認識され，それが組織内部に拡散していくプ

図表9-12　40年間の事業構成（ポートフォリオ）の変化（1954年度→ 94年度）

```
旭化成：人絹22％：ベンベルグ11％：織物22％：非繊維28％：その他16％
  ──→ 化成品・樹脂32％：住宅・建材37％：繊維14％：多角化事業17％
東レ：人絹糸・織物32％：スフ綿・糸・織物23％：ナイロン46％：硫酸1％
  ──→ 合繊44％：エクセーヌほか7％：非繊維50％
帝人：人絹65％：スフ・スフ糸22％：織物12％
  ──→ 合繊など56％：非繊維44％
クラレ：人絹49％：スフ26％：ビニロン23％
  ──→ ビニロン9％：ポリエステル27％：レーヨン4％：非繊維60％
三菱レイヨン：スフ綿・糸・織物77％：染色加工織物・樹脂加工織物15％：メタクリル樹脂7％：
       その他3％
  ──→ 合繊・アセテート48％：メタクリル樹脂23％：ＡＢＳ樹脂9％：その他の非繊維21％
東邦レーヨン：スフ99％
  ──→ アクリル31％：レーヨン19％：綿糸28％：化成品21％
カネボウ：綿・毛・絹86％：人絹14％
  ──→ 綿・絹・毛12％：合繊19％：ファッション15％：化粧品・薬品・開発事業53％
東洋紡：綿・毛80％：化繊17％
  ──→ 合繊46％：綿・毛14％：繊維二次製品11％，フィルム・機能材・メディカル25％
ユニチカ：（大日本紡績）綿業54.6％：化繊11.3％：絹業6％：羊毛28％
  ──→ 化合繊41％，綿・毛10％，二次製品2％，プラスチック16％，建設・エンジニアリ
       ング・不動産22％，その他8％
日清紡：綿糸・綿布87％：化繊製品5％：その他8％
  ──→ 綿糸・綿布など36％：化合繊糸・布17％：スパンデクス・その他合繊7％：非繊維
       事業38％
クラボウ：綿糸・綿布・加工綿布67％：スフ糸・布4％：毛糸・織物・加工品27％
  ──→ 綿合繊糸・布・製品57％：毛糸・織物・製品17％：非繊維25％
日東紡：綿糸・綿布・加工綿布64％：スフ・糸・布・加工布27％：絹紡糸2％：岩綿2％：ガラス
    繊維1％
  ──→ 綿糸・綿織物・編み物・合繊糸・織物29％：非繊維73％
ダイワボウ：綿糸・綿布51％：スフ糸・布・綿19％：重布5％：繊維雑品19％
  ──→ ポリプロ綿5％：紡績糸・織物・編み物70％：二次製品21％：非繊維5％
フジボウ：綿糸・綿布・加工綿布・加工綿布70％：スフ糸・布・綿23％
  ──→ 紡績糸・織物・編物・化繊綿67％：二次製品24％：非繊維品8％
シキボウ：綿糸・綿布94％：帆布3％
  ──→ 紡績糸・加工糸・綿布・加工織布・ニット68％：二次製品9％：重布13％：非繊維8％
オーミケンシ：綿糸44.9％：スフ糸19.6％：その他8.7％
  ──→ 綿糸・スフ糸・合繊混紡糸23％：編織物56％：二次製品6％：その他14％
```

第Ⅲ部　理論的含意と実践的含意

図表 9-13　各社の繊維・非繊維・全売上高

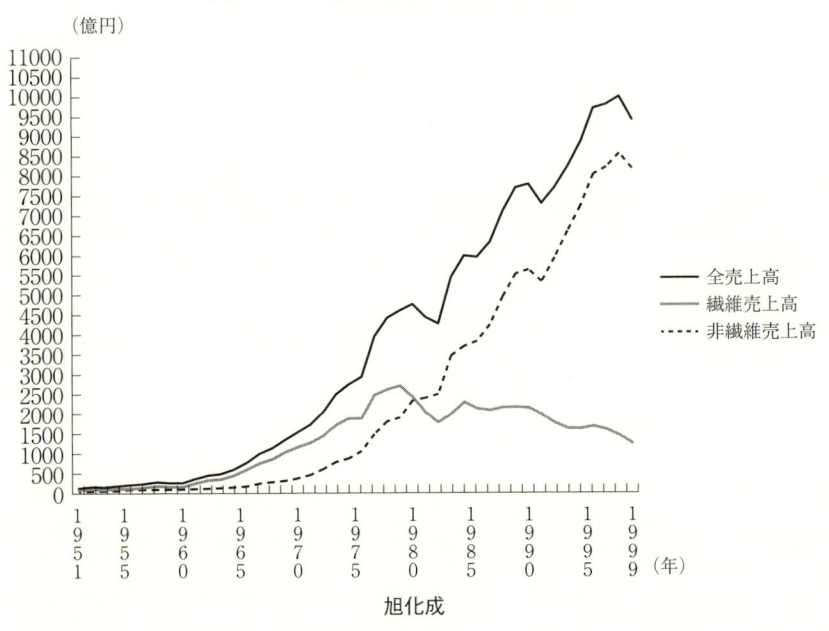

旭化成

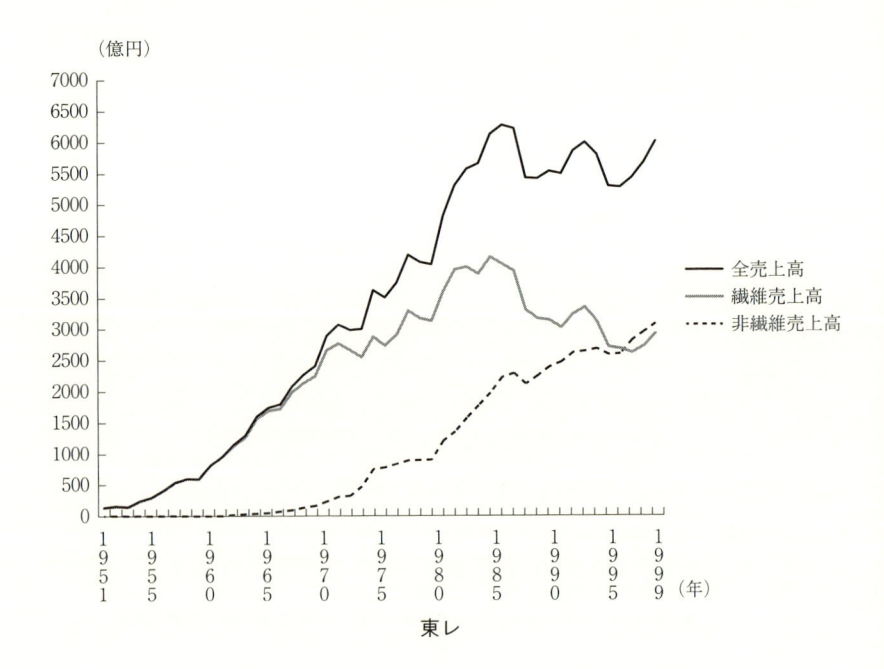

全売上高
繊維売上高
非繊維売上高

東レ

全売上高
繊維売上高
非繊維売上高

第9章 理論的含意

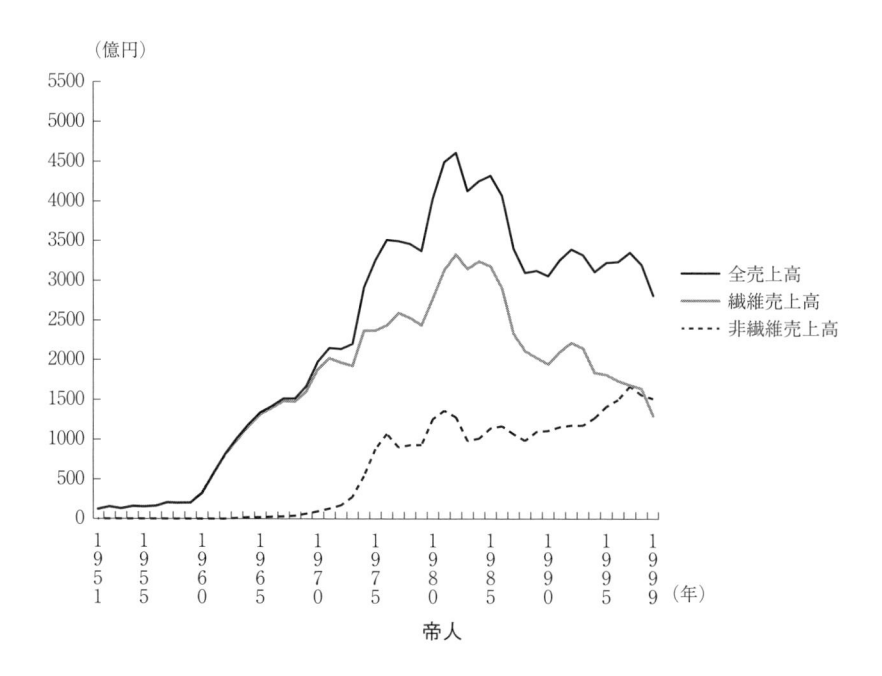

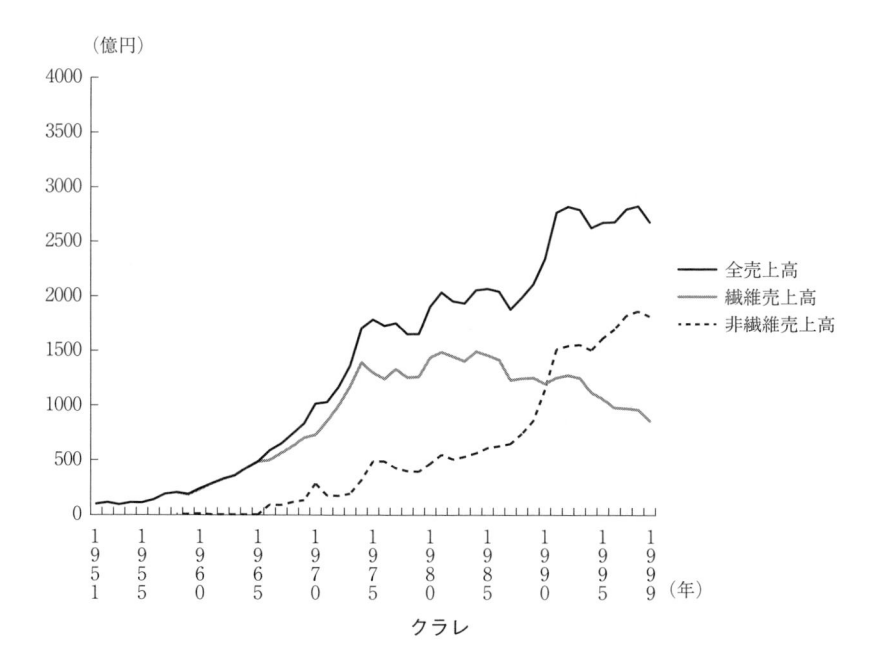

(億円)

帝人

(億円)

クラレ

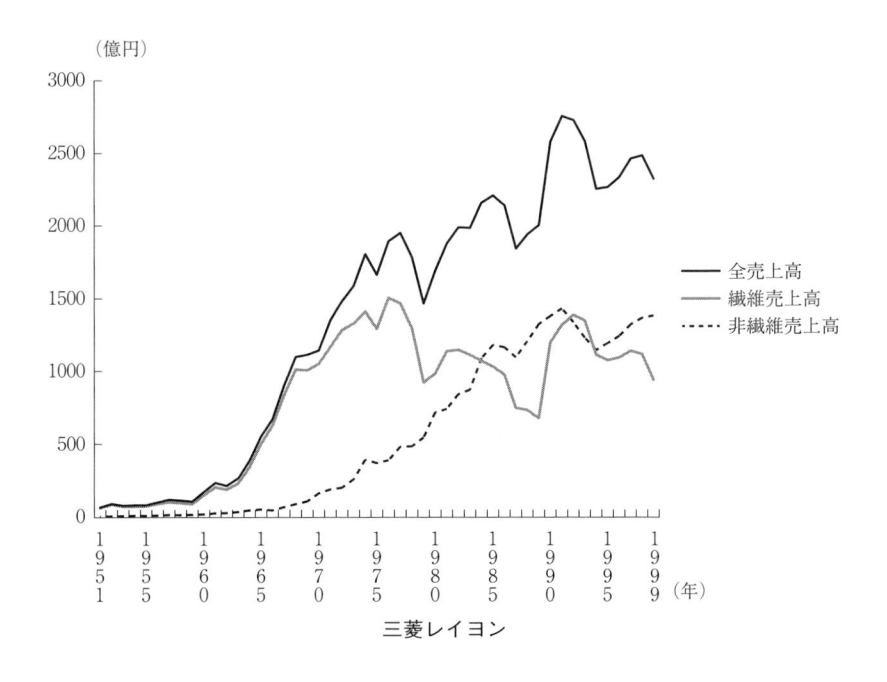

第Ⅲ部　理論的含意と実践的含意

(億円)

凡例:
― 全売上高
― 繊維売上高
‥‥ 非繊維売上高

三菱レイヨン

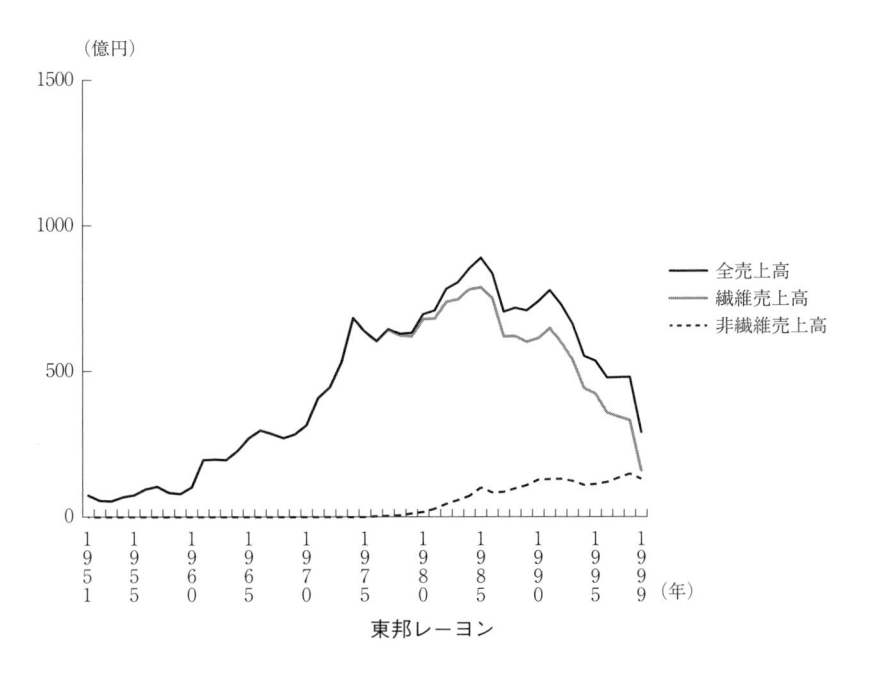

(億円)

凡例:
― 全売上高
― 繊維売上高
‥‥ 非繊維売上高

東邦レーヨン

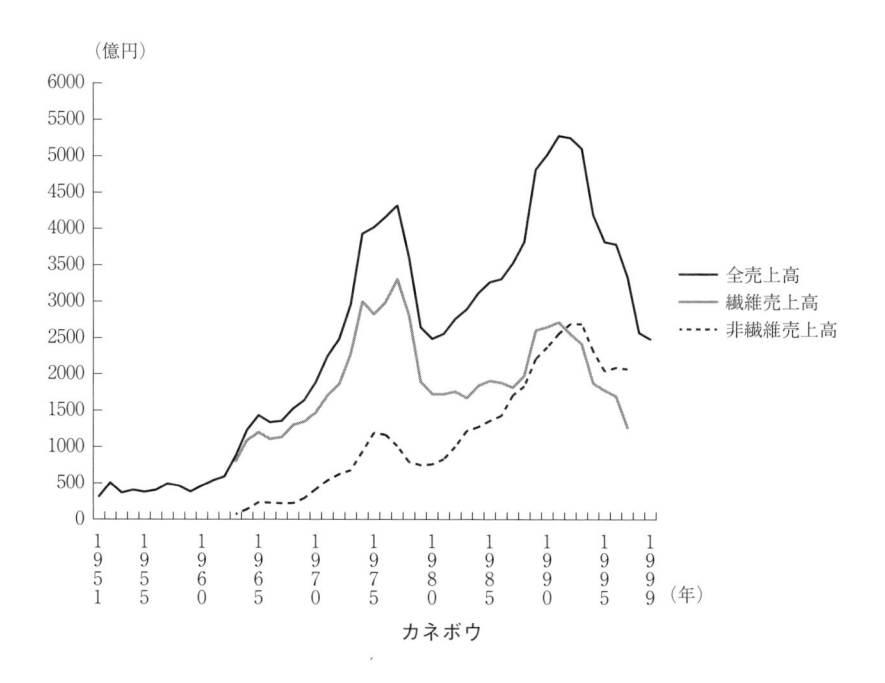

第 9 章　理論的含意

(億円)

全売上高
繊維売上高
非繊維売上高

カネボウ

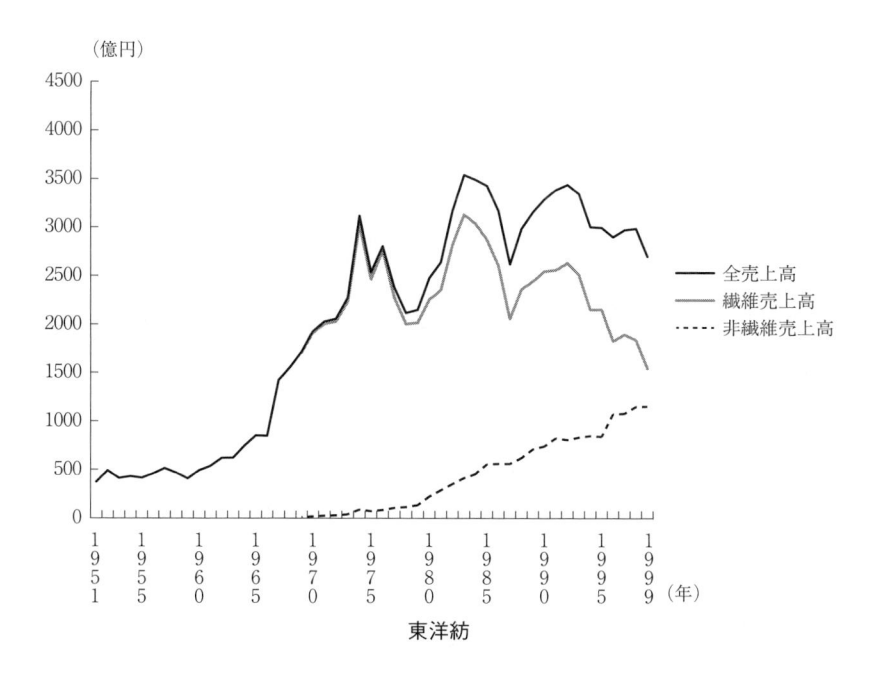

(億円)

全売上高
繊維売上高
非繊維売上高

東洋紡

329

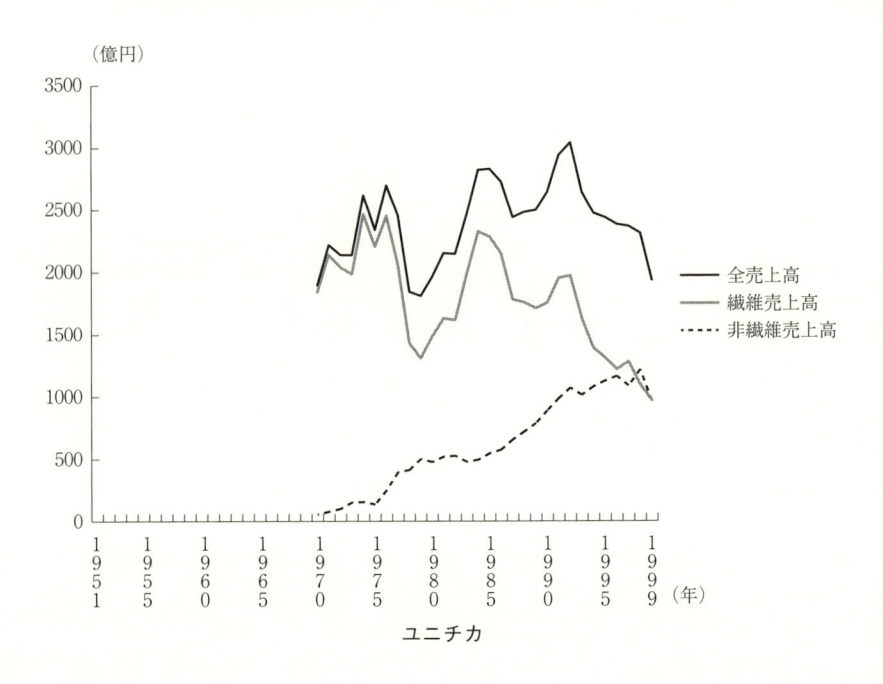

第Ⅲ部　理論的含意と実践的含意

(億円)

全売上高
繊維売上高
非繊維売上高

ユニチカ

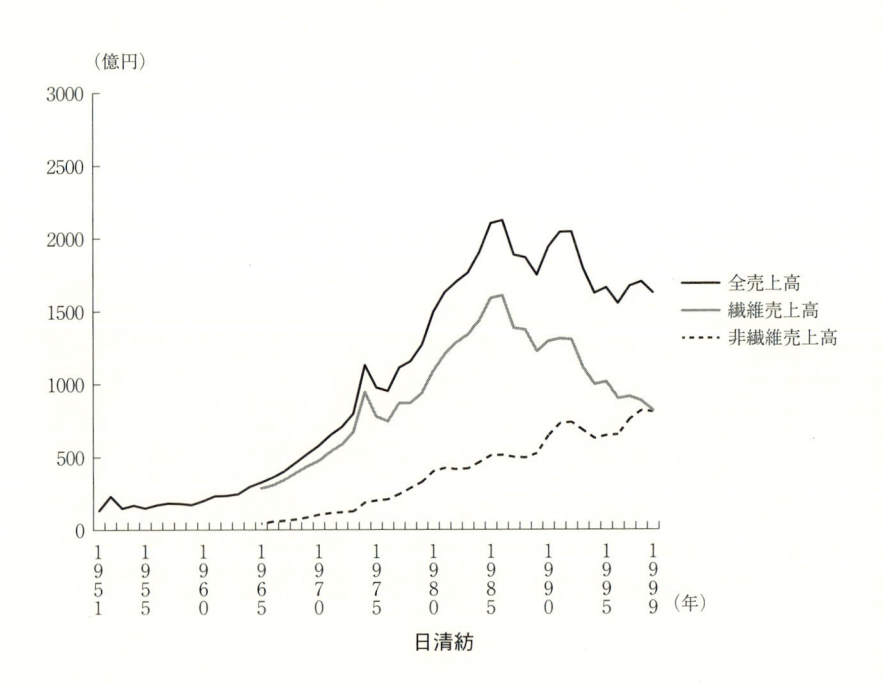

(億円)

全売上高
繊維売上高
非繊維売上高

日清紡

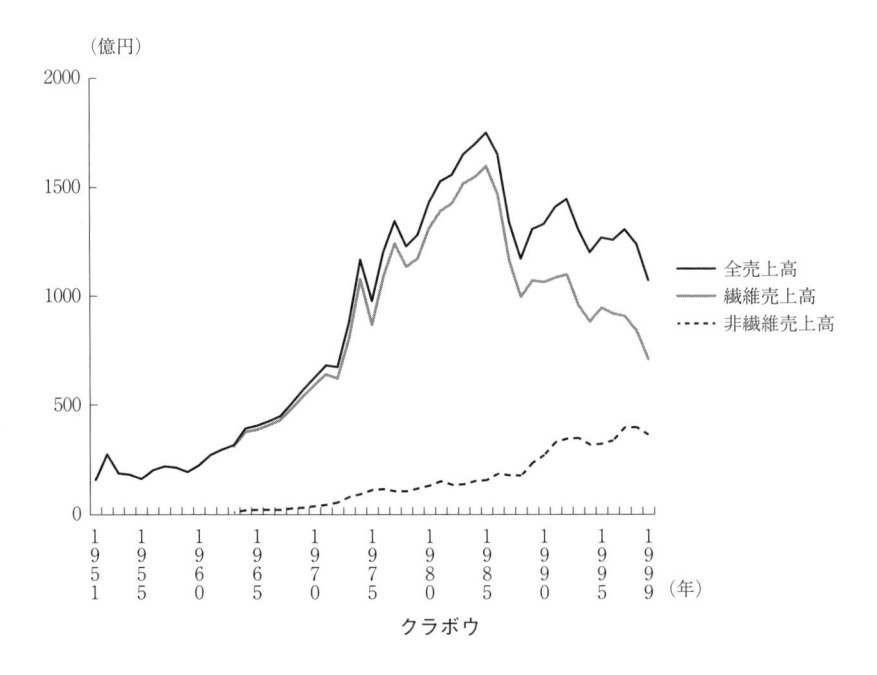

第 9 章　理論的含意

(億円)

全売上高
繊維売上高
非繊維売上高

クラボウ

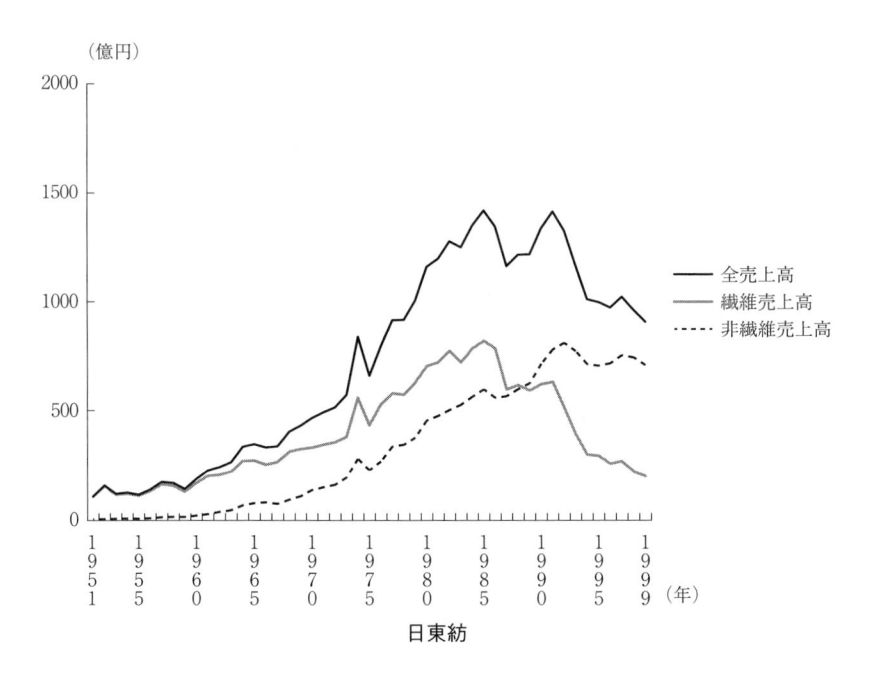

(億円)

全売上高
繊維売上高
非繊維売上高

日東紡

第Ⅲ部　理論的含意と実践的含意

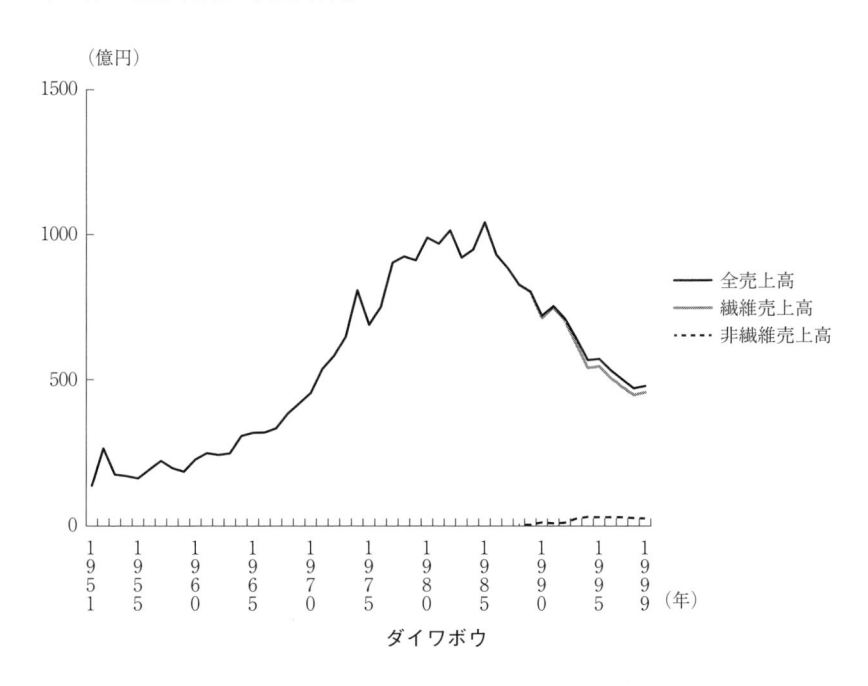

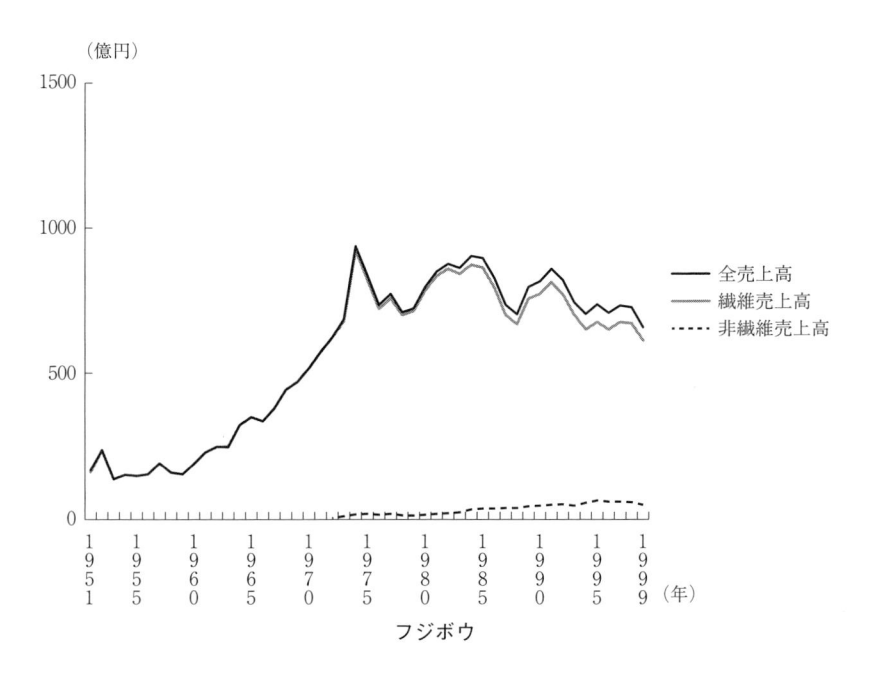

（億円）

凡例：
― 全売上高
― 繊維売上高
---- 非繊維売上高

ダイワボウ

（億円）

凡例：
― 全売上高
― 繊維売上高
---- 非繊維売上高

フジボウ

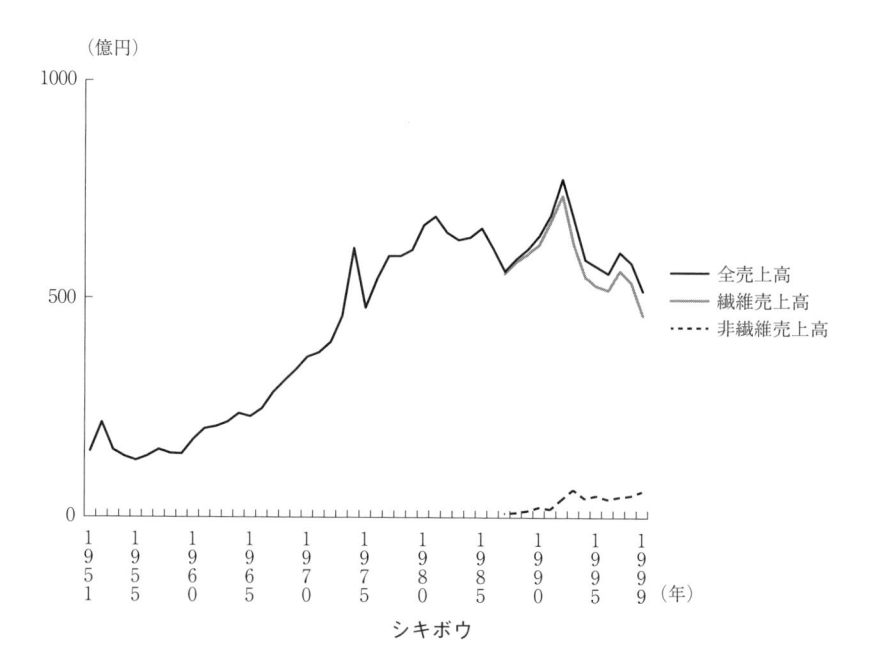

第9章　理論的含意

（億円）

凡例：
― 全売上高
― 繊維売上高
--- 非繊維売上高

シキボウ

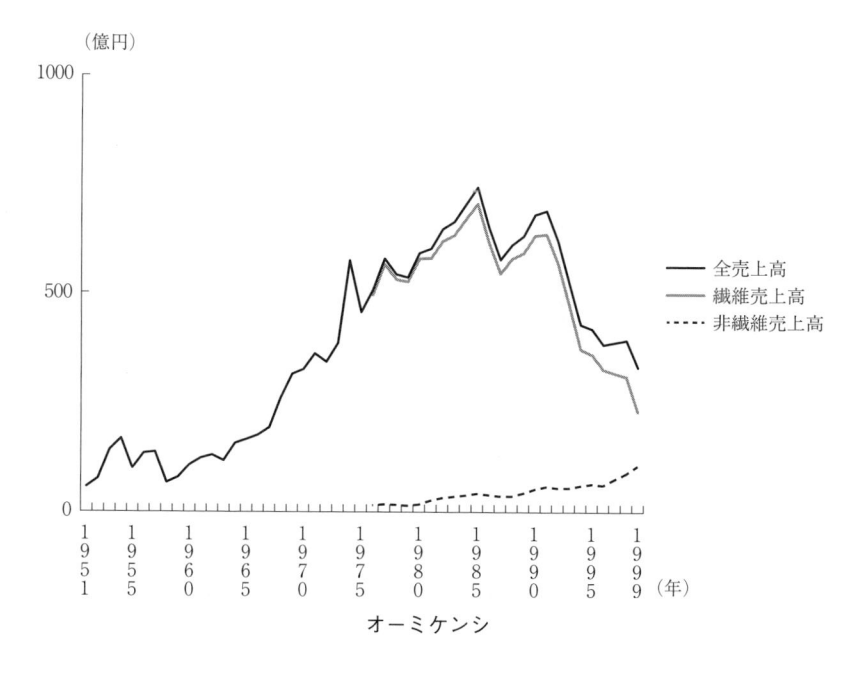

（億円）

凡例：
― 全売上高
― 繊維売上高
--- 非繊維売上高

オーミケンシ

ロセス:組織の慣性力によって認識には遅れがちとなる。
ⓑ 戦略的学習:成熟の認識を背景に,これまでの発想とは異なったアクション,あるいは新事業への進出が開始され,続けられる段階:失敗や戦略の転換が不可避である。いかに継続させるかが鍵となる。
ⓒ 戦略の再構築:戦略的な学習を通じて,徐々に明確な戦略が浮かび上がってくる段階:成功例とトップの決断が学習とコンセプトの創造を促進する。
ⓓ 変化の拡大再生産:企業が自信にあふれた新たな戦略を展開する時期:成功例からの学習が促進され,新しい戦略方向が定着する。
ⓔ 過剰学習:脱成熟化の成功をもとに,新規事業の開発が過度にすすめられる時期

脱成熟化のプロセスは,いつ始まりいつ終わるのかを明確に捉えることは困難である。このモデルの5つの局面・プロセスは,ある時点で明確に識別できるものではなく,互いに重なり合っている。また,すべての企業がこのモデル通りに行動しているわけではない。途中で挫折してしまい,脱成熟化のアクションを中止してしまった企業も存在する。すべての企業が過剰学習の段階まですすむわけではない。

この脱成熟化のプロセス・モデルをもとに,それぞれの局面における課題と

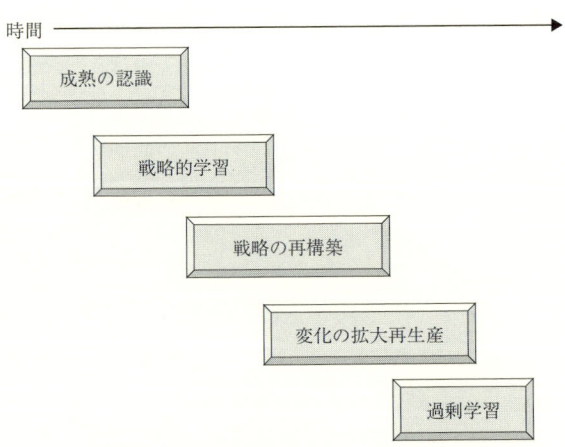

図表9-14　脱成熟化のプロセス・モデル
出所:加護野,1989a;山路,1991

両部門の関係とに焦点を合わせて，脱成熟化のプロセスを再構成してみよう。
　ⓐ　成熟の認識
・成熟の認識（2つのレベル）
　「いかに主力事業の成熟を認識するか」。この課題に対応することが脱成熟化プロセスの出発点である。主力事業の成長が鈍化してきている企業（近い将来，予想される企業）にとって，その事実を認識し本格的な脱成熟化へのアクションを起こすことはかんたんなことではないようだ。
　多角化ブームのような時代の空気，実験的取り組み，そして他社の動きなどは，早い段階での新しいアクションの起動につながりやすい。しかし，このようなアクションを長続きさせることはむずかしい。成熟の認識が深いレベルで行われていないからである。
　多くの企業が，長期的成長のための本格的アクションにつながるような成熟の認識には遅れがちである。表面的な成熟の認識とそれに基づき脱成熟化へのアクションをとることはむずかしくないものの，本格的な脱成熟化の取り組みには遅れがちになる。
　繊維産業の特性（例えば，強い市況性），自社の繊維事業の競争力，繊維事業への心的コミットメント，大量のスラックの存在，培われてきた組織文化などが深いレベルでの認識を遅らせる。多くの企業は，大きなショックや他社の動きによって成熟を本格的に認識する。
　「繊維事業はまだまだ大丈夫」「他のことは必要ない」との考えは，本格的な認識を遅らせるだけではなく，本格的な認識が行われ新規事業をスタートさせたのちも，繊維事業の成熟がかなり進行してしまう段階まで，組織には強く残り続けている。

・進出分野の探索の方向
　主力事業の成熟が認識されると，再活性化や多角化のための探索が開始される。「どの分野に注目すべきか」「いかに有望な進出分野を見出すか」「いかにして繊維事業を再活性化させるか」が問題となる。
　多くの企業は，進出分野を検討する場合，既存の経営資源，自社の強みを生かせると思われる分野に目を向けようとする。既存事業とのシナジー効果が期待できる分野に注目しがちである。自前主義の強い繊維企業は少なくなかっ

た。

　旭化成が最初に取り組んだ合成繊維はサラン繊維であったが，主力事業であるレーヨンの原料部門から出る副産物（塩素）を利用できることがその選択に大きな影響を与えた。紡績企業は，加工，不動産，機械など，合繊企業は，高分子化学，合成化学が活かせるような分野に注目した。

　探索の方向は，時代の空気・雰囲気にも強い影響を受けている。探索初期の段階では，探索開始当時の成長分野に多くの企業が注目している。それらは技術的なシナジーの乏しいと思われる分野も少なくなかった。高度経済成長期には，レジャー，住宅分野に多くの企業が参入した。バブル期には財テクが注目された。堅実さが特徴とされた東洋紡も，1970年頃にはレジャー，住宅分野に進出した。ボウリング場経営にも乗り出した。「石橋をたたいても渡らない」といわれた日清紡も，バブル初期の86年には「財テクも立派なビジネス」としてファイナンス子会社を設立している。

　繊維企業には，それまでの本業の成功によって，技術力，政治力，資金力，ブランド力，国際性などに対する自信が生まれ，これがさまざまな幅広い分野に関心をもたせた。帝人は，ポリエステルで大きな成功を収めた後，石油開発など攻撃的な多角化をすすめた。自社中心で行おうとする企業や，基礎的な研究による探索を開始する企業もある。東レは，まずは基礎的な技術を身につけようと基礎研究所を建設した。

　本業意識など，これまでの長い成長の過程で意識的・無意識的に醸成されてきた事業や状況に対する考え方・見方などは，成熟の認識時だけではなく，探索の方向・方法にも少なからず影響を及ぼしている。

　東洋紡では，多角化の材料を見つけてくるように指示されたスタッフたちが，塾経営に成長性をみて提案したが，本社サイドからは「ものを教えて金もうけするなど，会社の精神に合わない」といわれ，実行には移されなかった（宇野，1994）。

　繊維事業の規模に見合う新事業を見出せない場合やプライドが邪魔をすることも少なくなかった。

　ⓑ　戦略的学習
　成熟が認識され，新しい事業分野の探索の結果，見出された新分野に実際に進出するようになると本格的な投資が始まる。これが戦略的な学習の出発点で

ある。失敗と成功の体験を通じて，企業の柱となる事業を試行錯誤的に創造するプロセスが，戦略的学習である。

　ここでは「有望と思われる分野への進出を行うべきかどうか，進出する場合どのように行うべきか」が問題となる。まず探索によって見出された分野に進出するかどうかを決定する必要がある。新事業開発の決定やすすめ方にも，主力事業が創り上げてきた組織文化が強い影響を及ぼす。

・進出の決定と強い反対・批判

　進出しようとしている事業が，先端的な技術を活用した事業，他社に先行するような事業である場合，大規模な事業である場合，既存の経営資源を有効に活用することがむずかしい分野，シナジー効果があまり期待できない分野，あるいは既存の組織文化との距離が大きいと評価されるようなプロジェクトなどに対しては，役員レベルにおいて強い批判や反対が生じることが少なくない。既存事業＝企業に対するリスクが大きいと評価されることが主たる理由であろう。

　旭化成では，建材事業の延長としてブームのなかで住宅事業に進出しようとしたときでも，「大工のまねなどしなくて良い」という意見も小さいものではなかった。

　この段階でも組織のみんなが成熟を認識しているわけではない。むしろ「繊維でまだまだやっていける」という意識の方が強い。多くの企業では確実な魅力的な成長分野でない限り「そんなことにエネルギーを注ぐより本業」「急ぐ必要はない」という意見は少なくない。多数決で決定する場合は，実験的取り組み，他社の動き，環境の大きなショックなどによってゴーサインを出すことになりがちである。高成長企業の多くは「近い将来成長が鈍化する」「遅れを取り戻さなくては」との危機意識を背景として，強い批判や反対のなかで新事業に取り組んでいる。スタートには，トップの理解が必須である。

　一旦スタートした新規事業も，それが軌道に乗るまでにはかなりの長期を要することが多い。スタートさせたプロジェクトは，定期的な評価を受けなければならない。継続か中止かの判断が定期的に行われる。赤字が累積していくプロジェクトは，厳しいチェックを受ける。担当者は「針のむしろ」に置かれる。トップの支持と支援が必要となる。

・新事業のすすめ方

新事業の開発のすすめ方に対しても，本業における事業のすすめ方，技術，意識，文化などが影響を及ぼすことが少なくない。

紡績企業の多くは，繊維事業を堅実に経営してきた。堅実な経営方法は，新事業でも導入された。日清紡では，繊維事業における堅実的な投資方針が新事業部門でも踏襲された。紡績企業のなかには，リスクが既存部門に及ばないように，子会社で取り組んだ企業も少なくない。東洋紡でも「敢へて魁を衒はず」との伝統的な考え方が，新事業の開発過程に反映している。これらは，繊維産業の特徴のひとつである強い市況性から学んできた展開方法でもある。また，多くの繊維企業が自前主義を志向した。

・複数のパターン

長期的・総合的な企業革新である脱成熟化のプロセスは，多様な企業革新が存在する余地が大きい。実際，企業革新のパターンのバリエーションが見られる。企業の脱成熟化の成功パターンは，ひとつとはいえない。

成功している企業は，大別すると旭化成型と日清紡型に分類できる。旭化成型は，多角化に比重を置いたパターンであり，「次志向型」である。日清紡型は，繊維事業の成長と多角化を両立させようとするパターンである。既存事業の規模や競争力の高さがこのような脱成熟化のパターンと関係している。

日清紡型の「両立型」は，強い繊維事業を維持・強化することで，繊維事業の経営資源を継続的に新規事業に投入し，新規事業を育成する。「次志向型」は，新事業開発に比重を置いて新規事業を早期に育成し，その新規事業でつぎの新規事業を育成する。

しかし，いずれのパターンでも，同じパターンのままで脱成熟化の流れを維持・促進させ完成に近づけるためには不十分であり，それらパターンの大きな軌道修正を必要とした。そのための大きな革新が必要であった。

・協力・支援（低い他部門の理解）

新事業の開発の進展・成功にとって，新事業部門のメンバーの一体化はもちろんではあるが，既存部門が有する経営資源の活用も重要である。既存部門からの協力・支援は必須である。しかし，新事業のスタート時には，組織の多く

図表 9-15　革新の 2 つのパターン

「次」志向型	両立型
旭化成・クラレ・帝人	東レ・東洋紡・日清紡・クラボウ
非繊維事業中心	繊維事業と非繊維事業の両立を図ろうとする
繊維事業の競争力はあまり高くない	繊維事業の規模が大きく競争力が高い
「繊維もいずれだめになる」	「繊維はまだまだ成長する，しかし
「このままでは成長は難しい」	将来への投資は必要」
強い危機感	
多角化への早い取り組み	多角化への早い取り組み
次の柱の創造	繊維事業の業績を補完
集中型・スピード	漸進型「人の成長に合わせて」「高いリスク大きな投資は避ける」
関連＋非関連	関連多角化
外部資源	自前主義の傾向

のメンバーからは，なかなか新事業の意義，意味は理解されず，新事業開発の担当者たちは他部門からの非協力的な態度に直面することが少なくない。このとき，トップの関与が重要である。トップが新事業に否定的なとき，本格的なスタートもむずかしい。スタートすることができても組織的な協力は期待できない。

田代茂樹東レ名誉会長（発言当時）は，ナイロンを事業するときのことについて次のように語っている。

「今度，ナイロンを始めるが，これが成功しなかったら，この会社はだめになる。つまり興亡の岐路に立っていると感じてもらいたい。ナイロンに直接関係ないレーヨンの工場やそのほかの部署の人たちも，わが社の興亡の岐路という気持ちをもって応援，協力してもらいたい，ということを 1 日に 3 回ぐらい，できるだけ多くの人を集めて熱弁をふるって回ったわけです。そういうふん囲気というか力というものが私は必要だと思う」（『週刊ダイヤモンド』1977 年 8 月 27 日号）

・本業回帰の力

新事業の開発は，試行錯誤が基本であり，失敗は避けられない。新たな取り組みが，失敗や期待はずれであることが明らかになると，組織のなかでは本業回帰への力が強くなる。

新事業の開発には長期を要する。多くの紡績企業が，実験的に取り組んだように見える新規事業を早い段階で，期待を満たすものではない，わが社にはふ

さわしくない，本業に専念することが業績の安定・確実な成長に重要であると判断して本業に回帰した。このことが多角化の遅れにつながった。「初期の失敗からの過剰学習」が行われたといえよう。

主力事業があり，歴史があり，成功体験のある企業には，本業回帰への力，本業に経営資源を集中させようとする力が常に存在しているといえよう。

景気の良いときは新規事業への関心は低下してしまう。しかし景気の悪いときもまずは既存部門の強化に注意とエネルギーが注がれることが少なくない。既存部門内での新規事業のほとんどが失敗に終わることになることが，このような脆弱性を示している。

一方，期待水準に達しない状況，インパクトのない成功例，あるいは成功例のないなかでは，組織の本業回帰への力に対抗することはむずかしい。

ほとんどの事業にはライフサイクルがあることを前提にすると，また繊維企業の経験から見ると，本業回帰には大きなリスクが伴う。本業回帰した企業の多くがその後「能力と必要性のジレンマ」に直面している。

・新事業の脆弱な存在と専門部署の設置

新事業開発の専門部署の設置は，新事業開発を促進させる。他部門からの協力を得やすくなる。既存部門内での開発は，既存部門の状況に左右され，うまくいかないことが少なくない。しかし，新事業部門は当初は極めて脆弱な存在である。

新事業部門のメンバーは，既存のさまざまな部門から選ばれる。担当者たちの間には左遷意識，傍流意識が生まれる。内外からの「寄せ集め」集団と見られる。多くのむずかしい技術的な壁に直面する。このため新事業を軌道に乗せるには長期を要することが少なくない。その間，定期的にチェックを受ける。景気の影響も強く受ける。他部門からの協力は得にくい。限られた経営資源については，既存部門との競合関係にある。多角化事業に対する副業意識から抜け出せない状況では，十分な経営資源を獲得することは容易ではない。また逆に，既存事業と関連があるからと，既存部門の管理方法をそのまま当てはめようとする。新事業開発のような本来管理がむずかしいことを管理しようとするかもしれない。「善意」がかえって邪魔をすることもある。

組織は新事業に対して，無関心・無理解・非協力的である。理解を広め・深

め，支援・協力を得るためにも専門部署の設置が求められる。専門部署が設立されることによって，他部門からの協力が得やすくなると期待される。しかし，設置当初の既存部門の人たちの反応は「意味がわからない」「理解できない」「そんなことをしなくても食っていける」といったもので，組織の多くのメンバーからその意義は理解されない。

東レが1971年に社長直轄の新事業推進部門を新設したとき，社内では「意図がわからない」とする空気が圧倒的に強かった（田原，1984）。

帝人は1968年に未来事業部を新設したが，当時社内では「鬼面人を驚かす」「オヤジ，エライごついことを言い出した」との受け止め方をされた。そして73年の石油危機に直面して，未来事業部の石油開発プロジェクトはスポットライトを浴びることになった。「なるほど未来事業部とは，こんなものだったのか。オレたちは繊維だけやっていればいいと思っていたが，なるほど……」といった声が，社内に響きわたったという（『週刊ダイヤモンド』1973年11月24日号）。

東洋紡では1968年に化成品事業部が初めての非繊維事業部門として発足した。宇野部長は次のように述べたという。

「われわれがなにをやろうとしているのか，多分，社内の人間は理解できんやろう。5年，10年先にわかってもらうつもりで，死にものぐるいでやろう」（『読売新聞』昭和57年3月4日）

新事業の開発のスタート時では，トップの防波堤としての役割，トップによる元気づけ，専門部署に対する理解の浸透などが大きな役割を演じることになる。

ⓒ　戦略の再構築

戦略的学習のプロセスの基本的な課題が「いかに成功例を出現させるか」であるのに対して，戦略の再構築の局面の主たる課題は「成功例から成長の方向の指針を生み出す」ことである。成功例の出現が，局面の移行の契機となる。成功例の出現は，脱成熟化のプロセス全体から見ると，分水嶺であり，大きな変化の契機である。

成功例は，それ自体が将来の柱となる可能性を有し，非繊維事業の重要性について組織への認識と浸透について一定の役割を担い，そして将来のすすむべき方向について貴重な情報を提供してくれる。また，多角化のすすめ方につい

第Ⅲ部　理論的含意と実践的含意

て成功例は，その後の展開に対するモデルとなる。多くの企業は，試行錯誤のなかから技術関連多角化を志向することになった。

　しかし，開発に取り組んでいるタネが，次の柱になりそうだとわかるまでにはかなりの時間を要することは少なくない。帝人が医薬事業を開始したのは1972年であり，最初の医薬品の発売は80年のことであるが，徳末知夫相談役は「やっと僕がやめるころ（1983年6月・著者注）になって，柱になるなとわかってきた」（『日経産業新聞』1991年7月11日）と述べている。

　また，成功例の出現は，必ずしも自然に戦略の再構築へとつながっていくわけではない。いくつかの成功例が積み上げられて初めてすすむべき方向が明らかになったり，成功例の出現が組織の回帰力を引き出したり，成功例が既存部門の維持のために利用されたり，あるいは戦略の流動化をもたらしたりする。

・成功例の出現

　戦略的学習のプロセスの試行錯誤のなかから成功例が生まれてくる。多くの企業は，当初レジャーや不動産分野にチャレンジしたがうまくいかなかった。このような失敗を通して，技術関連分野への多角化に向かった。そして利益を伴う成長の見られる，安定して成長するような成功例が出現する。新事業の担当者たちには自信が生まれてくる。

　事後シナジーが成功の鍵となる。振り返ってみると，初めに想定していた経営資源ではないが，既存部門の経営資源が成功に大きな役割を演じていることは少なくない。

　成功例の登場を契機として，新規部門に勢いが生まれる。しかし，最初の成功例が企業に，脱成熟化に及ぼす影響の大きさ，内容はさまざまである。

　東レのエクセーヌ，炭素繊維の場合，両事業がちょうど立ち上がったときは，繊維事業が石油危機で大きな赤字を計上していたため，規模は大きくなかったが利益率の高かった両新事業は，業績に大きなインパクトを与えた。

　成功した新事業の考え方が既存部門に影響を与えることもある。直接消費者との接点をもったカネボウの化粧品事業の成功によって，消費者志向の考え方が既存部門に導入された。クラレのクラリーノの成功は，既存の「天然物の代替」方針を強化したのかもしれない。続いて合成ゴムの事業化をすすめた。既存部門にライバル意識が生まれることもあるかもしれない。これが再活性化を

促進することもある。

・戦略の再構築と理解の浸透
　成功例が出現し，新事業のシーズも多く育ってくるようになると，非繊維部門が設置され，社内の認知を得ることになる。全社戦略のなかに非繊維事業が正式に位置づけられる。成功例は，企業の将来の進路に対して貴重な情報を提供する。繊維事業の成熟化のさらなる進展，新事業の成功例の出現，戦略の再構築によって，組織の新事業に対する理解はすすみ始める。

・成功例の登場と成熟の進行
　成熟事業の成熟の進展と新事業の成長のプロセスでは，成功例をテコにして勢いを増しつつある新事業部門の存在感は大きくなる。新事業の将来性に対する認識は広がり，深まる。しかし一方で成熟化がすすむ既存部門では再活性化の壁に苦闘することになる。再活性化の可能性が追求されるが，その限界も見えてくる。既存部門の活力が失われていく。
　繊維事業の再活性化と非繊維事業の開発とが並行して行われたが，多くの企業で，多角化の成果が顕在化し売上高での非繊維比率が50％前後に達した時点では，繊維事業の収益性はかなり低下していた。

・回帰への力
　単一の成功例では社内に大きなインパクトを及ぼすことはできないかもしれない。さらに多角化の努力を続けなければならない。成功例が生まれると，組織には安定を求めようとする力も大きくなる。さらに変革が必要とされても，「もう大丈夫」と変革をストップ，あるいは弱めようとする力が働く。このとき「もう良いではないか」と反動が生じることもある。また，成功例の登場，多角化の進展は，既存部門の変革の必要性が低下したと認識され，成熟部門のリストラが先送りされることもある。
　新しく，そして明確なコンセプトの創出にはいくつかの成功例が必要かもしれない。クラレのケースのように，そのためにかなりの時間を要するかもしれない。戦略の再構築が行われても，人事やパワー構造の変換に遅れてしまうことがある。新事業の収益が，既存事業の問題を隠してしまうかもしれない。こ

第Ⅲ部　理論的含意と実践的含意

のように既存部門の影響力が再構築の進行を遅らせることもある。

ⓓ　拡大再生産

・新規事業の成長と既存部門の停滞

　第2，第3の成功例の創出を目指して，多角化が推進される。成功例をテコに多角化部門で積極的な投資が行われる。限られた経営資源の配分割合において非繊維部門の比率が高まっていく。新規プロジェクトが増えてくると，事業ポートフォリオ・マネジメントの必要性が高まる。

　一方既存部門では，かつての成長力は低下していく傾向が強くなり成熟化がすすむ。再活性化やリストラの必要性が高まる。既存部門では再活性化の取り組みやリストラが開始される。新事業部門からは，成熟部門に対して厳しい目が向けられるようになる。新事業部門には既存部門は無駄が多く，変革への取り組みは「ぬるま湯」的に映る。

　多角化の進展は，既存部門に対して対照的な役割を演じることがある。多角化の成功が，既存部門のリストラの必要性を低下させることがある。また，既存部門での再活性化の動きを促進することもある。

　このような新事業部門の比率の増加と既存部門の成長力の鈍化の進行のなかで，いずれ両者へ限られた経営資源をどのように配分するか，「戦略において両者の位置づけをどうするか」といった悩ましい問題に企業は直面する。

・両立の難しさ

　脱成熟化の進展とともに「(注意の焦点も含めた)限られた経営資源で，いかに両部門の成長を両立させるか」という課題への対応はますますむずかしくなる。

　既存部門の再活性化と新事業開発との間で，実際にうまくバランスをとることはむずかしい。収益の平準化には一定の効果を生み出すことは少なくないが，ライフサイクルの異なる両部門の成果をタイミング良く合成し，より高い業績を獲得することは容易ではない。

　多角化の積極的な展開によって，本業への投資が不十分になりがちである。それが設備の老朽化をすすめ競争力を低下させる。日東紡や帝人では，積極的に多角化をすすめている間，繊維部門には充分な投資が行われず，気づいたときには繊維部門の競争力を低下させてしまっていた。また，多角化への堅実的

な投資，不十分な多角化への投資は，なかなか成果をだすことができない。成長のチャンスをタイミング良く生かすことができず，継続を断念しなければならなくなるかもしれない。日清紡のブレーキ事業では，十分な投資が行われなかったため，他社に大きく遅れてしまったこともあった。

既存部門の生み出す原資が減少し，新事業が必要とする資源は増加する。新事業の成果と既存事業の成果は，それぞれが異なるサイクルをもっている。新事業が軌道に乗る頃には，繊維事業の成熟化は進展している。

既存部門の成熟化は，1990年代以降急速にすすんだ。脱成熟化で成果を上げるためには，成熟化の影響をカバーできるだけの多角化の速度が必要である。日清紡は，戦後長く継続的ではあるが漸進的な多角化をすすめてきた。80年代半ばから多角化を加速するための「革命的」変革をすすめた。その成果は90年代の半ば頃に現われるようになった。しかし，ちょうどその頃から繊維事業の競争力は急速に低下していった。

・決断と戦略の流動化

新規部門が一定の規模にまで成長し存在感を増してくると，「全社的な戦略のなかに既存部門と新規部門をどう位置づけるか」がますます大きな問題となってくる。全社的な戦略は，企業の将来像，経営資源の配分に大きな影響を及ぼすからである。トップは両部門の関係についての決断を迫られる時期を迎える。非繊維比率が20％から30％に達した頃，大きな決断をしている企業は少なくない。新規部門の勢いが増し，期待が高まってくる。

日清紡は1988年以降，「繊維単一業種からの転換」を旗印に非繊維事業の強化をすすめていった。90年3月期の非繊維比率は約33％に達している。

クラボウは，輸入浸透率の急増に対して同業他社の多くが海外進出に活路を見出そうとしていた1996年，「まだまだ生きていける自信があるならやろうよ」（真銅，2007）と国内での繊維事業への大型投資を決断して，約145億円を投じて徳島に加工工場を新設した。95年3月期の非繊維比率は約25％であった。

このような決断はむずかしい。新事業の成長につれて，新事業への期待が直線的に大きくなるとは限らないからである。

大きな期待に反して，新事業の開発と成長には予想以上の資源投入と時間が

かかることが明らかになってくることもある。既存部門では再活性化やリストラの効果が現われ始めるかもしれない。社内の既存部門の将来性，潜在力に対する自信が再び高まる。新合繊，形態安定素材の成功はその代表的な例である。それまでの「脱繊維」から既存部門を再び基軸部門に位置づけようとする動きも出てくる。

　一方で，その後の継続的な資源の投入によって，新事業が一定の規模に達し，勢いが出てくる。既存部門ではさらに成熟化が進行して，一定の成果を上げてきた再活性化・リストラの限界が明らかとなってくる。再び企業の成長の原動力を新事業部門，その開発に基軸に置くことになる。

　合繊，紡績それぞれの繊維の業界でトップ企業であった東レ，東洋紡では，繊維部門と非繊維部門の位置づけに関して戦略の揺れ動きが見られた。

　東レは，1970年代の石油危機を経験して，それ以降「多角化」を加速化させようとした。79年度の非繊維比率は30％であった。しかし87年には「世界的に見れば繊維は成長産業」と繊維事業を再びコア事業に位置づけた。同年度の非繊維比率は40％を超えている。設備投資の過半を繊維事業に振り向けている。しかし2001年には，再び「多角化」に比重を移した。繊維事業を「コア事業から基盤事業へ」と位置づけの転換を行った。非繊維比率は，2000年3月期で約46％であった。

　東洋紡も1970年代の石油危機以降，「多角化」を積極化させた。繊維事業も量の追求から質の充実に方針を転換した。その後91年には，それまでの「脱繊維」から「繊維は基幹事業」へと戦略を転換させた。東洋紡の繊維事業にとって80年代から90年代初めは比較的良好な状況が続いた。天然繊維ブーム，新合繊，安定加工の開発がその背景にあった。非繊維比率は87年3月期で20％に達していた。しかし，99年には再び「多角化」重視の戦略に転換した。90年代初めから約10年間繊維事業は赤字が続いた。非繊維部門は成長を維持した。99年3月期の非繊維比率は，約43％である。

・既存部門の「生き残り」への取り組み

　繊維事業の成熟がさらにすすみ，利益を上げ続けることがむずかしくなり，業績の足を引っ張ることが多くなってくると，「繊維事業をどうするか」「供給責任，産業・技術の維持をどうするか」「いかにショックを少なく移行させる

第 9 章 理論的含意

か」が大きな問題として意識されてくる。

　成熟化の進展は，生産調整，設備調整，格下げ，分離，提携，縮小・工場閉鎖，売却，撤退，海外展開などを余儀なくさせる。縮小均衡を目指すリストラは，既存部門の人々の心的エネルギーを低下させる。成熟部門に位置づけられることで「自己成就的予言」的現象が生まれ，それが成熟・衰退を早める。

　多くの企業で，全社における繊維事業の比重は，2000年頃には売上高や利益などの数字以外の面でも低下している。繊維事業の社内での位置づけも変更され，繊維事業に対して心理的にも意識的にも一定の距離を置くようになってきた。

　ユニチカは，1999年4月，それまで繊維事業部門として，ほかの事業本部より一段格上に位置づけられていた繊維事業を，他の事業本部と同様の事業本部に格下げした。同年5月には化合繊事業の分社化を発表している。

　東レでは，2002年4月に「プロジェクト New TORAY21」を発表したが，このとき経営思想の抜本的転換を図った。繊維事業をそれまでのコア事業から基盤事業と捉えることにした。

　帝人では，2002年1月に，衣料用繊維事業を分社化し「帝人ファイバー」を設立することを発表した。03年2月に発表した中期経営計画では，衣料用繊維は収益性が低いため重点事業から外され，成熟事業に分類されている。

　東洋紡は，1998年4月にスタートさせた3カ年計画では，それまでの計画では記されていた，繊維は「基幹事業」であるという文字を消した。

・パワー構造の逆転・パワーの集中

　新事業の成果が業績に反映し，企業を新たな成長軌道に乗せることにある程度成功したと認識できるようになると新規部門からは「われわれが大きな役割を演じた」との言葉が聞こえるようになる。公言するメンバーも現われる。非繊維部門出身の社長が選ばれるなど，パワー構造には新事業部門への期待が反映するようになる。

　繊維部門では，さらに成熟化がすすみ，赤字を出すようになり，事業の規模の縮小，従事者の減少，工場の閉鎖などを余儀なくされるようになると，「新事業はわれわれが育てた」といった声は小さくなる。影響力，既存部門の社内での発言力は低下していく。既存部門のメンバーたちは自信を失っていく。

新事業を推進してきたリーダーにパワーが過度に集中して,組織として「過剰学習」が生じることもある。

・既存部門との距離の取り方

　事業構造の転換において,経営資源の配分のシフトは重要な側面である。そのような配分を行う「経営者用役」のシフトは,自然にすすめられるわけではなかった。失敗からの学習が「経営者用役」の繊維事業からの解放と非繊維事業への関わりを促進している。「経営者用役」の繊維事業からのシフトは,繊維事業での成功体験をもつ,繊維事業で高い競争力を有している,繊維事業に携わっている従業員の多い,そして繊維事業で業績を上げてきたトップ経営陣を有する企業にとってむずかしいことであった。

　多くの企業で,繊維事業に対する思いは依然強く,それを反映したイズムからの脱却と集団指導体制への移行には,大規模な企業革新が必要であった。カネボウの場合,1981年当時すでに収益の柱は化粧品事業にシフトしていた。しかし,「主流は相変わらず繊維であるという空気が,社内には色濃く漂って」いた。それから10年以上経過した94年6月になって,カネボウ化粧品本部長の帆足隆取締役が常務に昇格した。繊維へのこだわりが,企業を存亡の危機に立たせた主たる要因のひとつとなった。

　日清紡の岩下俊士社長は「体質改善が進まなかった要因の一つには繊維へのノスタルジーがあった」と述べている(『日本経済新聞』2008年9月5日)。

　帝人の板垣宏会長は「繊維は過去の成功体験に安住し,環境変化に乗り遅れてしまった」と述べている(『日経産業新聞』1998年7月31日)。

　しかし厳しく繊維事業を見ると同時に,繊維事業が多角化事業を生み出してきたこと,繊維事業は高い技術力を保有していること,そしてそれらは繊維の再活性化を積極的にすすめてきたことで可能になってきたことなどから,繊維企業の繊維事業に対する思いは今日でも強い。

　企業の歴史,繊維事業の競争力,多角化事業の比重などとの関係で,社内における繊維事業に対する心的状況は各企業間で大きく異なる。しかし,成熟がすすみ,多角化部門が成長してくる段階では,各社内での繊維事業に対する心的状況は複雑である。

　早くから「非繊維化」をすすめてきた旭化成の繊維事業は,石油危機までは

図表 9-16　1990年半ば以降の各社の国内繊維事業

旭化成	
1994年	ナイロン6，炭素繊維からの撤退
1995年	レオナ（ナイロン66）原料，レオナ樹脂，レオナ繊維の3事業を統合 ポリエステル長繊維の生産設備の40％削減を決定
1999年	新合繊の生産開始
2002年	レーヨン長繊維撤退
2003年	アクリル繊維撤退，分社・持株会社制
2009年	衣料用ポリエステル長繊維，モノフィラメントの工場閉鎖を発表
東レ	
1990年代後半	アクリル設備を縮小
2002年	16年ぶりに，今後2年間に国内の合繊の生産能力を10％削減することを明らかにした
帝人	
1995年	ナイロン事業をデュポンとの折半出資会社に移管
2003年	ナイロン繊維から撤退
2001年	ポリエステル長繊維の国内生産能力を約4割縮小，国内衣料用ポリエステル繊維事業を分社化
2003年	持株会社制
2010年	ポリエステル長繊維の国内生産から撤退
クラレ	
2002年	ポリエステル長繊維テキスタイル事業を子会社に移管
2003年	3年後をめどにポリエステル繊維の生産を6割減の年4千トンに縮小
2003年	ポリエステル短繊維の生産能力を半減
三菱レイヨン	
1991年	ポリエステル短繊維から撤退を発表
1996年	アクリル短繊維の国内生産能力を約10％拡大と発表
1999年度	ポリエステル長繊維の生産設備を3分の1廃棄する方針を発表
2001年	長繊維事業部の販売部門を分社
2005年	ポリプロピレン繊維を分社化
東邦レーヨン	
1995年3月期	アクリル繊維の生産能力を日産135トンから109トンへ削減
1996年	大垣工場閉鎖
1998年	繊維部門を分社化
2000年	レーヨン事業からの撤退を決定

第Ⅲ部　理論的含意と実践的含意

カネボウ	
1993年	松坂工場,長野工場操業休止
1995年	ナイロン設備の約6割を休止
1996年	繊維部門を分離
1997年	ポリエステル短繊維生産から撤退
2003年	アクリル繊維からの撤退を発表 繊維事業を売却
東洋紡	
1989年	アクリル設備を約20%廃棄
1992年	豊科工場閉鎖
1994年	赤穂,忠岡の綿紡織工場閉鎖
1996年	富田,三本松工場閉鎖,伊勢工場の織布部門閉鎖
1999年	ナイロンフィラメントからの撤退を発表 伊勢工場,大町工場閉鎖
2001年	スフの生産停止
2003年	3工場を閉鎖,紡織工場は3工場体制に
ユニチカ	
1994年3月までに	豊橋工場の綿紡績機全廃
1994年10月	レーヨン生産から撤退
1994年	ポリエステル,ナイロン生産設備の20%を削減
1999年	天然繊維部門,化合繊部門の分社化
日清紡	
1994年	レーヨン短繊維から撤退
1995年	名古屋工場紡績部門を廃止
1997年	戸崎工場操業停止
2000年	針崎工場織布部門操業停止
2001年	能登川工場紡績部門操業停止,針崎工場紡績部門操業停止
2004年	浜松工場操業停止
2006年	富山工場操業停止
2009年	持株会社制
クラボウ	
1992年	倉敷工場閉鎖
1993年	早島工場閉鎖
2001年	木曽川工場操業停止（羊毛紡績）
2009年	岡山,津工場を閉鎖

日東紡	
1993年	郡山工場閉鎖
1995年	静岡工場撤収
1998年	泊第一工場操業停止
2005年	紡績糸製造部門を分社化
ダイワボウ	
1982年	スフ製造部門の分離
1993年	金沢工場閉鎖
1994年	化合繊製造部門の分離
1995年	福井工場閉鎖
2002年	紡織部門の分離
フジボウ	
1998年度	小山紡績工場，大分織布工場を閉鎖
1999年	八尾工場閉鎖
2000年	化繊事業の分社化　鷲津工場の紡機5万5千錘を停止
2001年	化繊事業から撤退
2005年	持株会社制
シキボウ	
1991年	姫路工場閉鎖
1993年	江南工場での紡績事業停止．
1994年	岐阜工場閉鎖
1999年	高知工場閉鎖
2002年	江南工場の分社
オーミケンシ	
1992年	富士宮工場操業停止
1994年	スフの中津川工場閉鎖
1999年	彦根工場のスフ紡を休止
2000年	繊維事業の分社
2002年	津工場の綿紡績部門閉鎖

売上高と利益で約7割を占めていたが，危機による長い赤字期間を経て，以降は利益で1，2割を占めるにすぎない状況になった。

　1994年3月期の旭化成の繊維事業の売上高は1239億円で，全体の13.2％を占めていた。事業は赤字であった。この頃の社内の状況について『日経産業新

聞』は，弓倉社長は「繊維は創業事業でコアビジネス」と言う一方で，すでに社内では「繊維が足を引っ張っている」「繊維の人は考えが古いから……」といった声も聞かれるようになった，と報じている（1994年6月22日）。

東レは，1990年代を通して繊維事業をコア事業と捉えてきたが，2000年頃には，その考えを転換させた。しかし，考えの転換を主導してきた榊原社長も「繊維は今後も最も重要な基盤事業だ」「繊維を手掛けることで高度な技術が東レに存在する」（『日本経済新聞』2007年3月1日）と述べている。

帝人の唐沢佳長・常務執行役員・産業繊維事業グループ長も「過去の栄光にしがみつくのはよくないと分かってはいるが，繊維のトップメーカーとして，世界一のものを作っているというプライドはある。今でも繊維が帝人の魂だ」（『日経ビジネス』2003年3月31日号）と述べている。

ユニチカは1999年に繊維事業を分社化したが，勝国昭社長は「繊維がコア事業であることには変わりはないが，プレーンなもの，汎用品から機能素材へと軸足を移す」（『日刊工業新聞』1999年12月14日）と述べている。

・課題

再活性化と多角化を並行してすすめていくような脱成熟化のプロセスの考察からは，変革のプロセスにおいて，多くの企業が共通に直面するいくつかの重要な課題が浮かび上がってくる。それらは「いかに成熟化を認識するか」と同じくらい重要な課題である。

①心理的エネルギー

「左遷意識」と「成熟」のラベル貼りが避けられない状況で「組織全体をモティベートさせることは可能か？」

普通新規部門は，スタート時の規模は小さく，既存部門から理解されにくい脆弱な存在であり，多くの壁に直面する。チャレンジは5年10年と続く。

一方既存部門では，成熟がすすむと，「脱成熟」が唱えられるようになる。成熟部門と位置づけられることで，経営資源の配分が減少するだけではなく，担当者からの心的エネルギーを引き出すことをいっそうむずかしくする。成熟を早めてしまうかもしれない。

いかにして新規部門の立ち上げ時に心的エネルギーを維持，向上させるか，いかにして成熟がすすんだ既存部門の心的エネルギーを維持，向上させるかが

重要な課題である。
②両部門の位置づけと資源配布
　新事業が一定の規模に達すると，限られた経営資源の競合関係が強まる。「成長戦略の中に既存部門や新規部門をどう位置づけるか？　資源配分をどうするか？」といった問題が大きな問題として意識されるようになる。多角化の必要性と再活性化の可能性の間でどのようにバランスをとるべきかが問われる。
　東洋紡や東レなどでは，戦略の揺れ動き，流動化の現象が見られた。
③異なるライフサイクル
　「再活性化と多角化の成果を結合することは可能か？」この問いもまた再活性と多角化をすすめてきた繊維企業を悩ませてきた。1990年代までの多くの繊維企業の両部門の関係は，旭化成が，繊維と石油化学が住宅を育成し，それらがエレクトロニクス・医薬を育成してきたような，コア事業移行型であった。
　1990年代になると，多角化がすすんでいる企業では，事業ポートフォリオ型に移行していくが，他の多くの企業では，繊維部門が不振となる一方で，多角化部門で成長の芽が出てくる。
④既存部門との距離の置き方
　「創業部門・既存部門からの経営資源を継承しつつ，ショックを最小限にしつつ，既存部門との距離を拡げていくことは可能か？」これは1990年代以降，多くの繊維企業が直面している課題である。
　成熟化がすすむなかでも日本企業はできるだけ繊維事業を維持しようとしてきた。1990年代以降，多くの企業にとって，繊維事業が業績にマイナスの効果を生み出すようになってくるなかで，技術と雇用と自信を維持していくことは，ますますむずかしくなってきている。いかにスマートに親離れを達成するかが重要な課題として認識されてきた。
　規模の縮小，工場閉鎖，分社などがすすめられる一方で，強みをもつ品種への集中（旭化成，日東紡），設備の大部分の海外移管（日清紡），他社との経営統合（三菱レイヨン，東邦レーヨン），アパレルとの戦略的提携（東レ）なども行われている。
　各部門間の違いが拡大していくなかで，「いかにして企業としてのアイデンティティを保持していくか」が大きな課題として浮かび上がってくる。自社の

② 変革の連鎖としての脱成熟化

既存の革新の議論の多くは，単一，完結型変革モデルを前提としている。これらの議論の有用性を否定することはできない。しかし，日本の繊維企業の脱成熟化のプロセスでは，多くの変革を識別することができる。新事業プロジェクトだけではなく，事業構造の変革，組織変革が展開されてきた。多くの期待はずれや失敗が見られるが，失敗への対応の違いが脱成熟化の進展度の格差を生み出してきた。脱成熟化をひとつの変革として捉えると，このような失敗のさまざまな影響を理解することがむずかしい。全体をあいまいにしてしまうことは避けなければならないが，多くの変革によってすすめられている側面に注目すると，より実践的な含意を得られるかもしれない。また，単一の変革の議論は，さまざまな変革の共通面に注目することになるのに対して，多くの変革から構成される見方をとることによって，脱成熟化のすすめ方の多様性とそれと経営成果との関係をより詳細に分析することができるかもしれない。

ⓐ 企業革新の限られた成功

脱成熟化のプロセスで成果を上げるためには，再活性化や多角化によって企業を成長軌道に乗せるためには，長期間を要する。この間には，大きな改革が複数含まれることが少なくない。一度きりの企業革新が脱成熟化を完成させることは極めて少ないように見える。さらに戦略的学習のような知識における，水面下の継続的な変革，変化が存在する。脱成熟化の完成に向けて，多くの大小の企業革新が行われている。企業革新の連鎖としての脱成熟化（企業革新と脱成熟化）を捉えることが必要である。

再び企業を成長軌道に乗せるためには，さまざまな革新が必要である。成熟を認識し，新事業の探索組織をつくる，新事業への進出を決定する，新事業開発の仕組みを構築し，新事業を育成する，既存事業との関係を再構築する，新たな戦略・ビジョンを構築する，それぞれが企業革新である。繊維企業16社の今日までの50年を振り返ると，少なくとも約60の企業変革への取り組みを識別できる。

企業の成長過程を長期的に眺めた場合には，たしかに一定の間隔ごとに見られる大きな変化は，多くの企業に見られるパターンとして理解することもできる（Tushman et al., 1985, 1986）。しかし，繊維企業の成長過程に見られる

一定間隔ごとに見られる大きな変化・変革はその多くが，所期の目的を果たし完結したものと捉えられるものではなく，期待通りの結果をもたらさなかったり，新たな問題を引き起こしたりするようなもので，革新の成果は限定的である。それぞれの変革は脱成熟化の一過程を占めるにすぎず，変革間の関連性は弱くない。

　旭化成の場合，3種の新規事業をテコに脱繊維をすすめた時期における企業革新，石油危機を経験して，非汎用化製品の比率を高めることが課題となり，そのために研究開発投資を高めた時期の企業革新，赤字事業の見直しと次世代の柱となる事業の検討に取り組んだ時期の企業革新，そしてそれまでの成長を推進してきたトップの急逝とそれまでの「健全な赤字」を否定し，本格的にリストラクチャリングに取り組んだ時期の企業革新などが見られる。旭化成は，このような企業革新の連鎖を通して脱成熟化をすすめ，継続的な成長を達成してきた。

　帝人では，未来事業で，医薬事業の芽を育てたが，脱成熟化は道半ばのまま，効率経営時代への転換を経て，再び積極的な多角化をすすめることになった。

　繊維企業は，繊維事業の再活性化と新事業開発を並行してすすめてきたが，それぞれが成果を上げるタイミングには，ずれが生じることが少なくなかった。また，大規模で売上げの大部分を占める主力事業をもつ企業にとって，単一の新事業の成功で脱成熟化を大きく進展させることはむずかしい。そして，ひとつの企業革新は，それが所期の成果を上げたとしても，環境の変化や企業革新それ自体が生み出す新たな問題によって革新の効果は限られたものになってしまう可能性は小さくない。それゆえ脱成熟化をすすめるためには，革新間のマネジメントが極めて重要となる。

　すでに多くの企業の非繊維事業の売上構成比率は，50％を超えている。しかし初めて50％を超えるようになったのは，オイルショックや円高の影響によるところが大きく，内需の不振や輸出の減少，輸入品の増大により，繊維事業の売上高を大きく減少させながら達成させたものである。

　ⓑ　変革間の関連性

　脱成熟化における複数の企業革新は，それぞれが独立的な革新として理解するのではなく，密接に関連したものとして理解する必要がある。脱成熟化を企

第Ⅲ部　理論的含意と実践的含意

図表9-17　各社の基本的戦略の変化

	旭化成	東レ	帝人
1945			
1946			
1947			
1948			
1949			
1950			
1951			
1952			
1953			
1954			
1955			
1956			
1957			
1958			
1959	調査室設置	ポリエステルフィルム	
1960	「非繊維化」		ポリカーボネート樹脂生産開始
1961			
1962	ナイロン事業部	基礎研究所開所	
1963	建材事業部 合成ゴム事業部	レーヨンフィラメント生産中止	
1964			
1965		基盤研究	
1966			
1967			
1968	エチレンセンター調印式		未来事業部 ポリエステルフィルム
1969			
1970	医薬品事業へ進出	エクセーヌ発売 「総合化学メーカー」	
1971		新事業推進部 炭素繊維生産開始	
1972	住宅事業へ進出		
1973			
1974	医用機器事業へ進出		医薬事業本部
1975	「非汎用化」		
1976			
1977			
1978	非繊維比率50%超		
1979		「80年代戦略は多角化」	不採算事業の整理

第 9 章 理論的含意

年								
1980								
1981								
1982	「NACプロジェクト」							
1983	LSIに進出							
1984	「2001年プロジェクト」							
1985								
1986								
1987				「繊維は国際的には成長産業」				
1988								
1989								
1990						構造改善終結		
1991								
1992	宮崎会長の急逝							
1993				カラーフィルター事業本格展開		「Aキューブ計画」		
1994								
1995	「宮崎イズムとの決別」					ナイロン事業を移管		
	ポリ長繊維設備40％削減決定							
1996				非繊維比率50％超				
1997	「資本効率重視の経営スタイル」					「3位以内」		
						ポリステープル生産を徳山に集約		
1998								
1999						非繊維比率50％超		
2000	レーヨン完全撤収							
2001						衣料用ポリ分社化		
2002				「経営思想の抜本的転換」				
				合繊設備10％削減発表		アセテート，ナイロン撤退発表		
2003	アクリル繊維からの撤退					持ち株会社制		
	分社・持ち株会社制							
2004								
2005								
2006	「成長へのギアチェンジ」			ユニクロと提携		ポリ繊維事業を一本化		
						再建ＳＢＵに		
2007								
2008								
2009	ポリエステル長繊維の生産撤退							
2010						ポリ長繊維国内生産から撤退		

第Ⅲ部　理論的含意と実践的含意

	クラレ			三菱レイヨン			東邦レーヨン		
1943				MMA樹脂板生産開始					
1945									
1946									
1947									
1948									
1949									
1950									
1951									
1952									
1953									
1954									
1955									
1956									
1957									
1958	ポバール市販								
1959									
1960							若林紡績と合併		
1961									
1962									
1963									
1964	クラリーノ生産開始								
1965									
1966							カネボウとの合併を発表		
1967									
1968									
1969									
1970									
1971									
1972	エバール事業化								
	ポリイソプレンゴム事業化								
1973									
1974									
1975	NIC事業部						炭素繊維生産開始		
							揖斐川第2工場新設		
1976				炭素繊維事業開始					
1977									
1978				スフから撤退					
1979									
1980				樹脂部門の強化・拡大					
1981									

第9章　理論的含意

年							
1982							
1983							
1984			非繊維比率50％超				
1985							
1986							
1987							
1988					揖斐川第3工場竣工		
1989							
1990			「2・5次産業」				
1991	「ユニークな化学企業体」 非繊維比率50％超		ポリ短繊維から撤退				
1992							
1993							
1994			非繊維比率50％超		綿糸の糸売り撤退 無配		
1995			日田テキスタイル清算				
1996					大垣工場閉鎖 東邦シルク解散		
1997							
1998			日東化学と合併		繊維事業の分社化 本体は炭素繊維事業に集中		
1999			ポリ長繊維設備3分の1廃棄 汎用ポリ繊維から撤退				
2000			「ANチェーンで戦う」		帝人の子会社に		
2001	ポリ長繊維生産部門分社化 レーヨン生産停止		長繊維販売部門分社		レーヨン撤退 徳島紡績工場閉鎖決定		
2002	ポリ長繊維テキスタイル子会社に						
2003	ポリ短繊維能力を半減						
2004							
2005			ポリプロ分社化				
2006							
2007							
2008							
2009			アクリル国内能力6割減 ルーサイトを経営統合				
2010			アクリル長繊維, 衣料用ポリ生産から撤退 三菱ケミカルホールディングスと経営統合				

第Ⅲ部　理論的含意と実践的含意

	カネボウ			東洋紡			ユニチカ		
1945									
1946									
1947									
1948									
1949									
1950									
1951									
1952									
1953									
1954									
1955									
1956									
1957									
1958									
1959									
1960									
1961	グレーター鐘紡建設計画								
	化粧品事業へ進出								
1962									
1963	食品事業へ進出								
1964				ポリプロピレンフィルム生産開始					
1965									
1966									
1967									
1968							ナイロンフィルム		
1969							ユニチカ誕生		
							国際競争力のある総合繊維会社		
1970				「繊維以外…」撤廃			エンジニアリング事業部		
				三本松工場新設			「繊維以外の研究」		中研
1971				桑名・津島工場閉鎖			スパンボンド		
1972	「ヒューマンライフインダストリー」								
	「ペンタゴン経営」								
1973									
1974									
1975				姫路，坂祝工場閉鎖			名古屋，犬山，桐生工場閉鎖		
1976				宮城工場新設					
1977									
1978									
1979									
1980				非繊維事業の積極的拡大					
1981									
1982				守口，呉羽工場閉鎖					

360

第9章　理論的含意

年									
1983									
1984									
1985	「110計画」								
1986									
1987									
1988									
1989			アクリル設備の15％削減						
1990	「芸術化産業宣言」								
	繊維維新年								
1991			「繊維は基幹事業」						
1992	非繊維比率50％超		豊科工場閉鎖		綿紡定番品からの撤退				
1993	松坂，西大寺工場閉鎖								
	長野工場閉鎖								
1994			赤穂，忠岡工場閉鎖		無配		豊橋，貝塚，常磐閉鎖		
					レーヨンから撤退				
					ポリ，ナイロン設備2割削減				
					紡績設備半減				
1995									
1996	連結債務超過								
	紡績設備半減								
	繊維部門の分離								
	ポリ短繊維生産から撤退								
1997			富田，三本松工場閉鎖						
1998	帆足社長								
1999			大町工場閉鎖		繊維事業の分社化				
			ナイロン汎用品から撤退発表		非繊維比率49.8％				
					樹脂，環境関連，機能材に絞り込む				
2000	「ザ・ライフスタイル・カンパニー」		「雑木林の経営」						
			特殊レーヨンから撤退						
2001			非繊維比率50％超						
			エクスラン製販一体化						
2002			化合繊と天然繊維を統合						
			羊毛事業分社化						
2003	アクリルから撤退		綿紡績生産能力半減発表						
			3工場閉鎖						
2004	再生機構に支援要請								
2005	繊維事業をセーレンに譲渡				復配				
2006	新カネボウ発足				「環境と生活に貢献する企業」				
2007			衣料用繊維販売を分社						
			「スペシャルティ製品企業」						
2008			「新たな成長ステージ」						
2009					ナイロン長繊維から撤退				
2010									

第Ⅲ部 理論的含意と実践的含意

	日清紡			クラボウ			日東紡		
1945									
1946									
1947									
1948									
1949									
1950									
1951									
1952									
1953									
1954									
1955									
1956									
1957							グラスファイバーの本格的生産開始		
1958	ブレーキ								
	スフ工場建設・合繊へのワンステップ								
1959							第2次5カ年計画		
1960	ウレタン								
1961									
1962									
1963									
1964									
1965				「糸売り時代の終焉」			無配		
1966									
1967							「絞り込み特化戦略」		
1968	ドラム・ブレーキ								
1969									
1970									
1971									
1972									
1973									
1974									
1975									
1976									
1977									
1978									
1979									
1980									
1981									
1982									

第9章 理論的含意

年							
1983							
1984							
1985	桜田顧問死去						
1986	アンチスキッド事業本部				スフ事業を撤収		
1987							
1988	「繊維単一業種からの転換」	非繊維比率を20%に					
1989					非繊維比率50%超		
1990	望月社長				郡山工場，綿紡からガラス繊維に		
1991							
1992			倉敷工場閉鎖		和歌山工場，綿糸から建材へ		
1993			早島工場綿紡廃止				
1994	スフから撤退						
1995	名古屋工場紡績部門廃止				静岡工場撤収		
1996			加工工場の新設				
			「まだまだ生きていける自信」				
1997	戸崎工場閉鎖						
1998			一村一品運動		泊工場停止		
			自家工場回帰				
1999							
2000	非繊維比率50%超						
	針崎工場織布停止						
2001	能登川工場閉鎖						
2002							
2003							
2004	浜松工場停止						
2005					紡績糸製造部門を分社化		
2006	富山，名古屋工場閉鎖		綿合繊と羊毛を統合				
2007							
2008			観音寺工場閉鎖				
2009	持ち株会社制		岡山，津工場閉鎖				
	綿紡国内能力8割減						
2010	島田事業所閉鎖						

第Ⅲ部　理論的含意と実践的含意

	ダイワボウ	フジボウ	シキボウ
1945			
1946			
1947			
1948			
1949			
1950			
1951			
1952			
1953			
1954			
1955			
1956			
1957			
1958			
1959			江南工場新設
1960			
1961		富士ケミクロス　不織布	
1962			
1963	ボウリングセンター	スパンデクス	
1964	ポリプロピレン工場竣工		
1965			
1966			
1967			
1968			
1969	ホテル事業		
1970			
1971			
1972	緑化事業課		
1973	ゴルフ事業		
1974			城北工場閉鎖
			岐阜工場新設
1975		三島，川之江工場休止	
		無配	
1976		BVDブランド取得	
1977	無配		
1978	金沢工場織布閉鎖	小坂井第一工場休止	笠岡工場閉鎖
1979			
1980			
1981			
1982	スフ製造部門の分離		
	ダイワボウ情報システム		
	NBF熱融着繊維		
1983			北条工場設置
1984			
1985			

第9章　理論的含意

年								
1986						「シキボウ総資本の見直し」	
1987							
1988						北条工場閉鎖	
1989			復配				
1990							
1991	チャレンジ21計画スタート					姫路工場閉鎖	
	スパンレース不織布						
1992						無配	
1993	金沢工場閉鎖		梳毛生産から撤退			綿紡半減計画	
1994	化合繊製造部門を分離					岐阜工場閉鎖	
						江南工場紡績部門閉鎖	
1995							
1996							
1997	「紡績会社から繊維会社へ」						
	復配						
1998			「BVDに依存しすぎた」				
			「非繊維分野の拡大へ総力」				
			紡績3割織布45%削減				
			無配				
			研磨剤事業開始				
1999			八尾工場操業休止			高知工場閉鎖	
2000			化繊事業の分社化				
			紡績設備40%減				
			鷲津工場操業休止				
2001			化繊事業の生産撤退				
2002	紡織部門の分離					江南工場を分社	
2003							
2004							
2005			持ち株会社制へ				
2006	持ち株会社制へ		スパンデックス湿式紡糸停止		復配		
						航空材料部新設	
2007	舞鶴工場閉鎖		「研磨材を中心とした不織布事業に」				
			スパンデックス乾式紡糸停止				
2008			豊浜工場停止		復配		
2009							
2010							

第Ⅲ部　理論的含意と実践的含意

	オーミケンシ		
1945			
1946			
1947			
1948			
1949			
1950			
1951			
1952			
1953			
1954			
1955			
1956	スフ設備完成		
1957			
1958			
1959			
1960	公正企業		
1961			
1962			
1963			
1964			
1965			
1966			
1967			
1968			
1969	「ミカレディ」設立		
1970			
1971			
1972			
1973			
1974			
1975			
1976			
1977			
1978			
1979			
1980			
1981			
1982			
1983			
1984			
1985			

1986			
1987	電子事業部・ソフトウェア開発事業		
1988	加古川スフ紡績工場完工		
1989			
1990			
1991	津綿紡織工場完工		
1992	富士宮工場閉鎖		
1993	無配		
	中津川工場閉鎖		
1994			
1995			
1996			
1997			
1998	彦根工場スフ紡生産停止		
1999			
2000	繊維事業の分社		
2001	スフ2社体制に		
2002			
2003			
2004			
2005			
2006	「コア事業はレーヨン短繊維」		
2007			
2008	復配		
2009	「ミカレディ」撤退		
2010			

業革新の連鎖として捉える必要がある。企業革新はそれまでの方針との非連続性が強調されるが，脱成熟化では企業革新間の連続性も同様に重要となる。

脱成熟化の完成までの間に求められる複数の企業革新の関係は多様であり，それまでのアクションを否定することも，脱成熟化のプロセスを次の段階にすすめるために必要となることもあるかもしれない。

また，脱成熟化を複数の企業革新の連鎖として捉えると，既存の企業革新モデルでは捉えられない側面，企業革新と企業革新との関連性に注目することができるかもしれない。

旭化成，日清紡，帝人などでみられた戦略の揺れ動きや東レや東洋紡などで見られた戦略の流動化の脱成熟化に対する意味は，複数の企業革新の関連を見ることによって明らかになる。例えば帝人では，大屋社長時代の攻撃的な多角化戦略とその後の保守的な戦略を経て再び積極的な多角化に戦略を転換させた。日清紡では，合繊不進出に対する社内の不満が，後に積極的に多角化を進めるようになったとき，企業革新を加速させた。旭化成，クラレなどでは，合繊時代の期待はずれが挽回への取り組みにつながった。革新間には密接な関連性があること，過去の決定と結果をうまく活用することの重要性をそれらに見ることができる。

リジューバネーションなど既存の企業革新モデルも複数の革新，一連の変化を含んでいる。しかし脱成熟化では，複数の企業レベルの革新を必要とするため，また企業革新間の時間的な隔たりが大きくないため，その関連性は極めてあいまいであり，捉えにくい。脱成熟化をすすめている企業にとって，複数の企業革新をともにうまく行うことで脱成熟化を完成に向けてすすめていくことはむずかしい。

脱成熟化のプロセスが，多くの変革から構成されており，個々の変革が非完結的であり，そして脱成熟化は終わりのないような変革であるならば，変革間の関連性の理解が重要となる。ここでは旭化成の成長プロセスにおける変革間の関連性について詳しく検討していくが，その前にもうひとつ変革の非完結性と変革間の関連性が明確なケースとして，改めて帝人の脱成熟化プロセスを取り上げておこう。

帝人の脱成熟化も，いくつかの大きな企業革新を通してすすめられてきた。旭化成と比較するとそのプロセスは，よりシンプルかもしれない。1960年代の

ポリエステル繊維事業化の大成功によって化繊企業から合繊企業へと脱成熟化に成功したあと，未来事業部を新設して「攻撃的」な多角化をすすめた。数多くの新事業にチャレンジして，これらのなかからつぎの成長の柱と期待できる事業を見つけ出そうとした。そしてこれらのなかから医薬事業の将来性を見出し軌道に乗せることができた。しかし，70年代には石油危機などで業績が悪化して収益基盤は揺らいだ。80年代には，ほとんどの多角化事業からの撤退を余儀なくされた。

次の柱を見出すための1960年代から70年代の帝人の企業変革は，つぎの柱の有力候補として医薬事業の立ち上げには成功したが，その代償は小さくはなかった。医薬事業以外の多くの新事業からの撤退や繊維事業の立て直しなどの長期のリストラを余儀なくされたからである。

1980年代の帝人は，繊維事業における競争が激しくなるなかで，医薬事業など新事業を育成して柱として定着するまで，繊維部門が企業を支えていかなければならなかった。このため，繊維事業の強化に力を入れた。競争優位性をもつポリエステルの「一本足打法」は，その後も長く続いた。このような効率経営を志向した10年近くのリストラ・保守的な時代を経て，帝人は財務体質の健全化に成功した。89年3月期には16年ぶりに最高益を計上した。売上高経常利益率は11.4％と業界トップを維持した。しかしこの10年間にすすめた多角化は選択的なものであり，企業の規模は大幅に縮小した。売上高は3分の2に，従業員数は2割減少した。

1990年代，将来への展開力の不足を認識するようになってきた帝人は，再び成長・拡大に比重を移すこととなった。しかし，このような成長戦略をすすめるためには，それまでの10年間の革新のプロセスで強くなっていた「内向き」の組織文化の改革，意識改革が必要であった。このためまず人事制度の改革などに取り組まなければならなかった。

この変革をすすめた板垣宏社長は当時の状況を「リストラは確かに成果を上げたが，非常に保守的になって，外がなかなか見えなくなった」（『日経ビジネス』1993年11月15日号）と述べている。

板垣社長は，権限委譲など社内活性化運動をすすめた。しかし，「大屋氏後の20年近くリストラを繰り返すうち，リスクを避ける消極的な社風が定着してしまった」（『日経産業新聞』1998年7月31日）帝人では，組織文化の変革は，

第9章 理論的含意

1990年代を通して重い課題であり続けたといえよう。

■事例：旭化成のケース

　旭化成は高い経営成果を残してきた企業である。脱成熟化をもっとも巧く展開してきた企業である。ここでは，旭化成の成長プロセスを少し詳しく見てみよう。

　まず，旭化成が脱成熟化のプロセスですすめてきた大きな変革を識別しておこう。1950年頃以降，今日まで少なくとも8つの大きな企業変革を識別することができる。それらは時系列に並べることができるだけではなく，同時期に並行してすすめられている変革が見られる。また，いくつかの変革が重なりあっている時期もある。それらの関係を考察しよう。

　旭化成は戦後，長期的な成長を維持してきた（図表9-18）。各部門の売上高の推移を見ると，1970年代以降，繊維部門・成熟部門を併存させている（図表9-20）。80年代には（ライフサイクルで）衰退部門，成熟部門，そして成長部門を有している。1970年代以降，成熟部門のほかに，ライフサイクルの異なる3つ（あるいは4つ）の部門を併存しつつ成長してきた。旭化成は，繊維部門の低成長を多角化部門がカバーする形で成長してきたといえよう。

　旭化成は，いくつかの大きな革新を重ねながら脱成熟化をすすめてきた。戦後の60年の大部分が革新の期間であった（図表9-21）。多角化については，「新事業開発」，その「見直し」，そして「事業・事業構造の高度化」が行われ

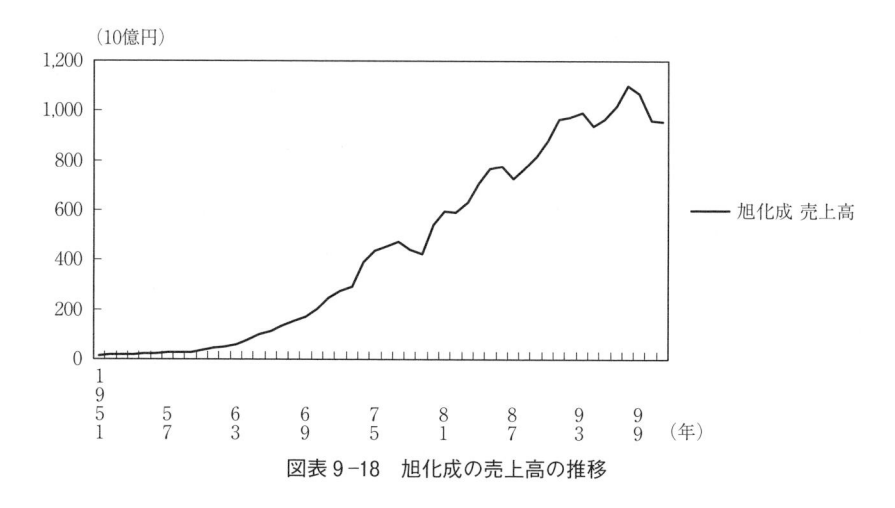

図表9-18　旭化成の売上高の推移

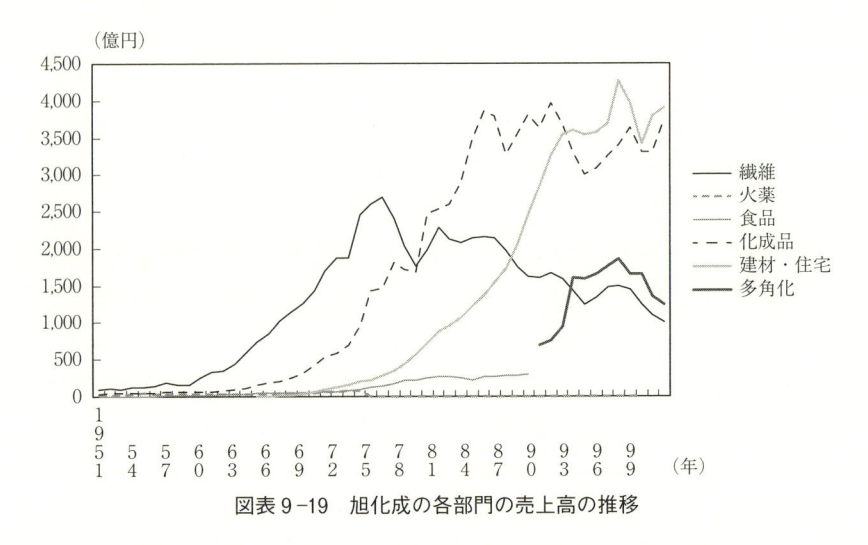

第Ⅲ部　理論的含意と実践的含意

図表9-19　旭化成の各部門の売上高の推移

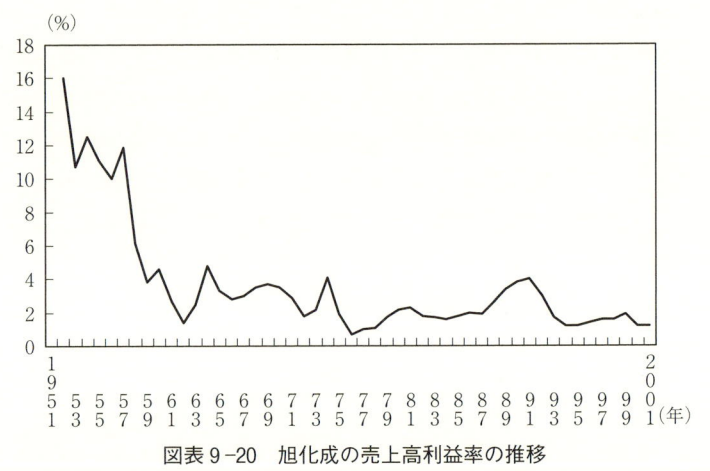

図表9-20　旭化成の売上高利益率の推移

てきた。旭化成は，いくつかの革新を積み重ねながら脱成熟化をすすめてきた。企業全体を再び成長軌道に乗せること＝脱成熟化として見れば，旭化成の脱成熟化のプロセスは，成熟部門を常に有しており，また常に各事業のライフサイクルは進展しているため，終わりのないプロセスであったといえよう。

・8つの変革
㋐　合繊の事業化（1950年代－）

第9章　理論的含意

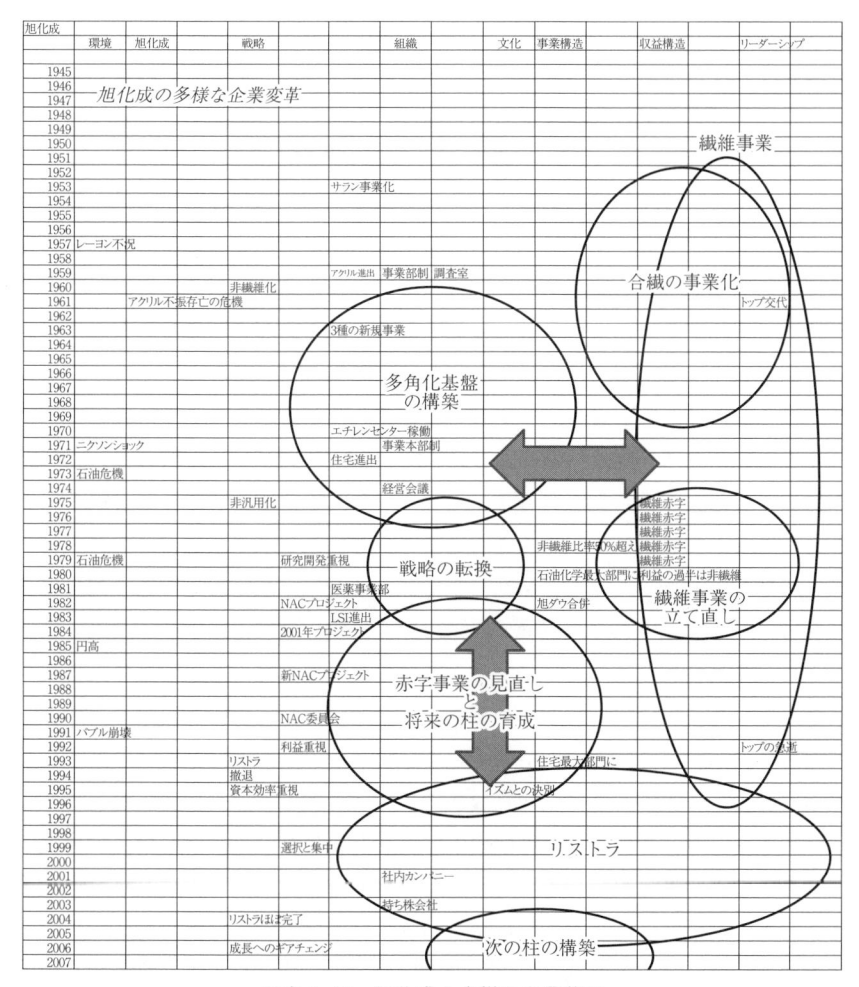

図表9-21　旭化成の多様な企業革新

　1950年代は，主力事業であった化繊の成熟化が進んだ時期であり，期待できる新たな成長分野として合繊に取り組み始めた時期である。旭化成がまず選んだのはサラン繊維で，次いでアクリルを選択，それらの事業化をすすめた。しかし，サランとアクリルの事業化では躓き，業績を大きく悪化させた。合繊先発企業からの遅れを強く意識することになる。60年代，ナイロン，ポリエステルにも後発として進出して，合繊の総合化をすすめた。高度成長時代には，こ

の総合化によって合繊事業は大きく成長した。しかし，先発企業と比べると競争力の高くない合繊事業は，1970年代のオイルショックで大きな打撃を受け，長期にわたるリストラを余儀なくされる。

① 多角化基盤の構築（1960年頃－）

1960年代は，合繊時代であり，高度成長期であり，旭化成にとって，繊維部門も多角化部門も大きく成長した時代であった。汎用品を中心に規模の拡大が積極的にすすめられた時期である。多角化の基盤構築の時期であった。

1953年まで東レと売上高ではほぼ肩を並べていた。しかし東レの合繊での成功と旭化成の合繊の躓きによって，大きな格差が生まれてしまった。旭化成は，経営危機の原因ともなったアクリル繊維の事業化が，ようやく軌道に乗るようになった頃，「非繊維化」を掲げて本格的な多角化に取り組み始めた。

1959年3月に事業部制を採用したとき，「脱繊維」構想とともに新規事業を考えるところとして，新しく調査室をつくった。人事，労務畑の優秀な人材，主に入社数年の若い人を中心にした組織作りを行い，事業評価を行う調査室を中心にプロジェクトチームを編成（梅沢，1989），約20名のスタッフをそろえた。宮崎専務のリーダーシップのもとに将来の発展の柱の研究が2年近く行われた。まず海外の新規事業をすべて調べさせた。

「この若い人たちとのディスカッションの中から，私は新規事業の考え方をまとめることができた」（宮崎，1992）

旭化成はサランやアクリルで躓いたが，1961年に社長に就任した宮崎輝は，ナイロンやポリエステルで急成長している東レや帝人に対する「遅れを取り戻す」ため，「挽回」するため，また「合繊もいずれだめになる」として，62〜63年にかけて「3種の新規事業」を開始した。「危険なことはやめろ」といった強い反対のなかでの決断であった。

これらの事業を軌道に乗せることにめどが立った頃である1967年には石油化学計画を公表した。当時の年間売上高に匹敵する投資が必要とされるエチレンセンターの建設に取りかかった。エチレン誘導品，プロピレン系誘導品，合成ゴム，アンモニア，ナイロン，ポリエステルなど芳香族系誘導品など「誘導品先行」戦略を展開して事業のすそ野を広げていき，1971年のエチレンセンターの完成で，ナフサから最終誘導品にいたる石油化学の一貫体制を完成させた。このセンターの完成によって石油化学の誘導品などの多角化はさらに加速され

ていった。

　さらに，建材を活用して住宅事業へも参入した。旭化成にとっては他の事業とは距離のある住宅事業へ進出した。当時住宅産業は成長産業として注目を浴びていたが，社内では「大工のまねはしなくてよい」と否定的な認識も少なくなかった。任命された担当者たちも「旭化成にはいって，なんで住宅をやらなくちゃならないんだ」と不満をもつ人も少なくなかった。

　このようなプロセスで，「健全な赤字」など「宮崎イズム」がトップの言動の裏付けと成果を得て，組織に共有され，浸透していく。旭化成では，この高度成長期，「コングロマリット」を目指し，「衣食住」なら何でも良いとの方針の下，多角化がすすめられていった。合繊部門でも，後発でナイロン，ポリエステルにも進出，3大合繊体制を整えた。

　旭化成は，高度成長期における汎用品の大量生産・販売による規模拡大により，1975年には売上高で業界のトップに立った。「遅れを取り戻す」という目標は達成された。しかしちょうどその頃，会社は厳しい状況に置かれるようになっていた。また，60年代の積極的な多角化は，借り入れですすめられたため，財務体質は悪化していた。

⑦㊁　石油危機（1973年－）

　1970年代の二度の石油危機は，日本経済をそれまでの高成長時代から低成長時代への移行を余儀なくさせた。旭化成の事業は大部分を石油に依存してきた。78年現在でも売上高の80％が石油化学製品で占められていた。このため石油を主原料とする合繊，合成ゴムをはじめ，石油化学誘導品などは大きい打撃を受けた。また，汎用品の大量生産大量販売で成長してきた。このような戦略は，高度経済成長期には企業成長に適していた。しかし低成長下で成長を続けていくためには大きな戦略の転換が必要であった。

　まず取り組まなければならなかったことは合繊事業の立て直しであった。当時の旭化成は，まだ繊維事業の売上高に占める比率はかなり高く，利益でもその大半を繊維事業が生み出していた。多角化戦略では，「非汎用化」重視への転換を図ることであった。そのためには研究開発をそれまで以上に重視しなければならない。この苦境からの脱出に約10年を要した。この危機を通して，収益構造の基軸は繊維から非繊維へと変化した。

・合繊事業の立て直し。繊維事業は1974年度から78年度まで赤字を記録し

た。合繊はナイロンとポリエステルが後発で，競争力が高くはなかった。このためオイルショックの影響は先発他社と比べて小さくなかった。立て直しには約5年を要した。1960年代からすすめられてきた「脱繊維」は，ひとつの成果としての非繊維比率50％を基準にとるならば，繊維事業の長期の不振による縮小と多角化事業の成長によって達成された。

・戦略の転換。多角化事業は，さらに強化・推進された。

旭化成はこの危機を契機に，ウラン濃縮や石炭液化などエネルギー関連分野に注目した。また，それまで大量生産・薄利多売型，汎用品主体による企業成長の脆弱性を強く認識することとなり，非汎用品戦略への転換を図った。1980年の「中期経営計画」では非汎用製品の拡大を強調している。1975年度の非汎用化率は23％であった。これを85年には50％に引き上げることを目標に掲げた。このため研究開発にも力を注ぎ始めた。以後売上高研究開発比率は，3％を超えるようになった。

石油関連の汎用品の石油危機による打撃が大きかったのに対して，低経済成長下でも住宅事業は大きく成長することになった。旭化成のなかにはシナジーの強い事業と弱い事業が併存することになった。住宅事業の成功によって旭化成では，企業成長にとって既存事業との関連性の少ない分野へ「飛び上がることの重要性」も認識されるようになった。

㋺　赤字事業の増加（1980年代半ば～：積極的な多角化の当然の結果）

石油危機によって繊維事業の成熟化は強く認識された。1980年頃からは「宮崎イズム」に伴う問題が意識されるようになってきた。多角化を積極的に推進してきた結果，新規事業の数や投下資本量が増加する一方で，「健全ではないと見られる赤字事業」を多く抱えるようになってきたことが問題とされるようになる。旭化成は，「限られた経営資源と増加する案件」への対応に悩むことになった。

1982年から92年にかけてＮＡＣ（ニュー・アサヒ・クリエティブ，orクリエーション）運動・プロジェクトが断続的に何度かすすめられた。82年当時の不採算事業の総額は数十億円以上にのぼっていた。これらの運動やプロジェクトを通して赤字事業の立て直しと新規事業・研究開発分野の見直しを図った。バブルがピークに達する頃から，「新規事業は赤字幅を拡大する兆候を見せはじめていた」（山本常任相談役，2004）。これら三度の断続的な取り組みは，90

年代のリストラに続いていく。

　・1982年6月-86年3月：ＮＡＣプロジェクト
　・1987年1月-89年4月：新ＮＡＣプロジェクト
　・1990年4月-93年8月：ＮＡＣ委員会

　同じ時期である1984年には，既存の事業構造では21世紀には企業の成長を継続させることはむずかしいと，10年後の柱の探索を目的とした「2001年プロジェクト」を開始した。

㋕　大きな多角化（1980年代半ば-：約25年ぶりの対応）

　「2001年プロジェクト」を開始した背景には，石油危機からの10年間は構造不況期で，大型の新しい事業をスタートできなかったこと，このため80年代後半から90年代にかけてあまり高度成長できないのではないか，との判断がある（小川元副社長，1989）。「既存事業のままでは20年後にはＧＤＰの伸びをフォローすることができない」「21世紀にはサチレイト」してしまうとして「今日の延長線上から一度離れて検討してみる」（中村久雄取締役『月刊リクルート』1985年9月）ことにした。

　1984年7月から年末にかけて全社的に「2001年プロジェクト」の策定作業をすすめた。このような検討の結果，つぎの柱の構築を目指してエレクトロニクスと医薬の強化を図った。エレクトロニクスでは，半導体工場を建設してＬＳＩにも本格的に進出した。医薬の強化では東洋醸造を合併した。それに伴い酒類事業にも進出した。このため「80年代は，赤字事業の見直しは小改善なまま，多角化はさらに推進された」（山本，2004）。

　一方，「非汎用化」戦略は「高機能化」戦略へと続き，そして「競争優位事業」の売上高構成比率を高めていく戦略が展開されていった。

　旭化成は，1980年代には，衰退期にはいった繊維事業，成熟期にはいった石油化学事業，そして成長期を迎えた住宅事業を併せもつことになった。

㋖　リストラ：事業ポートフォリオ・マネジメント（1990年代前半-）

　1990年代にはいると内外の環境は激変した。92年には長くトップにあり企業の成長を導いてきた宮崎会長が急逝した。またバブルが崩壊し，その深い不況の影響もあり業績は低下した。多角化はさらにすすんだ。経営資源が広範囲に分散化してしまっており投資効果を生み出しにくい状況になっていた。赤字事業も増える。グローバル競争も激しくなってきた。

旭化成は，1993年からリストラを開始した。94年にはナイロン6，炭素繊維，ポリプロピレンなどからの撤退を実施した。60年頃からの成長の原動力となっていた「宮崎イズム」からの脱却へと舵取りがなされ，「多角化」「健全な赤字」は否定された。基本的な戦略の転換が行われた。

1990年代の前半には，建材・住宅事業が最大の部門となった。また，90年代の半ばには，次世代のコア事業と期待されてきた医薬事業もエレクトロニクス事業も利益を上げるようになった。しかし，90年代の後半には，グローバルな競争で勝てる経営がさらに強く求められるようになった。医薬事業もエレクトロニクス事業もまだまだ育成する必要があると認識された。このため2000年代に入り，「選択と集中」を加速させた。

業績の回復とともに，社内外から再び成長の圧力が強まった。1996年6月には，10年の長期経営計画を発表して，売上高2兆円を目指すことを明らかにした。しかし，97年以降，「資本効率重視」の経営は強化された。これ以降，100もの事業・製品からの撤退が行われ，事業の集中と海外展開の強化がすすめられた。

一方で石油危機以降，研究開発を重視して強化して「非汎用」製品の創出に努めてきたが，とくに「競争優位事業」の売上高に占める比率は高まっていった。1998年3月期で67％に達している。このような強化されつつある収益基盤が「選択と集中」の戦略を促進した要因のひとつといえよう。

㋒　次の柱の構築（2000年代－：約20年ごとの対応）

1990年代から10年近くにわたってすすめてきたリストラが進展し，2004年には「課題のある事業の見直しはほぼ終了」したとの認識に基づいて，再び「成長へギアチェンジ」するために積極的な投資を計画している。次世代の柱となる事業，21世紀の成長の原動力をいかに構築していくかが再び重要な課題として浮上してきた。右肩上がりの成長を望むには新たな収益の糧となる新規事業が不可欠と見て再び新規事業による多角化に力を入れ始めた（『週刊ダイヤモンド』2004年11月27日号）。「2001年プロジェクト」から約20年が経過している。今回は複数の事業からのシナジーに期待している。化学とエレクトロニクスの融合領域で新規事業を生み出そうと「実装・表示材料マーケティングセンター」を2004年10月に設立した。

・変革の特徴

旭化成の成長プロセスに見られる8つの大きな企業変革を識別したが、これらの変革、あるいは変革間に見られる特徴を整理しておこう。

⑦　変革の非完結性

変革は、さまざま要因によって、充分な、期待通りの成果を獲得することができないことが少なくない。新しい取り組みは多くの失敗を伴う。この変革の非完結性は、新たな状況への対応や、不十分な成果をより満足のいく成果を生み出すための新たな変革の取り組みへの必要性を高める。

脱成熟化をすすめる間に、さまざまな大きな環境の変化（為替変動制、石油危機、円高、バブル崩壊、グローバル競争、途上国の急成長など）に遭遇している。

合繊の事業化については、最初の取り組みで躓いてしまった。その後、多角化をすすめるとともに3大合繊をそろえるが、後発の合繊事業では高い競争力は獲得できなかった。

多角化については、合繊の躓きから、「遅れを取り戻そう」「合繊事業もいずれ成熟化」として新事業（「多角化」＋「合繊」）に積極的に取り組んだ。「脱繊維」は、エチレンセンターの建設による多角化基盤の構築で加速させる体制が整った。しかしその直後に石油危機に直面する。高度経済成長時代の終焉は、それまで有効であった石油依存、汎用品、薄利多売を重視した戦略では成長は望めない。非汎用品、研究開発重視など、多角化戦略の基本的な変更を余儀なくされる。

新たな戦略によってさらに多角化を強力に推進した。これらによって多角化事業の売上高の増加をもたらし、非繊維比率50％が達成される。しかし、繊維事業の売上高の減少と、赤字事業の増加といった課題に直面する。

NACプロジェクトなどによって赤字事業の見直しをすすめようとした。しかしちょうどその頃「3種の新規事業」から約20年が経過しており、つぎの柱の構築の必要性も高まり、2001年プロジェクトを介して大きな多角化をすすめた。赤字事業の見直しは小改善に終わった。

1990年代にはいると、バブルの崩壊、トップの急逝、グローバル競争の時代の到来など、内外の経営環境は激変した。選択と集中を基本とした本格的なリストラをすすめた。このリストラが一段落すると、再び新事業の育成に注力す

る。

㋑　多様な変革の存在

　成長プロセスのほとんどの期間，並行して複数の変革をすすめている。育成事業，成長事業，成熟事業そして衰退事業を併存させている時期もあった。それぞれが独自の対応を必要とする。再活性化と多角化，既存の多角化と新規の多角化は，優先度を決定する場合「共約不可能性」を伴うため両立させることはむずかしい。

㋒　変革間の関連性

　企業の行動は生存・成長に向けての取り組みである。過去の影響を受けつつ将来を創出しようとする。過去，現在，将来には関係性・継続性が存在する。変革はその多くが目的の未達によってもたらされる新たな状況への対応を迫る。

　初期の合繊事業の躓きは，他社からの遅れを強く認識させ挽回への意識を生み出した。それは「3種の新規事業」を中心とした大規模な多角化を開始させた。

　また，後発でのナイロン，ポリエステルの事業化をも余儀なくさせた。このため合繊では高い競争力を得られなかったため，石油危機で被った影響は小さくなかった。

　1960年代からすすめてきた積極的な多角化の追求は，赤字事業を増加させ，「NAC」プロジェクトを必要とさせることになった。この対応には，80年頃から，90年代にかけて約10年を要した。また，事業の増加は，マネジメントの課題を，多角化基盤の構築から事業ポートフォリオの活性化へと移行させる。この移行には，戦略や資源配分などの変革が必要であった。

　石油危機を契機に，汎用品や薄利多売を重視した方針から「非汎用化」「研究開発重視」に方針を転換した。この新しい戦略によって「非汎用」「競争優位」事業が育成され，増加していったが，これが1990年代の本格的な「選択と集中」「リストラ」を可能にしたといえるかもしれない。

㋓　企業のライフサイクルと大きな多角化：三度の「脱成熟化」

　脱成熟化で成果を上げるには長期を要する。変革をすすめている間に既存事業も新規事業もライフサイクル上を成熟に向かって進行していく。多くの新事業の開発に取り組んでいるうちに20年や25年はたちまち過ぎていくように見え

第9章 理論的含意

る。

　旭化成は，1960年頃「3種の新規事業」を中心とした大規模な多角化を開始した。80年代半ばには「2001年プロジェクト」を展開した。これは「3種の新規事業」の経験を強く意識したものであった。そして2005年頃に，再び過去からの延長線上にはない分野に意識的に注目し「大きな多角化」に取り組んでいる。長期的継続的な成長には，定期的な「脱成熟化」への取り組みが必要である。

注
1) 集団思考とは，集団の意思決定が極めて危険な方向に流されてしまう現象で，集団のメンバーが，凝集性の高い集団に深く関わっており，合意を得ようとする努力が代替的な行為のコースを現実的に評価するという動機よりも強いときに生じる思考様式である（ジャニス，1981）。
2) セブン＆アイ・ホールディングスの鈴木敏文会長はダイレクト・コミュニケーションを非常に重視している。鈴木会長は「理解しているかどうかは，目の前で聞いているＯＦＣの顔でわかる」（田中，2006）と，年間30億円以上をかけ毎週火曜日に全国の1500人以上のＯＦＣ（オペレーション・フィールド・カウンセラー）を東京の本部に結集させ，直接彼らに講話する。
3) ターナラウンドは，回生とも訳されている。Slatter & Lovett（1984）は，「短期的に何らかの措置を取らない限り近い将来破綻することが明らかな危機的状況」をターンアラウンド状況と定義している。早急な業績の回復のため，直面している危機の管理，ステークホルダーとの関係の再構築，事業の修復，資金問題の解決が大きな目標となる。
4) 革新の議論の主要な分野には，革新のプロセスの議論，創造的な組織の議論，革新の普及の議論などがある（例えば，Wolfe, 1994）。

第10章　実践的含意

(1) 多角化のための多角化

　この研究では，成熟化した産業における企業にとって，長期的に成長を継続していくためには，多角化は必須であること，しかし企業は多角化に対して本格的なアクションを起こすことに遅れがちであることが明らかになった。この発見事実は，成熟産業では企業のトップ・マネジメントは，多角化のための多角化を追求するべきであることを意味している。多角化すべきかどうかが問題なのではなく，いかに多角化すべきかが重要である。

　成熟化がすすみつつある状況のもとで，トップ・マネジメント・チームが，多角化すべきかどうかを議論する場合，自然で論理的に導かれる結論は「もう少し待って，状況を注意深く観察せよ」といったものである。トップ・マネジメント・チームの間に多角化に対する二律背反的，嫌悪的雰囲気が支配的であるとき，トップは多角化のための行動をとることを決定すべきである。

　このようなアクションは，東レの田代茂樹会長，帝人の大屋晋三社長，旭化成の宮崎輝社長，鐘紡の武藤絲治社長などによってとられている。

　多角化のための多角化のアクションは，不（非）合理である。このような不合理的なアクションが反対を生み出すことは自然の流れである。しかしトップ・マネジメント・チームのレベルでの，このようなアクションや反対によって生み出される弁証法的なプロセスは，彼らに組織や環境について何か新しいことを発見する機会を創出することになる。

　多角化のための多角化は，一旦始めた多角化の努力を不可逆的なものにするための努力や仕組みを必要とする。多角化のための多角化としてスタートさせた多角化は，そのプロセスでさまざまな慣性によって，頓挫することが少なくないからである。

(2) トレンドに従わない戦略

　企業の多くの人が成熟化のシグナルを真剣に受け止めるようになると，彼らは自分たちが従うべき社会のトレンドを見つけ出そうと努める傾向がある。彼らは，自分たちがトレンドには乗っていないことを学習し，トレンドに乗れるように調整すべきだと過剰に学習する。

　計画スタッフは，隠れたトレンドを予測しようと多くの情報を集める。より多くの情報がより包括的に収集されることになると，さまざまな企業の計画スタッフたちの意見は収斂しがちである。これが「群れ症候群」をもたらすもうひとつの原因である。

　この研究で明らかになった成功戦略は，いずれもトレンドに従うような戦略ではなかった。トップ・ランナー戦略は，トレンドを創り出すような戦略であり，ローン・ランナー戦略とカウンター・ランナー戦略は，トレンドに抗するような戦略である。

(3) 意思決定の少数決ルール

　トップ・マネジメントのレベルにおけるもっとも典型的な意思決定ルールは，多数決ルールである。しかしながら，この研究では，多角化の決定に関して，多数決ルールの方が少数決ルールよりも良い結果を生み出すという命題を支持する証拠を見い出すことはできなかった。それどころか，成熟産業では少数意見の方が多数の意見よりも良い結果を生み出すことが少なくなかった。

　われわれは，脱成熟化のプロセスにおける多数決ルールそれ自体を再検討するべきであろう。多数の人たちが賛成しているために，責任の所在があいまいになったり，新事業のための学習が行われる機会が十分に用意されなくなったりする。多数決に価値を置くような組織文化が強い影響を及ぼしているのかもしれない。日本企業においては「和」が重要視されることが少なくなかった。この場合は，反対を表明することがむずかしい雰囲気が生まれる。シキボウの山内社長は，「昔は和ばかりが強調されて議論しようとすると叱られた。会社も従順な人間を求めていた」と振り返っている（『日経ビジネス』1991年6月17日号）。しかし，クラレの大原孫三郎が予想したように「十人の役員のうち二人か三人が支持するとき」が多角化の重大な意思決定を行うもっとも良いタイミングである。

(4) 実験的取り組みでは不十分

　実験は，何が組織にとって正しいのかをだれもが知ることのできないような状況でのひとつの非常に有用な学習手段である。「実験的」という形容詞はまた，反対者を説得する場合にも有用である。繊維産業の多くの経営者は，この形容詞で同僚の役員たちを説得している。しかし，実験的な態度は，失敗のひとつの原因でもある。実験的な態度は，成熟産業における企業では，次のような欠点をもっている。

　第一に，実験的という形容詞は，組織内での弁証法的な学習のプロセスを中断させる。第二に，実験的な態度は，量的にも質的にも，インクリメンタルな投資と結びつく傾向がある。投資量は必要最低レベル以下になりがちである。また新事業に投入される人は，優秀と思われている人ではない。そのような人事は，新事業担当者を落胆させ，長期的には，新事業のキャリアが最終であるという雰囲気を創り出すことになる。三番目に，実験的態度は，担当者たちのコミットメントを低下させがちである。

　このような実験的な取り組みは，景気にも大きく影響される。景気が悪くなり，利益が少なくなると，まずこのようなプロジェクトへの経営資源の投入が抑えられる。逆に，景気が良くなるとそのようなプロジェクトの必要性が下がり，本気で取り組もうとするモティベーションを低下させる。また，既存部門に経営資源が吸収され，経営資源を投入することがむずかしくなる。

　実験での成果の評価も，極端になりがちである。期待が大きい場合，少しの成果では期待は外れとされる。しかし一方で，期待が小さい場合，少しの成果で満足することになり，それ以上の取り組みに対する意欲は生まれにくい。

　多角化に対して，たとえ継続的に取り組むことができたとしても，強い副業意識を残している限り，多角化の大きな成長を期待することはむずかしい。

(5) 非撤退のルール

　どの分野に多角化を行うか，いつ多角化を行うかという意思決定は，脱成熟化を成功させるための鍵であると，多くの人々は考えている。もちろんこのような意思決定は，繊維企業の企業革新においても重要なものであった。しかしながら，トップ・マネジメントが常軌的に直面する，より重大な意思決定は，投資を継続するか，あるいは事業から撤退するかどうかの意思決定である。

多角化の意思決定は，定期的に行われるものではない。しかし，一旦多角化の決定が行われると，企業はその多角化を継続するかどうかの決定を，少なくとも毎年行うことになる。たいていの多角化プロジェクトは，その初期の段階では長期にわたって損失を出すだけではなく，うまく乗り越えられなければ失敗になるようなさまざまな困難に直面するからである。

理論的には，撤退に関する決定には，2つのルールが存在する。ひとつは，企業ができる限り投資を続けるというルールである。もうひとつは，できるだけ早く撤退するというルールである。どちらのルールが普遍的に正しいのかを判断するような理論的判断基準は存在しない[1]。しかしわれわれの研究は，前者のできる限り投資を続けるといったルールを採用した企業の方が，後者のルールに従った企業よりも成功していることを示している。

しかし，継続的にこのルールを適用することができるかどうかは，トップ・マネジメントの意思に依存している。そしてその意思は，企業の能力と深く関係している。主力事業が利益を生んでいるときに多角化を行った企業には，このような能力が備わっているといえよう。脱成熟化のアクションに遅れた企業にとっては，前者のようなルールを採用することは困難である。

(6) 反対を表明できるパワー構造

この研究は，脱成熟化のプロセスで，反対が重要な鍵となる役割を演じており，トップ・マネジメント・レベルのパワー構造が公然の反対の存在と関係していることを示唆している。トップへのパワーの集中は，企業革新を実施するためのひとつの必要条件である。しかし同時に，トップ・マネジメント・レベルに公然と批判する役員が存在しなければならない。

特定の事業や職能の責任を負わない役員は，トップのように考え行動することが可能である。しかし特定の職能か特定の事業の責任をもつようなトップ・マネジメントの構造への再組織化は，迅速な意思決定を可能とするが，役員は他の役員の行った決定を公然と批判することをむずかしくする。役員は，自分が担当している部分以外の組織の状況に関する十分な情報をもっていないからである。オープンな反対の重要性を考慮するならば，そのような再組織化は企業の自己革新能力を減少させる。成熟産業における企業のトップ・マネジメント・レベルのパワー構造は，短期的な効率（意思決定のスピード）だけではな

く，長期的な有効性（反対を通じた自己革新能力）をも確保できるように設計されなければならない。

(7) うまく失敗する

　脱成熟化のプロセスで重要となるのは，失敗のマネジメントである。よほどの幸運がない限り，失敗を避けることはむずかしい。経営資源の豊富な大企業でも失敗の確率は高い。旭化成，東レ，帝人，クラレなどは極めて多くの失敗を経験している。いかにして失敗を起こさないようにするかではなく，失敗にいかに対応するかが，重要である。あるプロジェクトを存続させるか，それとも，失敗と見なして中止するか，失敗した人々をいかに処遇するか，そして失敗から何をどのように学習するかが，この段階でのマネジメントの鍵となる。

　初期の失敗からの学習の仕方が，その後の企業の成長プロセスを規定した。本業に専念することになった企業と遅れを挽回することにエネルギーを集中した企業との間に生じた，数十年間の成長度の違いは，極めて大きいものとなった。

　このように失敗は企業革新の成功にとって，極めて大きな役割を果たしているといえよう。試行錯誤的なアプローチは，われわれが大きな問題に直面したときの重要な対応手段のひとつである。帝人の大屋社長は「十年はもがく時期が続く。何が出たら本物の脱繊維になるかを捜している」と攻撃的な多角化を行った。失敗を伴うような試行錯誤によって，自企業の経営資源のポテンシャルの発見とその限界の見極め，経営資源の蓄積といった効用を見出すことができる。

　ほとんどの企業は，当初身近な分野から距離のある分野まで，さまざまな事業に取り組んだ。そして多くの企業が，試行錯誤と失敗のなかから，自社の強みが技術にあることを学習した。その結果，非関連多角化よりも関連多角化を志向することになった。

　帝人は，積極的な多角化努力のなかから，医薬事業を収益の柱として育て上げることができた。しかし，医薬事業以外のほとんどの多角化事業からは撤退している。鐘紡も，当初は急成長を見せた化粧品事業も，撤退を検討しなければならないほどの苦しい時期を経験している。そのような時期を乗り越えることによって，化粧品事業の将来性を確信することができるようになった。旭化

成も，建材事業と住宅事業で撤退や戦略の転換を経験している。

　また，失敗やそれによってもたらされる危機は，組織に緊張をもたらし活性化させることもある。担当者から失敗を挽回しようとする心理的エネルギーを引き出す。

　東レの靴用人工皮革の失敗は，担当者を奮い立たせた。その結果生まれたのが，衣料用人工皮革である。

　失敗がもたらす危機はまた，組織の目標構造を単純化する。それによって心理的エネルギーが束ねられやすくなる。

　日東紡は，積極的な多角化の失敗で大損失を計上した。このときとることのできる政策ははっきりしていた。繊維部門では徹底した品質の改善をすすめること，非繊維部門では品目を大幅に整理して，建材とガラス繊維に特化して拡大することが唯一の選択であった。このような政策を採ることによって日東紡は，再建に成功している。帝人の場合も同様である。多くの事業からの撤退に関しては，合意が得られやすかった。

　このような失敗がもつ効用を認識することによって，新事業に伴うリスク感を小さくすることができる。失敗を避けようとして，行動を起こさないことで，組織は，自組織の経営資源のポテンシャルを自ら放棄し，そのポテンシャルを発見・育成する機会を逸してしまっているかもしれない。それらは「目に見えない失敗」といえよう。

(8) **揺れ動き**

　帝人の戦後の歴史は，4つの特徴のある時期に区分することができる。最初は，保守的戦略の期間である（1945－1956年）。2番目は，積極的な多角化戦略への揺れ動きの期間である（1956－1978年）。売上高は1957年の204億円から82年の4609億円へと急増した。3番目は，2番目の期間とは反対の方向へ揺れ動く期間で，撤退と保守的戦略の期間である（1978－1990年）。売上高は90年には3057億円へと急減している。最後は，再び積極的な戦略の期間である（1990－現在）。売上高は06年に連結で1兆円を超えた。

　帝人は，このような揺れ動きのプロセスを通して，自社の強みを見出していった。

　このような戦略の揺れ動きは，企業のパワー構造の変化と関連している。帝

第Ⅲ部　理論的含意と実践的含意

人の2番目の期間における非常に大きな揺れは,オープンな批判・反対の欠如と関連している。組織における反対の存在は,このような戦略の揺れの程度を低下させることができるかもしれない。

帝人のケースは極端な場合かもしれない。しかし,脱成熟化のプロセスでは,多くの戦略,組織の揺れ動きが見られる。あるときは極めて積極的な行動をとり,ある時は保守的な行動をとる,あるときには集権を志向し,あるときは分権を志向する,あるいはあるときには成長を重視した戦略を採り,あるときは収益を重視した戦略を採る,という揺れ動きである。それは景気の循環に対応したためだけではなく,組織の過去の成功と失敗から過剰に学習する傾向,トップへのパワーの過度の集中なども組織,戦略の揺れ動きをもたらしている。

しかし,脱成熟化に成功した企業の多くは,ある段階で一定の戦略を行き過ぎと思われるほど追求し,後にそれを改めるという揺れ動きがはっきりとしている。

鐘紡のマーケティング重視から技術重視への転換,東レの技術重視からマーケティング重視への転換,日清紡の堅実政策から積極政策への転換,帝人の積極政策から堅実政策への転換等はその例である。繊維事業の再活性化と多角化事業との間に見られる戦略の揺れもその例に含めることができるだろう。

東レは,石油危機時に繊維事業の不振を多角化事業がカバーしたことから,1980年代は多角化事業に比重を移した。しかし80年代後半になると多角化事業の伸び悩みが明らかとなる一方で,繊維事業の再活性化に成功した。このため,繊維事業の強化に重点を移行した。90年代後半になると,多角化事業の成果が上がるが,今度は繊維事業が不振となったため,再び多角化に比重を移した。

One-at-a-time 的な戦略の揺れ動きは,脱成熟化に対して,つぎのような積極的な効果をもっている。

組織は,収益性と成長性,集権化と分権化など,常に相矛盾する要請に応えていかなければならない。揺れ動きによって,一時点ではひとつの目標に焦点を合わせることによって,目標が明確となる。それは単純な意思決定基準の設定と機動的な意思決定を可能にし,努力の統合,心理的なコミットメント,組織学習の機会を生み出すことができる。

第10章　実践的含意

　このような要因が生み出す組織学習の機会は，既存の枠組みのなかでの学習をますます強化していくだけではない。本質的な価値の変化を伴うような学習をも促進させることになる。

　過度にまで揺れ動きが進んだ場合，それによって生じてくる矛盾や問題はより重大で明確な形で現われてくることになるからである。それは組織を構成している人々に，問題をより明確に，より強力に認識させることにもなり，組織の学習を幅と深さの点において，促進させることになる。

　帝人の未来事業の見直しをすすめた徳末知夫社長は，つぎのように語っている。

　「いったん拡げたモノを撤収するのは，社内のコンセンサスを含めて大変なエネルギーがいるのではないかとよくいわれるけれども，役員間の意思が総合的な見直しはやるべしという方向で完全に一致していたので，この点ではほとんど苦労がなかった。また，長期政権に対する反動からか，新しい方向に対するみんなの期待が集まり，その意味ではドライに改革を進めることができたのは幸いだった」（『ＷＩＬＬ』1982年12月号）

　このような揺れ動きの効用を考えると，大規模な組織の脱成熟化にはある程度の揺れ動きは必須である[2]。脱成熟化のプロセスで重要なことは，揺れ動きを避けようとしたり，少なくしようとすることではなく，うまく組織の能力を引き出せるようにマネジメントすることである。さまざまな失敗と同様に，揺れ動きが脱成熟化にとって不可避的なものであるとするならば，脱成熟化のプロセスを，一直線のプロセスとしてではなく，紆余曲折のあるプロセスとして認識する必要がある。組織という人の集団においては，回り道は，脱成熟化の必須のプロセスである。脱成熟化の鍵は，この曲がりくねったプロセスを直線化することではなく，それをうまく舵取りして，変化への流れを創り出すことである。

(9)　うまく競争する

　同じ業界で競争している企業は，互いに他社のアクションからも学習している。このような社会的学習によって，多くの企業は「群れ現象」に陥りがちである。また企業は，他社のアクションから学習するとき，過剰に学習することもある。

しかし，他社のアクションから学ぶことは，脱成熟化の成功にとっても重要な要因でもある。他社のアクションは，脱成熟化の進展に対する貴重な情報の源でもある。うまく競争していくためには，業界の特性，組織の特性などに対する深い理解が求められる。

クラレのビニロン事業化のケースでは，大原社長は「二人か三人の賛成者がいるとき」が事業化のタイミングとして理解していた。同じような経営資源，発想，仕組みをもち，同じような現象が起こりがちな他社でも同じ状況であることが予想されるからである。

桜田武会長は，経営のあり方をゆがめるもののひとつとして，「ライバルをみて，つまらない競争心を起こすこと」をあげているが（『週刊東洋経済』昭和54年11月17日号），日清紡は合繊時代，ライバル企業が合繊への進出を競っていた頃，逆張り戦略を採り，合繊には進出しなかった。合繊不進出の決定の背景を，露口達専務は「合繊にも限界がある。天然繊維とのバランスが一定のところにきたときがそれだ」と述べている（『週刊東洋経済』昭和39年4月4日号）。予想される「群れ現象」を逆に利用したといえよう。

日清紡はまた，カルテル不参加の方針を堅持してきた。その理由を山本啓四郎社長は，つぎのように述べている。

「不況カルテルは業界の体質を弱める」「不況カルテルで一時的に市況は回復することになるかもしれないが，その間業界は合理化を怠ることになり，結果的には国際競争に遅れをとることになる。日清紡としては国内だけではなく，世界を相手に経営を考える必要がある」（『日本経済新聞』昭和52年4月19日）

日清紡は，競合企業と同調的行動をとることで，自社が成長の可能性を狭めてしまう状況に陥ってしまうと予想して，それを避ける方針を採った。他の多くの紡績企業は，同調行動をとり，長期的には競争力の低下に苦悩することになった。合繊業界でも，石油危機以後の構造不況下で，1977年から勧告操短，不況カルテル，特定不況産業安定臨時措置法，そして特定産業構造改善臨時措置法によって，約9年にわたって過剰設備の廃棄，設備の新増設の制限を続けた。この間に韓国と台湾が合繊の大増設を進め国際競争力を一気に高めた。「日本が法律のもとで協調体制をとってきた間に，国際的業界地図が，すっかり塗り替えられてしまった」（『朝日新聞』1985年3月11日）のである。社会的

学習の落とし穴のひとつといえるかもしれない。

　戦後の繊維企業の成長プロセスを振り返ってみて明らかになる重要な点のひとつは，合繊時代，多角化時代といった新しい時代の黎明期には，少数ではあるが新しい環境を構築しようとする企業が存在したことである。新しい環境に対して，少数ではあるが極めて大胆な目標を追求する企業，大きな意思決定を行い，その実現に社運を賭けるような企業が存在した。多くの企業が，新しい環境へ急激な変化を避けるようなかたちで適応に努力していても，革新的な少数の企業の存在が，その積み重ね的努力を無力化してしまう。それら少数の企業の存在が，その他の多くの企業の成長を大きく規定してしまうことになる。

(10)　事前シナジーと事後シナジー

　最後の実践的な含意は，シナジーの2つの意味に関連している。計画担当者が既存のシナジーをあまりにも強調するならば，新事業で多くの競争企業とともに高い業績を上げることを難しくする「群れ症候群」に陥ってしまうであろう。シナジーは，人を介して新事業開発のプロセスで創り出されることが多い。それゆえ，企業革新の鍵となるもっとも重要な経営資源は，人である。しかし組織の多くの人にとって，事前にそのような人や潜在的なシナジーを知ることは困難である。

　事前シナジーが大きいとは見えない事業は，説得が困難で，反対も大きい。それは新事業の必要性を十分理解しているトップに対しても同様である。トップは，多くの新事業の案からどのように選択しているのであろうか。また，新事業の開発にふさわしい担当者をどのように選んでいるのであろうか。

　繊維企業の脱成熟化のプロセスでは，新しい事業の開始や継続の決定，人の発掘，育成の機会の決定，さまざまな予想外の困難や失敗に直面したときなどに，成功している企業のトップやミドルの多くは，部下を知るために直接会い，問題の解決にふさわしい人を発見しようと努めている。そして彼らの顔，目を直接見ることによって，彼らの意欲を尊重することによって，新事業開発の担当者を決定している。多角化に関する人の評価は，直接的な接触，相互作用を通して行われている。

　東レでは，靴用人工皮革「ハイテラック」からは撤退を余儀なくされたが，人工皮革の研究は継続された。その継続を決定するときのことを，当時の担当

者であった伊藤社長は次のように述べている。

「当時，ハイテラック関係の子会社を整理し，人も全部撤収し，残ったのは研究陣だけでした。一般的にいって，研究陣がいくら『やりたい』と言っても，成功の確率は必ずしも高いとは言えませんよ。そのへんは，ある程度読みと賭です。しかし，現場からやりたいといってくる場合は，漫然と言うはずはなく，なんとかモノにするつもりで言ってくることが多いので，その意気をくみ取って『元気がいいからやらせてみようか』ということになります」(『週刊東洋経済』1981年6月6日号)

このような，反対者をも含めたトップとミドルの3者間の直接的で対面的な相互作用は見落とされるべきではないだろう。

多角化に成功したある繊維企業の計画担当者は，次のように語っている。

「トップ・マネジメントが新事業の担当者を決めるのに，人の目をみて決めていたときには，多くの事業で成功した。しかし，新事業の提案を評価するのに合理的で分析的な手法を用いるような新事業の計画部門を設置してからは，成功率は大幅に下がった。はたしてそのような良き時代に戻ることができるだろうか」(Yamaji & Kagono, 1992)

注
1) 継続させることに伴う問題の議論は Staw et al. (1987) によって行われている。
2) Mintzberg は，多くの戦略的な失敗を，変革と安定の問題に，両者をミックスした対応をとろうとすることからか，あるいはどちらかを犠牲にしてどちらかに過度に偏った対応をとることから生じていることを指摘している (Mintzberg, 1987)。

第11章　結論

　主力事業が成熟した，あるいは成熟しつつある産業に属している企業は，どのようなアクションをとるべきであろうか，どのような困難に直面するのであろうか，そしてどのようにしてそのような困難を克服することができるのだろうか。このような課題に直面している企業にとって，これらの問題を解決するためのてがかりを見出すことは緊急の課題である。本書の主たる目的は，繊維産業に属する大手16社の脱成熟化の経験のなかから，これらの問題に対する解決のヒントを見出すことであった。

　日本の繊維企業は，すすめ方にはバリエーションが見られるものの，本業である繊維事業の再活性化をすすめながら，新しい分野への進出を図ることで成長を維持しようとしてきた。再活性化だけでは企業をあらたな成長軌道に乗せることはむずかしい。このような成長パターンの追求は，繊維企業に限られない。多くの日本企業に見られる。

　繊維企業が脱成熟化をすすめ，長期的な成長を確保するためには，多角化が必須であった。主力事業が成熟しつつあったこれらの企業にとっては，いかに多角化基盤を構築するのかが最大の課題であったといえよう。繊維企業にとって多角化基盤を構築することは，挑戦的な取り組みであった（この研究では，構築された多角化基盤をもとに多角化をすすめていくようなプロセスではなく，主力事業の再活性化をすすめつつ，主力事業以外の新しい事業で成長を続けていくための多角化基盤それ自体の構築のプロセスに焦点を合わせてきた）。

　この最後の章では，多くの繊維企業が脱成熟化のプロセスで直面した極めて対応がむずかしかった課題に焦点を合わせる。繊維企業が自らを新たな成長軌道に乗せるために，どのような課題に取り組んできたのかを改めて整理しておこう。

　まず，経営成果の違いを生み出してきた要因やプロセスについて簡単に整理する。続いて脱成熟化のプロセスのマネジメントの基本的な課題に注目し，繊

維企業はどのようにそれらに対応してきたのかを改めて検討する。日本の繊維企業が悩み続けてきた問題に注目する。それは，正解のない，そのために各企業が各自でその解を作り上げていかなければならなかった，しかし多くの企業が直面してきたような課題を取り上げる。そして脱成熟化という大きな変革の理解を深めるという観点から，多くの既存の組織変革の議論が抱えている問題について言及する。最後にこの研究の課題について整理する。

(1) 経営成果について

繊維企業大手16社の間には，脱成熟化のプロセスで，大きな成長格差が生まれた。各社の脱成熟化への取り組みと経営成果との関係に見られる特徴を整理してみると，次の10点がとりわけ重要であると思われる。

① 脱成熟化では，再活性化と多角化が並行してすすめられてきた。
② 長期的な成長には多角化が必須である。
③ ほとんどの企業が，ほとんどの成長戦略に，ほとんど同時期に取り組んできた。
④ 低成長企業の多角化への取り組みは，断続的であった。
⑤ 高成長企業は多角化をできるだけ継続させようとしてきた。
⑥ 高成長企業は，強い批判や反対のあるような多角化に取り組んできた。
⑦ ほとんどの成功プロジェクトは，失敗を経験しており，事業戦略の転換を行っている。
⑧ 批判・反対，失敗・期待外れから生まれるエネルギーが脱成熟化を加速させている。
⑨ 成功例が脱成熟化のプロセスを次のステージへと導く。
⑩ 高成長企業にとって，脱成熟化への取り組みは終わりのないものであった。

上記の10点に関し，簡略に解説しておこう。

① 再活性化と多角化

日本の繊維企業は戦後，主力事業である繊維事業の成熟化に対して，企業を新たな成長軌道へ乗せるために，成熟しつつあった繊維事業の再活性化と新たな分野への多角化を並行してすすめてきた。繊維企業は戦後のほとんどの時期，このような脱成熟化に取り組んできた。

第11章　結論

　数十年の脱成熟化の取り組みを振り返ると，企業の売上高成長倍率と多角化比率との間には，明確な正の関係が見られる。繊維企業にとって長期的な成長を確保するためには，多角化が必須であった。長期的に見た場合，繊維事業の再活性化だけでは成長に限界があった。

②　成熟の認識と成長格差

　大手繊維企業16社は，再活性化と多角化に取り組んできたが，そのほとんどの企業がほぼ同時期に同じような成長戦略に取り組んできた。合繊進出，設備近代化，海外進出，川中・川下展開，そして多角化などを開始させた時期は，各社間に大きな隔たりは見られなかった。なんらかの形で新たな成長戦略を開始させることは各社にとってむずかしいことではなかったといえるかもしれない。しかし長期の間に経営成果には各社間で大きな格差が生まれた。高成長企業と低成長企業との成長格差は，10倍にもなる。

③　変革の中断と継続

　脱成熟化の取り組みをスタートさせた時期は同じ頃であったものの，企業間で大きな成長格差が生まれた基本的な原因のひとつは，それらの取り組み，とくに多角化への取り組みが継続的であったのか断続的であったのかの違いにあった。脱成熟化の取り組みが成果を上げるためには，試行錯誤を中心とした長期的継続的取り組みが必要であった。

　高成長企業が，脱成熟化の取り組みに，一時的には中断，停滞，揺れ動きをみせながらも継続的に取り組んできたのに対して，低成長企業の脱成熟化の取り組みは断続的であった。低成長企業は，多角化が失敗・期待外れと評価されると既存戦略の強化あるいは既存事業の再活性化へと戦略を回帰させてきた。

　高成長企業は，脱成熟化への取り組みを長期にわたって継続させることによって成功例を生み出し，それをテコに脱成熟化を加速させている。それに対して断続的な取り組みをしてきた企業は，短期的には成果を上げることができたが，本格的に多角化をすすめようとしたときには，「能力と必要性のジレンマ」に陥ってしまった。

④　ネガティブ・ファクター

　新しい取り組みに対して，中断あるいは既存戦略へ回帰させようとする力は，常にどの企業にも見られる。脱成熟化への取り組みを中断させる主要な要因は，新しい取り組みには不可避の批判・反対，失敗・期待外れなどである。

第Ⅲ部　理論的含意と実践的含意

　新しい取り組みは，その必要性が理解されなかったり，予期しない問題に直面したりすることは一般的である。リスクを伴うと思われる取り組みに対しては批判や反対が起こる。主力事業である繊維部門では，再活性化の可能性を信じており多角化の必要性を認めることはなかなかできないため，批判や反対が生じる。また，なかなか成果が現われないため批判や反対が強まる。スタートできても期待外れに終わることの方がむしろ一般的である。投資や赤字の累積額の増大，必要投資額の増大は批判や反対を強くする。多くの企業は，このような介在要因（ネガティブ・ファクター）に直面して脱成熟化への取り組みを中断させたり断念させている。そのような企業は脱成熟化で高い成果を上げることはむずかしい。

　⑤　「初期の失敗からの過剰学習」と「能力と必要性のジレンマ」

　低成長企業では，スタートさせた新規事業に期待外れの兆候が見られたり，大きな壁にぶつかったとき，「そんなことしなくても繊維で食っていける」との声も強くなり，批判や反対が強くなり，その取り組みを中断させている。多角化ブームや他社の動きに影響されて，あるいは実験的な取り組みとして多角化をスタートさせることも多かった。このような場合，問題を乗り越えようとするエネルギーは出にくい。組織は「多角化に取り組むよりも本業に専念する方が経営は安定する」と学習する。「初期の失敗からの過剰学習」を行う。

　その後も本業の悪化を経験するたびに断続的に多角化に取り組む。本業に回帰・専念することによって短期的には経営は安定する。しかし，本業の成熟が進み，多角化の必要性が強く認識されるようになる頃には，かつて強かった企業の体力が弱体化していることに気づく。「能力と必要性のジレンマ」に陥ってしまう。

　⑥　ダイナミック・ファクターへの転換

　高成長企業は，高い目標，あるいは他社とは異なる戦略を追求してきた。このような変革は，小さな成功を生み出すような革新と比較すると，リスクが大きく，より長期を要する取り組みとなり，より多くのより深刻な介在要因に直面する。高成長企業は，いくつかの批判や反対の強いプロジェクトに取り組んできた。強い批判や反対のあるプロジェクトを開始し，そして継続していくためには，達成に向けての強力な推進力が必要であった。

　企業の脱成熟化への取り組みの基本パターンは，試行錯誤である。失敗や期

待外れを避けることはできない。高成長企業も多くの失敗・期待外れを経験し，脱成熟化のプロセスでは中断と停滞を避けることはできなかった。高成長企業は，失敗から学びながら，戦略を転換しながら脱成熟化の取り組みを継続させてきた。成功させることのできた事業も，そのほとんどは事業開発のプロセスで事業戦略の転換を余儀なくされている。

このような介在要因は，高成長企業では運よく少なかったからではなく，むしろはるかに多くの深刻な介在要因に直面している。

脱成熟化に成功してきた企業では，批判や反対，失敗や期待外れが脱成熟化の進展の鍵となっていた。これら介在要因への対応のなかから新たな変革へのエネルギーは生み出されてきた。成功企業では，批判・反対，失敗・期待外れに直面して多くの学習が行われ，心的エネルギーが生み出され，そして推進者たちの連携は強められた。これらの介在要因に対峙することから，強い批判や反対に対する反発から生まれる，あるいは失敗を挽回させようとするところから生まれる，強い心理的エネルギーが，深い学習を促進させる。それらが変革継続の原動力となり，脱成熟化を加速させてきた。このようなプロセスで意思決定やプロジェクトの質が高められた。高成長企業は，このようなエネルギーを活用しながら変化の流れを生み出し加速してきた。これらが変革の開始と継続を可能にしただけではなく，その後の変革を加速化させてきた。

高成長企業は，ネガティブ・ファクターに直面することをうまく避けてきたというより，それらに向き合いそこからポジティブなエネルギーを引き出してきた。ネガティブ・ファクターをポジティブ・ファクターに変換してきた。

低成長企業は，このような介在要因を避けようとしたり，初期の失敗から本業へ回帰したりした企業であった。高成長企業は，失敗，抵抗，批判などの介在要因をもうまく活用しながら，それらの要因を，成熟化を促進するダイナミック・ファクターに転化させながら，柔軟に変化の流れを生み出し，変化への取り組みを継続させ，それを加速させてきた。

⑦　成功例

取り組みの継続と試行錯誤のなかから生み出された新しい事業での成功例によって，それまですすめてきた脱成熟化の方向に対しての自信と確信が強まり，組織の変革への理解が広まり深まる。これが脱成熟化を促進させる。成功例は，企業のすすむべき方向を示唆し，組織の学習を加速させ変革を促進する。

⑧ 終わりのない変革

日本の繊維企業は，再活性化と多角化を並行してすすめてきた。このような脱成熟化へのアプローチでは，企業を新たな成長軌道に乗せるためには長期を要することが少なくない。企業を新たな成長軌道に乗せるための取り組みは，その成果を享受できるまでに長期を要する上，享受できる期間は短いことが少なくない。再活性化と多角化の成果は，タイミングがずれることも少なくない。

成熟しつつある事業が主力事業であるため，ひとつの新規事業で企業を成長軌道に乗せることはむずかしい。つぎつぎと新規事業を立ち上げていく必要がある。このようなプロセスで，成熟部門では成熟がすすみ，最初の多角化事業も成長力が鈍化してくる。いくつかの企業では，再び成熟化の問題に直面している。成長を維持するためには，新たな多角化に取り組む必要がある。高成長企業は，長期にわたって継続的に多角化をすすめてきた。脱成熟化は，終わりのないようなプロセスとなりがちである。

⑨ 事業ポートフォリオ

組織の成長，脱成熟化の進展に伴って，不可避的に新たな問題が生じてくる。1990年代にはいる頃になると，成長を期待できる新事業が増えてくる。それまですすめてきた多角化の成果が現われるようになる。脱成熟化は完成に近づきつつあると認識されるかもしれない。

脱成熟化の一定の進展は，脱成熟化のすすめ方に大きな変化を必要とするようになる。基本的にはそれまでと同様に継続的に新しい事業を創造することが中心となるが，それまでの繊維事業の再活性化と多角化事業の育成を中心とした取り組みから，繊維事業も含めて多くの多角化事業に対するマネジメント，発展性のある事業ポートフォリオの構築が脱成熟化の重要な課題となってく

図表11-1　高成長企業と低成長企業

```
・高成長企業
    新しい取り組み    ――→    反対・失敗    ――→    学習・心的エネルギー    ――→
    戦略の転換　継続・加速    ――→    成功例（技術・事業）基盤の構築    ――→    継
    続・加速    ――→    過剰学習
・低成長企業
    新しい取り組み    ――→    反対・失敗    ――→    本業回帰（初期の失敗からの過剰学
    習）    ――→    新しい取り組み    ――→    反対・失敗    ――→    本業回帰    ――→
    能力と必要性のジレンマ
```

第11章　結論

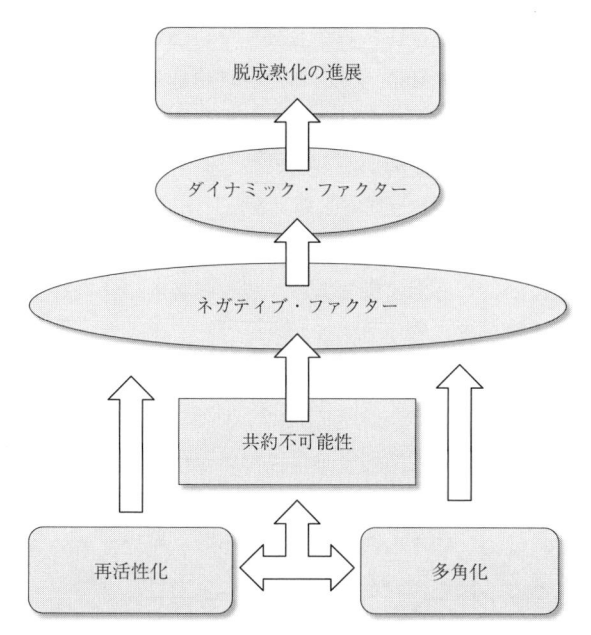

図表11-2　ネガティブ・ファクターと脱成熟化の進展

る。再活性化，周辺分野の開拓，新規事業開発をすすめながらも，各事業の位置づけを明確にし限られた経営資源の配分をすすめることが必要とされるようになる。

　既存分野や既存技術の周辺を中心とした新規事業だけでは，発展性のある事業ポートフォリオを構築することはむずかしいかもしれない。これまでとは異なる分野，技術をベースとした多角化が必要となるかもしれない。

(2)　脱成熟化プロセスのマネジメントについて

　日本の繊維企業の長期的な成長プロセスは，既存事業の再活性化と多角化とを並行してすすめていくことによって，また複数の変革をつなげたり組み合わせることで進展してきた。このような変革プロセスには，特定の事業の再活性化や，多くの変革の議論が前提としているような単一の完結型変革とは異なる重要な問題が多く含まれている可能性が高い。

　単一の変革モデルでは光が当たりにくい側面，大きな企業変革が断続的に生じて完結するようなPettigrer (1985) などのモデルでは見えにくい側面にも

変革のマネジメントの鍵が存在するかもしれない。

　脱成熟化には「多角化が必須」であることに注目すれば，新事業開発を継続していくプロセスや多角化の議論で十分かもしれない。脱成熟化をひとつの大きな変革として，いくつかの局面から構成されるプロセスと捉えることは可能かもしれない。「終わりのないプロセス」を，同じような脱成熟化が繰り返されるプロセスと理解することも可能かもしれない。しかし，現実の繊維企業の脱成熟化プロセスは，もっと複雑であり，既存の議論の延長線上で理解することのむずかしい側面がありそうである。

　脱成熟化のマネジメントでは，完結しない変革をどのようにつなげていけば成果を上げることができるのか，並行的にすすめる両部門の関係をどうとればよいのか，変革の複雑性，長期性，日常性にいかに対応すればよいのか，そして新しいアイデンティティをどのように構築すればよいのかが重要な課題となってきた。多様性のメリットを生み出しつつ，いかに変革の流れを創っていくのかが問われることになる。

①　変革継続のマネジメント

　日本の繊維企業にとって長期的成長を維持するためには，多角化が必須であった。繊維事業の再活性化だけでは，長期的には十分な成長力を確保することはむずかしかった。繊維企業にとって，長期的成長を維持するための多角化を開始し継続・加速させることは，基本的な課題のひとつであった。繊維企業の間に経営成果の大きな違いを生み出してきた基本的要因のひとつは，多角化への取り組みを継続させることができたかどうかにあった。

　脱成熟化の取り組みを開始させたり継続させたりすることは容易なことではない。それは，大きなリスクを伴う上にその必要性を認識することが容易ではないからである。そのようなアクションは，短期的・主力事業中心的な視点から評価しがちな組織からは合理的なものとは理解されにくい。脱成熟化は，組織の多くのメンバーのなかにその取り組みに対する理解が浸透していくのには，かなり長期を必要とするような変革である。脱成熟化は，10年，あるいは30年単位で眺めることで初めて正当化されるような変革である。

　環境が急激に悪化したり，業績が大きく低下したり，あるいは好業績が続いたり，新事業ブームが起こったりした場合，多角化を開始することはむずかしいことではないかもしれない。しかしいったん開始させたプロジェクトや戦略

をその成果を享受できるまで続けていくことは容易なことではなかった。

　戦後の40年以上の間に繊維企業間で大きな成長格差が生まれている。成長戦略の選択やそのすすめ方の違いがこの格差を生み出した。今日から見ると高業績企業の取り組みを高く評価することができる。しかし1960年当時，あるいはその後の長い期間，そのときどきで自社の脱成熟化の取り組みを確実に評価することは容易なことではなかったであろう。10-30年，あるいは50年単位の時間を振り返ってしか評価されないような変革をすすめていくためには，いかにして必要な経営資源を継続して獲得していくか，そのためにいかに正当性を確保していくか，といった課題の解決が鍵となる。

　多角化の取り組みの正当化をむずかしくしている要因には，新規プロジェクトに固有のリスクがある。しかし，既存部門の楽観的ともいえるような将来に対する見通しや組織が有している秩序志向・安定志向の性質も新規事業を正当なアクションとして受け入れがたくしている要因であり，新規プロジェクトの開始と継続をむずかしくさせている。

　「繊維でまだまだやっていける」という組織の既存部門へ回帰しようとする力は，成熟の初期段階では強い。それは新規事業開発を開始しようとするときや，初期の段階では不可避である失敗に直面した場合にも強くなる。リスクの大きいプロジェクトに対して強い批判や反対が生まれるなかでプロジェクトを開始させ，そして多くの失敗が生じるような状況のなかで，多角化を継続させていくためには，「多角化のための多角化」をすすめることが必要である。そして，このような多角化を実行・継続させていくためにはトップの果たす役割が重要となる。

　本業重視の力，「かつてのよき時代」へと回帰しようとする力，現状に満足しようとする組織の強力な力は，リスクの高いプロジェクトに取り組もうとするとき，あるいは既存部門と新規部門との間で「どちらをどの程度優先するべきか」を判断する場合には常に生じてくるように見える。また「初期の失敗からの過剰学習」には，このような力が大きな影響を及ぼしている。

　ⓐ　本業回帰への力

　成功を経験してきた，その結果大規模となった組織では，現状を維持しようとする力が強くなりがちである。このようなさまざまな慣性力が働くなかでは，主力事業が成熟しつつある企業が，大きなリスクを伴う，必要性が高いと

思われない新しい取り組みを開始し，推進し，継続させることは容易なことではなかった。

多くの企業が脱成熟化の本格的な取り組みに遅れがちであったように，トップにとって脱成熟化の必要性を本気で認識することは容易ではない。深い認識ができなかった企業は，初期の失敗から既存の戦略に回帰しがちである。

脱成熟化の長い期間には，多くの多様な要因が介在する。予期せぬ問題の出現は，変化への流れを中断させる。失敗は，脱成熟化のプロセスにおける一般的な現象である。批判や反対は，プロジェクトのスタート時や定期的に継続と中止の判断を行うときだけではなく，常に存在する。また，ビジネスサイクルなどの介在要因は，マネジメントの注意の焦点を目の前の問題，短期的な問題に向かわせる。成果が見られるまでには長期を要するため，危機意識を持続させることはむずかしい。長期を要する脱成熟化は日常化してしまう。流れを維持・加速させるためには，ときにはそれまでの戦略を否定することが必要となるが，それを同じトップが行うことは容易なことではない。

多角化をすすめようとするとき，本業回帰へと向かわせるさまざまな力が作用している。

脱成熟化で成功している企業は，脱成熟化を目指した変革を継続して行ってきた企業であった。それらの企業は，同じ変革を継続させてきたというよりは，さまざまな介在要因に遭遇するなかで，幾度も戦略を転換させ，複数の変革をすすめながら，そしていくつもの成功例をつくり出しながら，それらの間に流れをつくり出し，変化の流れを加速させてきた。

多くの反対や失敗などの介在要因への対応やいくつもの成功例への対応などから変化の流れを創出し，加速させることが脱成熟化の成功の鍵といえよう。ときには脱成熟化を中断させたり逆行させたりする変革が必要となるかもしれない。

脱成熟化を進展させていこうとするとき，いかに革新のアイデアを発展させながら事業や革新を継続させていくのか，いかに革新の成果を次の革新につなぎ脱成熟化のテコとして展開させていくのかが経営者にとって大きなの課題となる。脱成熟化を進展させていくプロセスでは，革新のマネジメントと革新間のマネジメントの両者への対応，その巧拙が問われることになる。このとき脱成熟化を進展させる役割を担う人たちには，過去から将来にいたる極めて長期

図表11-3　本業回帰

ブーム	⇒	多角化スタート		
期待外れ	⇒	本業回帰		
	⇒	挽回	⇒	本格的多角化スタート
本格的多角化スタート	⇒	批判・反対	⇒	本業回帰
必要・累積経営資源の増大	⇒	消極的態度	⇒	期待外れ
期待外れ	⇒	批判・反対	⇒	本業回帰
本業の業績悪化	⇒	本業回帰		
本業の業績好転	⇒	本業回帰		
本業の再活性化の必要性の高まり	⇒	本業回帰		

的な視野をもつことが求められる。今日に立脚し，将来を見据えて革新をすすめるだけでは不十分である。現状や将来に対するのと同じくらいの，あるいはそれ以上に過去に対する理解が求められる。

ⓑ　一時的・表面的正当性

本格的な多角化に取り組もうとするとき，強い批判や反対が生じる。多角化を開始，推進させるためには，経営資源の獲得が不可欠である。社内で多角化への正当化を得るために批判や反対する多くの役員を説得することが必要である。推進者たちは，新しい取り組みを開始したり継続するためには，それがトップ・マネジメントのレベルで承認され，必要な経営資源を確保しなければならない。

推進者たちは，反対者たちへの説得をこころみるが，完全なコンセンサスや正当性が得られないまま，多角化はすすめられている。「次」の成長基盤の構築のための変革を推進することの必要性を強く認識するトップが「全責任は私がとる」との強い姿勢に対して，批判者たちの「そこまで言うのであれば」という形で新しい取り組みがスタートしている。

帝人の大屋社長は，ポリエステル繊維への進出について次のように述べている。

「英国ＩＣＩからの技術導入料がバカ高く企業化については当時全役員が猛反対した。さすがのワシも思い悩んだ。しかしワシはテトロンがどうしても将来，繊維の主流になると読んで，全責任をかぶるからといって企業化に踏み切ったんだ」(『日本経済新聞』昭和50年11月5日)

旭化成の3種の新規事業についても社長である「宮崎のあまりの熱心さに，社内の反対派も徐々に"しようがない"という雰囲気になった」(大野，

2001)。

　一旦新しい取り組みをスタートさせることができても，期待外れの兆候が現われてくると，投資額や累積投資額や累積赤字額が大きくなってくると，赤字期間が長期になってくると，あるいは本業の業績が回復してきた場合，再び「もうやめてしまえ」といった強い批判や反対が出てくる。このときもトップが「もう少しもう少し」「やめたら夢のない会社になる」「社運をかけている」と説得しながらプロジェクトはすすめられている。

　クラレのビニロン事業は軌道に乗るまで何年もの間赤字を出し続けた。レーヨンとスフで上げた利益をビニロン事業につぎ込まなければならなかった。この間「社内には『ビニロンなどやめてしまえ』という強硬な意見もあったが，大原さんは『社運をかけている。我慢してくれ』と言って，突っ走った」（中村会長『日経産業新聞』1994年11月17日）。

　これらの企業では，完全な合意が得られていない状況で新しい取り組みは開始され継続されている。得られた正当性は，一時的，表面的なものとなりがちである。少なくとも成功例を生み出すことができるまでは，あるいはライバルとの格差拡大や業績の悪化によって必要性が多くの人たちに認識されるまでは，組織からの堅固で安定的な承認，正当性を獲得することはむずかしい。多くの場合，繊維企業は脱成熟化を，十分な正当性が得られない不安定な状況で，十分な経営資源を得ることがむずかしい状況ですすめていかなければならなかった。

　ⓒ　リスクと必要性

　多角化に対して得られる正当性が一時的・表面的になってしまう基本的な理由は，新事業に対して認識されるリスクの大きさと必要性の低さにある。

・リスク

　新しい取り組みには，リスクは不可避である。将来のことについてはいくら調べても確実ではないことを完全に排除することはできない。とりわけBHAGのような極めてリスクが大きいと評価されるようなプロジェクトに対してに対し，批判や反対も極めて強いものになる。そのような取り組みやプロジェクトに対し，多くの人は，事前合理性（伊丹・加護野，1989）が低いとみなし，「ばかな」と言いたくなる（吉原，1988）。

しかし，長期的な成長を続けてきた企業は，成長プロセスのある段階で，高い目標を掲げそれを追求してきた。ときにはフーリッシュになる必要がある[1]。

・必要性（「まだまだ」と「もう」）

脱成熟化への取り組み，多角化への取り組みは，現在の主力事業のライフサイクルを超えるような次の成長を支える事業群の開発である。企業を新たな成長軌道へ乗せる取り組みである。

新たな事業に取り組もうとする人たち，とくにトップの考えや信念の基底には，既存事業が「いずれ成長力が低下する」「もう成熟段階に入りつつある」との認識がある。既存事業だけでは長期的な成長はむずかしい，との認識である。これは，さまざまな再活性化の戦略のうちのどれを優先すべきか，あるいは進出すべき新たな分野をどう選択するか，という問題とは根本的に異なる。

主力事業が成熟しつつある段階では，組織の多くのメンバーは，主力事業は「まだまだ大丈夫」と認識している。このとき「もう」と認識する人たちが「まだまだ」と認識する人たちにその認識が通用しなくなりつつあることを論理による説得で変えることはむずかしい。主力事業が成熟しつつある企業では，主力事業は「まだまだ大丈夫だ」という認識と「いずれだめになる，今から次の成長基盤を構築する必要がある」という認識の間に存在するこの「共約不可能性」によって，議論を通してどちらが正しいのかについて結論を導き出すことは極めてむずかしい。

脱成熟化を本格的に開始しようとする場合の多くでは，「もう」と認識する人たちは，組織では少数派である。まだまだ主力事業が競争力をもっていると思われている段階では，「このままではいずれ」と認識する人たちは多くない。

リスクが高いとされる新しい事業の成功確率は一般に高くない。「まだまだ」と認識しているメンバーが多いなかで，リスクを冒してまで新しい事業に取り組まなければならない必要性を認めてもらうことは容易ではない。主流派からは，新しい取り組みはフーリッシュと見なされる。

さらに繊維企業は，あたかもそれまでの高い成長が「七難」を隠していたかのように，主力事業が成長期を過ぎる頃からさまざまな問題に対応する必要に迫られた。再活性化に多くのエネルギーを投入する必要性が高まった。本業にはまだまだ成長の余地があると考えているなかで，本業では，つぎつぎと対応

を迫られる問題に直面してきた。目の前の問題に対応することに忙しく，多角化は後まわしにされる。

　ⓓ　「多角化のための多角化」の追求
　日本の繊維企業の脱成熟化は，再活性化と多角化を並行してすすめることによって展開されてきた。このような脱成熟化のプロセスで，潜在的にか顕在的にか，常に問題とされてきたことは，再活性化と多角化との間の関係についてであった。両者の間には，共約不可能性の強い認識の違いからの緊張関係が存在してきた。このような緊張関係のなかですすめられる新しい取り組みの開始と継続には，ネガティブ・ファクターを伴う。批判や反対の多くは，共約不可能性から生まれている。
　高成長企業は，共約不可能性に対して「多角化のための多角化」を追求することで，ネガティブ・ファクターにはそれらからポジティブな役割を引き出すことで脱成熟化をすすめてきたといえよう。
　企業のトップのもっとも重要な役割のひとつは，企業全体の長期的な存続と成長を確保することである。そのためにはまだ余裕のある段階で，次世代に引き継げるあらたな成長基盤を構築すること，すなわち「次のこと」を考え実行することが必要である。このような役割は，30年単位で先を見なければ果たすことができない。30年後になって初めて，正当に評価されるような決断である。繊維企業の脱成熟化のプロセスは，フーリッシュな取り組みをマネジメントしようとしてきたプロセスであったといえよう。
　組織のメンバーの多くが，まだまだ既存事業で大丈夫と考えているなかで，「次」の主力事業を準備しておくことの必要性を説得することはむずかしい。このため批判や反対のなかで，「表面的・一時的」正当性を継続して確保していかなければならない。
　脱成熟化に成功してきた企業では，トップは，少なくとも新たに次の成長基盤を構築することができるまでは，「多角化のための多角化」を追求する必要がある。
　成熟化がすすみつつある状況のもとで，多角化すべきかどうかを議論する場合，トップ・マネジメント・チームの間には，多角化に対する二律背反的，嫌悪的雰囲気が生まれる。このとき脱成熟化に成功してきた企業のトップは，多角化のための行動をとる決定をしてきた。また，一旦新しい取り組みを始めた

後も，さまざまな介在要因によってその取り組みは中断の危機に直面する。トップが堅持する「多角化のための多角化」の発想・信念は，企業の長期的成長，新しい経営資源の獲得・蓄積，あるいは組織の活性化につながる．プロジェクトの継続のためのバック・ボーンとして重要な役割を果たす。

ⓔ　リスクと必要性への対応

トップといえども行使できるパワーには限界がある。多角化事業の必要性や重要性について一定の評価を得ることができるまでは，少なくとも成功例が生み出されるまでは，一時的な正当性の獲得を重ねながら多角化をすすめていかなければならない。

成功企業は，強い批判や反対のなかで，一時的で不安定な承認のもとで，どのように新しい事業を開始し，継続し，推進してきたのか。「多角化のための多角化」を追求することができたのであろうか。

社内の支持が不安定な状況でプロジェクトを推進することができた理由として，つぎのような点を指摘することができるかもしれない。直接的な関連性を明確にすることはできないが，多くの成功企業で見られた現象である。

・トップの強固な信念

繊維企業の成長プロセスでは，トップは極めて重要な役割を演じてきた。脱成熟化を成功させてきた企業の多くは，トップが強い批判や反対のなかで「多角化のための多角化」をすすめてきた。

トップの深い関わりは不可欠であり，企業の長期的な成長のためには「多角化のための多角化」が必要であるというトップの強固な信念が必要であった。「全責任をとる」「社運をかけている」「夢が無くなる」と批判者や反対者を説得しながら多角化を推進しようとするトップの存在が必要であった。

「いずれ」と認識するトップが現われた企業の多くでは，その直前に大きな失敗を経験している。東レのレーヨン事業における後発としての苦労，旭化成，クラレの合繊事業，カネボウの化繊事業，帝人の合繊事業などは，強い危機感を生み出した。たとえ業績が好調に転じても，トップは将来に対する強い危機感をもっていた。

第Ⅲ部　理論的含意と実践的含意

・トップとミドルの連携

　トップであっても強い批判や反対のなかで「多角化のための多角化」を開始，推進，継続させることはむずかしい。

　成功している企業では，脱成熟化を積極的に推進しようとするミドルの存在が見られた。無数の個々の研究プロジェクトの担当者をはじめ，クラレの技術重役友成九十九，カネボウの伊藤淳二，ダイワボウの山村常務など，トップ・レベルにおいても多角化に積極的なミドルが多く見られた。一時的な承認といった厳しい状況のなかで，トップとミドルの連携が強化される。少数派の彼らが，連携を強めながらネガティブ・ファクターからポジティブなエネルギーを生み出してきた。このようなエネルギーが新しい取り組みの開始，継続，加速の源泉である。

・ブリコラージュ（Baker & Nelson, 2005）

　多くの，誕生したばかりの企業にとって，極めて限られた経営資源のなかで存続・成長を確保することは，重要であり困難な課題である。Bakerたち（2005）は，レヴィ・ストラウスの提示したブリコラージの概念を「新しい問題や機会に対して手元にある経営資源を組み合わせることによってなんとかやっていくこと」と定義して，企業家たちが限られた経営資源の限界を克服してきたメカニズムの理解に展開している。

　大企業である繊維企業でも推進者たちにとって，不安定な正当化のもとでは，継続のために必要な経営資源の確保は重要かつ困難な問題であった。トップは裁量で動員できる一定の経営資源をもっているが，十分とはいえない。しかし，企業には常に未利用資源が存在する（Penrose, 1959）。この未利用資源をうまく活用することでプロジェクトを継続させることができる可能性が高まる。

　変革型リーダーに求められているのは，非公式ルートの開拓・活用，対外的働きかけなどであり，内外のさまざまな人たちから支持を獲得することである。内部の資源だけではなく外部の資源をうまく活用することが必要である。

・集中的多角化

　本格的な多角化に取り組もうとするとき，比較的短期間に多くの事業に進出

するケースが少なくない。日東紡の多角化，旭化成の「3種の新規事業」，カネボウの「グレーター・カネボウ」，クラレの新規事業，東レの新事業推進部，帝人の「未来事業」，シキボウの新規事業などがその例である。

　これらは強い批判や反対の源泉であるが，注目度を高め，大量の経営資源の集中投入を可能にし，成功確率を高め，学習を促進することが期待できるため，変革を加速・推進させる勢いの源泉でもある可能性がある。単一の事業では，組織へのインパクトは小さい。

・トップへのパワーの集中
　加護野（1989）は，脱成熟化の助走期にパワーの集中という企業のなかで目に見えない変化が進行していること，これは組織という人の集団が成熟化とそれがもたらす危機の認識を表現する組織的な意思として，経営者へのパワーの集中を認めようという目に見えないコンセンサスであることを指摘している。このトップへのパワーの集中現象が「多角化のための多角化」といった論理を超越した説得に力を与える。
　「帝人老ゆ」と語られるようになったときの大屋氏の社長への復帰，「つぶれる」と危機意識が高まったときの東レの前田会長のＣＥＯへの復帰など，実績のある元トップが新たに就任する場合のように，トップへのパワーの集中現象が見られることもある。これらは，労働者，労働組合，取引銀行など組織の内外から強くなった「これまでのままでは……」との組織の意思の発現と理解することもできる。何をすべきかはわからない，しかし今のままでは問題があるとの危機意識から，実績のある人物がトップとして組織を導いていくことへの期待が高まる。
　このようなパワーの集中は，組織のメンバーたちが感じている，危機が迫っているとの認識から生まれてきた組織の力の結集の必要性を表しているだけではなく，組織の将来に関する「次」の決定と実行の問題は，多数決やバーゲニングという方法で決めることは適当ではないという彼らの意思を表示しているのかもしれない。

② 変革間のマネジメント（繊維部門と多角化部門）
　日本の繊維企業は，脱成熟化を目指して成熟部門の再活性化と多角化とを並行してすすめてきた。このような脱成熟化のプロセスでは，変革間のマネジメ

第Ⅲ部　理論的含意と実践的含意

ントがそのプロセスを進展させる鍵となる。

　脱成熟化で再活性と多角化とを並行してすすめる限り，両者間のマネジメントは不可避なものとなる。両部門それぞれのマネジメントだけではなく，相互に依存し合っている両部門間のマネジメントも脱成熟化の進展には必要である。変革間では常に経営資源の綱引きが行われ，それが断続の原因にもなっているからである。多角化の推進が繊維事業の競争力を低下させてしまったケース，存続を危うくしてしまったケースも見られた。

　日本の繊維企業のような成長パターンを追求する限り（広い意味での脱成熟化），企業は脱成熟化のプロセスにおいて，「いかに再活性化と多角化とを並行してすすめていくか」「再活性化と多角化とのバランスをどうとるのか」という課題に，常に直面するようになる。多角化が一定の段階にいたるまでは，このような課題は大きな問題としては認識されることは少ないかもしれない。しかし，組織はいずれこのような問題に対峙する必要性が高まる。

　「何をどの程度優先するのか」については，並行的にすすめる場合には，簡単な解決方法はないように見える。企業は，常に多くの重大な問題に直面しているが，成長のある時点において，長期的な企業の存続・成長に関わりの強い本業の再活性化と多角化との間で，どちらをどの程度優先，選択するかの決定を行う必要に迫られる。一方を重視し続けると，もう一方の衰退を早めたり，育成することができない。環境の変化に対応して比重のバランスをとろうとすると，どちらの部門においても脱成熟化の成果を上げることができなくなる。

　組織のメリットのひとつは，同時並行的に異なる活動を行うことができるところにある。しかし，ルーチン的な活動に対しては大きなメリットを引き出すことができるかもしれないが，戦略的な問題，重要な問題や活動については，複数の課題を同じように並行的にすすめることは容易なことではない。繊維企業の脱成熟化のプロセスでは，多くの戦略の揺れ動きが見られた。二元論，弁証法等の議論では，第三の解決方法の可能性を示唆しているが，事業開発のアイデアのレベルとは異なる，全社レベルの戦略では，第三の解決方法の創出は容易ではないように見える。

　ⓐ　同時並行的取り組み

　日本の繊維企業は，合繊時代には化学繊維事業の再活性化と合繊の事業化を，あるいは紡績事業の再活性化と合繊事業の事業化を，多角化時代以降は繊

第11章　結論

維事業の再活性化と新規事業の開発を並行してすすめ，脱成熟化を図ってきた。社内には常にライフサイクルや性質の大きく異なる部門を内包させていたといえよう。

　再活性化と新事業開発とは置かれた環境が異なり対応すべき問題も異なるため，互いに異なるマネジメントが必要である。成熟部門と位置づけられた部門と成長部門と位置づけられた部門とでは，規模や歴史だけではなく経営スタイルや文化，あるいは成員の心理的エネルギーの水準も異なる。両部門の活動のリズムも異なる。多角化部門が一定の地位を占めるようになったり，繊維部門の成熟化が進展するようになってくると，両部門間のマネジメントはむずかしさを急速に増してくる。限られた経営資源をどのように両部門に配分するのかが常に問われるようになる。重視する部門では心的エネルギーを高めるが，重視されない部門では心的エネルギーは低下する。繊維事業と多角化事業との関係，相互作用を考慮しながら再活性化と多角化をすすめていく必要がある。

　脱成熟化は，再活性化や新事業開発から生み出された成功例をテコにして進展した。しかしそれは長期的に見た場合に理解できることであり，一定の期間で見ると成功例の効果は脱成熟化の完成あるいは組織全体から見れば部分的・限定的であった。

　多くの繊維企業の脱成熟化のパターンは，徐々に，多角化事業の売上高の増大と繊維事業の売上高の低下がすすんでいく。企業における両者の比率が反比例の関係を示しながら，両者の関係が逆転していく。多くの繊維企業にとって，再活性化と多角化を同時にすすめること，成熟部門から多角化部門への引き継ぎをうまく行うこと，再活性化の成果と多角化の成果を同時に高めることはむずかしいことであった。

　ⓑ　同時並行的取り組みと成果のタイミングのずれ

　本業の再活性化と多角化を並行してすすめていく繊維企業にとっての理想的な姿は，その両者が同時に成果を上げることだろう。しかし実際は，両者がほぼ同時に成果を上げ，企業全体の成長力を大きく高めることができたケースは少なかった。

　脱成熟化の初期においては，繊維部門が多角化部門を育てる関係が，後期においては，多角化部門が繊維部門を助ける関係が見られる。一方が他方の業績の悪化をカバーすることもあった。しかし，多角化が本業の成熟化を早めた

り，再活性化が多角化を遅らせてしまうこともある。

東洋紡では，1970年頃に全社的な戦略の転換が行われた。それまで堅持されてきた「繊維以外には取り組まない」との封鎖令は解除された。繊維以外の分野の重視へと研究開発方針を大きく転換しようとしたとき，社内にはすでに，自生的な新事業への取り組みが存在した。これが多角化の方向の決定に大きな影響をもった。しかしその後の多角化の取り組みとその進展は漸進的なものであった。エレクトロニクス，医薬などさまざまな新分野にも進出し，試行錯誤の期間を経験して，徐々に，しかし着実に多角化事業を育成していった。この成果は90年代に現われるようになってくる。しかし繊維事業は，90年代にはいる頃には成熟化がさらにすすみ，90年代を通して業績の不振から脱することはできなかった。

日清紡では，1980年代に基本的戦略の転換を行い，非繊維事業の強化，研究所の一元化，積極的な設備投資と研究開発投資，組織やトップ・マネジメントの変革をすすめた。このような変革の成果は1990年代にはいって現われてきた。ブレーキ事業や新規事業の成長によって多角化に勢いが出てきた。失敗許容の文化も育まれた。しかし，日清紡もその頃には繊維事業の収益力は大幅に低下している。

東レでは，新事業開発部門が1971年に新設され，新事業候補の育成に貢献してきた。炭素繊維をはじめ多くの成功例を生み出してきた。この新事業開発部門は，84年に発展的に解消された。これは，各事業本部の事業が従来の事業領域を越えて積極的に多角化をすすめるようになったこと，すなわち多角化の自律的活動の定着がその理由のひとつであった。しかしこの頃の繊維事業は不振であった。再活性化の成果が出てくるのは80年代の後半以降である。

1970年頃にピークを記録したクラレのビニロンは，その後大きく生産量は低下する。しかし，80年頃からアスベスト代替材としての評価が高まってきた。非繊維事業も80年代後半から急成長を見せ始めたが，この頃，繊維事業全体では売上げは低下している。

旭化成では，1970年に完成したエチレンセンターが「多角的な事業展開の強力な武器となった」（宮崎，1983）が，石油危機以降，繊維事業は低迷が続いた。続いてそれまで成長を牽引してきた石油化学事業の成長力が低下してくるが，新たに住宅事業が成長を支えるようになる。そして住宅事業の成長力が鈍

図表11-4 再活性化と多角化

＋は業績が良い場合，－は業績が悪い場合		
再活性化＋	多角化＋	高い業績
再活性化＋	多角化－	中程度の業績
再活性化－	多角化＋	中程度の業績
再活性化－	多角化－	低い業績

・繊維事業に重点を置き続ける：再活性化の限界，多角化の遅れによる成長の限界
・多角化に重点を置き続ける：繊維事業の成熟化の加速，多角化育成に予想以上の時間とエネルギーが必要，経営資源の分散化
・バランスをとりながら：再活性化の限界と多角化の遅い成長，多角化が成熟化をカバーできない

化していく。70年代以降，常に成熟部門を抱えている。

多くの企業の経験は，再活性化と多角化を並行的にすすめる場合，うまくバランスをとることがむずかしいことを示している。限られた経営資源で再活性化と多角化を展開すること，そして成果を上げることはむずかしかった。新事業開発を成功させることができても，その間に既存事業の成熟化がすすむ。第2，第3の新事業の開発に取り組んでいる間に，第1の新事業は成長期から成熟期にはいってしまう。

日東紡とカネボウのケースは，既存部門と新規部門といった両部門を両立させることのむずかしさを，日清紡のケースは，両部門間のバランスをとることの限界を，旭化成のケースは，多角化に比重を置くことの重要性とそのむずかしさを，クラボウのケースは，繊維事業に比重を置くことの成長力の限界を示している。

ⓒ One-at-a-time 的アプローチ

理想的には両部門がともに成果を上げるようにすることであっても，これを実現することは困難である。このことを前提とした場合，両部門間のバランスを巧くとる，とはどういうことなのか。経営資源は限られている。心的エネルギーの面でも，既存部門と多角化部門を同時に高めることはむずかしい。

それぞれの企業は，それぞれの企業が置かれている状況のなかで，独自の対応を行う必要がある。しかし，繊維企業の多くは，とくに高成長企業は，再活性化と多角化を並行してすすめながらも，一定の期間は一方を重視した戦略を

第Ⅲ部　理論的含意と実践的含意

追求してきたように見える。

　旭化成が1960年代から掲げてきた「脱繊維」は，繊維事業の成熟化を早めたかもしれないが，多角化を促進し高成長を維持・達成してきた。クラレは早くから繊維事業の限界を認識して継続的に多角化をすすめてきた。帝人がすすめた攻撃的な多角化は，事業の整理とその後の10年間効率経営を余儀なくさせたが，自社のポテンシャルの発見と新しい主力事業の育成に成功した。東レは，多角化に比重を移すことで，多角化の限界と既存事業の可能性を認識できた。日清紡やクラボウは，合繊事業には進出せず，既存の繊維事業に集中することで高い経営成果を上げてきた。日清紡は，堅実な経営を続けることで沈殿させてきた成長へのエネルギーを一気に解放することによって「革命」的変革をすすめた。

　脱成熟化のマネジメント，とくに新規事業が一定の規模に成長して以降のマネジメントにおいて，一定の期間，一方の戦略に重点を置くことの意味，大きく戦略を転換させることの意味は，小さくない。マイナスの側面も小さくないものの，問題を明確にすること，アクションや心的エネルギーを束ねることは，脱成熟化では重要な役割を演じる。

　これらは，企業や組織が，短期適応と長期適応の問題，能率と有効性の問題をどのように解決しながら成長を維持しているのかに関する議論でもある。長期的な成長プロセスにおいて企業には，短期適応と長期適応，安定の維持と変化への対応といった相反する目標への対応が求められる。これらの間でうまくバランスをとることは極めてむずかしい課題である。組織は基本的には，ある時点では，長期的な問題と短期的な問題のどちらかを重視，あるいは経営者用役を集中させている。これは，並行的に取り組んできた本業と新事業の関係にも当てはまる。このような対応となる理由としては，合理性の制約や経営者用役の量からも理解することができるかもしれない。

　Simon は，個人や組織が，大きな問題に対しては，基本的には one-at-a-time 的な，逐次的な取り組みになることを指摘している（1983）。人間は心理的制約などから合理性の制約をもつが，これは個人レベルだけの話ではなく，政治的制度，社会的制度でも同様の制約を課すことになる。大きな問題では，線形的，one-at-a-time 的に問題に注目する必要がある。それは，そのような問題は重要で議論の的になるため，また異論のある場合，民主的手続きをとりながら

コンセンサスを得ることが必要となるためである。

戦略的な問題など重要な問題には議論したり合意を得ようとするプロセスが不可避である。この面から見ると，経営者用役，注意の焦点は，組織にとって極めて希少な経営資源である。Penroseは，ある時点では経営者用役の量は一定であること，「拡張計画の作成および実施は，一時的に経営者用役を吸収するが，しかしその後そこで使われていた用役が解放されてくるとともに，その用役が拡張された企業の運営に必要不可欠ではないかぎり，さらにつぎの拡張計画に役立てられる」(Penroso, 1959) ことを指摘している。

③　高成長企業へのマネジメント

低成長企業と高成長企業の大きな違いのひとつは，前者が断続的な変革を続けてきたこと，後者が継続的な変革をすすめてきたことにある。しかし，旭化成の勢いのある多角化や日清紡の「革命的」変革などを見ると，変革の継続は低成長を避けるための必要条件にすぎないのかもしれない。低成長企業が縮小均衡を余儀なくされながらも，成長のテコとしようとしてきたのは，かなり以前から続けてきた事業であった（山路，2010）。成熟は，成熟期・衰退期へと急激にすすむ。成熟のスピード以上に多角化のスピードを維持すること，そのためには企業のエネルギーの大半を多角化に注ぎ続けることが高成長企業のもうひとつの不可欠の条件であるといえるかもしれない。

ⓐ　ＢＨＡＧ（社運をかけた大胆な目標）

新しい取り組みには批判や反対は避けられないが，高成長企業の特徴のひとつは，極めて強い批判や反対のなかで多角化を開始し継続させてきたこと，脱成熟化を図ってきたことである。それは高成長企業が，ＢＨＡＧのような社運をかけた極めて挑戦的な目標を掲げそれらの実現に向けて取り組みを継続させてきたことを意味する。平凡な水準の目標では，それの実現に成功したとしても高い成長は期待できない。高い成長を確保するためには，高い目標を掲げそれを追求することが必要であった。

高成長企業が本格的な多角化を開始したとき，取り組んだのは社運を賭すような事業であった。東レのナイロン，クラレのビニロン，旭化成の３種の新規事業，カネボウのグレーター・カネボウ構想，帝人の未来事業などは，各社にとって極めてリスクの大きいものととらえられていた。このような社運を賭すような事業であったことが「多角化のための多角化」が必要であった理由であ

る。

　しかし，BHAGのような多角化を開始し継続させることは，成長の必要条件，高成長の必要条件にすぎない。高成長企業と中成長企業との違いを十分に説明することができないからである。
　ⓑ　多角化事業の成熟化とBHAG
　1980年代にはいると，各社の繊維事業は一段と成熟の度合いを深めていった。各社とも繊維事業の再構築，再活性化に注力していった。一方で多角化事業は，その成果が現われつつあった。しかし，1960年代から本格的にすすめられてきた多角化事業は成長期を終えつつあった。成熟化がすすみつつあった。新事業の開発には10年前後，非繊維比率が50％に届くのに約30年必要であった。この間に成長事業も成熟事業へとライフサイクルをすすむ。
　このようななかで継続的な企業の成長を確保していくためには，それまですすめてきた多角化をさらに続けていくことだけでは十分とはいえない。成長で大規模となった企業のさらなる成長を確保していくためには，さらに「次」の多角化を目指して成長力のある新しい事業を加えていく必要がある。長期的な存続と成長を目指す企業のトップの重要な役割は，企業の主力事業の成長が鈍化しつつある段階で，あるいはそれを予期して「次を考えて実行すること」である。高い成長を確保できるような「次」の多角化は，それまでの多角化の延長線上にはないような，BHAGのように挑戦的な多角化である必要がある。旭化成にとって，医薬や半導体への進出は，ハードルの高い挑戦であった。
　このとき「いずれこの多角化事業も……」「こうすればもっと良くなる」という哲学の存在が実行の鍵となる。
　新しい多角化に取り組もうとするとき，既存の多角化との関係が問題となる。このとき，脱成熟化として初めて本格的に多角化を開始したときと同じような状況が生まれる。再び共約不可能性を基礎に置くジレンマに直面することになる。「既存の多角化をさらにすすめることでまだまだ大丈夫」との認識と「過去の延長線上にはない新たな多角化が必要」との認識の間にも強い共約不可能性が見られる。このような認識の違いは，強い批判や反対というかたちで顕在化する。これらの認識の間には，共約不可能性が多分に存在するため，両者が互いに相手を説得して納得を得ることは極めて困難である。
　ⓒ　「もっと」

第11章　結論

　組織には，利益を上げている場合，常に「これで大丈夫」という回帰への力が働いている。新規プロジェクトで一定の成果を上げるようになった場合にも「これで大丈夫」「ひと休みが必要」といった安定を求める力が働き始める。企業が継続的な成長を達成するためには，このようななかでもあえて，「もっと良くなる」と多角化を組織の能力の限界まで加速化させることが必要かもしれない。「多角化のための多角化」「それまでの多角化の延長線上にない新たな多角化」を追求してきた企業には，「こうすればもっと良くなる」といった経営哲学が存在していた。

　旭化成の宮崎社長・会長は，社内では過度とも思われるほどの成長を追求してきた。1960年頃，「繊維だけにとどまっていては，企業の発展はあり得ないと考えた」(1992) 宮崎は，積極的に多角化を図ってきた。旭化成は16社のなかでもっとも高成長を達成してきた。しかし，「技術の応用の範囲にとどまっていたから，旭化成はもっと大きくなることができなかった」(同上) とも述べている。脱成熟化は，終わりのないような変革でもある。ビジョナリー・カンパニーの条件のひとつは，「決して満足しないこと」である (Collins & Porras, 1994)。

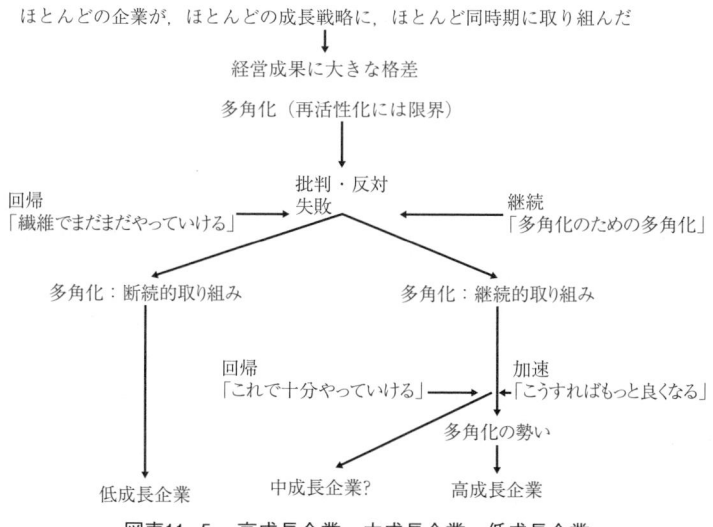

```
             ほとんどの企業が，ほとんどの成長戦略に，ほとんど同時期に取り組んだ
                                    ↓
                              経営成果に大きな格差
                                    ↓
                            多角化（再活性化には限界）
                                    ↓
    回帰                        批判・反対                    継続
「繊維でまだまだやっていける」    失敗              「多角化のための多角化」
              ↓                                              ↓
        多角化：断続的取り組み              多角化：継続的取り組み
                          回帰                加速
                    「これで十分やっていける」→「こうすればもっと良くなる」
                                          多角化の勢い
         ↓                    ↓                       ↓
      低成長企業          中成長企業？              高成長企業
```

図表11-5　高成長企業・中成長企業・低成長企業

④ 変革の複雑性・日常化に対するマネジメント

　脱成熟化は，長期的・総合的変革であるため，そのプロセスは極めて複雑である。再活性化と多角化が並行してすすめられる。複数の変革をつなげることによって進展する。

　脱成熟化では，介在要因の多様性，変革を促す要因の多様性に加え，プレイヤーや変えるべき対象が変化・変容していく。多角化部門の成長が資源配分をむずかしくする。変革自体が変容していくプロセスでは，進展に必要な知識の多くは，変革のプロセスで獲得していかなければならない。また脱成熟化のプロセスは，さまざまな人々がさまざまな場面で関わるような，トップ，ミドル，あるいは両者の連携がそれぞれ中心的な役割を演じるプロセスを含んでいる。

　多角化をすすめること，あるいは繊維事業を活性化させることそれ自体は，目的が比較的明確であり，エネルギー・資源を投入しやすい企業革新といえるかもしれない。しかし新事業開発部門と既存部門を併存しつつ，新事業開発と再活性化を並行的にすすめる場合，そのプロセスは極めて複雑となり目的や進捗状況はあいまいとなる。革新に対するエネルギーの低下・分散が見られるようになる。

　このような脱成熟化の目標や評価における複雑であいまいな性格は，本来の目的意識を希薄化させ，組織からの心的エネルギーを継続的に引き出すことをむずかしくさせる。

　組織はこのような状況のなかでは，目の前の問題を優先するようになるかもしれない。変革に対する高揚期・高揚感が少なくなり，心的エネルギー，コミットメントは減衰してしまうかもしれない。最初の取り組み時に見られた危機意識，関心は低下してしまうかもしれない。目的の確認，進展の確認，変革の意味や意義の確認，危機意識の高揚をいかに行うか，などが課題である。

　組織における変革の日常化も悩ましい問題となりうる。脱成熟化が長期を要する企業革新では，組織は常に変革を行っており，変革が日常化してしまう。本業の再活性化と多角化の併存が日常化する。研究や開発の専門組織が存在する。自律的に多角化が展開している。このような変革の制度化，ルーティン化は，変革を加速する。しかし，脱成熟化の目的，目的に対する意識は希薄化していく。収益部門への依存体質が強まる。現状肯定への力が強まる。危機意識

ではなく安心感が強まる。これらが思考を停止させる。

「そのうち画期的な技術・製品が……」といった期待や「先行投資を行っているのだから，全体で利益が出ていれば……」といった感覚が当然のことと受け取られるようになる。それぞれの部門にまかせる雰囲気が生まれてくるかもしれない。「健全な赤字」の追求のような積極的な新事業開発は，いつの間にか赤字への慣れを生み出すかもしれない。カネボウなどのように「収益部門が非収益部門を支えることが当然」とのもたれ合いが問題視されなくなるかもしれない。

組織はまた，過剰に学習することがある。これはトップへのパワーの集中とも深くかかわっているが，成功パターンの固定化とも関係がある。同質化は組織力の源泉であるが，過度に特定の変革を継続させてしまうことがある。同質化はイカルス・パラドクス（Miller, 1990）につながることがある。パワーの分散化だけではなく，成功の罠（Nadler et al., 1995）に陥らないようにすることが必要である。

研究開発を重視してきた東レでは，研究の領域が360度にまで広がってしまっても，それを疑問視するのではなく望ましいことであると捉えられた。多くのシーズが研究段階から開発段階にすすむようになっても，シーズを生み出す研究重視の体制は続けられた。脱成熟化を進展させるためには，研究領域を90度に大きく絞ること，研究と開発とを分離させることが必要であった。

心的エネルギーの面でも，変革の日常性は課題を生む。長期間継続して高い心的エネルギーを組織から引き出すことはむずかしい。組織の衰弱現象を回避して，心的エネルギーをいかに引き出すか，必要なときに高い心的エネルギーを必要なだけ引き出し維持するか，が課題となる。

このような複雑性や日常化への対応として一定の期間をあけて大きな革新をすすめたり，大きく戦略を変えたりすることの意味があるのかもしれない。旭化成の定期的な大きな企業革新や帝人の戦略の揺れ動きは，目標を明確にして評価を容易にしたり，変革の日常化を防ぐ役割があったといえるかもしれない。旭化成の多角化では，約20年ごとにつぎの柱となる事業の発掘と育成を行ってきた。1970年代と90年代には事業ポートフォリオの大幅な見直しも行った。これが「健全な赤字」について深く考える機会となったのかもしれない。戦略の揺れ動きは，つぎの変革に必要なエネルギーの「ため」を創り出すこと

417

ができる。変革と組織の特質との関係の理解は，脱成熟化のマネジメントにとって重要である。

⑤ 繊維離れと企業のアイデンティティのマネジメント

企業は，使命感や価値観を注入されることによって初めて社会的な有機体となる（Selznick, 1957, 伊丹・加護野, 2003）。脱成熟化がすすむにつれ，それまでの価値観は有効性を低下させていく。繊維企業の多くは，創業事業である繊維事業の社内における相対的・絶対的地位の低下に伴って，新しい価値観を必要とするようになる。

1980年代から各社の繊維事業の売上高は減少していく。90年代に入るとつぎつぎと紡織工場の閉鎖が行われた。合繊業界では代表的な品種からの撤退を決める企業も現われた。

脱成熟化は，量的な変化だけではなく質的な変化を伴う変革であり，長い時間を通してすすめられる。戦略の揺れ動きを伴いながらも，全体に占める繊維事業の比率は低下していく。繊維事業の内容も，衣料から産業用へ，素材から完成品へ，国内から海外へ比重を移してきた。

繊維企業としてのアイデンティティは弱まり，崩れていく。新たなアイデンティティの構築が求められるようになる。繊維事業の成熟度がすすむにつれ，繊維企業としてのアイデンティティを，どのように転換して，新たなアイデンティティの構築をすすめていくのかは，非常に悩ましい問題である。

脱成熟化の進展に伴って繊維企業は，戦略のなかに新事業をどう位置づけるか，繊維事業をどう位置づけるか，両事業間の距離をどのようにとっていくか，さらに企業の性格をどう定義するか，といった問題に直面する。アイデンティティの新しい明確な定義は，脱成熟化の促進要因となり，その後の成長の方向とスピードに関わる可能性がある。

しかし，多くの繊維企業にとって，とりわけ繊維産業でのリーダー企業にとっては，繊維事業に対して矛盾する感情を強く有するため，アイデンティティの再構築はむずかしい問題であるように見える。再構築には紆余曲折は避けられない。

例えば，東洋紡は，明治時代から繊維産業で中心的な地位を占めてきた。紡績企業として誕生した東洋紡では，繊維業界のリーダーとしての意識は強かった。戦後は，合繊も加え天然，化繊，合繊と多様な繊維素材を有する繊維企業

として成長してきた。1970年頃までは「繊維以外には取り組まない」方針を堅持して，名実ともに「総合繊維素材メーカー」として成長してきた。100年近くの間，東洋紡は繊維産業の中心で成長してきた。しかしそれ以降，繊維企業としてのアイデンティティは揺らぎ始める。

石油危機時，ほとんど多角化をすすめていなかった東洋紡は，繊維事業の不振がそのまま企業の業績悪化につながった。このため「多角化は10年遅れた」と「多角化」を推進し，「脱繊維」を目指した。しかし，合繊と紡績の再活性化の成果とバブル景気を背景として，1990年頃には改めて「繊維は基幹事業」と定義して繊維事業を主軸に成長を追求しようとした。ところが直後に起こったバブルの崩壊以降，90年代を通して繊維事業はリストラを余儀なくされる。多角化の推進とリストラによる繊維事業の縮小で2000年頃には非繊維比率が50％を上回るようになる。

2002年には，それまでの繊維事業中心の「ご神木経営」から多くの事業からなる「雑木林」企業への転換を急ぎ，さらに多角化をすすめた。2005年頃には，合繊技術などから派生してきた化成品，高機能繊維材料，バイオ・メディカル製品などのスペシャルティ製品群が経営を支えるようになってきた。東洋紡は，紡績企業，繊維企業から技術の集積体としての「スペシャルティ製品メーカー」へと自社に対する認識を転換させつつある。繊維事業は多くの事業のひとつとして位置づけられ，繊維会社としての特徴は大きく後退した。求心力のある，発展的なエネルギー源となるような新たな東洋紡独自のカラーを確立することが求められている。

(3) 変革の議論について

日本の繊維企業の脱成熟化のプロセスを，長期的・総合的に，そして大手16社の比較を通して考察してきた。このなかで明らかになったことは，脱成熟化という長期的・総合的企業革新の成否が，変革間のマネジメントとネガティブ・ファクターのマネジメントの巧拙に大きく依存していたことである。

このため脱成熟化のプロセスの重要な側面を捉えることのできるような企業革新モデルの議論に，変革間のマネジメントとネガティブ・ファクターの存在とその役割を反映させる必要がある。再活性化と多角化の両部門に，限られた経営資源をどのように配分しながら脱成熟化をすすめていっているのか，変革

第Ⅲ部　理論的含意と実践的含意

のプロセスが期待外れに終わったとき，どのように新たな変革に取り組んでいるのか，反対や失敗にどのように対応しているのか，といったプロセス，そこでの対応の鍵となるファクターに対する理解を深める必要がある。

ここでは，日本の繊維企業の脱成熟化のプロセスで成長格差を生み出してきた要因と長期的成長に関わりのある組織変革の議論との関係を検討する。既存の多くの変革の議論が共有しているバイアスが，脱成熟化のプロセスで重要な役割を担ってきたネガティブ・ファクターや変革間のマネジメントへの注意を不十分なものにしている可能性を検討する。

① 長期成長の変革モデル（単一・完結型，線形的・合理的・規範的変革モデル）

長期的成長を対象とした組織変革の多くの議論では，識別できる特定の変革を対象にしている。単一・完結型の変革を前提とした議論が行われている。Greiner（1972），Pettigrew（1985），Tushman & Romanelli（1985）などの議論では，進化的変革と革命的・急進的変革が交互に繰り返される。

変革は，意図的な変化である。変革プロセスは，いくつかの重要な局面から構成される（Kotter, 1995など）。それらは複雑な現実の変革プロセスから抽出されたものであるが，局面は重なり合いながらも線形的に完成に向けてすすむ。多くの変革モデルは，体系的・規範的性格を有している。このような議論は，変革の理解を深め多くの実践的な情報を提供してきた。

② 成長格差を生み出してきた要因

日本の大手繊維企業の脱成熟化のプロセスでは，企業間に極めて大きな成長格差が生まれた。成長格差を生み出してきた要因としてつぎの４つに注目したとき，既存の変革の議論の多くが，脱成熟化の重要な側面に十分な光を当てることができていないことが明らかとなる。脱成熟化では，ネガティブ・ファクターが極めて大きな役割を果たしていた。既存の変革の議論・モデルは，そのような役割を十分に反映したものとはなっていない。

ⓐ　脱成熟化は，強い批判や反対のなかで開始，継続されている。
ⓑ　脱成熟化は，失敗のなかですすめられている。
ⓒ　脱成熟化を，遠回りから生まれるエネルギーが促進している。
ⓓ　脱成熟化の進展では，変革間のマネジメントが鍵となっている。

第11章　結論

ⓐ　批判・反対

　成功している事業の多くが，強い批判や反対のなかで開始・継続されている。クラレのビニロン事業化，旭化成の３種の新規事業，帝人のポリエステル繊維事業，カネボウのグレーター鐘紡計画などをその代表的な例として繰り返し取り上げてきた。

　新しい取り組みに対しては，リスク，必要性に対する認識，組織の慣性力などによって批判や反対が生じがちである。とくに，紡績企業，化繊企業が合繊に進出しようとした場合，初めて多角化に取り組むとき，多角化企業がさらに非連続的な新たな多角化に取り組もうとするときには，極めて強い批判や反対が生じている。それらは挑戦的な取り組みであると思われ，実際そうであった。赤字が長期にわたり，累積投資額，累積赤字額が大きくなってくると批判や反対は再び強くなる。

　しかし，強い批判や反対は，推進者たちの連携を強め，深い学習を促進し，心的エネルギーを高め，引き出す。これがプロジェクトの開始と継続を可能として，成功例の誕生へとつながる。

　批判や反対，抵抗が，排除すべきものとして理解されるとき，問題は個別に取り上げられプロセスから切り離される。変革プロセスとの関連は希薄となりがちである。また，正当性の獲得のプロセスが重視されることで，事業化のタイミングが問題となるかもしれない。

ⓑ　失　敗

　脱成熟化は，失敗のなかですすめられている。変革への取り組みは，失敗したり，その成果が不十分にものに終わったりすることが一般的である。変革の途中で新たに大きな問題が生じたり発見されたりする場合も多い。プロセスの進展や成長それ自体が新たな問題を生み出す。そこで脱成熟化への努力を停止させると，脱成熟化の進展は中断する。脱成熟化を進展させるためには，新たな変革に取り組む必要がある。

　旭化成は，合繊のサラン，アクリルの事業化で躓いてしまった。クラレは，社運を賭して取り組んだ合繊のビニロンであったが，主力分野である衣料用に展開できなかった。カネボウ，日東紡，フジボウなどは，化繊の大増設で失敗した。帝人の未来事業は，そのほとんどの事業からの撤退を余儀なくされた。日東紡も多角化で失敗した。

繊維事業の再活性化として各社が取り組んだ，川中・川下事業，海外事業，そして初期の多角化でも多くの失敗が見られた。個々の事業開発プロジェクトのレベルで見ると，夥しい数の撤退が見られる。

失敗・期待外れによって，多くの場合，脱成熟化の取り組みが断続的なものとなり，脱成熟化それ自体が断続的な変革となる。失敗から挽回に注力した企業と本業に回帰した企業が存在した。なんとかして取り組みを継続させ，そこから生み出された成功例が脱成熟化のプロセスを加速させた。本業に回帰した企業は脱成熟化に遅れてしまった。失敗にどう対応するか，失敗から何を学習するかが経営成果に大きな違いを生み出している。

成功させるためのゴールデン・ルールは，成功するまで続けることである。成功している新製品や事業の多くは，軌道に乗るまでには10年前後要している。企業を新たな成長軌道に乗せることを目標とする脱成熟化で，一定の成果を上げるには30年近くを要することが少なくない。

成功している事業の多くが，幾度か困難な問題に直面して事業存続の危機に直面しており，事業戦略の転換を図っている。東レのエクセーヌ，旭化成の住宅事業がその例である。

失敗・期待外れは，新たな次の成長基盤が必要であるとの認識を強めたり，危機・挽回の強力な心的エネルギーを生み出した。基本に立ち返ることや深い学習を強要した。プロジェクトの失敗から生まれた心的エネルギーが継続させる力となり学習を促進した。

合繊時代，多角化時代の両時代を通しての売上高成長倍率トップ・スリーである旭化成，クラレ，三菱レイヨンは，合繊時代の成功者ではなかった。脱成熟化に成功している企業の多くは，合繊時代の初期の変革に躓いた企業であった。この失敗が繊維事業から新規事業へと視点の中心を移転させる役割を果たした。

旭化成，三菱レイヨン，クラレ，カネボウなどでは，合繊時代での変革における期待外れから次の時代の成長基盤を構築するための変革につなげていこうとするエネルギーが生み出された。旭化成では宮崎社長が「遅れを取り戻す」と3種の新規事業を，三菱レイヨンでは「たるんでいた」と積極的な設備投資を，クラレでは「繊維だけでは生きていけない」と積極的な研究開発を，カネボウでは伊藤社長が「どうしても紡績資本から合繊資本に転換したかった」と

第11章　結論

グレーター・カネボウ構想をすすめることになった。

　失敗に直面してトップや組織には強い危機意識や「挽回」しようとする強力なエネルギーが生み出された。このようなエネルギーは，脱成熟化の取り組みを継続させ加速させる原動力となった。

　失敗は避けるべきものとして捉えられると，批判や反対の場合と同様，前後のプロセスとの関わりが軽視される。失敗から生まれる心的エネルギーのような目に見えにくい要因への注意は不十分になりがちである。失敗への対応の違いが経営成果の大きな違いを生む。期待外れに対し回帰しようとする力が強くなることは少なくない。

ⓒ　エネルギーの集中・蓄積

　大きな変革を進展・加速させるためには，エネルギーの集中・蓄積が必要となる。脱成熟化のプロセスでは，大きなエネルギーを集中的に投入できるトップダウン的なアクションと同様に，創発的，自生的・自律的・波及的な組織から生み出されるエネルギーが大きな役割を演じている。脱成熟化には強力なリーダーシップと組織力が必要である。

　エネルギーの集中・蓄積にはかなりの時間を要することもある。継続がエネルギーを蓄積し放出するようになるまでには10年単位の時間が必要である。停滞の期間がエネルギーを蓄積している場合もある。

・継続

　新事業を軌道に乗せるには10年単位の時間が必要になることは少なくない。一群の人が育ち，研究や開発の仕組み・体制が整い効果を発揮するようになるまでには10年単位の時間が必要である。このため取り組みの継続は，成功例を生み出す条件であるだけではなく，継続それ自体が変革の推進力を生み出す。継続的な研究開発，事業開発への取り組みは，広く深い技術基盤，事業基盤の構築を可能にする。情報や人のネットワークもできる。多数の人材も育ってくる。これらの基盤が波及効果を生み出し，継続的な新技術・新製品を生み出すことを可能にし，変革を促進させる。組織のさまざまな部分が脱成熟化へ向けて自律的に不可逆的に動き出す。

　東レは，基礎研究所を設立して多くの成果を期待したが，しばらくは期待されるような成果を生み出すことはできなかった。しかし，一定の時間を経過し

て（その間には知識の蓄積や制度の整備，研究戦略の転換も伴っている），成長のエンジンとして，多くの成果を派生的に生み出す基盤となった。脱成熟化を加速させている企業の多くは，研究開発を，選択と集中の圧力のなかで，紆余曲折を経ながら継続させてきている。事業開発体制においても，継続的取り組みによって自律的に事業を生み出せるようになる。

・揺れ動き

　脱成熟化のプロセスでは，多くの企業で戦略の揺れ動きが見られた。環境の変化への対応による揺れ動きも少なくないが，成功している企業は，一定の期間同じ戦略を追求しており戦略が明確である。問題や目指す方向が明確であることから，エネルギーの集中・蓄積がすすめられる。

　一定の戦略の過度とも思える追求は，その戦略の問題を明確にさせていくとともにつぎの変革のためのエネルギーを蓄積させている。そして後に戦略を大きく転換させることにもなり，それが進むべき方向を明確にさせ，蓄積させてきたエネルギーを変革の推進に利用できる。

　逆に，変革の直線化・短期化は危険なことであるかもしれない。失敗は避けられない。失敗・期待外れから生じる復元力，反対されることから生まれるエネルギーが大きな役割を演じていた。現実を深く理解したり，持続性のある競争優位性を構築するためには一定の時間を必要とする。変革の流れを創ることこそが脱成熟化のマネジメントに求められる。エネルギーのためや揺れ動きの影響を見ると，少なくとも最初の脱成熟化では，「健全な」回り道があるように見える。

　「脱成熟化のカギは，この曲がりくねったプロセスを直線化することではなく，それをうまくカジ取りして，変化への流れをつくり出すことである」
　（加護野，1989 a）

・成長プロセスの停滞

　高成長企業は，常に高い成長率を維持してきたわけではなかった。成長プロセスでは，長い停滞期が見られた企業も少なくない。これは，再活性化と多角化を並行してすすめていくことが容易なことではないことも示している。

　失敗・期待外れは，脱成熟化のプロセスを少なくとも一時的には中断させ

る。また失敗の影響が大きいとき、そこからの回復のために長期にわたって停滞を余儀なくされることもある。期待外れの期間が長期に及ぶと長期の停滞につながる。再活性化の重視が多角化の進展を停滞させる。多角化の重視が再活性化を停滞させる。過剰学習による本業回帰によって長期にわたって変革が中断されることも少なくない。

　新しい事業が成果を上げるためには長期を要する。停滞は低成長企業特有の現象ではなかった。脱成熟化に積極的に取り組んだ企業ほど、多くの深刻な反対や失敗を経験する。

　旭化成は、サラン繊維の事業化に失敗して、続いて取り組んだアクリル繊維でも不振が続き「存亡の危機」に直面した。カネボウ、日東紡なども、スフの大増設が裏目に出て「存亡の危機」に陥った。日東紡は、多角化でも失敗した。これらの企業は数年間、立て直しのための変革として、経営者の交替、希望退職の募集、工場の閉鎖、事業からの撤退などを余儀なくされた。

　帝人は、未来事業のほとんどから撤退をすることになったが、その後約10年に及ぶ期間、収益重視の経営と限られた多角化に集中することを余儀なくされた。

　クラレは、ビニロンが衣料用に展開できず、合成ゴムの事業化でも失敗した。積極的な多角化に業績が伴わず、1980年代の半ばまでは低収益性、脆弱な財務体質から脱却することができなかった。

　東洋紡も、合繊の事業化への遅れ、多角化への遅れによって長期間、低収益性から逃れることができなかった。1960年代はライバル企業の多くが多角化に取り組み始めたが、東洋紡は遅れて取り組んだ合繊の事業化に専念して、多角化には大きく遅れてしまった。

　東レは、1965年度からの約20年間、売上高成長率はＧＮＰの成長率を下回る水準で推移した。繊維事業の成熟化がすすむなか、再活性化に大量のエネルギーを注ぐ必要があっただけではなく、脱繊維を目指した多角化も先端技術を志向したためなかなか期待通りの成果を実現することができなかったことがその理由のひとつである。合繊時代の成功によって規模の大きくなった繊維部門の成熟の進展への対応、事業の再活性化には膨大なエネルギーを必要とした。

　再活性化と多角化の両立はむずかしい。日東紡、帝人の積極的な多角化は、繊維事業の競争力を低下させてしまった。多角化の失敗が企業の業績を大きく

悪化させることもある。

　新しい取り組みにチャレンジする限り，失敗や停滞は避けられない。問題は，新しい取り組みをストップさせてしまうことである。初期の失敗から過剰学習をして本業に回帰した企業は，それまでのやり方を強化することで環境の変化に対応しようとした。その後成熟化がさらにすすむなかで，業績は悪化していき，長期にわたる無配を記録することになった。「必要性と能力のジレンマ」に陥り，経営危機につながった。

　しかし，高成長企業にとっても停滞期は，不可避であり，しかしそれがつぎの変革のためのエネルギーを蓄積する時期でもあったのであれば，企業の成長にとって停滞期にも意味があったといえよう。東レは，ナイロンとポリエステルの事業化によって大きく成長を遂げた後，長期にわたって業績は低迷した。この間には再活性化の努力と多角化がすすめられており，これが企業を再び成長軌道に乗せる土台となっている。クラレはビニロンを軌道に乗せるのに10年かかった。この間大きな赤字を出し続けた。しかしこの苦しい過程で研究開発でのこだわり体質が作られ，これが多くの独自性の高い製品を生み出してきた。現在取り組まれている未来の創造プロセスは，見えにくいかたちですすんでいる。このような意義は，変革を長期的・総合的に眺めたとき，初めて理解できる。

　ⓓ　変革間マネジメント

　日本の繊維企業は，本業の再活性化と多角化を並行してすすめることで脱成熟化を進展させてきた。基本的には，主力事業である繊維事業の再活性化をすすめながら，繊維事業の経営資源で新規事業を育成するというかたちで存続・成長しようとしてきた。

　本業の再活性化でまだまだ成長の余地がある企業にとっては，当面の対応を考える場合には，従来の脱成熟化の議論で十分かもしれない。また，すでに多角化がすすんだ企業で，事業ポートフォリオの組み替えを基本とした脱成熟化をすすめる場合には，多角化中心の議論で十分であるのかもしれない。しかし，本業の再活性化の余地が小さくなりつつある企業が，新たな成長軌道に向かって企業変革をすすめようとするプロセスの理解には，再活性化と多角化を並行してすすめていくような議論が必要である。

　日本の繊維企業の脱成熟化は，成熟事業の再活性化と多角化を並行してすす

めながら，限られた企業のさまざまな経営資源の配分の比重が成熟事業から新規事業へとシフトしていくプロセスが中心の企業革新である。両部門間の相互依存関係も大きく変化していく。繊維企業にとって，このような両部門の間でバランスをとりながら脱成熟化をすすめることは，容易なことではなかった。

　脱成熟化は，新規部門の比重が大きくなり，既存部門との関係が対等，あるいはさらに新規部門が主力となっていく，既存部門と新規部門との関係が逆転していくプロセスである。脱成熟化をすすめる企業は，このようなプロセスで多くの重要な悩ましい問題に直面する。全社戦略での繊維事業の位置づけの問題はその例である。また，高成長企業の多くも停滞期を避けることはできなかった。どちらかだけでは企業を成長軌道に乗せることはむずかしい。

　繊維部門と多角化部門の関係についての理解を深めることが求められるのは，両者のダイナミクスが脱成熟化の進展に大きく影響しているからである。事前および事後シナジーが新規部門の領域の決定に大きな影響をもっていた。繊維部門は，多角化部門への経営資源の供給源であり，多角化を中断させる力の源でもある。

　多角化のスタート時の新規事業部門は，極めて脆弱な存在である。景気の変動に大きく影響を受ける。景気が良いときも悪いときも既存部門が優先される。これらの問題の基底には「まだまだ繊維で大丈夫」と「繊維だけでは」との矛盾する認識がある。

　多角化部門の成長は，既存部門との間で経営資源の競合を強める。戦略の流動化，あるいは戦略の揺れ動きが見られたように，多角化が進展すると，また既存部門の成熟化が進展すると，既存部門を全社戦略のなかにどう位置づけるのか，限られた経営資源をどう配分するのかが大きな問題になってくる。

　繊維企業の脱成熟化は，再活性化と多角化が並行してすすめられてきただけではない。再活性化と多角化それぞれの変革が複数の変革によってすすめられてきた。脱成熟化は失敗のなかですすめられている。このため変革は未完結になることが少なくない。多角化が進展すると，既存の多角化と新たな多角化が並行してすすめられる。脱成熟化は，再活性化，多角化のそれぞれがいくつかの未完結の変革を連鎖させることですすめられてきたため，複数の未完結の変革の連鎖として理解することができる。しかし未完結に終わる変革を次の変革

につなげていくことは容易なことではなかった。多くの繊維企業にとって、変革間のマネジメントをどのようにすすめるかという課題には常に悩み続けてきた。

　脱成熟化を進展させていくためには、完結されなかった変革を新たな変革へとつなげていく必要がある。これら変革間のマネジメントの巧拙が経営成果に反映している。

　脱成熟化プロセス全体の特徴のひとつは、脱成熟化の取り組みが一旦開始されると、終わりのないようなオープン・エンドなプロセスとなることである。企業が成長を追求する限り、脱成熟化は、一旦始まると永続的な取り組みになる。

　脱成熟化を未完結な変革の連鎖として理解することには意味がある。未完結の変革間の関係についての理解が求められるのは、実際に繊維企業の脱成熟化のプロセスが未完結の変革の連鎖としてすすめられてきたこと、変革を未完結にさせるファクターが変革を新たな変革につないだり、その後の変革を促進するファクターでもあることが少なくないからである。

　複数の変革は、互いに独立したものではなく、互いに強く関連し合っている。それゆえ変革間のマネジメントが重要となる。常に成功し続けることはむずかしい。しかし多くの変革をうまくつなぐことで、「変革の累積的効果」を活かしたり、変革の流れを創ったり、「挽回」の機会にすることもできる。

　単一・完結型変革の議論では、このようなプロセスを議論する場所がない。

③　「ネガティブ」へのバイアス

　批判・反対、失敗・期待外れは、変革プロセスに見られる最大の特徴のひとつである。変革を未完結にする要因、変革を次の変革につなげていく要因は、ともにこれらのネガティブ・ファクターとの関わりが強い。しかし、脱成熟化のプロセスにおいて一般的に見られるこれらネガティブ・ファクターが果たしている役割の重要性に注目し、その理解を深めることは、容易ではない。

　その理由としては、まず、多くの変革の議論も実際に変革をすすめようとしている多くの人たちも、並行してすすめられる複数の変革や未完結に終わる変革を想定していないことである。また、それらの要因それ自体がネガティブであると理解されているため、忌避・排除されてしまうことである。ネガティ

第11章　結論

ブ・ファクターが生み出す要因のなかでも，ポジティブな役割を演じるファクターの多くが心理的エネルギーなど見えにくいソフトな要因であることであるもそれらへの注意をむずかしくしている。さらに，脱成熟化のためにとられたアクションのもたらす効果には，直接的なものだけではなく，間接的なものも少なくないことがネガティブ・ファクターの影響を捉えにくくしている。

　ネガティブ・ファクターが果たしている重要な役割は，脱成熟化を未完結の変革の連鎖と捉え，変革間の関係に注目するとともに，その全体のプロセスを長期的総合的に眺めることで初めて理解することができる。

　大きな変革の重要な側面やプロセスを明らかにすることは，そのマネジメントを考える場合には必須である。既存の議論の多くが，単一の革新を前提としており，その完成・成功を前提としている完結型企業革新モデルを想定している。脱成熟化のプロセスはいくつかの局面から構成される。多くの変革モデルが示しているようにいくつかの局面を識別することができる。変革は所期の目的に向かって線形的に前進し，ついには所期の目的を達成する。明確にされる重要な諸局面は，線形的に成功に向かって時系列に並べられる。このようなプロセスや局面を，抵抗にうまく対応しながら，失敗を避けて，無駄を少なく，いかにしてすすめ，変革を成功へと導くかが問題であり，検討される。

　しかし，単一的・完結型・線形的な変革の議論では，ある種のバイアスは避けられない。このようなアプローチでは，その進行を妨げる要因よりも促進する要因が注目される。ネガティブ・ファクターは，いかに避け，取り除くかについては議論されるが，それらが変革に及ぼす影響については深くは追求されにくい。

　直接的な成功要因に注目が集まる。間接的な，ソフトな成功要因は軽視され，失敗要因は避けられる。このようなバイアスにより，変革のマネジメントにとって重要な側面・プロセスが軽視される危険性がある。企業革新の進展の鍵となるプロセスを見落としてしまう可能性がある。ネガティブ・ファクターの重要な役割を捉えることはむずかしい。

・プロセスからの分離

　変革をすすめようとする人たちにとって，批判・反対，失敗・期待外れ，組織の慣性力，戦略の揺れ，変革プロセスでの停滞，遠回り，逆戻りなどは，変

革にとってはネガティブな存在であり,避けるべき要因,排除すべき要因として捉えられることが少なくない。このような傾向は,既存の変革の議論の多くでも見られる。

　批判・反対や失敗・期待外れなどの要因は,多くの変革モデルでは,それらがネガティブな存在として理解されていることで,それらが併せもつポジティブな側面は理解されにくくなる。ポジティブなファクターに注目が集まってしまうだけではなく,ネガティブと思われる要因は排除されるべきものとして認識されたり,あるいは変革のプロセスからは切り離されて個別独立的に議論されたりする。それら要因の発生原因と関わるような,あるいはそれらの要因の影響が及ぶような,変革の前後のプロセスとの関わりで議論することはむずかしくなる。このため,成功企業が行ってきた,ネガティブ・ファクターをポジティブ・ファクターに転換させるプロセスの理解を深めることがむずかしくなる。

　ネガティブ・ファクターが個別独立的に議論されることで,それらへの対応への理解も深まるし,一般化もすすむ。しかし,脱成熟化のプロセスで見られたような,変革が軌道に乗るまでの長期にわたる表面的・一時的正当性への対応については,理解を誤らせてしまうかもしれない。

　企業間に見られる大きな成長格差がなぜ生まれてきたのかを理解するためには,脱成熟化のプロセスのなかでネガティブ・ファクターがどのような役割を演じてきたのかに注目し,理解を深める必要がある。

・心理的エネルギー

　変革のプロセスにおける心的エネルギーの重要性は否定できない。アクションや学習に比較すると,その重要性に相応しい注目と理解が得られていないように見える。正当な評価を得ていないように見える。その理由としては,目に見えにくいこと,人や組織との関係がデリケートであることなどが考えられる。評価や扱いはむずかしい。とくにネガティブな心的エネルギーは,いっそうむずかしい。しかし,心理的エネルギーは,人や組織のエネルギーの根源的源泉である。ときには爆発的なパワーを発揮することもあり,脱成熟化の進展にはそのようなエネルギーは不可欠である。

　人や組織と心理的エネルギーとの関係は,非常にデリケートなものである。

第11章　結論

　心理的エネルギーには，ポジティブなエネルギーとネガティブなエネルギーがある。長期にわたる脱成熟化のプロセスを通して，革新に向かうエネルギーを組織から継続的に引き出していくことはむずかしい。新事業プロジェクトの担当者は，成功率の高くない，そして長期を要するさまざまな問題に直面してくじけそうになる。トップも長期にわたって成果が見えないプロジェクトや構想に嫌気を感じるようになる。投資額が大きくなってくるとさらなる投資に躊躇するようになる。景気がよくなる度に脱成熟化への関心は低下してしまう。景気が悪化すると目の前の問題に注意が向かう。脱成熟化の長期性は，革新の日常化を生み，組織の人たちの変化に対する関心を低下させたり希薄化させてしまう。成功例を生み出すことができても，単一の成功例では企業全体を動かすには不十分であることが少なくないため，脱成熟化の取り組みを弱めるわけにはいかない。しかし，長期の取り組みによって特定のプロジェクトが成功，あるいは一定の成果を上げるようになると，組織は疲労感と満足感を高め，追加的エネルギーを組織から引き出すことはむずかしくなる。

　ネガティブ・ファクターが生み出すポジティブなエネルギーの多くは，厳しい問題に直面したときに担当者たちから生まれる心理的エネルギーであった。不完結に終わった変革をつぎの変革へとつなげて脱成熟化を進展させる基本的なエネルギーは，批判や反対，失敗に直面した推進者たちから生まれてくるこの心的エネルギーである。

　合理的・体系的なアプローチでは，目に見えるアクションが重視されがちであり，最短経路が追求されがちであり，間接的な結果は軽視されがちである。

　冷静な状況の認識に基づいた意思決定や具体的なアクションは捉えやすく注意が向きやすいが，心的エネルギーのようなソフトな要因の重要な役割は注目されにくい。ネガティブな要因と関連した心的エネルギーはとくにそうである。失敗から生まれる挽回しようとするエネルギー，批判や反対から生まれる反発するような心的エネルギーは，それが膨大なものであってもネガティブと見られている上に目に見えにくく捉えることがむずかしいため，変革の議論においては強い注目は注がれてこなかったようである。しかし，強いコミットメントの原動力となりうる。

　反対や失敗に直面して担当者たちからは強い心的エネルギーが生み出されるが，この心的エネルギーが，彼らに広く深い学習を促したり，中断しようとす

る変革を継続させたり加速させたりする原動力となることも少なくなかった。成功している企業のトップは，このようなエネルギーを重視してきた。

・時間的空間的な間接的効果

　脱成熟化には多角化が必須であった。新規事業の成功例を生み出すのには10年単位の時間が必要であった。脱成熟化を促進させようと行われた合併は，その合成力を生み出すまでには，合理化や組織の融合に予想以上の時間や困難を伴うことも少なくなかった。新しい取り組みから成果を上げるまでには，短縮できない一定の期間がある。このような今日すすめられている未来の構築のプロセスは，多くの場合，成果が現われるまでの長い期間，水面下にある。

　いくつかの企業では，主力事業と多角化事業の間で戦略の揺れ動きが見られた。これは脱成熟化の進展にとって一見遠回りのように見える。しかし，このような揺れ動きを通じて組織の変革へのエネルギーが束ねられ，新しい戦略が組織に定着していき，限られた経営資源の両部門への配分比率が，企業の長期的な成長に向けて大きく変化していった。

　意図的なアクションは，それが意図の達成に成功したとしても，意図せざる効果を伴うことを避けることはできない。脱成熟化に向けてのアクションが生み出す効果は，意図していない効果の方が圧倒的に多い。また，それらの効果は，すぐに現われたり，身近な場所に現われたりするとは限らない。長い時間を隔てて，遠くの場所で，大きな影響力をもつかたちで現われることもある。アクションの効果は，水面下で持続的なかたちで影響を及ぼしている可能性もある。

　1980年代の半ば頃に日清紡で顕在化した，長期間潜在化・蓄積されてきた堅実な方針への不満から生まれたエネルギーや成長に向けてのエネルギーは，極めて大きなものであった。「あのとき合繊に進出しておれば」との合繊時代当時の若手たちの思いが，二十数年後，脱成熟化を加速させている。合繊不進出の決定が及ぼした脱成熟化への間接的な，しかしその進展に及ぼした影響は極めて大きい。

　東洋紡の多角化の取り組みは，1970年頃から本格化したが，それ以降，多角化事業の規模は，急増はしていないものの着実に増加してきた。東洋紡では，70年代以降就任した歴代の社長が「多角化に10年遅れた」と口にしている。多

角化の遅れが生み出した危機意識は連鎖しながら，その後の脱成熟化の継続的な促進要因として働いてきたように見える。

　帝人では，1970年代の積極的にすすめてきた未来事業のほとんどから撤退し，「臥薪嘗胆」が強調され，80年代は撤退と収益重視の経営を余儀なくされた。90年頃から再び積極的に成長を志向し始めている。80年代の10年間の収縮が組織の成長への必要性・意欲を高めることになった。帝人の90年代の収益柱は医薬・医療事業であるが，帝人はこのようなプロセスによって，この事業の可能性を見出し，開始・育成してきた。

　クラレでは，ビニロン事業化での躓きが，その後の成長の方向を大きく規定した。合繊時代に中心的な存在を占めることになるポリエステル繊維の事業化の遅れにつながったが，これらが繊維事業の将来性と化学技術の将来性に対する認識を明確にした。合繊での成長はむずかしいと，合繊で培った技術をベースとして「繊維の次」を目指して積極的なR＆Dに取り組んだ。これが長期間にわたる低水準の収益性につながった。しかし，ビニロンへの取り組みの苦しい過程で，今日まで維持されている研究開発でのこだわりの社風を築いた。このこだわり体質がその後，多くのシェアの高い製品を生み出すことを可能にした。長期間の低迷期を経て，これらの新しい事業の成長が高収益企業へと変身させた。

　脱成熟化のプロセスでは，反対や失敗はもちろん，それらを原因とすることも少なくないプロセスの停滞，遠回りなどが多く見られる。このような現象は，短期的に見れば脱成熟化に進展にとってマイナスであることが少なくない。多角化の失敗は，企業全体に長期にわたって大きなダメージを与えることもある。

　しかし，帝人，東レ，日清紡などの成長プロセスを長期的に眺めることによって明らかになってきたことは，戦略を大きく揺り動かしたことから生まれたエネルギーなどが変革を促進させてきたことである。遠回りに見える戦略の揺れ動きが変革のエネルギーを蓄積し集中させている。揺れ動きや停滞の期間を通して，選択と集中が行われたり，次の変革へのエネルギーが蓄積されている。脱成熟化の進展には膨大なエネルギーを必要とし，そのエネルギーの蓄積には長い期間が必要である。

　ネガティブ・ファクターが脱成熟化に対して演じているさまざまな役割は，

短期的・直接的効果だけを眺めていては理解することはできない。ネガティブ・ファクターが生み出すパワーが脱成熟化の進展にとって極めて大きな意味をもっていることは，脱成熟化のプロセスを長期的・総合的に眺めて初めて理解することができる。

④ プロセスのマネジメント

ⓐ トップと組織

脱成熟化は，繊維企業にとって質的な転換を伴うような長期的・総合的な変革であった。戦略，事業構造，組織構造，組織文化などの変革を伴うような変革であり，その完成には数十年を要するような変革であった。

脱成熟化のような全社的・長期的企業変革は，比較的短期間に一気に企業全体を変革させるような企業革新・パターンとは，対照的である[2]。1回の大きな企業革新では，脱成熟化を完成させることはむずかしい。

戦後にナイロンの事業化の成功によって短期間に急成長を遂げたと見られている東レも，実際は，戦前からのいくつもの大きな決定と無数のアクションによってその急成長は達成された。

「脱成熟化は，一回限りの意思決定によって実現されるのではなく，多くの人々の長い期間にわたる数多くの意思決定とアクションの流れの結果であり，その産物である。経営者の重大な決断は，それが極めて重要な位置を占めるとはいえ，このプロセスの一コマにすぎない」（加護野，1989 a）

脱成熟化にはトップの強い関わりが必要である。しかし，経営者のリーダーシップとパワーには限界がある。トップは，大きな構想と強力なパワーを有しているが，脱成熟化を大きく進展させるのには限界がある。大規模な組織をトップダウンで変革することはむずかしい。新しい取り組みに対して，批判や反対が生じることは，リスクや必要性の認識から見ると組織として極めて自然な現象である。そのような批判や反対のなかには，情報の量を増やすことでは解決されないものもある。

このため，脱成熟化を完成に向けてすすめるためには，ミドルや組織が潜在的に有している力を引き出し利用していく必要がある。脱成熟化の進展には多くのミドルたちが重要な役割を果たしてきた。取り組みの継続や戦略の揺れ動きなどから生まれる組織的なエネルギーの動員が脱成熟化の進展には必要であった。変革のプロセスで行われる学習，プロセスで生じる人や組織のダイナ

ミクスから生まれるエネルギーをうまく活用することが必須である。

　長期的・総合的プロセスにおいて脱成熟化を進展・成功させるためには，変化への流れをつくり出し，維持・促進させることが重要となる。脱成熟化には，多くの人々の長い期間にわたる数多くの意思決定とアクションをつなげて革新のなかに流れを作り出すためのマネジメントが極めて重要となる。それが革新の促進の鍵となる。脱成熟化では，いかに革新のテコとなるものを作り出すことができるのか，いかにそのテコを利用して波及効果を生み出せるのか，これらの問いに対する答えが成功の鍵となる。このときテコとなるものが反対や失敗，成功例などである。それらをテコにして人や組織から大きな力を引き出し活用することが必要である。反対や失敗などのダイナミック・ファクターへの対応である変革間のマネジメントや成功例のマネジメントが成果に大きな違いを生み出している。

　ⓑ　事前情報の限界

　脱成熟化は，批判・反対と失敗・期待外れのなかですすめられる。脱成熟化は計画通りにすすめていくことはほとんど不可能である。新しい取り組みに対しては，リスクの大きさ，必要性の低さなどから批判や反対が生じる。新しい取り組みは，さまざまな予期しない問題に直面して，期待通りの成果を上げることができず，中断・撤退を余儀なくされる。失敗や期待外れが企業の業績や組織に及ぼす影響も小さくない。つぎつぎと新たな内外の問題が現われてくる。このため変革は，中断，停滞，あるいは逆戻りを余儀なくされることも少なくない。脱成熟のプロセスでは，プロセスの停滞，プロセス自体の中断，既存の方法の強化への回帰といった現象は日常的に見られる。これらは，変革のプロセスで見られる最大の特徴のひとつである。

　新しいことを行おうとするとき，事前の知識だけでは不十分である。変革を行うに当たって，その時点までに得られている事前の情報だけでは，脱成熟化のプロセスを進展させるのには不十分である。試行錯誤は避けられない。その結果，期待外れや失敗に終わることは少なくない。むしろ一般的である。批判・反対，失敗・期待外れは避けられない。戦略的意思決定は，部分的無知（partial ignorance）の状況で行われることが一般的である（Ansoff, 1965）。必要な情報の多くは，脱成熟化のプロセスでの学習によって獲得する必要がある。

　高成長企業の脱成熟化のプロセスも例外ではない。高成長企業は，多くの試

行錯誤を通して得られる情報を活用しながら脱成熟化をすすめてきた。事後シナジーや事業戦略の転換が新事業の成功の鍵となっている。

⑤　ネガティブ・ファクターをポジティブ・ファクターに**転換させるマネジメント**

　脱成熟化に取り組んできた日本の繊維企業の経験から明らかになったことは，ネガティブ・ファクターへの対応の違いが成長格差を生んできた基本的な要因のひとつであったことである。高成長企業は，それらへの対応から脱成熟化を大きく進展させるエネルギーを生み出してきた。脱成熟化のプロセスでは避けられないネガティブ・ファクターの存在が，脱成熟化の進展に不可欠な深い学習を起動させ促進し，心的エネルギーを引き出し高めている。

　脱成熟化は，非完結型の変革の連鎖によって進展する。取り組みが継続されるか中断されるかによって企業間に大きな成長格差が生まれている。脱成熟化を進展させるダイナミック・ファクターの多くが，変革が未完結に終わるような状況で生み出されている。未完結の変革と次の新たな変革との間のマネジメントが脱成熟化の進展の方向と度合いを左右する。

　脱成熟化のプロセスで行われる事後シナジーの発見のような学習，プロセスで生み出される反発心のような心的エネルギー，そして揺れ動きや継続から生み出される組織の勢いなどが脱成熟化の継続と進展の速度，そして方向に極めて大きな影響を及ぼしている。批判や反対，失敗や期待外れなどが，これらの現象に強く関わっている。

　大きな企業変革の理解には，まずは識別できるひとつの完結型変革として捉えることやそのプロセスにおける重要な局面を明らかにすることは不可欠である。単一・完結型，線形・体系的，規範的変革の議論は，理解や含意などの面で多くの貢献をしている。指針としての大きな役割を期待できる。しかし，繊維企業の脱成熟化プロセスの理解に対しては，固有のバイアスによって光を当てることのむずかしい側面も有している。このようなバイアスが，脱成熟化という大きな変革の大切な要因を捉えることをむずかしくしている。

　既存の多くの変革の議論が前提としていると思われる完結型モデル，線形型プロセス・モデルでは，取り組みが中断するような状況でどのようなことが起こっているのかについてはあまり関心が向けられていない。変革を継続・推進させるような要因が，変革が中断を余儀なくされるような状況で生み出されて

いるとすれば、中断を余儀なくされることが日常的な脱成熟化のプロセスでそれらの要因が軽視され、継続・促進させる要因を見落としがちになることは問題である。

　ネガティブ・ファクターを軽視することはできない。複数・非完結型の変革としての脱成熟化プロセスの理解をすすめることで、ネガティブ・ファクターの役割を顕在化でき、既存の変革論に対して補完するような何らかの役割を果たすことができる可能性がある。また、複数の変革を視野に入れた変革の議論は、変化が多様化・加速化する今日において意味をもつ可能性がある。

　このような脱成熟化のプロセスの進展に極めて大きな影響を及ぼすようなネガティブ・ファクターが果たしている役割の理解をさらに深めていくためには、脱成熟化が批判や反対、失敗や期待外れのなかで進展しているという側面・事実を直視する必要がある。

　新しい取り組みには批判や反対は不可避であり、逆に批判や反対のないプロジェクトでは大きな成果は期待できない。また、今日においても、新しい取り組みは、成功の割合よりも期待外れの割合の方がはるかに高い[3]。

　人と組織に対する理解を深めていくことも重要である。決してトップの大きな決断だけで脱成熟化を大きくすすめることはできない。脱成熟化のプロセスのさまざまな状況において、人と組織からいかにして変革を進展させるエネルギーを引き出し高めるかについて、さらに深い考察が求められている。変革をすすめるためには、われわれの人と組織についての理解はまだまだ不足している。ネガティブ・ファクターと心的エネルギーとの関わりについての理解は、まだ十分とはいえない[4]。

(4) 今後の課題について

　検証の問題、一般化の問題、そして新しい課題への取り組みが、とくに重要な今後の主たる課題として残されている。これらの3つの問題は互いに関連している。

① 検証の問題

　この研究は、基本的には公表された資料を基礎とした仮説創出型の研究であった。このため、仮説を検証していく作業が残されている。これは繊維企業についてだけではなく、他の産業に属する企業についても行う必要がある。他

の産業に属する日本企業の脱成熟化への取り組みには，内部成長を基本としているなど，繊維企業のそれと共通する面も少なくないからである。この意味で，検証の問題は一般化の問題とも深く関連している。

またこの研究は，仮説創出型の研究として，変革の代表的と思われる議論を念頭に置いてすすめてきたため，包括的・網羅的なレビューによるより厳密な議論は今後の課題として残されている。

② 一般化の問題

日本の繊維企業がすすめてきた脱成熟化の方法は，これからの長期的成長の取り組みに対しても，果たして通用するのかが問われなければならない。繊維企業は，これまでの脱成熟化のプロセスで，多角化，大規模化，グローバル化が大きくすすんでいる。今後はM＆Aを積極的に行いながら事業ポートフォリオを組み替えていくようなGE型やシナジーを徹底的に追求しながら環境適応を図ろうとする3M型の成長パターンなどとの関わりが深くなっていくのか，これまでとはかなり異なるパターンを新たに開拓していく必要が強くなっているのかが議論される必要がある。現在の問題の原因が過去にあるという意味で，これまでの脱成熟化の取り組みには価値を見出すことはできるであろうが，脱成熟化という変革の論理のなかに，今後についても有効な価値，他の産業に属する企業に対しての価値を見出し，長期的成長について一般性を見出すことは可能なのかが検討されなければならない。

③ 新しい課題

ひとつの問題の解決は，新しい多くの問題を提起する。最後に，そのような新しい課題のいくつかを指摘しておこう。

ひとつは脱成熟化のモデルについてである。脱成熟化のモデルの構築は可能なのか，既存の革新の議論のなかに体系化できるのか，という問題への取り組みはこれからの段階である。このような問いは，脱成熟化の定義の問題とも関係する。一定の完成を前提とするのか，終わりのないプロセスとして捉えるのかでモデルが異なってくるかもしれない。また，脱成熟化のように長期を要する大規模な革新をひとつのモデルとして提示しようとする場合，モデルの単純化によって多くの重要な要因を捨象してしまうが，多くの要因を含めると極めて複雑なモデルになってしまう。長期的・総合的変革である脱成熟化のモデルのベースをプロセス・モデル(加護野，1991)に求めることは可能と思われ

第11章　結論

る。しかし合繊時代の脱成熟化には多くの重要な側面で当てはまるものの，多角化時代の脱成熟化には当てはまらない面も少なくない。このため，修正が必要になるかもしれない。

　2つ目の課題としては，変革の評価についてである。複数の変革をつなげていくことで変革が進展していく，いったんスタートすると終わりのないプロセスとなる，というような変革の成否は，どのように行うことができるのか，行うべきなのかについて理解を深めていく必要がある。単一の完結型の変革を前提にする場合と比べ，変革の成否を評価することは，極めてむずかしくなる。

　3つ目の課題としては，認識についてもより深く検討する必要があることである。ほとんどの企業がほとんどの成長戦略にほぼ同時期に取り組んだ。新しい取り組みの必要性を認識したタイミングでは，企業間に大きな違いは見られない。このような認識はむずかしくないのかもしれない。しかし経営成果には大きな格差が生まれた。実験的な取り組みではなく本格的な取り組みの必要性を認識できたかどうかが関係している。また例えば，同じように合繊の必要性を認識しても，それを糸素材として捉える企業と技術としてみる企業とではその後の展開は大きく異なってくる。必要性の認識について，認識の内容や深さについて，議論を深めていく必要がある。

　4つ目として，時間についても議論を深める必要がある。多くの新事業の開発には10年前後，多くの脱成熟化には20-30年と，極めて長い期間を要している。このような期間は，ほとんど短縮することのできない，短縮することで大きな逆効果が生まれてしまうような必要な時間であるのか，あるいは，まだまだ短縮できる時間なのか，短縮化すべき時間なのか，といった問題について理解を深める必要がある。人間や組織がもつ認識面での制約や組織文化の改革のむずかしさを考えると，比較的長期の，一定の期間は必要であると言えるかもしれない。

　5つ目は，革新のプレーヤー間の相互作用についてである。企業革新とトップやミドルの関係にはまだまだ解明すべき点が残っている。さらに批判者の革新での役割を含める必要がある。トップとミドルと反対者の相互作用が，どのように企業全体の革新へとつながっていくのかについての理解を深めていくことが必要である。

　6つ目は，含意についてである。この研究では，これまでの変革の議論では

多くの場合，批判・反対や失敗など，否定的に捉えられてきた要因に焦点を合わせて，それらの積極的な側面を指摘して評価してきた。しかし指摘と評価だけでは操作性は低い。この研究の発見事実は，現実に企業革新に取り組んでいる経営者にとって意外性は少ないかもしれない。しかし，反対や失敗に直面してそれらの効用を活用したアクションを起こす経営者は少数である。より実践的な含意を導き出せるような研究をすすめることが今後の重要な課題のひとつである。

注
1） March は，フーリッシュのテクノロジーについて議論している（March, 1994など）。
2） 短期間に革新をすすめようとする場合でも，組織文化の変革にはかなりの年月を要している。Schein（2002）によると，大規模な企業の文化の変革には，通常長い時間が必要である。プロクター・アンド・ギャンブルの場合，およそ25年かかっているが，組織の全レベルで新たなアイデンティティと人間関係を築くにはこのくらいの時間を要するという。
3） 批判や反対のポジティブな役割，失敗のポジティブな役割についての議論も行われてきているが，まだまだ理解を深めていく必要のある点は少なくない。例えば，繊維企業の経験は，失敗と探索の関係（March, 1994）や失敗の大きさと利点との関係（Sitkin, 1992）などについて，議論の余地があることを示唆している。
4） ネガティブエネルギーの瞬発性とポジティブエネルギーの持続性といった，それぞれがもつ特徴（伊丹・加護野, 2003）について，より多様な理解ができるかもしれない。

参考文献

洋書

Abernathy, W. J., Clark, K.B. and Kantrow, A. M., 1983. *Industrial Renaissance*, Basic Book Inc.（望月嘉幸監訳・日本興業銀行産業調査部訳，1984『インダストリアル ルネサンス：脱成熟化時代へ』TBS ブリタニカ）

Ansoff, H. I., 1965a. *Corporate Strategy*, McGraw-Hill.（広田寿亮訳，1969『企業戦略論』産業能率大学出版部）

Ansoff, H. I., 1965b. "Toward a Strategic Theory of the Firm," Ansoff, H. I. ed., *Business Strategy*. Penguin Book.

Ansoff, H. I., 1988. *The New Corporate Strategy*, Wiley.（中村元一・黒田哲彦訳，1990『最新・戦略経営』産能大学出版部）

Baden-Fuller, C. and Stopford, J. M., 1994. *Rejuvenating the Mature Business*, Harvard Business School Press.

Baker, T. and Nelson, R. E., 2005. "Creating Something from Nothing: Resource Construction through Entrepreneurial Bricolage," *Administrative Science Quarterly*, 50: 329-366.

Block, Z. and MacMillan, I. C., 1993. *Corporate Venturing: Creating New Business Within The Firm*, Harvard Business School Press.（松田修一監訳・社内起業研究会訳，1994『コーポレート ベンチャリング 実証研究 成長し続ける起業の条件』ダイヤモンド社）

Bowker. B., 1928. *Lancashire under the Hammer*, Leonard & Virginia Woolf at The Hogarth Press.（谷口豊三郎訳，1956『ランカシアの歩んだ道－栄光から奈落へ－』青泉社）

Boyett, J. and Boyett, J., 1998. *The Guru Guide: The Best Ideas of the Top Management Thinkers*, John Wiley & Sons, Inc.（金井壽宏監訳・大川修二訳，1999『経営革命大全』日本経済新聞社）

Burgelman, R.A., 1983. "A Model of the Interaction of Strategic Behavior, Corporate Context, and the Concept of Strategy," *Academy of Management Review*, Vol. 8, No.1 : 61-70.

Burgelman, R. A. and Sayles, L. R., 1986. *Inside Corporate Innovation Strategy, Structure, and Managerial Skills*, The Free Press.（小林肇監訳・海老沢栄一・小山和伸訳，1987『企業内イノベーション－社内ベンチャー成功への戦略組織化と管理技法－』ソーテック社）

参考文献

Burns, T. and Stalker, G. M., 1961. *The Management of Innovation*, Tavistock.
Chandler, Jr., A. D., 1962. *Strategy and Structure*, MIT Press.
Christensen, C., 1997. *The Innovater's Dilemma*, Harvard Business School Press.
Collins, J. C. and Porras, J. I., 1994. *Built to Last: Successful Habits of Visionary Companies*, Curtis Brown Ltd.（山岡洋一訳，1995『ビジョナリー・カンパニー――時代を超える生存の原則―』日経ＢＰ出版センター）
Cyert, R. M. and March, J. G., 1963. *A Behavioral Theory of the Firm*, Prentice-Hall.
Daft, R. L. and Lengel, R. H., 1984. "Information Richness: A New Approach to Managerial Behavior and Organization Design," in Staw, B. M. and Cummings, L. L., (eds.), *Research in Organizational Behavior*, 6:191-233. JAI.
Dawson, P., 2003a. *Reshaping Change: a Processual Perspective*, Routledge.
Dawson, P., 2003b. *Understanding Organizational Change*, Saga.
Garud, R. and Van de Ven, A. H., 2002. "Strategic Change Process, in Pettigrew", Thomas, A. M. H. and Whittington, R. (eds.) *Handbook of Strategy and Management*, Saga Publications Ltd.
Gerstner, Jr., L. V., 2002. *Who Says Elephants Can't Dance? Inside IMB's Historic Turnaround*, HarperCollins.（山岡洋一・高遠裕子訳，2002『巨像も踊る』日本経済新聞社）
Greiner, L. E., 1972. "Evolution and Revolution as Organizations Grow," *Harvard Business Review*, July-August, 37-46.
Hannan, M. T. and Freeman, J., 1984. "Structural Inertia and Organizational Change," *American Sociological Review*, Vol.49.
Hartley, R. F. 1981. *Marketing Mistakes*, 2nd ed., Grid Publishing, Inc.（熊沢孝訳，1983『マーケティングミステイクス』ダイヤモンド社）
Harvard Business School Press., 2002. *Harvard Business Essentials Managing Change and Transition*, Harvard Business School Publishing Corporation.（岡村桂訳，2003『ハーバード・ビジネス・エッセンシャルズ１　変革力』講談社）
Hedberg, B. L. T., Nystrom, P. C., and Starbuck, W. H., 1976. "Camping on Seesaws: Priscriptions for a Self-designing Organization," *Administrative Science Quarterly*, 21.
Henderson, B. D., 1979. *Henderson on Corporate Strategy*, Abt Books.（土岐まもる訳，1981『経営戦略の核心』ダイヤモンド社）
Huff, A. S., Huff, J. O., with Barr, P. S., 2000. *When Firms Change Direction*, Oxford University Press.
Janis. I. L., 1981. *Groupthink*, 2 nd ed., Houghton Miffin.
Kanter, R. M., 1983. *The Change Masters: Innovation for Productivity in the American Corporation*, Simon and Schuster.
Kanter, R. M., 1989. *When Giants Learn to Dance*, Simon and Schuster, Inc.（三原淳雄・土屋安衛訳，1991『巨大企業は復活できるか』ダイヤモンド社）

Khandwalla, P. N., 1977. *The Design of Organizations*, Harcourt Brace Jovanovich, Inc.
Kilmann, R. H., Covin, T. J., and Associates, 1988. *Corporate Transformation Revitalizing Organizations for a Competitive World*, Jossey-Bass Publishers.
Kimberly, J. R. and Miles, R. H., 1980. *The Organizational Life Cycle*, Jossey-Bass.
Kimberly, J. R. and Quinn, R. E, 1984. *Managing Organizational Transitions*, Irwin.
King, N. and Anderson, N., 1995. *Innovation and Change in Organizations*, Routledge.
Kotter, J. P. and Schlesinger, L. A., 1979. "Choosing Strategies for Change," *Harvard Business Review*, March-April: 106-114.（子牟田康彦訳，1979「人はなぜ組織変更に抵抗するのか」『ダイヤモンド・ハーバードビジネス』Sept.-Oct.）
Lawrence, P. R. and Lorsch, J. W., 1967. *Organization and Environment: Managing Differentiation and Integration*, Harvard Business School, Division of Research.
Leifer, R., Mcdermott, C. M., O'connor, G. C., Peters, L. S., Rice, M., and Veryzer, R. W., 2000. *Radical Innovation*, Harvard Business School Press.
Mansfieid, E., Schwartz, M., and S. Wagner, 1981. "Imitation Costs and Patents: An Empirical Study," *The Economic Journal*, December: 907-918.
March, J. G., 1981. "Footnotes to Organizational Change," *Administrative Science Quarterly*, Vol. 26: 563-577.
March, J. G., 1991. "Exploration and Exploitation in Organizational Learning," *Organization Science*, Vol. 2, No. 1, February.
March, J. G., 1994. *A Primer on Decision Making: How Decisions Happen*, Free Press.
March, J. G. and Simon, H. A., 1958. *Organizations*, John Wiley & Sons, Inc.（土屋守章訳，1977『オーガニゼーションズ』ダイヤモンド社）
March, J. G. and Shapira, Z., 1987. "Managerial Perspectives on Risk Taking," *Management Science*, Vol.33, No.11, November.
Miles, R. E. and Snow, C. C., 1994. *Fit, Failure, and the Hall of Fame: How Companies Succeed or Fail*, Free Press.
Miles, R. H. and Cameron, K. S., 1982. *Coffirn Nails and Corporate Strategies*, Prentice Hall.
Miller, D., 1982. "Evolution and Revolution: A Quantum View of Structural Change in Organizations," *Journal of Management Studies*, Vol.19, No. 2.
Miller, D. 1990. *The Icarus Paradox: How Exceptional Companies Bring about Their Own Downfall*, Harper.
Miller, D. and Friesen, P. H., 1982. "The Longitudinal Analysis of Organizations: A Methodological Perspective," *Management Science*, Vol.28, No. 9: 1013-1034.
Miller, D. and Friesen, P. H., 1984. "A Longitudinal Study of the Corporate Life Cycle," *Management Science*, Vol.30, No.10, October.
Mintzberg, H., 1973. *The Nature of Managerial Work*, Harper and Row.
Mintzberg, H., 1982. "Tracking Strategy in an Entrepreneurial Firm," *Academy of*

参考文献

Management Journal, Vol.25, No. 3: 465-499.
Mintzberg, H., 1982. "A New Look at the Chief Executive's Job," Organizational Dynamics, Vol.25, No. 3: 465-499.
Mintzberg, H., 1987. "Crafting Strategy," Harvard Business Review, July-August.
Mintzberg, H., Ahlstrand, B., and Lampel, J. 1998. Strategy Safari, The Free Press.
Mintzberg, H., Raisinghani, D., and Theoret, A,. 1976. "The Structure of 'Unstructured' Descision Processes," Administrative Science Quarterly, Vol.21, June: 246-275.
Mintzberg, H. and Waters, J. A., 1982. "Tracking Strategy in an Entrepreneurial Firm," Academy of Management Journal, Vol. 25, No. 3: 465-499.
Nadler, D.A., Shaw, R. B., Walton, A. E., and Associates, 1995. Discontinuous Change Leading Organizational Transformation, Jossey-Bass Inc., Publishers.（斉藤彰悟監訳・平野和子訳，1997『不連続の組織変革』ダイヤモンド社）
Nonaka, I., 1988. "Toward Middle-Up-Down Management: Accelerating Information Creation," Sloan Management Review, Vol.29, No. 3, Spring: 9-18.
Pascal, R. T., 1990. Managing on the Edge, Simon and Schuster.（崎谷哲夫訳，1991『逆説のマネジメント』ダイヤモンド社）
Penrose, E. T., 1959. The Theory of the Growth of the Firm, Basil Blackwell.
Peters, T. J. and Waterman, Jr., R. H., 1982. In Search of Excellence, Harper & Row.（大前研一訳，1983『エクセレント・カンパニー』講談社）
Pettigrew, A. M., 1985. The Awakening Giant: Continuity and Change in ICI, Basil Blackwell.
Pettigrew, A. M., Whittington, R., Melin, L., Sanchez-Runde, C., Van den Bosch, F. A. J., Ruigrok, W., and Numagami, T. (eds.) 2003, Innovative Forms of Organaizing, Sage.
Pool, M. S., 2005. "Communication," in Nicholson, N., Audia, P.G., and Pillutla, M. M. (eds.), The Blackwell Encyclopedia of Management: Organizational Behavior, 2 nd ed., Blackwell Publishing.
Porter, M., 1980. Competitive Strategy, Free Press（土岐坤・中辻萬治・服部照男訳，1995『競争の戦略』ダイヤモンド社）
Porter, M., 1987. "From Competitive Advantage to Corporate Strategy," Harvard Business Review, February.（『DIAMONDハーバード・ビジネス・レビュー』February 2007）
Schein, E. H., 2002. "The Anxiety of Learning," Harvard Business Review, March.（飯岡美紀訳「不安感が学ぶ意欲を駆り立てる　学習の心理学」『DIAMONDハーバード・ビジネス・レビュー』March 2003）
Schnaars, S. P., 1994. Managing Imitation Strategies: How Later Entrants Seize Markets from Pioneers, The Free Press.（恩蔵直人・坂野友昭・嶋村和恵訳，1996『創造的模倣戦略』有斐閣）
Selznick, P., 1957, Leadership in Administration, Harper & Row（北野利信訳，1963『組

織とリーダーシップ』ダイヤモンド社)

Senge, P. M., Kleiner, A., Roberts, C., Roth, J., Ross, R., and Smith, B., 1999. *The Dance of Change: Mastering the Twelve Challenges to Change in a Learning Organization*, Nicholas Brealey Publishing.(柴田昌治＋スコラ・コンサルト監訳・牧野元三訳, 2004『フィールドブック学習する組織「10の変革課題」』日本経済新聞社)

Simon, H. A., 1947. *Administrative Behavior: A Study of Decision-Making Process in Administrative Organization*, Macmillan(二村敏子・桑田耕太郎・高尾義明・西脇暢子・高柳美香訳, 2009『新版 経営行動』ダイヤモンド社)

Simon, H. A., 1981. *The Sciences of the Artificial*, 2 nd ed., MIT Press(稲葉元吉・吉原英樹訳, 1999『システムの科学』パーソナルメディア)

Simon, H. A., 1983. *Reason in Human Affairs*, Stanford University Press.

Sitkin, S. B., 1992. "Learning through Failure: The Strategy of Small Losses" in Staw, B. M. and Cummings, L. L. (eds.), *Research in Organizational Behavior*, Vol.14, JAI Press.

Slatter, S. and Lovett, D., 1999. *Corporate Turnaround*, Penguin.(ターンアラウンド・マネジメント・リミティッド訳, 2003『ターンアラウンド・マネジメント』ダイヤモンド社)

Starbuck, W. H., 1965. "Organizational Growth and Development," in March, J. G. (ed.), *Handbook of Organizations*, Rand McNally.

Starbuck, W. H., 1968. "Organizational Metamorphosis" in Millman, R. W. and Hottenstein, M. P. (eds.), *Promising Research Directions* (pp.113-122), Academy of Management.

Starbuck, W. H. (eds.), 1971. *Organizational Growth and Development*, Penguin Books.

Staw, B. M. and Ross, J., 1987. "Understanding Escalation Situations: Antecedents, Prototypes, and Solutions," in Cummings, L. L. and Staw, B. M. (eds.), *Reserch in Organizational Behavior*, JAI Press.

Stopford, J. M. and Baden-Fuller, C., 1990. "Corporate Rejuvenation," *Journal of Management Studies*, Vol, 27, No. 4: 399-415.

Sussman, L. and Herden, R., 1982. "Dialectical Problem Solving," *Business Horizons*, January-February.

Tichy, N. M. and Ulrich, D. O., 1984. "SMR Forum: The Leadership Challenge a Call for the Transformational Leader," *Sloan Management Review*, Fall.

Tichy, N. M. and Devanna, M. A. 1986. *The Transformational Leader*, Jhon Wiley & Sons, Inc.

Tichy, N. M. and Sherman, S., 1993. *Control Your Destiny or Someone Else Will*, Doubleday.(小林陽太郎監訳・小林規一訳, 1994『ジャック・ウェルチのGE革命－世界最強企業への選択－』東洋経済新報社)

Tidd, J., Bessant, J., and Pavitt, K., 2001. *Managing Innovation: Integrating Technological, Market and Organizational Change*, 2 nd ed., John Wiley & Sons.(後藤晃・鈴木潤

参考文献

監訳, 2004『イノベーションの経営学』NTT 出版)

Tushman, M. L. and Romanelli, E., 1985. "Organizational Evolution: A Metamorphosis Model of Convergence and Reorientation," in Staw, B. M. and Cummings, L. L. (eds.), *Research in Organizational Behavior*, 7 :171-222. JAI.

Tushman, M. L., Newman, W. H. and Romanelli, E., 1986. "Convergence and Upheaval Managing the Unsteady Pace of Organizational Evolution," *California Management Review*, Vol.29, No. 1.

Tushman, M. L. and O'Reilly, C., 1996. "The Ambidextrous Organization Managing Evolutionary Change," *California Management Review*, Vol.38, No. 4.

Tushman, M. L., Anderson, P. C. and O'Reilly, C., 1997. "Technology Cycles, Innovation Streams, and Ambidextrous Organizations: Organizational Renewal through Innovation Streams and Strategic Change," in Tushman, M. L. and Anderson, P. (eds.), *Managing Strategic Innovation and Change: A Collection of Readings*, Oxford University Press.

Utterback, J. M., 1994. *Mastering the Dynamics of Innovation*, Harvard Business School Press.

Van de Ven, A. H., 1986. "Central Problems in the Management of Innovation," *Management Science*, Vol.32, No. 5, May.

Van de Ven, A. H., 1993. "Managing the Process of Organizational Innovation," in Huber, G. P. and Glick, W. (eds.), *Organizational Change and Redesign*, Oxford University Press.

Van de Ven, A. H., 2005. "Organizational Change," in Nicholson, N., Audia, P. G., and Pillutla, M. M. (eds.), *The Blackwell Encyclopedia of Management: Organizational Behavior*, 2 nd ed., Blackwell Publishing.

von. Hippel, E., 1988. *The Sources of Innovation*, Oxford University Press.

Weick, K. E., 1995. *Sensemaking in Organizations*, Sage Publications, Inc.(遠田雄志・西本直人訳, 2001『センスメーキング イン オーガニゼーション』文眞堂)

Weisberg, R. W., 1986. *Creativity: Genius and Other Myths*, W. H. Freeman and Company.(大浜幾久子訳, 1991『創造性の研究』メディアファクトリー)

Wolfe, R. A. 1994. "Organizational Innovation: Review, Critique and Suggested Research Directions," *Journal of Management Studies*, 31: 3, May.

Yamaji, N. and Kagono, T., 1992. "Positive Roles of Negative Oppositions: A Longitudinal Study on the Restructuring Processes of Japanese Fiber and Textile Firms," Paper presented at *the Mitsubishi International Conference on New Imperatives for Managing in Revolutionary Change*.

和書

阿部実編, 1995『21世紀の経営を考える』学文社.

荒川進，1990『なるほど！ザ・旭化成』講談社。
バンタンコミュニケーションズ企画・編集，1997『新ファッションビジネス基礎用語辞典＜増補改訂版＞』光琳社出版。
ダイヤモンド社編，1967『紡績＜倉敷紡績＞』ダイヤモンド社。
ダイヤモンド社編，1968『合成繊維＜旭化成＞』ダイヤモンド社。
藤井光男，1971『日本繊維産業経営史』日本評論社。
藤井光男，1995「紡織産業」産業学会編『戦後日本産業史』所収，東洋経済新報社。
福井県編，1996『福井県史　通史編6　近現代二』福井県。
福富善廣，1991「エクセレンスを目指すトップリーダー－大屋晋三のリーダーシップ－」神戸大学経営学部ワーキングペーパー9110ｓ。
古田秋太郎，2003「中国カネボウグループの成長－古林恒雄氏にみるカネボウ中国本社機能－」『中京経営研究』第12巻第2号，2月。
畑村洋太郎，2000『失敗学のすすめ』講談社。
畑村洋太郎監修・著，2001『失敗の哲学』日本実業出版社。
日比あきら，1994「綿の形態安定加工」『繊維と工業』Vol.50，No.10。
樋口弘其，1968『日本の経営者』日本労働協会。
平井東幸，1996「新産業論94　繊維」『日本経済新聞』11月25日。
平野恭平，2005「日本企業の技術導入と研究開発～1940-50年代の東洋紡績を中心として～」第50回紡績企業史研究会報告レジュメ，12月12日。
広田俊郎，1987「ケース　東洋紡績　電子材料事業部」関西生産性本部第1回新規事業開発マネジャー育成コース。
本宮達也他編，2002『繊維の百科事典』丸善。
稲葉元吉，1979『経営行動論』丸善。
稲葉元吉，1987「組織における変革過程の管理」『横浜経営研究』第Ⅷ巻第1号。
稲葉元吉・山倉健嗣編著，2007『現代経営行動論』白桃書房。
井上太郎，1993『へこたれない理想主義者－大原總一郎－』講談社。
石井淳蔵・奥村昭博・加護野忠男・野中郁次郎，1985『経営戦略論』有斐閣。
石井金之助・松本正浩，1960「第一部　日本繊維産業の形成と発展」有沢広巳編『現代日本産業講座　Ⅶ　各論Ⅵ繊維産業』岩波書店。
磯部豊太郎，1997『経営体質改善の論理』税務経理協会。
伊丹敬之，1984『新・経営戦略の論理』日本経済新聞社。
伊丹敬之，1985「新事業開発への戦略」『日本経済新聞』2月13日。
伊丹敬之，1989「戦略的転換」『日本経済新聞』12月25日～30日。
伊丹敬之・加護野忠男，1989，1993，2003『ゼミナール経営学入門』日本経済新聞社。
伊藤周雄，1994「紡績」繊維学会誌『繊維と工業』Vol. 50，No. 6。
いよぎん地域経済研究センター，2007「くろーずあっぷ　愛媛が誇る世界一，日本一企業　クラレ西条株式会社」http://irc.iyobank.co.jp/topics/close-up/no053.htm（6月4日）。

参考文献

地引淳，1993「ジャスト・イン・タイムとクイック・レスポンス」『大阪学院大学通信』11月，第24巻第8号．
次世代繊維科学の調査研究委員会，1995『新繊維科学　ニューフロンティアへの挑戦』通商産業調査会出版部．
加護野忠男・伊丹敬之，1986「企業成長の物質観・情報観・エネルギー観」『ビジネスレビュー』2月号．
加護野忠男，1980『組織の環境適応』白桃書房．
加護野忠男，1988a『企業のパラダイム変革』講談社現代新書．
加護野忠男，1988b『組織認識論』千倉書房．
加護野忠男，1988c「組織変動と認識進歩」『組織科学』第22巻第3号．
加護野忠男，1989a「成熟企業の経営戦略」『国民経済雑誌』第159巻第3号．
加護野忠男，1989b「リストラクチャリングと日本的組織について」下川浩一・加護野忠男著者代表『日本の組織第五巻　プロセスとアセンブリーの組織』第一法規出版．
加護野忠男，1991a「企業革新のモデル」『国民経済雑誌』第163巻第1号．
加護野忠男，1991b「リストラの逆説」『日本経済新聞』7月3日‐11日．
加護野忠男，1995「繊維産業におけるリストラクチャリング」企業行動研究グループ編『日本企業の適応力』日本経済新聞社．
加護野忠男，1999「繊維産業における雇用調整」『国民経済雑誌』第171巻第3号．
梶原莞爾・本宮達也，2000『ニューフロンティア繊維の世界』日刊工業新聞社．
加子三郎，1960「合成繊維工場の草創期の思い出」『月報』3月所収，『現代日本産業講座Ⅶ』岩波書店．
亀井郁夫，1978「産業構造の変化と組織の適応」『組織科学』第12巻第1号．
関西生産性本部，1991『リストラクチャリングと組織革新‐経営実態調査報告書‐』(財)関西生産性本部．
河合篤男・伊藤博之・山路直人・山田幸三，2004『組織能力を活かす経営‐3M社の自己超越ストーリー‐』中央経済社．
川上善郎，1999「自己充足的予言」中島義昭・安藤清志・子安増生・坂野雄二・繁桝算男・立花政夫・箱田裕司編『心理学事典』有斐閣．
企業研究会，1980『80年代の技術開発の視点』企業研究会．
金龍烈，1992「新規事業開発のパターンに関するサーベイ‐企業家精神と日本的経営の観点から‐」神戸大学大学院経営学研究科博士課程モノグラフシリーズ，No.9201．
小林宏治，1989『構想と決断‐NECとともに‐』ダイヤモンド社．
古林恒雄，2001「中国経済発展のダイナミズムと中国における事業運営」『Business Research』9月．
神戸大学大学院経営学研究科・関西生産性本部，2001「次代の経営モデルを懸命に模索する日本企業」『第8回経営実態調査報告書』．
国頭義正，1969『グレーター鐘紡の挫折』徳間書店．
クラレ，2006『はじめて物語　イソプレン系事業の展開』http://www.kuraray.co.jp/

company/history/story/lir.html（6月8日）

桑田耕太郎・新宅純二郎，1986「脱成熟の経営戦略－腕時計産業におけるセイコーの事例を中心に－」土屋守章編『技術革新と経営戦略』日本経済新聞社。

三戸節雄，1971「先人との対話　辛島浅彦－田代茂樹」『プレジデント』2月号。

三輪芳郎，1991『現代日本の産業構造』青木書店。

宮本武明・本宮達也，1992『新繊維材料入門』日刊工業新聞社。

向川利和，1998「合繊産業における海外事業」『化繊月報』7月号。

長洲一二・田中誠一郎，1960「序章　転換期の日本繊維産業」有沢広巳編『現代日本産業講座　Ⅶ　各論Ⅵ繊維産業』岩波書店。

中込省三，1977『アパレル産業への離陸』東洋経済新報社。

中原龍男，1987「東洋紡の新分野への挑戦」東洋紡資料。

中村青志，1993「企業ランキングの変遷」伊丹敬之・加護野忠男・伊藤元重編『日本の企業システム　第4巻　企業と市場』有斐閣。

日本紡績協会，1982『紡協百年史』日本紡績協会。

日本紡績協会，1991「21世紀に向けての紡績業の展望－ニッチ戦略と技術革新を核として－」4月。

日本紡績協会監修，2001『綿花から織物まで　2001』日本綿業技術・経済研究所。

日本化学繊維協会編，1974『日本化学繊維産業史』日本化学繊維協会。

日本化学繊維協会，1996「日本の合繊産業競争力の展望－補足資料－」6月。

日本化学繊維協会，1998『化学繊維の手引き』3月。

日本化繊新聞社，1992『化合繊産業の戦後秘史』日本化繊新聞社。

日本経済新聞社編，1973『子会社－企業集団の"かくれた戦力"－』日本経済新聞社。

日本経済新聞社編，1979『繊維産業・残るのは誰か』日本経済新聞社。

日本経済新聞社編，1992『私の履歴書　昭和の経営者群像6』日本経済新聞社。

日本経済新聞社編，2004『経営不在』日本経済新聞社。

日本工業新聞社編，2001『決断力＜中＞』日本工業新聞社。

日本繊維新聞社編，1990『甦る神話』日本繊維新聞社。

日本繊維新聞社編，1991『ザ・ストーリー・オブ・クラリーノ』日本繊維新聞社。

日本繊維新聞社編，1993『ジャパン・オリジナル－東レ「シルック」開発の軌跡－』日本繊維新聞社。

日刊工業新聞社，1991「東レ－新たな飛躍への挑戦－」『TRIGGER』8月号。

日刊工業新聞社，1995『にっぽん株式会社－戦後50年－』日刊工業新聞社。

日刊工業新聞特別取材班編，2007『ひと目でわかる！図解　旭化成』日刊工業新聞社。

日経ビジネス編，1984『会社の寿命』日本経済新聞社。

日経ビジネス編，1985『続　会社の寿命』日本経済新聞社。

日経ビジネス編，1988『有訓無訓』日本経済新聞社。

日経ビジネス編，1992『続　有訓無訓』日本経済新聞社。

西山和正，1967「繊維産業の新しい構図－コンバーターの日本的展開－」『週刊東洋経

参考文献

済』7月1日号。
野田一夫, 1963a「企業成長の決定的瞬間　17　帝人」『エコノミスト』8月6日号。
野田一夫, 1963b「企業成長の決定的瞬間　18　東洋レーヨン」『エコノミスト』8月13日号。
野村總合研究所編, 1981「企業研究－旭化成工業－」『財界観測』7月1日。
野村總合研究所, 1985『NRIサーチ』10月。
野中郁次郎, 1985『企業進化論』日本経済新聞社。
小川元, 1989「報告（5）」『シンポジウム「リストラクチャリングの戦略」』㈳関西経済連合会。
岡本三宜・今井史郎, 1991「マイクロファインファイバーの創出と応用展開戦略」『研究　技術　計画』第6巻第2・3号。
岡本三宜, 2003「世界初の超極細繊維とその応用（エクセーヌ）に挑んで－繊維のパラダイム変換秘話－」『繊維基礎講座Ⅱ要旨集』11月14日。
岡本康雄, 1988「多国籍企業と日本企業の多国籍化(2)」『経済学論集』54-3。
オールウェイズ研究会, 1989『リーダー企業の興亡』ダイヤモンド社。
大野誠治, 1992『経営の鬼－宮崎輝の遺言－』にっかん書房。
大野誠治, 2001「旭化成－宮崎輝氏－」日本工業新聞社・編『決断力＜中＞』日本工業新聞社。
大島隆雄, 1994「繊維－"不死鳥" よみがえる－」「繊維－新しい歴史の幕開け－」有沢広巳監修・山口和雄他編集『日本産業史2』日経文庫。
大滝精一, 1984「東レ－日本のエクセレント企業－」『WILL』4月。
斉藤典彦, 1995「繊維科学の将来像」次世代繊維科学の調査研究委員会編『新繊維科学』通商産業調査会出版部。
榊原清則・大滝精一・沼上幹, 1989『事業創造のダイナミクス』白桃書房。
坂本悠一, 1990「戦時体制下の紡績資本－東洋紡績の多角化とグループ展開－」下谷政弘編『戦時経済と日本企業』第4章, 昭和堂。
産業学会編, 1995『戦後日本産業史』東洋経済新報社。
繊維学会, 1994『繊維と工業』(繊維学会誌) 繊維学会創立50周年記念特集, 繊維学会。
繊維対策研究会, 1965「転換期の日本繊維産業とその課題」『フェビアン研究』1・2月合併号。
椎塚武, 1985『東レのハイテク戦略』ビジネス社。
島倉護, 1997「繊維集合体の構造と物性(1)－紡績・編織－」『繊維基礎講座Ⅰ要旨集』5月22日～23日。
島正博, 2007「繊維産業に尽くす発明人生」産経新聞大阪経済部『わたしの足跡－関西経済人列伝－』産経新聞出版。
城山三郎, 1994『わしの眼は十年先が見える－大原孫三郎の生涯－』飛鳥新社。
鈴木恒夫, 1991「合成繊維」 米川伸一・下川浩一・山崎広明・編集『戦後日本経営史』東洋経済新報社。

鈴木恒夫，2001「田代茂樹（東レ）」佐々木聡編『日本の戦後企業家　反骨の系譜』有斐閣。
高橋洋，1993「新合繊とは何か」『繊維学会創立50周年記念プレシンポジウム講演要旨集』。
田原総一朗，1984「業態革命『ベンチャービジネスの集合体』を目指す東レの『陣痛』」『プレジデント』5月号。
田鍋健講話・石黒英一コーディネーター・大阪府「なにわ塾」編，1992『人・愛・住まい　住宅産業の道を歩んで』なにわ塾叢書46，ブレーンセンター。
竹内啓，1994「ファイバー・テキスタイル・アパレル産業」吉川弘之監修・JCIP編，『メイド・イン・ジャパン』ダイヤモンド社。
竹内弘高・榊原清則・加護野忠男・奥村昭博・野中郁次郎，1986『企業の自己革新』中央公論社。
田中陽，2006『セブン-イレブン－覇者の奥義－』日本経済新聞出版社。
田中穣，1967『日本合成繊維工業論』未来社。
田中穣，1969『わが国合成繊維独占の精密研究』日本繊維研究会。
田中進，1989『繊維ビジネスの未来』東洋経済新報社。
田和安夫編，1962『戦後紡績史』日本紡績協会。
東洋紡績経済研究所編，1980『繊維産業』(新産業シリーズ14)，東洋経済新報社。
東洋経済新報社，1975『日本の会社100年史』東洋経済新報社。
トラン・ヴァン・トウ，1992『産業発展と多国籍企業』東洋経済新報社。
綱淵昭三，1975『人間　大屋晋三』評言社。
綱淵昭三，1989『日清紡　ロマンへの挑戦－堅実企業の変身経営－』ビジネス社。
綱淵昭三，2006『東レ前田勝之助の原点－現実を直視せよ－』実業之日本社。
通商産業省生活産業局編，1994『世界繊維産業事情－日本の繊維産業の生き残り戦略－』通商産業調査会。
内田星美，1966『合成繊維工業』東洋経済新報社。
内橋克人，1982『匠の時代　第1巻』講談社文庫。
内橋克人，1989『退き際の研究』日本経済新聞社。
梅沢昌太郎，1989『旭化成－ひらめきと執念の多角化戦略－』第4版，評言社。
宇野尚雄，1987「成長分野へ進出するための企業戦略の研究」㈳科学技術と経済の会『「明日の経営を考える会」第二専門部会総合報告書』2月。
和田充夫，1985「ケース　鐘紡株式会社　多角化事業」慶應義塾大学ビジネス・スクール。
脇村春夫，1999「高度成長期における繊維会社の多角化（非繊維事業）　東レ・東洋紡の非繊維事業の事例研究」大阪大学経済学研究科・平成11年前期課程課題論文。
渡辺純子，2011『産業発展・衰退の経済史』有斐閣。
山口孝・野中郁江著，1991『旭化成・三菱化成－日本のビッグ・ビジネス5－』大月書店。

参考文献

山一証券経済研究所編，1976『明日の繊維産業』東洋経済新報社．
山路直人，1990「繊維企業の脱成熟化プロセス」『六甲台論集』第37巻第3号．
山路直人，1991「脱成熟化のモデル 繊維企業の分析をもとに」『六甲台論集』第38巻第1号．
山路直人，1991「成熟産業におけるリストラクチャリング」関西生産性本部『リストラクチャリングと組織革新－経営実態調査報告書－』(財)関西生産性本部．
山路直人，1995「成熟産業における企業革新－繊維企業の脱成熟化プロセスの分析－」日経企業行動コンファランス提出論文．
山路直人，1997「経営の国際開発実現のプロセスと理念－東レの経験をもとに－」奥村悳一編著『経営の国際開発に関する研究』多賀出版．
山路直人，1998「多角化戦略と企業革新－東レの戦略－」伊丹敬之・加護野忠男・宮本又郎・米倉誠一郎編『ケースブック日本企業の経営行動－2企業家精神と戦略－』有斐閣．
山路直人，1999「東レの新事業開発体制」加護野忠男・山田幸三・(財)関西生産性本部編『日本企業の新事業開発体制』有斐閣．
山路直人，2003「多角化戦略」加護野忠男編著『企業の戦略』八千代出版．
山路直人，2007「成長と衰退」稲葉元吉・山倉健嗣編著『現代経営行動論』白桃書房．
山路直人，2010「繊維企業の成長戦略と経営成果」繊維機械学会誌『せんい』Vol.63, No.9．
山崎広明，1979「合成繊維産業のパイオニア－東レのナイロン技術導入－」中川敬一郎・森川英正・由井常彦編『近代日本経営史の基礎知識』有斐閣．
柳田邦男，1986『活力の構造＜開発篇＞』講談社．
柳田邦男，1978『大いなる決断』講談社．
柳内雄一，1997「染色と機能加工－セルロース系繊維の改質加工－」『繊維基礎講座Ⅰ要旨集』5月22日～23日．
柳内雄一，1998「天然繊維はここまで改質された－綿の防縮，防皺－」『繊維工学』Vol.51, No.12．
柳内雄一，2002「形態安定加工」本宮達也他編『繊維の百科事典』丸善．
横井雄一，1956『紡績』岩波新書．
米川伸一，「戦後繊維企業の成長と戦略－比較経営史－」『ビジネスレビュー』Vol.31, No.2．
米川伸一，1991「綿紡績」 米川伸一・下川浩一・山崎広明編集『戦後日本経営史』東洋経済新報社．
吉原英樹・佐久間昭光・伊丹敬之・加護野忠男，1981『日本企業の多角化戦略－経営資源アプローチ－』日本経済新聞社．
吉原英樹，1986a『戦略的企業革新』東洋経済新報社．
吉原英樹，1986b「ⅩⅤ 国際経営」 岡本康雄編『現代経営学辞典』同文舘出版．
吉原英樹，1988『「バカな」と「なるほど」』同文舘．

吉村克己，2004『全員反対！だから売れる』新潮社。
吉岡政幸，1986『日経産業シリーズ　繊維』日本経済新聞社。

社史
（旭化成）
㈶日本経営史研究所編，2002『旭化成八十年史』旭化成株式会社。
（東レ）
東レ株式会社社史編纂委員会，1977『東レ50年史』東レ株式会社。
東レ株式会社社史編纂委員会，1997『東レ70年史』東レ株式会社。
（帝人）
帝人『帝人の歩み』1～11。
福島克之，1972『帝人の歩み7　虚しき繁栄』帝人株式会社。
福島克之，1974『帝人の歩み9　黎明』帝人株式会社。
帝人株式会社社長室，1993『帝人の3／4世紀（年表）』帝人株式会社社長室。
（クラレ）
クラレ広報部編，1996「クラレ70年の歩み」『クラレタイムス』6月号別冊。
（三菱レイヨン）
三菱レイヨン社史編纂委員会，1964『30年史』三菱レイヨン株式会社。
（東邦レーヨン）
東邦レーヨン二十五年史編集委員会，1959『東邦レーヨン二十五年史』東邦レーヨン株式会社。
東邦レーヨン，2002『東邦レーヨン50年史　1950-2000』東邦テナックス株式会社。
（カネボウ）
鐘紡株式会社社史編纂室編集，1988『鐘紡百年史』鐘紡株式会社。
（東洋紡）
東洋紡，1953『東洋紡績七十年史』東洋紡績株式会社。
東洋紡績社史編集室編，1986『百年史東洋紡』東洋紡績株式会社。
（ユニチカ）
社史編集委員会，1989『100年の歩み』ユニチカ株式会社。
（日清紡）
日清紡績株式会社編纂，1969『日清紡績六十年史』日清紡績株式会社。
日清紡績編，2007『日清紡100年史』日清紡績株式会社。
（クラボウ）
倉敷紡績，1988『倉敷紡績百年史』倉敷紡績株式会社。
（日東紡）
社史編集委員会：社史編集実行委員会編，1979『日東紡　半世紀の歩み』日東紡績株式会社。
社史編集委員会・社史プロジェクト80，2003『時代を紡いで　日東紡80年史』日東紡。

参考文献

(ダイワボウ)
ダイヤモンド社, 1971『大和紡績30年史』大和紡績株式会社.
ダイワボウ, 2001『ダイワボウ60年史』大和紡績株式会社.
(フジボウ)
富士紡績株式会社社史編集委員会, 1997『富士紡績百年史』富士紡績株式会社.
(シキボウ)
社史編集委員会, 1968『敷島紡績七十五年史』敷島紡績株式会社.
(オーミケンシ)
藤川和一編集, 1967『オーミケンシ外史　50年の歩み』近江絹糸総務部広報課.
桧山邦宏, 1988『幾山河七十年　オーミケンシの歩み』オーミケンシ株式会社.

各種資料
経済企画庁編, 1996『平成8年版　経済白書』大蔵省印刷局.
通商産業大臣官房調査統計部編『工業統計表』各年.
日本紡績協会『紡績事情参考書』各年.
通商産業大臣官房調査統計部編『繊維統計年報』1994年.
日本化学繊維協会『化繊月報』.
日本紡績協会監修『日本紡績月報』.
矢野恒太記念会編集『日本国勢図会』矢野恒太記念会.
各社会社案内.
東洋経済新報社, 1995『週刊東洋経済臨時増刊「海外進出企業総覧'95（会社別編）」』.
日本化学繊維協会編, 1997『繊維ハンドブック1998』日本化学繊維協会資料頒布会.

聞き取り調査（主要なもの）
(旭化成)
吉田安幸・経営計画管理部経営企画室長・部長・1997年7月29日
青木肇也・経営計画管理部経営企画室副部長・1997年7月29日
重岡勇治・経営計画管理部経営企画室副参事・1999年6月21日
有馬大地・経営計画管理部経営企画室課長・1999年6月21日
桑田雅之・旭化成建材社長室副部長・1999年6月21日
(東レ)
岡本三宜・岡本研究室室長・1993年7月7日, 1994年1月14日, 1995年3月19日, 1997年9月26日, 2004年4月5日
萩森昭二・経営企画第一室部長・1997年10月3日
佐々木常夫・経営企画第一室部長・1999年1月29日
谷口滋樹・勤労部東京勤労課課長・1997年10月3日・1999年1月29日
(帝人)
福富善廣・元主席部員・1994年12月16日

（クラレ）
安本昭夫・中央研究所所長・1995年11月10日，1996年8月7日，1998年2月23日
吉村典昭・くらしき研究所所長・1998年9月25日
平井敬三・クラリーノ研究開発部部長・1998年9月25日
米田久夫・クラリーノ研究開発室開発主管・1998年9月25日
（三菱レイヨン）
中山浩・原料部・1995年3月6日，MMAブロック化成品事業部化成品第二部担当部長・2007年9月29日
（東洋紡）
磯部豊太郎・元取締役・1994年4月15日，1994年8月17日，1995年12月11日，1996年7月8日
村上義幸・社史室・1994年4月15日，1994年5月20日，1994年8月17日，1995年12月11日，1996年7月8日
地引淳・元経営企画室課長・1992年4月27日
不藤泰介・医薬開発総括部総括部長・1994年5月20日
十川憲義・医薬業務部課長・1994年3月30日
吉村文雄・元機能材・メディカル事業本部・1998年1月20日
（ユニチカ）
大須賀弘・ニットーパック株式会社商品開発部部長・1996年10月4日
（日清紡）
柳内雄一・美合工場研究所所長・1994年6月8日
石川剛士・美合工場研究所研究員・1994年6月8日
（クラボウ）
大津寄勝典・元企画室長・1994年12月21日

経営者（トップ・主なもの）
（旭化成）
宮崎輝，1983「私の履歴書」『日本経済新聞』12月。
宮崎輝，1991「インタビュー　経営者の心構え」『財界』1月29日号。
宮崎輝談，大野誠治構成，1992『宮崎輝の取締役はこう勉強せよ！』中経出版。
山口信夫，1998「社長大学　第3回」『日経ベンチャー』4月号。
山本一元，2003「明日の旭化成を夢見て　構造改革に苦闘した20年の足跡」BRI経営者講演録2004。
（東レ）
東レ株式会社，1982『田代茂樹　遺稿　追悼』東レ株式会社。
田代茂樹，1961「財界人・この人を訪ねる」『週刊ダイヤモンド』11月13日号。
田代茂樹，1992『私の履歴書』日本経済新聞社。
「20世紀日本の経済人76田代茂樹」『日本経済新聞』2000年7月17日。

参考文献

藤吉次英，1979「わが社の80年代戦略」『週刊ダイヤモンド』1月1日号．
伊藤昌壽，1981「私の実践的経営論49　伊藤昌壽」『週刊東洋経済』6月6日号．
伊藤昌壽，1982「経営戦略と研究開発　東レの経験」『WILL』11月号．
伊藤昌壽，1990「証言昭和産業史　合繊開発の息吹」『日経産業新聞』1月1日〜19日．
前田勝之助，1991「編集長インタビュー」『日経ビジネス』9月9日号．
前田勝之助，1995「リーダーの戦略」『実業の日本』8月．
前田勝之助，2011「私の履歴書」『日本経済新聞』10月．
榊原定征，2007「トップインタビュー　進化する経営　第13回」『Forbes Japan』May．
(帝人)
大屋晋三，1961「占部都美氏の経営診断」『エコノミスト』昭和36年8月1日号．
徳末知夫，1991「証言昭和産業史　ワンマン社長の功罪」『日経産業新聞』7月1日〜11日．
板垣宏，1993「編集長インタビュー」『日経ビジネス』11月15日号．
安居祥策，1999「編集長インタビュー」『週刊ダイヤモンド』3月20日号．
安居祥策，2000「アジアは回復している．あとはこちらの社員意識，体質の改革だけ」『財界』2月15日号．
安居祥策，2009「私の履歴書」『日本経済新聞』10月．
長島徹，2005「帝人を蘇らせたアラミド繊維の買収戦略」『財界』2005年4月19日号．
(クラレ)
大原総一郎，1962「占部都美氏の経営診断」『エコノミスト』1月16日号．
大原総一郎，1980『大原総一郎年譜　資料編』株式会社クラレ．
中村尚夫，1993「編集長インタビュー」『週刊ダイヤモンド』5月22日号．
中村尚夫，1994「新ビジネス訓」『日経産業新聞』11月15日〜18日．
松尾博人，1998「編集長インタビュー」『日経ビジネス』9月14日号．
和久井康明，2004「新春トップインタビュー」『Business Research』1月号．
(カネボウ)
武藤絲治，ダイヤモンド社編，1964『万事人間本位』ダイヤモンド社．
帆足隆，1999，三笠書房編集部『なぜわが社はこんなに元気なのか』三笠書房．
伊藤淳二，2000『時代』経済界．
(東洋紡)
宇野收，1994「私の履歴書」『日本経済新聞』12月．
瀧澤三郎，1991「数字と情報に強くなれ」金井壽宏・関西生産本部編『トップ20人が語るこんな人材が欲しい』東洋経済新報社．
坂元龍三，2007「事業転換の歴史と技術戦略」日本繊維機械学会『せんい』第61巻第1号．
「かんさい企業ファイル　東洋紡　上・下」『読売新聞』2000年7月15日・22日．
(日清紡)
桜田武，1982『櫻田武論集』刊行会編『櫻田武論集』(上巻・下巻) 日本経営者団体連

盟広報部。

指田禎一，2000「インタビュー　質実剛健の日清紡はいまどうなっているか？」『財界』11月7日号。

（クラボウ）

真銅孝三，2007「国内産業をしっかり守る」産経新聞大阪経済部『わたしの足跡　関西経済人列伝』産経新聞出版。

（ダイワボウ）

武藤治太，2007「アパレル，海外生産に軸足，展開」産経新聞大阪経済部『わたしの足跡　関西経済人列伝』産経新聞出版。

事項索引

あ行

旭化成　90, 212, 236, 264, 269, 313, 369, 410
　旭ダウ　298
　イオン交換膜　210
　医薬事業　192
　エレクトロニクス事業　225
　サランラップ　192
　3種の新規事業　197, 225, 265
　失敗からの飛躍　302
　住宅事業　193, 220, 231, 233
　ホール素子　194
アングラ研究　221
アンビデクストラス組織　322
イカルス・パラドクス　417
イズム　205, 206
　大原イズム　311
　桜田イズム　281
オーバー・エクステンション　319
オーミケンシ　113, 119, 131, 178, 238, 244
　ミカレディ　244

か行

過剰学習　237, 240
カネボウ　90, 197, 228, 236, 242, 254
　グレーター・カネボウ　104
　化粧品事業　194
　多角化　104, 225
　中国事業　216
　ファッション事業　196
　ペンタゴン経営　104
ガラス繊維　137
企業のライフサイクル　319
基軸を離れない　294
基軸を離れる　294
キャッチ・アップ　129
共約不可能性　246, 286
クイック・レスポンス（QR）システム　60
空気精紡機　58, 92
クラボウ　98, 198, 308, 345
クラレ　89, 226, 236, 245, 314, 315, 402, 410
　失敗からの飛躍　303
　人工皮革　214
　多角化　298
　ビニロン　124, 188, 193, 230
　メディカル事業　221
　ユニークな化学企業体　261
経営者（たち）の注意　117, 121

経営者用役　117, 348, 413
計画のグレシャムの法則　278
形態安定加工　44
形態安定素材　95
系列化　47, 48
健全な赤字　182, 313
光化学反応法　210
合繊時代　82

さ行

「左遷」意識　212
サンフォライズ　42
シキボウ　131, 237, 238
　多角化　175, 222
事後シナジー　287, 296, 389
自己成就的予言　89
事前シナジー　287, 293, 389
自前主義　221, 223, 297, 335
社会的学習　120, 135, 181, 294, 387, 388
集団思考　278
集中現象　135, 136, 199
シルキー合繊　38
進化論的モデル　285
新規事業開発　211
人工腎臓　137
新合繊　44, 95
人工皮革　137
スーパー繊維　63
スラック　118, 120, 335
成功の循環　87
成功の罠　417
成功例　242, 246, 254, 261
石油コンビナート　197
先行者利得　126
選択と集中　182
戦略的企業革新モデル　285
戦略の流動化　256
相互作用モデル　285

た行

ダイナミック・シナジー　129, 130, 322
ダイナミック・ファクター　296, 394
ダイワボウ　119, 131, 198
　機能性素材　245
　合繊　222
　ダイワボウ情報システム　212
多角化時代　82
多角化のための多角化　380, 399, 404

459

事項索引

脱市況　　97, 307
脱成熟化　　1
脱繊維　　90, 179, 258, 260, 372
超高速紡糸　　58
帝人　　120, 122, 198, 207, 212, 228, 235, 347, 367, 401
　医薬事業　　211, 226
　未来事業部　　240, 341
テキスタイル　　44
東邦レーヨン　　110, 230
　アクリル　　123
　炭素繊維　　223
東洋紡　　113, 119, 122, 198, 200, 212, 236, 257, 346, 347, 410, 418
　化成品事業部　　341
　感光性樹脂版事業　　230
　合繊　　129, 222
　雑木林経営　　258
東レ　　88, 172, 207, 210, 211, 228, 229, 230, 237, 259, 309, 312, 315, 346, 347, 410
　インターフェロン　　231
　極細繊維　　220
　新事業開発体制　　234
　新事業推進部門　　341
　人工皮革　　193, 214, 291
　セラミクス　　215
　繊維の海外事業　　215
　炭素繊維　　220, 230
　ナイロン　　123, 126
　ＴＡＬ事業　　174

な行

何でもできる症候群　　240, 294
日清紡　　97, 113, 172, 185, 198, 205, 228, 237, 280, 308, 345, 410
　形態安定生地　　217
　ブレーキ事業　　88
日東紡　　102
　多角化　　102
ニューコットン　　43
ネガティブ・ファクター　　393, 428, 436
能力と必要性のジレンマ　　130, 238, 239, 340, 394

は行

パーマネントプレス　　43
パワーが（の）集中　　207, 241, 242, 278, 383, 407
「バンドワゴン」効果→社会的学習
ファッション　　50
フーリッシュ　　403, 404
孵化期間　　187
フジボウ　　131, 238
部分的無知　　435
ブリコラージュ　　406
ボウリング　　138
ポジティブ・ファクター　　436
細番手化　　36
ポリノジック繊維　　37
ポリプロピレン繊維　　137
本業回帰　　399

ま行

三菱レイヨン　　89, 245
　失敗からの飛躍　　304
　2.5次産業　　245
　ＤＮＡチップ　　230
群れ現象　　288
目に見えない失敗　　139, 290
モンテ詣で　　137

や行

やり通す経済　　313
有機的組織　　219
ゆでがえる現象　　118
ユニチカ　　179, 347
　海外事業　　173
　キレート樹脂　　209

ら・わ行

連続自動紡績　　57, 91

ワイシャツ生産　　46

欧文

ＢＨＡＧ　　284, 295, 402, 413, 414
one-at-a-time　　386, 411, 412
ＰＰＭ　　87

人名索引

あ行

荒川進　210, 276
有延悟　118
石井金之助　182
板垣宏　348, 368
伊丹敬之　130, 261, 295, 319, 322, 402, 440
伊藤昌壽　124, 173, 176, 210, 244, 312, 316
伊藤淳二　104, 106, 194, 242, 254, 287
稲葉元吉　133
井上太郎　124, 125
岩下俊士　348
内橋克人　220, 237, 293
宇野収　212, 258, 341
梅沢昌太郎　194, 231, 372
大島隆雄　56
大野誠治　210
大原総一郎　110, 124, 125, 279, 304, 388
大原孫三郎　124
大屋晋三　122, 207, 211, 213, 240
岡本佐四郎　235
岡本進　90
岡本三宜　214, 292
岡本康雄　76
奥村昭博　6

か行

柿坪精吾　103
加子三郎　120
加護野忠男　1, 6, 208, 243, 247, 261, 278, 286, 325, 402, 407, 434, 440
勝国昭　352
金沢侑三　177, 199, 207
辛島浅彦　210
川上善郎　90
河崎邦夫　127
金龍烈　9
小林宏治　261
古林恒雄　216

さ行

榊原清則　6, 182
榊原定征　352
坂口二郎　179
坂本尚弘　237
桜田一郎　125, 223
桜田武　186, 205, 222, 281, 388
指田禎一　88, 282

た行

柴田稔　96, 259
地引淳　76
島正博　76
島倉護　37
島田英一　102
清水喜三郎　305
真銅孝三　345
鈴木恒夫　76, 133, 182
袖山喜久雄　210

た行

高橋洋　96
田口栄一　176
田口圭太　209
竹内弘高　6
田代茂樹　123, 124, 210, 214, 310, 339
田中敦　308
田中穣　49, 133
田中誠一郎　111
田中陽　379
田鍋健　232
田辺辰男　40, 282
谷口豊三郎　40, 91
田原総一朗　88, 215, 313, 316
津田信吾　181
綱淵昭三　76, 109, 173, 280, 283, 284
津村準二　236
露口達　112, 281
徳末知夫　342
友成九十九　125

な行

中込省三　134, 174
長島武夫　103
長島徹　94, 189
長洲一二　111
中瀬秀夫　97, 109, 237, 282
中司清　182
中村尚夫　206, 231, 236, 263, 314
夏川嘉久次　178
夏川鉄之助　239
野口照久　211, 228
野中郁次郎　6

は行

バンタンコミュニケーションズ　76
桧山邦宏　111, 113
平井雅英　209

461

広田精一郎　211
藤井光男　36, 37, 43, 46, 76, 93, 107, 133
藤川和一　178
藤吉次英　259, 315
古田秋太郎　217

ま行

前田勝之助　207, 216, 260
牧内栄蔵　198
松尾博人　263
松本正浩　182
三戸節雄　124, 143
宮崎輝　120, 187, 192, 210, 265, 277, 295, 303, 313
武藤絲治　181, 240, 254

や行

安井昭夫　311, 314
柳内雄一　43, 95, 157, 217, 311
山一証券経済研究所　76
山内信　175
山口信夫　212
山路直人　177, 234, 295, 325, 413
山本一元　91, 232, 236, 279, 374
山本啓四郎　97, 174, 388
弓倉礼一　352
吉岡政幸　27, 29, 50
吉原英樹　6, 76, 200, 211, 218, 275, 277, 322, 402
米川伸一　76, 98

ら・わ行

龍宝惟男　100

和田充夫　86, 102, 194

欧文

Abernathy, W. J.　319
Anderson, P. C.　322
Ansoff, H. I.　435

Baden-Fuller, C.　264, 319, 322
Baker, T.　406
Burns, T.　219

Cameron, K. S.　10
Christensen, C.　133
Collins, J. C.　284, 295, 319, 415
Covin, J.　319
Cyert, R. M　180

Daft, R. L.　317

Friesen, P. H.　9, 319

Greiner, L. E.　264, 319, 420

Henderson, B. D.　87

Kagono, T.　390
Kanter, R. M.　322
Khandwalla, P. N.　114
Kilmann, R. H.　319
Kimberly, J. R.　9, 10
Kotter, J. P.　420

Lawrence, P. R.　275
Leifer, R.　221
Lengel, R. H.　317
Lorsch, J. W.　275
Lovett, D.　379

March, J. G.　180, 278, 440
Miles, R. H.　9, 10
Miller, D.　9, 319, 417
Mintzberg, H.　10, 114, 187, 207, 296, 390

Nadler, D. A.　275, 417
Nelson, R. E.　406

O'Reilly, C.　322

Penrose, E. T.　133, 406, 413
Peters, T. J.　287
Pettigrew, A. M.　10, 319, 322, 420
Pool, M. S.　317
Porras, J. I.　284, 295, 319, 415
Porter, M.　183

Quinn, R. E.　10

Romanelli, E.　10, 320, 420

Schein, E. H.　440
Schnaars, S. P.　184
Selznick, P.　418
Senge, P. M.　247
Simon, H. A.　232, 278, 412
Sitkin, S. B.　440
Slatter, S.　379
Stalker, G. M.　219
Staw, B. M.　390
Stopford, J. M.　264, 319, 322

Tushman, M. L.　10, 320, 322, 354, 420

Utterback, J. M.　133

Van de Ven, A. H.　118

von. Hippel, E.　221

Waterman, R. H.　287
Waters, J. A.　10

Weisberg, R. W.　187
Wolfe, R. A.　379

Yamaji, N.　390

■著者紹介

山路直人（やまじ なおと）
1993年神戸大学経営学研究科博士後期課程単位取得退学。博士（経営学）。
関東学園大学経済学部助教授を経て，現在，福井県立大学経済学部教授。
主著書
『組織能力を活かす経営』（共著・2004年・中央経済社）
「成長と衰退」『現代経営行動論』（分担執筆・2007年・白桃書房）

■企業革新の研究
―繊維産業の脱成熟化のプロセス―

■発行日──2014年3月26日 初版発行　　　　　〈検印省略〉

■著　者──山路直人
■発行者──大矢栄一郎
■発行所──株式会社 白桃書房
　〒101-0021　東京都千代田区外神田5-1-15
　☎03-3836-4781　FAX 03-3836-9370　振替 00100-4-20192
　http://www.hakutou.co.jp/

■印刷／製本──亜細亜印刷

Ⓒ Naoto Yamaji 2014　Printed in Japan　ISBN 978-4-561-26634-1 C3034

本書のコピー，スキャン，デジタル化等の無断複製は著作権法上での例外を除き禁じられています。本書を代行業者等の第三者に依頼してスキャンやデジタル化することは，たとえ個人や家庭内の利用であっても著作権法上認められておりません。

JCOPY〈(社)出版者著作権管理機構 委託出版物〉
本書の無断複写は著作権法上での例外を除き禁じられています。複写される場合は，そのつど事前に，(社)出版者著作権管理機構（電話 03-3513-6969, FAX 03-3513-6979, e-mail：info@jcopy.or.jp）の許諾を得て下さい。

落丁本・乱丁本はおとりかえいたします。

好評書

山田幸三著
新事業開発の戦略と組織
　―プロトタイプの構築とドメインの変革―　　　　本体価格2800円

上野恭裕著
戦略本社のマネジメント
　―多角化戦略と組織構造の再検討―　　　　本体価格3600円

川村稲造著
企業再生プロセスの研究　　　　本体価格3300円

加藤厚海著
需要変動と産業集積の力学
　―仲間型取引ネットワークの研究―　　　　本体価格3300円

伊藤博之著
アメリカン・カンパニー
　―異文化としてのアメリカ企業を解釈する―　　　　本体価格4200円

中村裕一郎著
アライアンス・イノベーション
　―大企業とベンチャー企業の提携：理論と実際―　　　　本体価格3500円

東京 **白桃書房** 神田

本広告の価格は本体価格です。別途消費税が加算されます。